普通高等教育"十三五"规划教材

中国石油和化学工业优秀教材一等奖

食品工艺学

第三版

周家春　编著

化学工业出版社
·北京·

《食品工艺学》是介绍食品原料的保藏、加工的原理和技术的书籍。在农副产品专业化、规模化、工业化生产的时代，食品原材料在种植（养殖）完成后、消费或加工前的损失高达总产量的 30% 以上，因此，食品原料的保藏是食品工业技术的重要一环。本书通过食品干燥、冷冻、热杀菌、冷杀菌 4 个章节，系统而简洁地介绍了传统食品保藏技术和现代食品保藏技术。在食品加工技术部分，结合了加工原理和加工参数，涵盖了乳制品、饮料、巧克力、焙烤制品等主要食品种类。对功能性食品开发所需要的分离纯化、提取技术等在食品工业中的应用也作了一定介绍。

本书可作为大专院校食品专业学生的专业教材，以及食品从业人员的专业参考书。

图书在版编目（CIP）数据

食品工艺学/周家春编著. —3 版. —北京：化
学工业出版社，2017.9 （2024.1重印）
普通高等教育"十三五"规划教材
ISBN 978-7-122-30361-5

Ⅰ.①食… Ⅱ.①周… Ⅲ.①食品工艺学-高等学校
-教材 Ⅳ.①TS201.1

中国版本图书馆 CIP 数据核字（2017）第 184391 号

责任编辑：赵玉清　　　　　　　　文字编辑：周　偈
责任校对：边　涛　　　　　　　　装帧设计：关　飞

出版发行：化学工业出版社（北京市东城区青年湖南街 13 号　邮政编码 100011）
印　　装：三河市延风印装有限公司
787mm×1092mm　1/16　印张 19　字数 481 千字　2024 年 1 月北京第 3 版第 7 次印刷

购书咨询：010-64518888　　　　　售后服务：010-64518899
网　　址：http://www.cip.com.cn
凡购买本书，如有缺损质量问题，本社销售中心负责调换。

定　　价：45.00 元
版权所有　违者必究

前　言

食物是人类生存的基础，生命保障的机制是营养。含有营养素的物料被称为食物或食料，而经过加工的食物称为食品。适合人类食用的食物有动物源、植物源和微生物源，品种广泛，性状各异，所含水分和其他营养素各不相同，但都保持着相同的特性，即食品原料是一种"活"的产品——食物收获后其代谢并未停止，果蔬的呼吸仍在继续，动物源和微生物源中的酶活性仍然很高，这些残存的生物活性会在短期内使食物材料品质劣化；而这些富于营养的材料都易受外界微生物等生命体的侵害。食物必须经过加工处理，才能较持久地保持其原有质量，并且便于保藏和运输，实现其商品价值。

在工业化大生产的时代，对加工原料的一致性提出了更高的要求。消费者不会因为原料成分的差异而接受产品质量的差异，但是天然来源的食材不可能完全一致，必须通过生产环节的技术平衡其中的不同；全球化的大流通对生产技术、物流条件提出了非常高的要求。城市化的进程和消费观念的转变，对食品加工产品的美味、便利、营养、健康，以及不同人群需求的细分，都是食品工业研究的动力。食品原料相对单调性与人们对食品风味要求多样性的矛盾，必须通过食品工业的发展才能解决。

一个国家的食品工业的发展程度是该国技术水平的一项指标，一个先进的国家中没有先进的食品工业是不可想象的。如果没有食品加工，国民的食物供应就会变得非常困难，地区性的产品过剩和紧缺将同时发生，大量的食物资源会因未能及时加工和保藏而腐败变质，很多食品只有在一定的季节才能买到，食品资源的紧缺会难以避免。食品的消费是刚性需求，其特点是不会因经济的迅速发展而过多消费，同样也不会因经济的下滑而同步大幅下降。2015 年，我国食品工业总产值为 11.34 万亿元，占全国工业总产值比重的 10%，食品工业在我国早已成为国民经济支柱行业，是可持续发展潜力最大的行业之一。信息技术、生物技术、纳米技术、新工艺、新材料等行业的发展，为食品工业的技术和装备水平的提高提供了技术支撑，目前我国在乳品、啤酒、方便面等行业的装备技术水平已与世界先进水平同步。

食品的供求是一个世界性的问题，面对不断增长的世界人口和有限的食物资源，有关食品的科学和工艺将变得日益重要。要提高食品安全的可靠性，提供高品质的产品，发展循环经济，提高原料资源的综合利用效能，降低生产环节的能耗、水耗和污染，都必须提高食品工艺的水平。食品工艺学是一门将基础科学（涉及生物化学、微生物学、食品化学、物理学、化学等）应用于食品原料的收获、处理、包装、贮存、加工的科学，通过食品加工可以实现提高食品品质、提高食用方便性、提高食品的卫生和安全性、延长食品的保藏期和提高农副产品价值等作用。

《食品工艺学》（第二版）自 2008 年出版以来，食品工艺的新技术、新装备又有了很多发展，与之相应的许多国家标准也都作了修订，对此，食品工艺学教材也需要作出相应的修订，以反映食品工业技术进步的现实情况。

《食品工艺学》（第三版）介绍了食品保藏和食品加工、食品加工技术三方面内容。在食品保藏部分，食品干制方法中增加了"过热蒸汽干燥"和"食品干燥的玻璃化转变"，改写了第三章和第四章，变动为"食品热杀菌保藏"和"食品冷杀菌保藏"，增加了罐藏和高密度二氧化碳杀菌内容。在食品加工部分，乳制品、饮料、巧克力等内容都根据国家标准的最新更新作了修订，增加了"褐色乳酸菌饮料生产工艺"、"谷物饮料"、"冷冻预制面团面包生产工艺"等内容。在食品保藏和加工的相关章节，引入了对应的视频链接，方便读者更好地理解教材介绍的内容。

由于作者水平有限，书中不妥之处在所难免，敬请各位同仁批评指正。

周家春

2017 年 4 月

目 录

第一部分　食品保藏　/1

一、引起食品品质变化的因素 ···················· 1

二、食品保藏的方法 ···························· 4

第一章　食品干燥保藏 ························ 6

第一节　食品干燥保藏的基本原理 ·············· 6

一、水分活度对微生物生长的影响 ············ 6

二、水分活度对脂肪氧化的影响 ·············· 8

三、水分活度对酶活力的影响 ················ 9

四、水分活度对非酶褐变的影响 ············· 10

五、水分活度对其他食品营养成分的
影响 ·································· 10

六、糖制品中水分活度的计算 ··············· 10

第二节　食品干制的基本原理 ················· 11

一、干制过程的湿热传递 ··················· 11

二、影响热量和质量传递的重要因素 ········· 12

三、食品干制过程的特性 ··················· 13

第三节　食品在干制过程中的主要变化 ········· 15

一、物理变化 ···························· 15

二、化学变化 ···························· 16

第四节　食品干制方法 ····················· 16

一、空气对流干燥 ························· 17

二、传导式干燥 ·························· 31

三、冷冻干燥 ···························· 31

四、喷雾冷冻干燥 ························· 35

五、过热蒸汽干燥 ························· 36

六、其他干燥方式 ························· 38

第五节　干制品的贮藏和复水 ················ 40

一、干制品的贮藏 ························· 40

二、干制品的复水 ························· 41

第六节　食品干燥的玻璃化转变 ·············· 41

一、玻璃态与玻璃化转变 ··················· 41

二、食品水分对玻璃化转变温度的影响 ······ 43

三、玻璃化转变对食品干燥和贮藏的
影响 ································· 44

四、玻璃化转变温度的应用 ················· 45

第二章　食品低温保藏 ··················· 46

第一节　低温防腐的基本原理 ················ 46

一、低温对酶活力的影响 ··················· 46

二、低温对微生物的影响 ··················· 47

第二节　食品冷却及冷藏 ··················· 48

一、食品的冷却 ·························· 48

二、食品的冷藏 ·························· 50

三、食品冷藏时的品质变化 ················· 52

四、食品冷藏条件的改善 ··················· 56

五、食品冷却时的耗冷量和冷却时间 ········· 58

第三节　食品冻藏 ························· 59

一、食品的冻结规律 ······················ 59

二、冻结速率及影响冻结速率的因素 ········· 60

三、冻结前食品物料的预处理 ··············· 61

四、食品的冻结方法 ······················ 62

五、冻结和冻藏过程对食品品质的影响 ······ 66

六、冷冻食品的解冻 ······················ 69

第三章　食品热杀菌保藏 ················· 73

第一节　食品加热杀菌 ····················· 73

一、加热杀菌原理 ························· 73

二、加热杀菌方法 ························· 80

三、食品加热杀菌装置 ····················· 81

第二节　热杀菌食品包装——罐藏 ············ 90

一、制罐材料 ···························· 91

二、高频电阻焊罐的生产工艺 ··············· 93

　　三、实罐生产工艺 ·················· 97
　第三节　热杀菌食品包装——无菌包装
　　　　　系统 ······················ 101
　　一、康美包无菌包装系统 ········· 101
　　二、芬包塑料袋无菌包装设备 ····· 103

第四章　食品冷杀菌保藏 ············ 105
　第一节　食品超高压杀菌 ············ 105
　　一、超高压对微生物的影响 ······· 105
　　二、影响超高压杀菌的因素 ······· 108
　　三、超高压对食品中营养成分的影响 ··· 110
　　四、超高压技术处理食品的特点 ··· 112
　　五、超高压处理装置 ·············· 113
　　六、超高压杀菌方式 ·············· 115
　第二节　食品辐照杀菌 ·············· 116
　　一、辐照源 ······················ 117

　　二、辐照剂量单位 ················ 118
　　三、辐照的化学效应 ·············· 119
　　四、辐照的生物学效应 ············ 121
　　五、食品的辐照杀菌 ·············· 124
　　六、食物辐照的其他应用 ········· 126
　　七、辐照食品的安全性和卫生性 ··· 127
　第三节　高密度二氧化碳杀菌 ······· 128
　　一、高密度二氧化碳的杀菌机理 ··· 129
　　二、影响高密度二氧化碳杀菌的因素 ····· 130
　　三、高密度二氧化碳技术在食品
　　　　工业中的应用 ················ 131
　第四节　食品过滤除菌 ·············· 132
　　一、空气过滤除菌原理 ············ 132
　　二、空气过滤器 ·················· 133
　　三、液体过滤除菌 ················ 134

第二部分　食品加工 / 136

第五章　乳制品生产工艺 ·········· 136
　第一节　牛乳的成分和性质 ········· 136
　　一、牛乳的成分 ·················· 136
　　二、牛乳的物理性质 ·············· 138
　第二节　液态鲜乳生产工艺 ········· 139
　　一、原料乳的检验 ················ 139
　　二、预处理 ······················ 140
　　三、标准化 ······················ 141
　　四、脱气 ························· 142
　　五、均质 ························· 142
　　六、杀菌和冷却 ·················· 142
　　七、灌装 ························· 144
　第三节　发酵乳生产工艺 ············ 144
　　一、酸乳的定义与分类 ············ 144
　　二、酸乳发酵剂及其生理功能 ····· 145
　　三、酸乳生产工艺过程 ············ 146
　　四、酸乳凝胶体的结构 ············ 148
　　五、影响酸乳硬度和乳清分离的因素 ··· 148
　　六、酸乳的风味物质 ·············· 150
　　七、酸乳质量控制 ················ 151
　第四节　乳粉生产工艺 ·············· 152
　　一、全脂乳粉生产工艺 ············ 152

　　二、乳粉的速溶方法 ·············· 155
　　三、影响乳粉质量的因素 ········· 157
　　四、母乳化乳粉 ·················· 158
　第五节　冰淇淋生产工艺 ············ 159
　　一、冰淇淋的分类和组成 ········· 159
　　二、冰淇淋的主要原料 ············ 160
　　三、冰淇淋的生产工艺流程 ······· 162
　　四、影响冰淇淋质量的因素 ······· 166
　第六节　干酪生产工艺 ·············· 167
　　一、干酪的定义 ·················· 167
　　二、干酪的分类 ·················· 167
　　三、天然干酪一般加工工艺 ······· 169
　　四、再制干酪的加工工艺 ········· 171
　第七节　褐色乳酸菌饮料生产工艺 ··· 172

第六章　饮料生产工艺 ············ 173
　第一节　饮料的主要原料 ············ 174
　　一、水和水处理 ·················· 174
　　二、甜味剂和酸味剂 ·············· 183
　　三、食用香精 ···················· 183
　　四、二氧化碳 ···················· 184
　　五、其他原料 ···················· 184
　第二节　包装饮用水 ················ 184

一、纯净水的生产工艺 184
二、矿泉水的生产工艺 185
第三节　碳酸饮料 189
一、糖浆的制备 189
二、碳酸化 190
三、碳酸化方式和碳酸饮料的灌装 ... 191
第四节　果蔬汁饮料 193
一、果蔬汁的分类和化学组成 193
二、果蔬汁饮料的生产工艺 196
三、典型果蔬汁的生产工艺 201
第五节　谷物饮料 204
一、谷物饮料的主要原料 204
二、谷物饮料生产工艺 204
三、影响谷物饮料稳定性的主要因素 ... 205

第七章　巧克力及其制品生产工艺 ... 207

第一节　巧克力的分类与组成 207
一、巧克力的分类 207
二、巧克力的基础原料 208
三、巧克力的营养价值 211
第二节　巧克力生产工艺 211
一、混合 211
二、巧克力料的精磨 211
三、巧克力料的精炼 213
四、巧克力料的调温 215
五、巧克力注模成型 216
六、原料对产品质量的影响 217
第三节　巧克力制品生产工艺 218
一、夹心巧克力 218
二、果仁巧克力 219
三、抛光巧克力 219

第八章　焙烤制品生产工艺 220

第一节　焙烤制品的原材料 220
一、小麦粉 220
二、水 223
三、糖 224
四、油脂 224
五、蛋和乳 225
六、食盐 225
七、疏松剂 225
八、小麦粉品质改良剂 226
第二节　面包生产工艺 226
一、原辅材料的处理 227
二、面团的调制 227
三、面团发酵 228
四、整形 230
五、成型（最后醒发） 230
六、面包烘烤 231
七、面包的冷却 233
第三节　冷冻预制面团面包生产工艺 ... 233
一、冷冻预制面团面包生产工艺流程 ... 233
二、影响冷冻面团品质的因素 233
三、食品添加剂在冷冻面团中的应用 ... 234
第四节　饼干生产工艺 235
一、饼干的分类 235
二、饼干生产工艺流程 236
三、饼干面团的调制 237
四、面团的辊轧 239
五、饼干的成形 240
六、饼干的烘烤 242
七、饼干的冷却 244

第三部分　食品加工技术　/ 246

第九章　食品超微粉碎和微胶囊
　　　　技术 246

第一节　食品超微粉碎技术 246
一、食品超微粉碎的定义及分类 246
二、食品超微粉碎技术的优点 248
三、超微粉碎技术在食品工业中的应用 ... 248

第二节　食品微胶囊技术 249
一、微胶囊的基本组成和作用 249
二、微胶囊化方法和材料 250
三、部分壁材的性能 250
四、微胶囊的主要制备方法 252
五、微胶囊技术在食品工业中的应用 ... 259

第十章　食品分离技术·············· 263

第一节　膜分离技术 ················ 263
一、膜技术概述 ··················· 263
二、膜分离装置和工艺流程 ········· 266
三、反渗透和纳滤 ················· 272
四、超滤（UF） ···················· 275
五、微滤（MF） ···················· 276
六、电渗析 ······················· 278
七、气体分离和渗透蒸发 ··········· 279
第二节　双水相萃取分离 ············ 281
一、双水相的形成及其特点 ········· 281

二、影响物质分配平衡的因素 ········· 283
三、双水相萃取的工艺流程 ··········· 283
四、双水相萃取的应用 ··············· 284
第三节　超临界流体萃取技术 ········· 284
一、超临界流体（SCF）的定义和性质 ··· 285
二、超临界流体的溶解能力 ··········· 287
三、超临界流体的选择性 ············· 288
四、超临界流体萃取的工艺过程 ······· 288
五、溶质和溶剂的分离 ··············· 289
六、超临界流体在食品工业中的应用 ····· 290

参考文献··························· 293

第一部分 食品保藏

一、引起食品品质变化的因素

食品原料的质量是食品工业生产的一个重要因素，无论何种加工工艺都不能改善原料的品质，至多能够保持原来的品质。蔬菜、水果、谷物、坚果和种子类的植物性原料在采收或离开植物母体之后仍然是活的，家禽、家畜和鱼类在屠宰后组织已经死亡，但细胞内酶的活动仍在进行；污染性的微生物在这些食物原料中仍然成活；空气中的氧能够使食物中的某些成分发生变化；虫、鼠等生物与人类竞争这些食物，并使其污染而失去食用价值。总之，引起食品品质变化的因素是多样和复杂的，归结起来可以分为生物因素、化学因素等。

1. 生物因素

(1) 微生物 微生物污染是引起食物原料变质的第一因素。新鲜食物是微生物的良好培养基，食物的存放为微生物的生长提供了条件。在微生物的作用下，食品中的高分子物质被分解为各种低分子物质，使食品品质下降，进而发生变质和腐败。有些微生物会产生气体，使食品呈泡沫状；有些会形成颜色，使食品变色；有少数还会产生毒素而导致食物中毒。引起食物腐败的微生物有细菌、霉菌和酵母。细菌可分解食品中的糖类，生成多种酸及一些低分子量的气体，使食品呈现酸味及不良气味；细菌作用于食品蛋白质时，可将蛋白质分解转化为腐胺、尸胺、粪臭素等，然后进一步分解成硫化氢、硫醇、氨、甲烷、二氧化碳等。细菌也促进脂肪的氧化分解，使油脂中的脂肪酸分解产生醛、酮、酸等。在这一系列分解过程中，伴随有中间产物的相互作用，从而产生大量毒性物质，并散发出令人讨厌的恶臭味。造成食品腐败的微生物主要有以下几种菌属：假单胞菌属、黄色杆菌属、无色杆菌属、变形杆菌属、梭状芽孢杆菌属和小球菌属。

霉菌利用食品中的碳水化合物、蛋白质为碳源和氮源生长繁殖，同时使食品外层长霉或颜色改变，且产生明显霉味；若霉变是由产毒霉菌造成的，则产生的毒素对人体健康有严重影响，如黄曲霉毒素可导致癌症。引起食品霉变的霉菌主要有：毛霉属的总状毛霉、大毛霉，根霉属的黑根霉，曲霉属的黄曲霉、灰绿曲霉、黑曲霉，青霉属的灰绿青霉。霉菌在较低的水分活度、较低的气温下仍能正常生长繁殖。

食品发酵造成的腐败有酒精发酵、醋酸发酵、乳酸发酵和酪酸发酵。酒精发酵是食品中的糖类物质在酵母作用下降解为乙醇的过程。水果、蔬菜、果汁、果酱和果蔬罐头等易产生酒精发酵现象。醋酸发酵是食品中的糖类物质经酒精发酵生成乙醇，进一步在碳酸杆菌作用下氧化为醋酸。食品醋酸发酵时，不但质量变劣，严重时完全失去食用价值。某些低度酒类、饮料（如果酒、啤酒、黄酒、果汁）和蔬菜罐头等常常发生醋酸发酵。乳酸发酵是食品中的糖类物质在乳酸杆菌作用下产生乳酸，使食品变酸的现象。鲜奶和奶制品易发生这种现象。酪酸发酵是食品中的糖类物质在酪酸菌作用下产生酪酸的现象。酪酸具有令人厌恶的气味。鲜奶、奶酪、豌豆类食品发生这种酸变时，食品质量严重下降。

对于鱼、肉、果蔬类食品细菌作用最为显著，对于粮食、面制品则以霉菌作用最为明显。各种食物原料上污染微生物的种类和数量相差很大，不同微生物在不同原料上的生长能力各异，原料对微生物的抵御能力也各不相同。肉类食品对微生物的入侵几乎不产生自然的抵抗力；水果的果皮有较强抵抗微生物入侵的能力，但外皮破裂后微生物能迅速生长和入侵；干的粮谷和种子因其坚硬的外皮或外壳，以及坚实和低水分含量的内部组织结构，故抵御微生物的能力最强。

(2) 害虫和啮齿动物 害虫对于食品储藏的危害相当惊人。由于害虫种类多、食性广、繁殖快、适应性强、分布广，根据联合国粮农组织的估计，每年由于虫害造成的粮食损失高达全年总产量的 5% 以上。根据对谷象的生活规律研究，10 对谷象在适宜环境中连续繁殖 5 年，其后代在 5 年中能吃掉 400t 小麦！害虫不仅损耗粮食，而且使食品受到损伤，使之易于受微生物的感染，加上害虫活动产生的热量、排泄的水分，容易引发大面积的霉变；所遗弃的排泄物、皮壳和尸体等还会严重污染食品；虫卵会存留在加工后的食品中，引起循环污染，使食品丧失商品价值。对食品危害性大的害虫主要有甲虫类、蛾类、蟑螂类和螨类。如对禾谷类粮食及其加工品、水果蔬菜的干制品等危害最大的害虫主要是象虫科的米象、谷象、玉米象等甲虫类。

啮齿动物主要以鼠类对食品危害最大。鼠类是食性杂、食量大、繁殖快和适应性强的啮齿动物。老鼠虽小，家族庞大，全世界现存的哺乳动物共有 4154 种，鼠类即占 1687 种。据估计全球"总鼠口"为全球总人口的四倍以上。鼠不但种类多，而且分布广，适应性强，性成熟快，在温暖地带，一般每年能生 4～6 窝，每窝 6～10 只，最多可达 23 只，据推算一对褐家鼠一年可生殖 96～120 只幼鼠。据联合国粮农组织统计，全球每年因鼠害造成的农作物损失约占其总产量的 10%～20%，每年因老鼠损失贮粮 3300 万吨，因鼠害减产 5000 万吨，足可供 3 亿人吃 1 年。鼠不仅大量消耗食物，而且使食物受到污染，传播沙门氏菌病、钩端螺旋体病、斑症伤寒和鼠疫等疾病。

2. 化学因素

(1) 酶 酶是食品工业不可缺少的重要材料，但在食品保藏中，由于食物材料采收后其体内的酶在适宜的条件下仍会保持活性，体内的新陈代谢活动继续进行。因此在加工和储藏过程中，由于酶的作用，特别是氧化酶、水解酶类的催化而引起原料品质的严重下降。例如，呼吸作用是水果、蔬菜、原粮等各种植物在多种酶系统参与下的生理活动，具有维持自身生存、抵抗病菌侵染的功能。但是，呼吸作用又是一个不断地消耗体内贮藏物质、释放热量、促使自身逐渐成熟衰老的生理过程，糖类、脂类、蛋白质、氨基酸、有机酸等物质的消耗随贮藏期延长而增加，导致色、香、味以及食用品质和营养价值降低，以及风味劣变、颜色褐变、维生素损失等。

成熟衰老变化通常是指水果蔬菜收获后进行的生理生化变化，当达到一定的成熟度收获后，在贮藏、流通中仍然进行着在田间尚未完成的成熟衰老过程。成熟使它们的色、香、味、质地得到改善，商品质量得到提高，但当进入衰老阶段时商品质量发生劣变，表现为色泽暗淡、质地疏松软化、风味和气味变差，更重要的是抗病性显著下降，易受病菌侵染而腐烂变质。

与食品品质有关的主要酶类有脂肪酶、蛋白酶、果胶酶、淀粉酶、过氧化物酶、多酚氧化酶等。脂肪酶能将脂肪分解为甘油和脂肪酸，许多含脂食品如干果等的变质原因常常是由于脂肪酶作用使游离脂肪酸增加所致。蛋白酶能水解蛋白质，这也是动物性食物材料质地软烂，甚至产生多肽苦味的重要原因，特别是鱼类的生化反应进行得很快，在相当短的时间内，经过一系列中间反应，蛋白质被分解为氨基酸和其他含氮化合物。果胶物质是所有高等植物细胞壁和细胞间层中的成分，也存在于植物细胞汁液中，对于水果和蔬菜的食用质量有很大的影响。果胶酶降解果胶物质是导致许多水果、蔬菜在成熟后过分软化的原因。氧化酶类中的酚酶和多酚氧化酶，能迅速氧化单宁和黄酮类物质，在有氧条件下发生酶促褐变，这是马铃薯、香蕉、莲藕、苹果、梨等果蔬在加工过程中发生褐变的主要原因。其他氧化酶类如过氧化物酶、抗坏血酸氧化酶等也会引起食品颜色和风味的劣变及营养成分的损失。

（2）变色 褐变作用按其发生机理可分为非酶褐变和酶促褐变两大类。在贮藏过程中的食物褐变会影响食物外观，降低营养价值和风味。酶促褐变是果蔬组织受到损伤，在酚酶和多酚氧化酶催化下食品中的酚类物质经过一系列的氧化、聚合作用的结果。在正常情况下，完整的果蔬组织中氧化还原反应是偶联进行的，但当发生机械性损伤及处于异常的环境变化（如受冻、受热等）时，便会影响氧化还原作用的平衡，发生氧化产物的积累，造成变色。这类反应非常迅速，需要有酶催化，有氧参与。催化产生褐变的酶类主要是酚酶，其次是抗坏血酸氧化酶和过氧化物酶类等。

食品在贮藏中发生的非酶褐变主要有美拉德反应和抗坏血酸氧化反应，焦糖化反应只发生在食品加工中。褐变对营养的影响主要是：氨基酸因形成色素和在 Strecker 降解反应中被破坏而损失；与色素以及糖结合的蛋白质溶解度降低，并且不易被酶分解，尤其是赖氨酸最易损失，从而降低蛋白质的营养效价；水果中维生素 C 因氧化而减少。非酶褐变的产物中有一些是呈味物质，能赋予食品以优或劣的气味和风味。

此外，植物色素主要有叶绿素、类胡萝卜素、花青素和叶黄素等，它们在贮藏加工中都会发生变化，从而影响食品的天然色泽。动物色素主要有肌红素和血红素，呈鲜红色，当肌红素和血红素被氧化时呈暗红色或暗褐色，对于鲜肉及肉制品的质量影响很大。

（3）氧化 脂肪酸败是食品在保藏中发生氧化的主要作用。脂肪酸败有各种途径，但主要是自动氧化酸败以及酶催化导致的水解酸败。具有共轭双键的不饱和脂肪酸受到光照、加热、金属离子催化等因素的作用，很容易产生自由基并引发自动氧化酸败，在生成过氧化物后，脂肪酸被分解成许多小分子化合物，如醛类、醛酯类、内酯类、酮类、羟基酸和酮基酸类等，产生酸败的哈喇味。醛、酮类物质对人体健康有害，如果食用酸败食品过多可引起腹泻，甚至影响肝脏的健康。脂肪酸败生成的羰基化合物与食品中的氨基化合物作用引发的褐变反应是干鱼、冻鱼出现"油烧色"的原因。而一些具有小分子脂肪酸的脂肪在酶的作用下水解，游离出脂肪酸，因这些小分子脂肪酸具有令人不快的气味而致酸败，这一途径称为水解酸败。

（4）淀粉老化 淀粉老化是糊化的逆转变化，其本质是分散的淀粉分子又自动排列成序。因为食品温度逐步降低时，已糊化淀粉的分子动能降低，分子间以一些原有的氢键结合点为起点重新聚合，相邻分子间的氢键结合逐步恢复，形成微晶结构。但老化淀粉的微晶束不再呈现原有状态，而是零乱、致密、高度晶化的不溶性淀粉分子微晶束。由于淀粉羟基很多，结合得十分牢固，所以难溶于水，也不易被酶水解。淀粉老化降低了食品的可口性，也降低了食品的营养价值。

（5）食品新鲜度的下降　动物胴体在宰杀后由于呼吸的停止，ATP 不再生成。ATP 在一系列酶的作用下依次被分解为 ADP、AMP、IMP、HxR（肌苷）、Hx（次黄嘌呤）。这种能量物质的分解衰变是动物性食品新鲜度变化的本质。此外，糖原酵解使得胴体 pH 下降激活蛋白酶，使蛋白质分解，在形成风味的同时也为细菌繁殖创造了条件。植物性食物则主要是呼吸和蒸腾失水作用使食品新鲜度下降。蒸腾作用通常是指新鲜水果蔬菜在贮藏、流通过程进行的一种生理作用，即产品组织中的水分通过其表面以气态散失到环境中的现象。蒸腾失水不但造成产品数量方面的损失，而且使果蔬的新鲜度下降，失水严重时使外观萎蔫、质地柔韧、抗病性降低、丧失贮藏性和商品价值。

（6）维生素的降解　食品中的维生素在贮藏中受到多种因素的影响，维生素易被破坏，特别是一些对热、光和氧气敏感的维生素更是如此。

二、食品保藏的方法

按照保藏原理分类，现有食品保藏技术大致可以分为下述四大类。

1. 维持食品最低生命活动的保藏方法

该方法主要用于保藏新鲜果蔬原料。果蔬采摘后，其生命活动依然进行着，但因脱离植株，不再有养料的供应，故其组织内的各种化学反应只能向分解方向进行。因此，果蔬采摘后的生命活动越旺盛，果蔬内储存物质的分解速度就越快，品质的下降也越快。采用低温保藏或保鲜剂保藏，抑制果蔬的呼吸作用，使果蔬的新陈代谢活动维持在最低水平上，有利于延缓储存物质的分解，能在较长时间内保持它的天然免疫性，抵御微生物的入侵，延缓腐败变质，从而延长它们的保存期。但过度抑制会使果蔬细胞进行无氧呼吸，加速其腐败；过低温度的保藏也会使果蔬组织发生冷伤害。在实际生产中，这类保藏方法主要包括冷藏法、气调法等，保藏温度是质量控制最重要的因素，而湿度是保持果蔬新鲜度的基本条件，适当的气体成分是提高保藏质量的有力保证。

减压保藏是将贮藏室内的气体压力降低到一定程度，由此可以实现真空预冷，限制微生物的繁殖，降低氧气浓度到保持果蔬最低呼吸需要，迅速排除二氧化碳和乙烯等有害气体，从而达到果蔬保鲜的目的。

2. 抑制食品生命活动的保藏方法

在某些物理化学因素的影响下，食品中微生物和酶的活力受到抑制，从而延缓了食品的腐败。但这些因素一旦消失，微生物和酶的活动迅即恢复，因此这只是一种暂时性保藏措施。属于这类的保藏方法有冷冻保藏、高渗透压保藏（如干制、腌制、糖制等）、烟熏及使用添加剂等。冷冻保藏是将游离水凝结固定；干制是减少食品中所含游离水和部分胶体结合水，使制品可溶性固形物浓度提高；糖制和腌制是利用一定浓度的食糖或食盐溶液渗入食品组织，提高制品的渗透压而降低水分活度；烟熏是利用燃烧产生的熏烟中的有机成分附着在食品表面，起到抑制微生物和抗氧化作用；适当使用食品添加剂能有效抑制微生物的增殖，延缓食品氧化变质等，在国标范围内使用是安全的。

3. 利用生物发酵保藏的方法

借助于有益微生物的发酵活动（如乳酸发酵、醋酸发酵、酒精发酵等）的产物，建立起抑制腐败微生物生长的环境，达到防腐和增进风味的作用。果蔬腌制时常用 3%～7% 浓度的食盐溶液，在该浓度下腐败菌的生长受到抑制而乳酸菌可以生长，当乳酸的浓度达到 0.6%～0.8% 时就足以抑制腐败菌和酶的活动，泡菜和酸黄瓜就是采用这类方法保藏的食品。

4.利用无菌原理的保藏方法

利用热处理、辐照、过滤以及常温高压等方法处理，将食品中腐败微生物数量杀灭到在该菌数下食品能长期贮藏的程度，并应用密封等处理维持这种状况，防止食品再次污染。罐藏、辐照保藏及无菌包装技术等均属于这类方法。

第一章 食品干燥保藏

干燥（drying）是在自然条件或人工控制条件下促使食品中水分蒸发的工艺过程；脱水（dehydration）是为保证食品品质变化最小，在人工控制条件下除去食品中水分的工艺过程。干燥的定义比较宽泛，而脱水突出了对原有品质保护的特点，例如，在稀溶液物料体系采用反渗透浓缩、在固形物料体系采用低温真空方式，都是脱水操作。脱水食品不仅应达到耐久贮藏的要求，而且要求复水后基本上能恢复原状，如脱水蔬菜。

食品干燥保藏是食品保藏最久远的方法之一，是脱水干制品的水分降低到足以防止腐败变质的水平后，始终保持低水分进行长期贮藏的过程。最经济、最简单方便的干燥形式无疑是自然干燥。在世界上许多地方，现在仍然沿用日光干燥法，但该法有一些明显的缺点，例如，日光干燥时温度、空气湿度和流速等干燥条件无法按需求设定和控制；干燥终点的产品含水量偏高（一般都大于 15%），使许多食品的贮藏稳定性受到影响；需要相当大的干燥场地，约为人工脱水所需场地的 20 倍；露置的食品易受灰尘、虫、鼠和鸟类的侵害；干燥缓慢，干燥过程中果蔬组织因发酵和呼吸作用，糖类和其他营养成分有所损失，颜色褐变，不适用于质量要求高的产品。

人工干制在室内进行，不再受气候条件限制，操作易于控制，干制时间显著缩短，相应的产品质量上升，得率有所提高。食品干燥不但有利于食品的保藏，而且方便运输，降低运输成本，在加工中可提高设备的生产能力以及提高废渣和副产品的利用价值。

第一节 食品干燥保藏的基本原理

一、水分活度对微生物生长的影响

食品中的部分水分牢固地结合在特殊晶格位置上（包括多糖的羟基、羰基和蛋白质的氨基等）。在这些晶格位置上，水能被氢、离子-偶极子或被其他一些基团牢牢地结合。测定这种吸附作用的最有效的方法是利用 BET（Brunauer-Emmet-Teller）等温线方程。

微生物的生长需要一定的水分活度，各种微生物生长繁殖所需要的最低水分活度各不相同。对许多与食品有关的微生物的研究表明，水分活度小于 0.91 时，大多数细菌就不会繁殖；有些耐高盐细菌在水分活度为 0.75 时仍能繁殖，但它们往往不是食品败坏的重要起因。一般酵母生长所需的水分活度值在 0.87～0.92 范围内，但耐渗透压酵母在水分活度为 0.75 时尚能生长。霉菌较大多数细菌更耐干旱，大多数霉菌在水分活度 0.8 以下停止生长。在水分活度低于 0.65 时，微生物的繁殖完全被抑制，这种水分活度在许多食品中相当于低于 20% 的总含水量，近乎十足干燥的产品。在水分活度低于 0.6 时几乎所有微生物都不能生存（见表 1.1）。

微生物生长繁殖所需水分活度的最小值并不是一个绝对值，而是受环境条件的影响。在通常情况下，环境条件（如微生物所需的营养状况、氧分压和食品的温度、pH 值等）越差，微生物生长的水分活度下限越高。如金黄色葡萄球菌在有氧和缺氧条件下对应的最低水分活度分别为 0.8 和 0.9。

表 1.1　微生物生长需要的水分活度和相关食品

A_w 范围	适宜生长的微生物	该 A_w 范围内的部分食品
1.00～0.95	变形杆菌、克氏杆菌、芽孢杆菌、大肠杆菌、假单胞菌、部分酵母、志贺氏菌、产气荚膜梭菌	鲜豆腐、果蔬、鱼、肉、奶、罐头、熟香肠、面包、含糖 44% 或含盐 8% 以下的液态食品
0.95～0.91	沙门氏菌、副溶血弧菌、肉毒梭状芽孢杆菌、乳杆菌、足球菌、部分霉菌、酵母	干酪、熏肉、火腿、一些浓缩果汁、含糖量为 44%～59% 或含盐 8%～14% 的液态食品
0.91～0.87	多数酵母（假丝酵母、圆酵母、汉逊氏酵母）、小球菌属	发酵香肠、松软糕点、腊肠、人造奶油、鱼粉、较干干酪、含糖 59% 或含盐 15% 以上的液态食品
0.87～0.80	多数霉菌（如产毒素青霉菌）、金黄色葡萄球菌、多数酵母菌、德巴利氏酵母	多数浓缩果汁、甜炼乳、面粉、大米、果糖浆、水果蛋糕、含水量 15%～17% 的食品
0.80～0.75	多数嗜盐菌、产毒素曲霉	果酱、橘子果汁、杏仁软糖、糖渍凉果
0.75～0.65	嗜干霉菌、二孢酵母	含水燕麦片、糖蜜、甘蔗糖、干坚果类、蜂蜜、太妃糖
0.65～0.60	耐渗酵母	含水量 12% 的面条、10% 的香料、5% 的全蛋粉
<0.60	没有微生物生长繁殖	曲奇饼、脆点心、干面包片、包装饼干、含水为 2%～3% 的奶粉、5% 的脱水蔬菜、5% 的爆玉米花、1.5% 的马铃薯片

微生物产生毒素所需的最低水分活度比微生物生长所需的最低水分活度高。因此，通过水分活度的控制来抑制微生物的生长时，虽然食品中可能有微生物生长，但不一定有毒素产生。如金黄色葡萄球菌能在水分活度 0.8 以上环境生长，但其产生毒素时需要的水分活度在 0.87 以上；黄曲霉菌生长所需最低 A_w 为 0.78～0.80，而产生黄曲霉毒素时最低 A_w 为 0.83～0.87。但如果在干制前毒素已经产生，因干制无法破坏这些毒素，食用这种脱水食品后有导致食物中毒的可能。芽孢菌形成芽孢时的 A_w 一般比营养细胞发育的 A_w 高，梭状芽孢杆菌发芽发育的最低 A_w 为 0.96，而要形成完全的芽孢，在相同的培养基中 A_w 必须高于 0.98。表 1.2 是部分微生物生长和水分活度的关系。

表 1.2　主要食品腐败微生物最低水分活度

微生物	A_w	微生物	A_w
肉毒梭状芽孢杆菌,E 型	0.97	产蛋白假丝酵母	0.94
假单胞菌	0.97	副溶血弧菌	0.94
不动杆菌	0.96	灰葡萄孢	0.93
大肠杆菌	0.96	葡枝根霉	0.93
产气肠杆菌	0.95	刺囊毛霉	0.93
枯草芽孢杆菌	0.95	Scottii 假丝酵母	0.92
肉毒梭状芽孢杆菌,A、B 型	0.94	普鲁兰丝孢酵母	0.91

続表

微生物	A_w	微生物	A_w
涎沫假丝酵母	0.90	圆锥曲霉	0.70
金黄色葡萄球菌	0.86	Echinulatus 曲霉	0.64
柠檬链格孢	0.84	鲁氏结合曲霉	0.62
Patulum 青霉	0.81	双孢旱霉	0.61
淡蓝色曲霉	0.70		

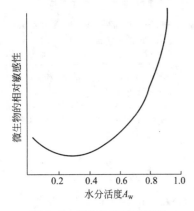

图 1.1 微生物物理灭菌的敏感性与水分活度的关系

水分活度能改变微生物对热、光和化学试剂的敏感性。一般情况下，在高水分活度时微生物最敏感，在中等水分活度下最不敏感。水分活度与微生物物理杀菌的关系如图 1.1 所示。

应该指出，微生物有时会对水分活度变化产生适应性，如果水分活度的降低是通过添加水溶性物质，而不是通过水的结晶或脱水来实现时，更易发生变异。在相同的水分活度下，微生物在不同溶质溶液中生长受抑制的状况也不同。如相同水分活度的果糖溶液、甘油溶液和氯化钠溶液对微生物的抑制作用依次加强，因此，若要利用水分活度控制微生物的生长，还需根据操作方法、溶质及微生物种类灵活应用。

二、水分活度对脂肪氧化的影响

水分活度是影响食品中脂肪氧化的重要因素之一，这种影响非常复杂。水分活度在很高或很低时，脂肪都容易发生氧化，水分活度在 0.3～0.4 之间时，食品中的水处于 BET 方程的单层值，酸败变化最小。水分活度小于 0.1 的干燥食品因氧气与油脂结合的机会多，氧化速度非常快。水分活度在 0.3～0.4 之间时，食品中水分在自由基反应中与过氧化物发生氢键结合，减缓了过氧化物分解的初期速率；当这些水与微量的金属离子结合，能降低其催化活性或产生不溶性金属水合物而失去催化活性。当水分活度大于 0.55 时，水的存在提高了催化剂的流动性和氧的溶解性，大分子吸水胀润而暴露更多催化部位，从而使油脂氧化的速度增加。当水分活度升高到大于 0.80 以后，由于催化剂被稀释，氧化速率将有所下降。水分活度对马铃薯片氧化作用的影响见表 1.3。

表 1.3 水分活度对马铃薯片氧化作用的影响

水分活度	在空气中吸收氧的初速率/[μL O₂/(g·h)]	在封闭容器中的氧化速率/[μL O₂/(g·h)]	2000h 后的过氧化值
0.001	2.7	0.15	70
0.11	0.26	0.13	—
0.20	0.16	—	15
0.32	0.15	0.07	—
0.40	0.16	0.06	5
0.62	—	0.19	
0.75	—	1.60	

实验表明，以单分子层水所对应的 A_w 为分界点，当 A_w 高于分界点时脂质氧化主要表现为受脂肪酶作用，使游离脂肪酸增加；而当 A_w 低于分界点时，脂质氧化主要表现为自动氧化反应，使过氧化值急剧增大。图 1.2 描述了猪肉脂质氧化和 A_w 的关系。

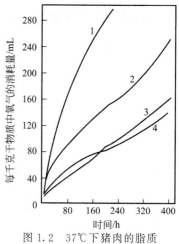

图 1.2　37℃下猪肉的脂质
氧化与 A_w 的关系
1—A_w=0.75；2—A_w=0；
3—A_w=0.51；4—A_w=0.21

三、水分活度对酶活力的影响

食品中酶的来源多种多样，有食品的内源性酶、微生物分泌的胞外酶及人为添加的酶。酶反应的速率随水分活度的提高而增大，通常在水分活度 0.75～0.95 的范围内酶活性达到最大，超过这个范围酶促反应速度下降，其原因可能是高水分活度对酶和底物的稀释作用。酶活性随水分活度呈非线性变化，当食品中的水低于 BET 方程单层值时，酶反应速率非常慢甚至停止，水分活度的小幅度增加，会使酶促反应速率大幅度增加。水分活度影响酶促反应主要通过以下途径：①水作为运动介质促进扩散作用；②稳定酶的结构和构象；③水是水解反应的底物；④破坏极性基团的氢键；⑤从反应复合物中释放产物。

由于活性中心的反应速率大于底物或产物的扩散速率，因此运动性是限制酶促反应的主要因素。脂肪酶的底物是脂类，在底物是液态时水的运动作用就不很重要了，因此脂解作用能在极低的水分活度（A_w=0.025～0.25）下进行。图 1.3 是在 30℃下 A_w 值在 0.35～0.70 的范围内卵磷脂酶的活力表现。当面粉中水分含量为 3% 时，脂肪酶的活性未能检出；当水分含量为 14% 时，脂肪酶的活性增高，酶解产生的脂肪酸造成面食品的酸败。

水分活度对酶的热稳定性也有影响。图 1.4 为黑麦脂肪酶的热失活曲线，由图 1.4 可知，黑麦脂肪酶的起始失活温度随水分含量升高而降低，即酶在较高的水分活度环境中更容易发生热失活。脱水食品中的酶并未完全失活，这也是造成脱水食品在储藏过程中质量变化的重要因素。

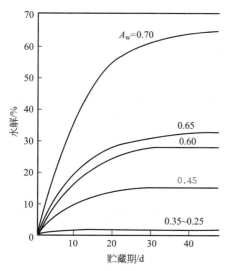

图 1.3　水分活度对卵磷脂酶解速率的影响

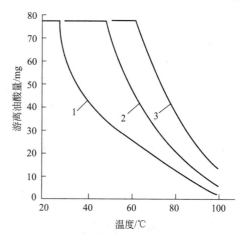

图 1.4　A_w 对黑麦脂肪酶热稳定性的影响
1—含水量 23%；2—含水量 17%；3—含水量 10%

四、水分活度对非酶褐变的影响

大部分的脱水食品以及几乎所有的中湿度食品都会发生非酶褐变，水分活度对该反应的影响很大。非酶褐变适宜的水分活度范围与干制品的种类、温度以及 Cu^+、Fe^{2+} 等因素有

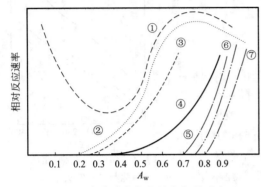

图 1.5　水分活度与食品中各种反应
速率之间的关系
①—脂肪氧化作用；②—非酶褐变；
③—水解反应；④—酶活力；⑤—霉菌
生长；⑥—酵母生长；⑦—细菌生长

关，褐变的最大速率出现在 A_w0.65~0.7，在 37℃、54℃、70℃、90℃ 条件下都获得同样的结果；在 A_w 小于 0.6 或大于 0.9 时非酶褐变速率将减小；在 A_w 为 0 或 1 时非酶褐变即停止。果蔬制品发生非酶褐变的范围是 A_w0.65~0.75，肉制品褐变的 A_w 范围一般在 0.30~0.60，干乳制品褐变 A_w 值大约在 0.70。由于食品成分的差异，即使同一种食品，由于加工工艺不同，引起褐变的最适 A_w 值也有差异。水在非酶褐变中既作溶剂又是反应产物，在低水分活度下因扩散作用的受阻而反应缓慢；在高水分活度下，反应因反馈抑制作用和稀释作用而下降。水分活度对非酶褐变等因素的影响见图 1.5。

五、水分活度对其他食品营养成分的影响

1. A_w 对维生素的影响

食品中维生素 C 在低 A_w 环境中比较稳定，随着食品中水分增加，维生素 C 降解迅速增快，且其降解反应属一级化学反应。

2. A_w 对淀粉老化的影响

淀粉老化是因糊化的淀粉分子又自动排列成序，形成致密、高度结晶化的不溶解性的淀粉分子微束。影响淀粉老化的主要因素是温度，但 A_w 对淀粉老化也有很大的影响。在 A_w 较高的情况下（含水量 30%~60%），淀粉老化的速度最快，如果含水量降至 10%~15%，水分基本以结合水的状态存在时淀粉就不会发生老化。

3. A_w 对蛋白质变性的影响

蛋白质变性是蛋白质高级结构的改变。因为水能使蛋白质膨润，暴露出长链中可能氧化的基团，所以 A_w 增大会加速蛋白质的氧化作用，破坏保持蛋白质高级结构的次级键，导致蛋白质变性。当水分含量在 4% 时蛋白质变性仍能缓慢进行；当水分含量在 2% 以下，蛋白质不发生变性。

4. A_w 对水溶性色素分解的影响

花青素溶于水时很不稳定，1~2 周后果实特有的色泽就会消失，但花青素在水果干制品中十分稳定，经过数年贮藏也仅仅是轻微的分解。

六、糖制品中水分活度的计算

食品的水分活度一般由水分活度仪测定，用于糖果配方的一种经验方法是 Grover（格

洛弗）法，依下式计算水分活度，但在很低的水分含量下不适用：

$$A_w = 1.04 - 0.1(\sum S_i C_i) + 0.0045\sum (S_i C_i)^2$$

式中　C_i——成分 i 的质量分数；

　　　S_i——成分 i 的蔗糖当量（见表1.4）。

表 1.4　各种食品成分的蔗糖当量

成分	蔗糖	乳糖	转化糖	玉米糖浆（45D.E）	动物胶	淀粉及其他多糖类	柠檬酸及其盐类	氯化钠
蔗糖当量	1.0	1.0	1.3	0.8	1.3	0.8	2.5	9.0

第二节　食品干制的基本原理

一、干制过程的湿热传递

食品干制过程是水分和热量传递的过程，即食品吸收热量，逸出水分，因而也称湿热传递过程。湿热传递过程与食品的热物理学性质之间存在着密切关系，现分述如下。

1. 食品的比热容

食品是复杂成分的混合体，食品中干物质的比热容较小，为 $1.257\sim1.676kJ/(kg\cdot K)$，而水的比热容为 $4.19kJ/(kg\cdot K)$，因此，湿物料的比热容取决于食品的含水量，而且食品的比热容与其含水量之间呈线性相关，但食品的含气量等因素也会影响比热容数值。如果食品的含水率为 $W\%$，食品的比热容可表示为：

$$c_食 = [c_干(100-W) + c_水 W]/100$$
$$= c_干 + (c_水 - c_干)W/100$$

2. 食品的热导率

食品是一种多相态混合体系，与单一相态物体的传热有较大的区别。热量在食品中的传递既可通过内含空气和液体的孔隙以对流方式进行，也可通过食品的固体间架以导热方式进行，还可通过孔隙壁与壁之间的辐射等方式来进行，这样就产生了真正热导率与当量热导率两个不同的概念。当量热导率是上述各种方式传递热量的能力，在大多数情况下与真正热导率有差别。

食品的热导率主要取决于它的含水量和温度，因而在干燥过程中是可变的。食品的热导率与温度之间大体上呈线性的关系，即随温度升高，热导率增大，但随着水分含量的降低，热导率将不断地减小，这是因为在水分蒸发后，空气代替水分进入食品中，从而使其导热性变差（见图1.6）。热导率与水分含量的关系因食品种类而异，以麦粒的干燥为例，在含水量 W 为 $10\%\sim20\%$ 时，热导率 λ 可表示为：

$$\lambda = 0.07 + 0.00233W$$

3. 食品的导温系数

导温系数 α 是表示食品加热或冷却快慢的物理量，可用下式来计算：

$$\alpha = \lambda/c\rho$$

式中　ρ——食品的密度，与含水量有很大关系；

c——食品的比热容。

因此，温度和含水量仍是影响导温系数的主要因素，而含水量的影响更大。小麦的导温系数与含水量之间的关系如图1.7所示，在某一含水量下，小麦的导温系数会出现极大值。导温系数与温度之间的关系通常是随温度的升高而增大。

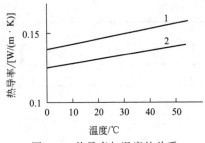

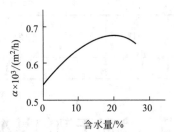

图1.6　热导率与温度的关系
1—水分含量为40%的物料；
2—水分含量为10%的物料

图1.7　导温系数与含水量之关系

4. 物料的给湿

潮湿物料中的水分通过物料表面向外（周围空气）扩散的过程称为给湿过程。湿物料表面水分受热后由液态汽化后从物料表面向周围介质扩散，物料表面与它内部各区间形成水分梯度，使物料内部水分不断向表面方向移动，湿物料湿度下降。通常水分蒸发只在表面进行，但在复杂的情况下也会在内部某些部分或全面进行。因此，物料内部水分可能以液态或蒸汽状态向外扩散转移。

5. 物料的导湿和导湿温性

由于给湿过程在物料内部与表层之间形成的水分梯度促使物料内部水分或以液体或以蒸汽形式向表层迁移，这一过程称为导湿。在普通加热干燥条件下，物料表面受热高于中心，湿物料受热后形成的温度梯度将导致水分由高温向低温处移动，即温度梯度和湿度梯度的方向相反，阻碍了水分由内部向表层扩散，这种现象称为导湿温性或称雷科夫效应。导湿温性是在许多因素影响下产生的复杂现象，如温度升高导致水蒸气压力升高，使水分由热层进到冷层；物料内空气因温度升高而膨胀，使毛细管水分顺着热流方向转移等。

二、影响热量和质量传递的重要因素

食品干制过程是水分和热量传递的过程，即食品吸收热量，逸出水分。同一操作条件对于这两个过程很难同时满足。在食品干燥过程中，以下因素对湿热传递有较大影响。

1. 食品的表面积

传热介质与食品的换热量及食品水分的蒸发量都与食品的表面积成正比，为了加速热量和质量的传递，我们通常将有待干燥的食品分切成小块或是薄片。分切后的食品增大了表面面积，也就增加了湿热交换的通道，并且缩短了热量传递到食品中心的距离和食品中心的水分运行到表面而逸出的距离，从而加速了水分的扩散和蒸发。

2. 干燥介质的温度

首先，加热介质与食品之间的温差越大，传入食品的热量的传递速率越高，水分在食品内部的扩散速度和表面的蒸发速度越快；其次，当加热介质是空气时，空气的温度越高，其饱和蒸汽压越高，能够容纳的水分越多。水分以蒸汽形式逸出时，将在食品周围形成饱和的蒸汽，若不及时排除，将阻碍食品内水分的进一步外逸，从而降低水分的蒸发速度。因此，以空气为加热介质时，空气流动的作用较温度更大。

3. 空气流速

空气流速的增大，不仅能够使对流换热系数增大，而且能够增加干燥空气与食品进行湿热交换的频率，及时驱除食品表面的蒸汽，防止在食品表面形成饱和空气层，从而能显著地加速食品的干燥速度。

4. 空气相对湿度

第一，当空气为干燥介质时，空气越干燥，能够容纳的水分越多，食品的干燥速度越快。但是，脱水的食品具有吸湿性，如果食品表面的蒸汽压低于空气的蒸汽压，食品就会吸收空气中的水蒸气，增加自己的水分含量，直至其表面蒸汽压与空气的蒸汽压互相平衡。此时的空气湿度为平衡相对湿度，食品的水分含量为平衡水分。因蒸汽压是温度的函数，各种食品在不同温度下对应的平衡相对湿度各不相同，如经典的土豆吸湿等温线（图1.8）所示。第二，空气的相对湿度除了能够影响湿热传递的速度以外，还决定了食品的干燥程度。如前所述，在降速干燥阶段，空气温度不宜太高，降低空气湿度或可成为一种选择，但费时相对较长，而且干燥空气一般通过冷凝脱水制备，还要计算能耗以确定其可行度。

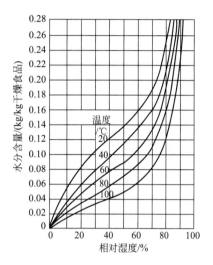

图1.8　土豆吸湿等温线

5. 真空度

水的沸点反比于真空度，在相同的温度下，提高干燥室的真空度相当于增加了食品与空气之间的温差，因此能有效地加快食品内水分的蒸发速度，并能使干制品具有疏松的结构。热敏产品脱水干制时，低温真空条件和缩短干燥时间对保证产品品质极为重要。

除了外界干燥环境对干燥速度造成的影响，食品物料自身的组成与结构也是干燥过程必须考虑的因素。食品成分的分布（如脂肪层的位置）、作为溶质的浓度（尤其是高糖分食品）、与水的结合力（食品内的游离水最易去除，在食品物料固形物中的吸附水分较难去除，进入胶质内部的水分更难去除，以化学键形成水合物形式的水分最难去除）、组织结构特征（如纤维性食物的方向性）等，都会对热与水分的传递产生很大影响。

三、食品干制过程的特性

食品干制过程的特性可由干燥曲线、干燥速率曲线和食品温度曲线的组合来表示（图1.9）。干燥曲线是干制过程中食品绝对水分和干制时间的关系曲线。食品绝对水分是以食品干物质的重量作为计算基础的食品水分。干燥速率曲线是干制过程中任何时间的干燥速率和该时间食品绝对水分的关系曲线。食品温度曲线是干制过程中食品温度和干制时间的关系曲线。

在食品初期加热阶段，食品温度迅速上升到湿球温度，干燥速率增至最大值。初期加热阶段的时间较短，有时不作介绍。食品的干燥主要发生在恒率干燥阶段，在此阶段中，干燥速率稳定不变，水分含量以线性方式下降，物料温度稳定在湿球温度，加热介质提供的热量全部消耗于水分的蒸发。当食品干制到第一临界水分 C 点（图1.9）时干燥速率开始下降，食品内水分含量沿曲线下降，逐渐趋近于平衡水分，食品温度逐步上升。当食品水分达到平衡水分时，干燥速率为零，食品温度达到干球温度。

干制过程中水分由中心向表面的转移取决于几个方面的作用力：表面蒸发后引起的水分梯度、物料内的毛细管力、溶质迁移到表面引起的渗透压、物料内的温度梯度。在恒速干燥阶段，物料表面始终保持湿润水分进行蒸发，界面层中的温度梯度很小，蒸汽分压成为蒸汽的迁移势，物料表面水分的蒸发强度类似于水从自由表面上的蒸发强度。物料内部水分扩散能力对干燥速率有很大的影响，干制过程中如能维持相同的物料内部和外部的水分扩散率，就能延长恒速干燥阶段，缩短干燥时间。水分扩散能力可以用导湿系数来表示。

当物料处于恒速干燥阶段，排除的水分基本上为渗透水分，以液体状态转移，导湿系数始终稳定不变（图1.10中 DE 段）。当干燥到排除毛细管水分阶段时，物料内水分以蒸汽或以液体状态扩散转移，导湿系数因而下降（CD 段）。再进一步排除的水分为吸附水分，基本上以蒸汽状态扩散转移，在排除多分子层水分时导湿系数上升（BC 段），排除单分子层水分时因水分和物料结合牢固，导湿系数下降（AB 段）。总之物料导湿系数将随物料结合水分的状态而变化。

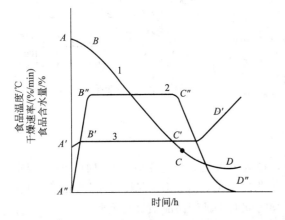

图1.9　食品干制过程的特性
1—干燥曲线；2—干燥速率曲线；3—食品温度曲线

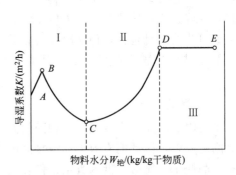

图1.10　物料水分和导湿系数间的关系
Ⅰ—吸附水分；Ⅱ—毛细管水分；Ⅲ—渗透水分

在干燥过程中湿物料内部会同时存在水分梯度和温度梯度，如果两者推动水分流动的方向相反，但导湿性比导湿温性强，水分将按照物料水分减少方向转移，导湿温性成为阻碍因素。若导湿温性比导湿性强，则水分随热流方向转移，并向物料水分增加方向发展，而导湿性成为阻碍因素。在大多数情况下，导湿温性常成为内部水分扩散的阻力因素。如果表面水分的蒸发速度不大于内部水分的扩散速度，干制过程就能维持恒速干燥阶段；如果水分的蒸发速度大于水分的扩散速度，导湿温性大于导湿性，使物料表面水分向深层转移，而表面的水分仍然进行蒸发，导致产品表面硬化、龟裂。表面迅速干燥导致温度迅速上升，水分蒸发转移至物料内部深处蒸发。只有物料内层因水分蒸发而建立起足够的压力，才会改变水分转移的方向，扩散至物料表面进行蒸发。

在降速阶段内的干燥速率主要受制于食品内部水分扩散和蒸发速率，空气流速及其相对湿度的影响逐渐消失而空气温度的影响增强。随着干制过程的进行，物料的水分梯度逐渐减少，温度梯度逐渐增大，水分从内部向表面的总流量逐渐减少，物料表面的水分蒸发速度则取决于干燥介质的参数变化。

第三节　食品在干制过程中的主要变化

食品在干燥过程发生的变化可归纳为物理变化和化学变化两种。

一、物理变化

1. 溶质迁移现象

食品干燥时表层收缩使深层受到压缩，组织中的液态成分穿过孔隙和毛细管向表层移动，溶液到达表面后，水分即汽化逸出，外层液体的浓度逐步增加。干制品内部通常存在可溶物质分布的不均匀，愈接近表面，溶质愈多。当表层溶液的浓度逐渐增高，内层溶液的浓度仍未变化，于是在浓度差的推动下表层溶液中的溶质便向内层扩散，因此，在干燥中出现了两股方向相反的物质流，第一股物质流把溶质通过溶剂带往物料表面，第二股物质流因浓差扩散而使溶质重新回到内部，使溶质分布均匀化。干燥速度较快时，溶质容易堆积在食品表面结晶析出，或在表面形成干硬膜，而干燥工艺条件控制适当，就可使干制品溶质分布基本均匀。

2. 干缩、表面硬化和热塑性

细胞壁结构有一定的弹性和硬度，即使细胞死亡，它们仍保持不同程度的弹性。但应力增大到一定数值，超过了细胞的弹性限度，发生了结构的屈服，在应力消失后细胞无法恢复原有形态，便产生了干缩。有充分弹性的细胞组织在均匀而缓慢地失水时，物料各部分会均匀地线性收缩，但更多情况是食品在高温和热烫后进行干燥，在中心干燥之前表面已经干燥变硬了，当中心干燥收缩时就会牵拉坚硬表面下各层次，导致内部开裂，产生空隙和蜂窝等，形成多孔结构，因此，干制品的密度较低。低密度干制品容易吸收水分，复水较快，外观较好，但包装和贮藏费用大，贮藏期短，易氧化。高密度干制品则适于作进一步加工的原料。

含高浓度糖类和其他溶质的食品在干燥过程中的溶质迁移可能使溶质残留在食品表面，封闭了食品内部向表面蒸发的微孔和裂隙，加上干制时正常的收缩作用，在物料表面温度很高时，就会因为内部水分未能及时转移到物料表面而使表面迅速形成一层干硬膜；食品表面干燥过于强烈，导湿速度严重滞后于给湿速度时也会使表层形成一层干硬膜。发生表面硬化之后，食品表层的渗透性极低，使干燥速率急剧下降而将大部分水分保留在食品内，延长了干燥过程。此外，在表面水分蒸发后，其温度也会大大升高，这将严重影响食品的外观质量。此时需要降低食品表面温度，减缓干燥速度，或适当"回软"后再干燥，以控制表面硬化。

果汁或蔬菜汁因缺乏组织结构而缺乏刚性，在干制时，即使所有水分都已逸出，其固体仍呈热塑性发黏状态，给人以仍含有水分的感觉，并且还会粘在输送带上难以除去。在冷却时，热塑性固体就硬化成结晶状或无定形玻璃状而易于除去，因此，大多数输送带式干燥设备内常设有冷却区。

3. 挥发性物质的损失

从食品中逸出的水蒸气中总是夹带着微量的各种挥发性物质，使食品特有的风味受到不可回复的损失。虽然香气回收技术已经有了很大进步，但完全香气复原是很难做到的。

4.水分分布不均现象

食品干燥过程是食品表面水分不断汽化、内部水分不断向表面迁移的过程。推动水分迁移的主要动力是物料内外的水分梯度。从物料中心到物料表面，水分含量逐步降低，这个状态到干燥结束始终存在。因此，在干制品中水分的分布是不均匀的。

二、化学变化

1.营养成分的损害

糖类含量较多的食品在加热时糖分极易分解和焦化，特别是葡萄糖和果糖，经高温长时间干燥易发生大量损耗。糖类因加热而引起的分解焦化是果蔬食品干燥时变质的主要原因之一。

脂肪氧化与干燥时的温度和氧气量有关。通常情况下，高温常压干燥比低温真空干燥引起的氧化现象严重得多。为了抑制干制时的脂肪氧化，常常在干燥前添加抗氧化剂。

蛋白质对高温很敏感，食品干制时蛋白质会发生变性、分解出硫化物以及发生羰氨反应。

各种维生素的损失是值得重视的问题。水溶性维生素如抗坏血酸极易在高温下氧化，硫胺素对热也很敏感，核黄素还对光敏感，胡萝卜素也会因氧化而遭受损失。如果干制前酶未被钝化，维生素的损失非常高。

2.褐变

褐变是食品干制时不可回复的变化，被认为是产品品质的一种严重缺陷。严重的褐变不但影响干制品的色泽，而且对风味、复水能力和抗坏血酸含量都可能产生不利影响。褐变速度受温度、时间、水分含量的影响，温度升高，褐变明显变快，当温度超过临界值，就会产生非常快速的焦化。时间也是一个重要因素，热敏食品在 90℃ 数秒可以无明显变化，但在 16℃ 8～10h 却会产生明显的褐变。水分含量在 15%～20% 时的褐变速度常常达到最大，应尽快通过该区间。

第四节 食品干制方法

食品干制方法可以分为自然干制和人工干制两大类。人工干制根据干燥介质和传热方式的不同，可分为空气对流干燥、接触干燥、真空干燥法、辐照干燥法和冷冻干燥法等。干燥机的类型有多种多样，各有特点，选用干燥机应考虑原料的性质、制品的干燥特性、干燥系统的生产能力和干制费用等因素。普通干燥机的选用见表1.5。

表 1.5 用于液态和固态食品的普通干燥机类型

干燥机类型		适用的食品类型	干燥机类型		适用的食品类型
空气对流干燥机	箱式、盘架式	固体、浆状、液体	滚筒干燥机	常压式	浆状、液体
	隧道式	固体		真空式	浆状、液体
	连续输送带式	浆状、液体	真空干燥机	真空盘架式	固体、浆状、液体
	槽型输送带式	固体		真空带式	浆状、液体
	气流提升式	小块、颗粒		冷冻干燥	固体、液体
	喷雾式	液体、浆状			
	流化床式	小块、颗粒			

一、空气对流干燥

空气对流干燥是最常用的干燥方法，有间歇式和连续式。空气既是热源，也是载湿体。空气的参数如温度、相对湿度、空气流速在干燥过程中，随进程或沿干燥室的长度（高度）不同而改变，即干燥条件始终是变化的。升高空气的温度会加速热的传递，提高干燥速率，但要根据物料的导湿性和导湿温性来选择控制，尤其在降速阶段，空气温度直接影响到干燥品的品质。

1. 箱式或盘架式干燥

箱式干燥机以间歇式运行，其工艺条件可以严格控制，适宜用于工艺参数的探索。图1.11展示了这种干燥机的典型结构。新鲜空气进入 B 室后在风扇作用下通过加热盘管 C，经筛网 F 滤去可能带有的灰尘，以横流方式吹过食品平盘后在排气处 H 排空。干燥速度如果过快，可以用部分空气反复循环的方法来调节湿度，这不仅有助于控制干燥速度，而且也节约了大量加热空气所需能量。

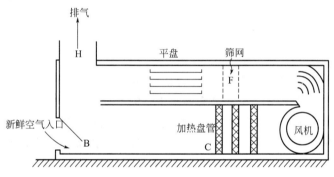

图 1.11　烘箱式或盘架式干燥机的一种类型

干燥的产品会变得很轻，可被空气带走。以并流方式干燥食品时，空气流速应以不把制品从盘中吹走为度，根据物料的物性和形状，风速通常在 0.5～3m/s 范围，果蔬干燥经验值在 2～2.7m/s。并流干燥时干燥面积为盘子表面积，食品床厚度为食品堆积高度。干燥空气也可以穿流方式通过食品，穿流干燥器的底部由金属网或多孔板构成，每层物料盘之间插入斜放的挡风板引导热风自下而上（或自上而下）均匀地通过物料层。当空气高速流经托盘时，理论上有效干燥面积为食品颗粒表面积之和，食品床厚度为颗粒的直径。穿流干燥的效果比并流式好，其干燥速率通常为并流式的 3～10 倍。但穿流式干燥器动力消耗大，对设备密封性要求高，在穿流干燥时必须注意防止短路，即空气以沟流方式穿过床层。

2. 隧道式干燥

隧道式干燥机的工作原理与箱式干燥机相同，以半连续式运行。装满料盘的小车从隧道的一端进入，从另一端移出，每辆小车在干燥室内停留的时间为食品干燥需要的时间。隧道干燥设备内高温低湿空气进入的一端称为热端，低温高湿空气离开的一端称为冷端；湿物料进入的一端为湿端，干制品离开的一端为干端。热端为湿端的干燥方式称顺流干燥（图1.12），热端为干端的干燥方式称逆流干燥。

顺流干燥时湿物料与高温低湿的空气相遇，水分蒸发非常迅速，空气温度下降也较大，使用较高温度的空气也不会使物料过热焦化。但物料水分蒸发过速，容易发生表面硬化，干制品内部就会干裂并形成多孔性。而在干端，低温高湿的空气与即将干燥的物料相遇，水分

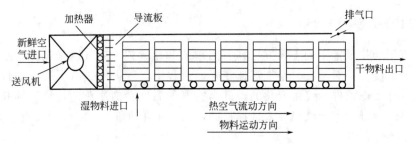

图 1.12　顺流式隧道干燥示意图

的蒸发非常缓慢，干制品的水分含量也较高，即使延长干燥通道也难以使制品水分降到10%以下。为了提高热量利用率和避免干燥初期因干燥率过大而出现软质水果内裂和流汁现象，干燥时常循环使用部分吸湿后的热空气。

逆流干燥的情况正好相反，湿物料进入隧道后遇到低温高湿的空气，水分蒸发速度相对比较缓慢，物料能够全面均匀地收缩，不易发生干裂。但是因湿物料的含水量高，绝对干燥速度仍然不小。物料在干端处已接近干燥，在高温低湿空气中蒸发仍较缓慢，空气温度降幅不大，物料温度则上升到接近干球温度，若停留时间过长容易焦化，因此，干端处的温度不宜过高，一般不超过 66～77℃，干制品的平衡水分可低于 5%。

混合气流的隧道式干燥机（图 1.13）及双阶段隧道式干燥机（图 1.14）都能提高干燥效率。前者改变了隧道内空气的横流，每一料车前的挡风板迫使热风垂直穿越料层后转向，后者同时具有顺流干燥时水分蒸发率高和逆流干燥时后期干燥能力强的优点。最常见的双阶段干燥是由第一段顺流干燥和第二段逆流干燥组合而成，各干燥阶段的空气温度可独立调节，顺流干燥系统中采用较高的温度，逆流干燥系统则采用较低的温度。顺流干燥阶段比较短，但能将大部分水分蒸掉，含水分 50%～60% 的物料在较长的逆流干燥阶段可被干燥到水分含量6% 左右。使用双阶段隧道干燥设备时，干燥比较均匀，生产力高，产品品质较好。

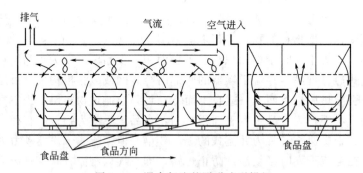

图 1.13　混合气流的隧道式干燥机

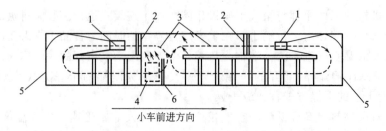

图 1.14　双阶段隧道式干燥机

1—鼓风机；2—加热器；3—新鲜空气进口；4—空气外逸道；5—小车门；6—干制品侧边进口

隧道长度一般为 50m 左右，长度延伸有利于制品水分均匀，但运行阻力更大。隧道内的小车可以是走地面轨道的，也可以是导轨悬挂的，小车自身的结构也有多样。悬挂式输送的运行平稳，输送距离更长（可达 100m 左右），能耗较低，但造价高。

3. 输送带式干燥

输送带式干燥机除载料系统由输送带取代装有料盘的小车外，其余部分与隧道式干燥机基本相同，但输送带装卸系统的劳动强度低，可连续化、自动化生产。输送方式有单级、多级、多层等，输送带常用穿孔的不锈钢网目板制成。空气经过滤、加热后，经分布板由输送带下向上吹过制品。在干燥的后段空气可以向下吹过制品，以均匀干燥制品并防止制品被空气流带走。湿料在干燥前必须制成适当的分散状态，以便空气能穿流上行。干燥机可以划分为几个区段，各区段的空气温度、相对湿度和流速可各自分别控制。

多级带式干燥器是由两条以上各自独立的输送带串联组成（图 1.15）。某些物料（如蔬菜类）的干燥初期干缩率很大，如用单级干燥要在干燥初期堆积很高，不利于穿流干燥。采用多级干燥时，半干物料从第一干燥阶段输送带向下卸落在第二干燥阶段的输送带上，因第一阶段物料干缩而可以大量节省原来需要的载料面积，而且重新堆积使物料空隙度增加，阻力减小，干燥的均匀性也得到改善。

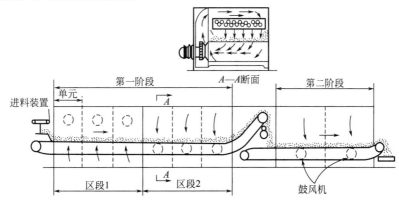

图 1.15 双阶段连续输送带式干燥设备

冲击式带式干燥器通常由两条输送带组成，上部带由不穿孔的薄钢板制造，干燥介质由喷嘴冲击干燥物料表面及料层内部，因喷流速度很大（5～20m/s），边界层极薄，传热和传质总系数大大高于水平气流接触，因而干燥速度较高。干燥器的下部输送带由网目板组成，干燥介质以穿流方式对物料进行最终的干燥（见图 1.16）。冲击式带式干燥器可分隔成单元段进行独立控制。

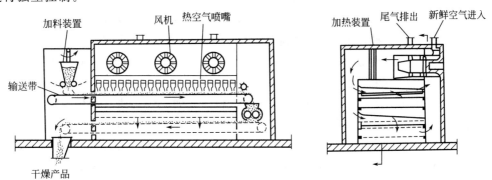

图 1.16 冲击式带式干燥器

带式真空干燥器是带式干燥和真空干燥的组合，通过传导而非气体交换传热。干燥器由干燥室、加热与冷却系统、原料供给、输送和抽气系统等部分组成。液状或浆状的原料经预热，通过供料泵均匀地置于干燥室内的输送带上，在输送过程中完成加热和冷却全过程。加热区域分为四或五段，第一、二段用蒸汽加热，为恒速干燥段；第三、四段为减速干燥，第五段为制品均质段，都用热水加热。各段的加热温度可以根据原料性质和干燥工艺要求调节。原料干燥后形成泡沫片状物品，然后通过冷却区，再进入粉碎机粉碎成颗粒状制品，由排出装置卸出。干燥室内的二次蒸汽用冷凝器凝缩成水排出（图 1.17）。

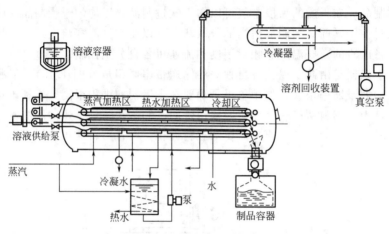

图 1.17　带式真空干燥器

这种干燥设备的特点是干燥时间短，5～25min；能形成多孔状制品，在干燥过程中能防止污染，简化工序，降低能耗；可直接干燥高浓度、高黏度的物料，如各种汤料、果汁浓缩物、含有可可和砂糖的产品等。

4. 流化床干燥

当气体自下而上地通入一个干燥设备时，堆放在设备分布板上的颗粒物料在气流速度加大到某种程度时会产生沸腾状态。当流体速度较低时，在床层中固体颗粒间的相对位置不变，该状态称为固定床。流体流速继续增加，固体颗粒就会在床层中产生上下规则的运动，但固体颗粒仍停留在床层内而不被流体带走，床层中保持一个可见的界面，这时的状态为流化床。当气流速度大于固体颗粒的沉降速度时，固体颗粒就将被气流带出容器，此时床层失去了界面，床层内的固体颗粒密度降低，该状态也称为稀相流化床，是物料输送状态。

流化床干燥设备结构多种多样，可分为单层流化床、多层流化床、卧式多室流化床、喷动式流化床、振动流化床等。流化床的床体结构对流态化质量有显著影响。气体分布器要具有布风均匀、抗堵孔、耐磨损、足够压降等性能；流化床高及高径比越大，流化质量越差，甚至出现节涌等不正常流化现象。同一高径比条件下，床径越大，流化质量越差。床体内设置挡板等构件有利于消除大泡产生、破碎颗粒团聚物，可改善流化质量。

① 卧式多室流化床干燥器　流化床干燥时颗粒的表面积都是蒸发面积，而且床内温度分布均匀，可以用温度较高的空气干燥，因此干燥效率高，单位体积设备的处理能力大。调节出口处挡板的高度，可控制颗粒在床内的停留时间，达到控制干制品水分含量的效果。

简单的流化床存在着一个严重的缺点，即颗粒停留时间不均匀。湿物料进入床内后便在整个床内分布开来，有少量会分布在出料口附近，由于出料口在不断出料，部分湿物料就过早地被卸出；同时，一些已干物料由于偶然的原因，没有及时流动到出料口附近，因而在床内停留过久。

卧式多室流化床干燥器结构如图1.18所示，在干燥室内竖有若干块多孔挡板，形成若干个隔室，每一小室的下部有一进气支管，可以独立调节气体流量。湿物料在干燥器内由第一室依次逐渐向后室移动，由卸料门卸出。由于挡板的存在，避免了隔室与隔室之间物料的直接混合，因此大大改善了单层床存在的不均匀问题，物料在床层内的停留时间也易于控制。若有必要，可在最后一室通入冷空气对产品进行冷却。卧式多室流化床干燥器可干燥各种颗粒状、片状和热敏性食品物料，物料初始含水率一般为10％～30％，终端含水率为0.02％～0.3％，颗粒直径会变小。

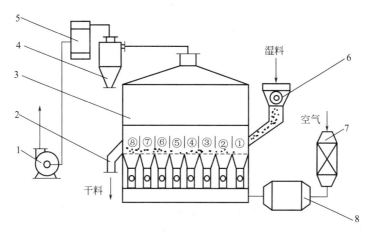

图1.18　卧式多室流化床干燥器

1—抽风机；2—卸料管；3—干燥器；4—旋风除尘器；5—袋式除尘器；
6—摇摆颗粒机；7—空气过滤器；8—加热器

② 喷动床干燥器　粗颗粒和易黏结的物料因其流化性能差，可采用喷动床干燥。喷动床干燥器底部为圆锥形，上部为圆筒形，气体以高速从锥底进入，夹带一部分固体颗粒向上运动，形成中心通道。物料在床层顶部中心喷出后向四周散落，沿周围向下移动并又被上升气流喷射上去，如此循环以达到干燥的要求（见图1.19）。喷动床干燥器能够处理一些颗粒尺寸、形状以及密度差异大的物料，操作极限温度400℃，空气通过颗粒床层的速度为2m/s。

③ 回转搅拌流化床干燥器　回转搅拌流化床是采用隔板将圆塔分为内外两部分，中心为排风通道，外部环带为干燥区。干燥区被分

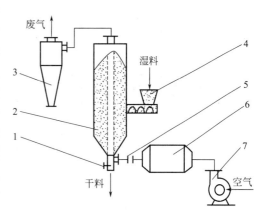

图1.19　玉米胚芽喷动床干燥器

1—放料阀；2—喷动床；3—旋风分离器；
4—加料器；5—碟阀；6—加热炉；7—鼓风机

隔成若干相对独立的小干燥区，隔板在电动机驱动下绕轴心回转，带动物料依次通过各干燥区至排料口排出。热空气通过分布板送入床层，使物料流态化并与之进行热、质交换（见图1.20）。

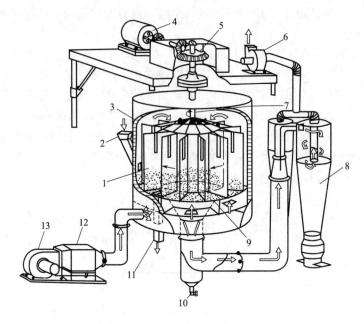

图 1.20　回转搅拌流化床干燥器

1—隔板；2—进料口；3—筒体；4—电动机；5—齿轮；6—排风机；7—回转轴；

8—除尘器；9—分布板；10—排污口；11—排料口；12—加热器；13—给风机

回转搅拌流化床干燥器能够避免普通流化床易发生的沟流等现象，流化质量好；物料无返混；不会残留在分布板上，清洗方便；可任意调整物料在机内滞留时间，适用于热敏材料的干燥。

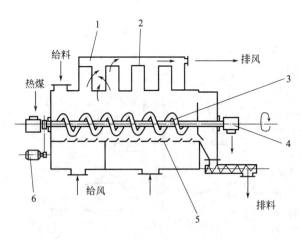

图 1.21　内热搅拌流化床干燥器

1—上箱体；2—过滤器袋；3—传热管；

4—旋转接头；5—分布板；6—电动机

④ 内热搅拌流化床干燥器　内热搅拌流化床（图 1.21）在气体分布板上方装有一中空回转轴，轴上装有若干圈螺旋形传热管，当机器工作时热风通过分布板被送入床层，传热管随主轴在床层中转动。受热风和传热管搅拌的双重作用，物料能在较小风速下实现流态化。尤其在进料端，物料湿含量较大时普通流化床难以流化，而内热搅拌流化床却可以。该设备的传热有两个途径，即热风对物料的直接加热过程与传热管的传导加热过程。内热搅拌流化床干燥器的特点是比普通流化床气速低、气流量小、热效率高、能耗低；由于螺旋传热管的搅拌及推进作用，物料纵向返混小；改变转速即可方便调节物料干燥时间。

⑤ 振动流化床干燥器　振动流化床干燥器是支撑在一组弹簧上的流化床，由激振电机提供动力（图 1.22）。干燥器由分配段、沸腾段和筛选段三部分组成，在分配段和筛选段下面都有热空气。由于平板振动，物料被均匀地加到沸腾段，在多孔板上受激振力的作

用向出口端抛掷而输送。由于物料在振动流化床中受机械振动而处于运动状态，只需鼓入适量热空气便可达到动态干燥，因而热效率高，物料干燥均匀。该设备适合于干燥颗粒太粗或太细、易黏结、不易流化的物料。此外还用于有特殊要求的物料，如砂糖干燥要求晶形完整、晶体光亮、颗粒大小均匀等。

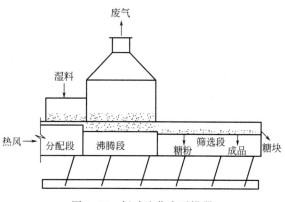

图1.22　振动流化床干燥器

⑥脉冲流化床干燥器　脉冲流化床是一种改进型的流化床干燥器，在干燥机下部周向均布若干热风进风管，每根管上装有快动阀门，按一定的频率（如4～16Hz）及次序启闭，使流化气体周期性脉冲输入。气阀打开时，突然进入的气体会对物料床层产生脉冲传递，短时间内形成剧烈的局部流化沸腾状态，在床内扩散和向上移动，在气体和物料间形成快速的传热传质作用。当气体阀门关闭时物料又回到堆积状态。流化床内的脉冲式循环一直维持到物料被干燥为止（图1.23）。

⑦惰性粒子流化床干燥器　液状物料喷洒在床内形成流化层的惰性粒子上，在粒子表面形成薄的液膜，在热粒子和热空气共同作用下液膜脱水后变成固态膜。由于流化粒子的不断碰撞，固态膜被撞击脱落并在流化床中被继续干燥，随后被气流带出，经分离得到粉状干产品。使用的惰性粒子有玻璃珠、聚四氟乙烯颗粒、石英砂、氧化铝小球等。惰性粒子流化床干燥器增加了湿物料的范围，可以干燥液状、膏状、糊状的物料（图1.24）。

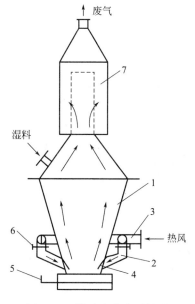

图1.23　脉冲流化床干燥器
1—干燥室；2—进风管；3—环形总管；4—导向板；5—插板阀；6—快动阀；7—过滤器

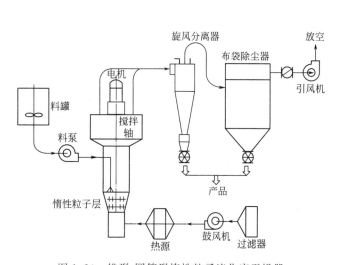

图1.24　锥形-圆筒形惰性粒子流化床干燥器

5. 气流干燥

气流干燥是将粉状或颗粒状食品悬浮在热空气中，伴随着气力输送过程进行的干燥。湿物料在干燥设备底部减压部位进料，在热空气带动下向上运动，物料呈悬浮状态与干燥介质接触，进行传热和传质，达到干燥的效果。干制品从干燥管顶部送出，经旋风分离器回收。也可在顶部增加干燥管直径，气流速度随截面积增加而下降，并被设备上部的转向器导向下降，物料遂与气流分离，沉积在收集器的斜面上，空气则从设备顶部外逸（见图1.25）。

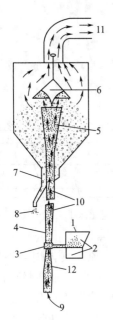

图1.25　气流干燥设备

1—进料口；2—振动进料器；3—进料室；
4—延伸进料室；5—扩散器；6—转向器；
7—收集器；8—干料粒；9—热空气；
10—气流干燥段；11—湿空气出口；
12—喷气道

气流干燥的特点是干燥强度大，干燥时间短。每个颗粒都被热空气所包围，因而能使物料最大限度地与热空气接触，大多数物料的气流干燥只需0.5～2s，最长不超过5s。设备散热面积小，热损失小，因此热效率高，干燥非结合水分时，热效率可达60%，干燥结合水分也可达20%左右。适用范围广，被干燥颗粒直径最大可达10mm，湿物料含水量为10%～40%。气流干燥的缺点是因气流速度高，动力消耗大，对物料有一定的磨损，对晶体形状有一定要求的产品不宜采用；适用于潮湿状态下仍能在气体中自由流动的颗粒或片状物料，不适宜处理结合水含量高的食品。

对颗粒在干燥管中的运动规律和传热机理研究显示，湿物料进入干燥管后首先经历了加速运动阶段，物料上升速度低于气流速度，气流和颗粒间的相对速度较大；而后颗粒上升速度被加速到接近气流速度，呈恒速运动阶段直至上升到干燥器出口，气固间相对速度不变，传热温差也小，所以传热速率并不很大。从实验测定得知，在加料口以上1m左右的干燥管内，在加速运动阶段，从气体传给物料的传热量占整个干燥管传热量的1/2～3/4，其原因不仅是由于干燥管底部气固间的温差较大，更重要的是气固间的相对运动和接触情况有利于传热和传质。所以要提高气流干燥器的效率，关键在提高加速阶段的作用，增加颗粒与气体间的相对速度，例如把气流干燥器多级串联，既可增加加速阶段的数目，又可降低干燥管的总高度。

除此以外的改进方法和设备如图1.26所示，脉冲式气流干燥器采用直径交替缩小和扩大的脉冲管代替直管，气流速度在干燥管内不断变化，颗粒运动轨迹始终不进入等速运动阶段，从而强化了传热和传质过程；套管式气流干燥器的物料和气流一起由内管下部进入，颗粒在内管加速运动至终了时由顶部导入内外管的环隙，然后物料颗粒以较小的速度下降而排出，这

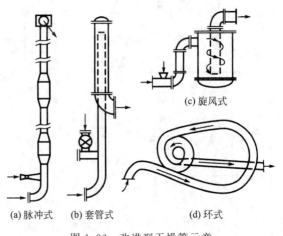

(a)脉冲式　(b)套管式　(c)旋风式　(d)环式

图1.26　改进型干燥管示意

种形式可以节约热量；旋风式气流干燥器是气流夹带物料从切线方向进入，使颗粒处于悬浮和旋转运动的状态，因离心加速作用而使气固间相对速度增大；环式气流干燥器可以不断改变气流方向并延长物料在管内的停留时间。

6.喷雾干燥

喷雾干燥是将液态或浆状食品喷成 $10 \sim 60 \mu m$ 雾状液滴，悬浮在热空气气流中进行脱水干燥的过程。干燥机塔内保持真空状态，当细雾与热空气接触时，水分闪蒸掉而食品变成微粒下落，湿热空气由风机排出。喷雾干燥的特点：①蒸发面积大，1L 料液可雾化成直径 $50 \mu m$ 的液滴 146 亿个，总表面积可达 $5400 m^2$。以这样大的表面积与高温热空气接触，瞬时就可蒸发 $95\% \sim 98\%$ 的水分，因此干燥时间极短，一般在 $2 \sim 10 s$ 内完成。②干燥过程中液滴的温度较低，虽然干燥介质的温度较高，但液滴中含大量水分时，其温度不会超过热空气的湿球温度，因此非常适合热敏性物料的干燥，例如，乳粉加工时热敏的维生素 C 损失率仅 5%。③过程简单、操作方便，适宜于连续化生产，喷雾干燥通常适用于湿含量 $40\% \sim 60\%$ 的溶液，特殊物料即使含水量高达 90% 也可不经浓缩一次干燥成粉状制品。干燥后的制品连续排料，结合冷却器和气力输送可形成连续生产线，有利于实现大规模自动化生产。④产品形态好，结构疏松，复水性和流动分散性能好。

喷雾干燥的主要缺点是单位产品耗热量大，设备的热效率低，一般热效率为 $30\% \sim 40\%$；介质消耗量大，如用蒸汽加热空气，每蒸发 1kg 水分需要 $2 \sim 3kg$ 蒸汽；废气中夹带约 20% 的微粒，需高效分离装置，设备投资较高。

① 雾化器的雾化机理　物料的雾化分散是喷雾干燥的核心步骤，目前常用的雾化器有压力式、离心式和气流式。压力式雾化器的雾化机理，是液体借助于高压泵获得很高压力（$2 \sim 20MPa$），以一定速度沿喷头斜线导流沟从切线方向进入喷嘴的旋转室（图 1.27），这时液体部分静压能转化为动能，使液体产生强烈的旋转运动。根据旋转动量矩守恒定律，旋转速度与旋涡半径成反比。因此，越靠近轴心的旋转速度越大，静压力越小，结果在喷嘴中央形成一股压力等于大气压的空气旋流，而液体则形成旋转的环形薄膜，液体静压能在喷嘴处转变为向前运动的液膜的动能，从喷嘴喷出。液膜伸长变薄，最后分裂为小雾滴。这样形成的液雾为空心圆锥形，

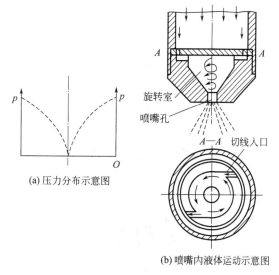

(a) 压力分布示意图

(b) 喷嘴内液体运动示意图

图 1.27　压力式喷嘴操作示意图

液体的分散度取决于喷嘴的结构、溶液流出的速度及压力、溶液的物理性质（如表面张力、黏度、密度等）。

压力式雾化器的主要优点是结构简单，操作时无噪声，制造成本低，动力消耗较小，大规模生产时可以采用多喷嘴喷雾。主要缺点是不适宜用于黏度高的胶状料液及有固相分界面的悬浊液的喷雾，喷嘴易磨损，易堵塞。

离心式喷雾的雾化机理，液体在高速旋转的转盘上受到两种力的作用，其一是转盘产生

的离心力，其二是空气与液体之间较高的相对速度产生的摩擦力。液体经转盘加速，以高速（圆周速度90～160m/s）从转盘的周边以薄膜状进入空气，在摩擦力作用下瞬间分散成微细液滴。离心雾化得到的粒子大小要比压力雾化均匀。离心雾化与料液的物性、流量、圆盘直径、转速及周边形状有关。雾化的发生有三种情况：当料液流量很小时，料液受离心力作用，在圆盘周边上隆起呈半球状，当离心力大于表面张力时，圆盘周边的球状液滴被抛出而分裂雾化，液滴中伴随少量大液滴［图1.28(a)］。当料液流量较大而转速加快时，半球状料液被拉成许多丝状射流，液量增加，圆盘周边的液丝数目也增加，如果液量达到一定数量后，液丝变粗而丝数不再增加。抛出的液丝极不稳定，在离周边不远处即被分裂雾化成球状小液滴［图1.28(b)］。当液体流量继续增加时，液丝数量与丝径均不再增加，液丝间互相并成薄膜，抛出的液膜离圆盘周边一定距离后被分裂成分布较广的液滴。圆盘速度提高，液膜向圆盘周边收缩，如果液体在圆盘表面上的滑动能减到最小，就可使液体以高速度喷出，在圆盘周边与空气发生摩擦而分裂雾化［图1.28(c)］。

离心式雾化器的优点是液料通道大，不易堵塞，可适用于高黏度、高浓度的料液，操作弹性大。缺点是结构复杂，造价高，动力消耗比压力式大，只适于顺流立式喷雾干燥设备。

气流雾化器的机理，是在喷嘴中液流和气流各有通道，当高速气流（200～340m/s）和低速液流（<2m/s）在出口端接触时，流体间产生了很大的摩擦力，液膜被拉成丝状，然后分裂成细小的雾滴（图1.29）。气流喷雾料液的分散度取决于气体的喷射速度、料液和气体的物理性质、雾化器的几何尺寸以及气流量之比。雾滴的大小取决于相对速度和料液的黏度，相对速度越高，雾滴越细；黏度增加，雾滴增大。

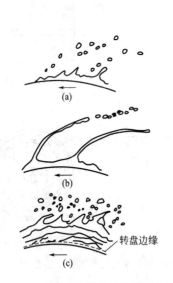

图1.28　离心式喷雾的雾化器雾化历程
(a) 浓缩乳直接分散成乳滴；(b) 丝状断裂成乳滴；
(c) 膜状分散成乳滴

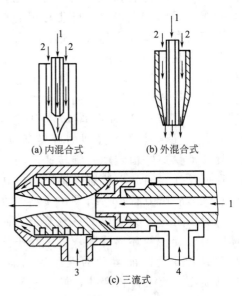

图1.29　气流式喷嘴的结构示意
1—料液；2—压缩空气；
3—主流空气；4—二次空气

②喷雾和气流的方向　经雾化形成的微滴与空气的接触可以是并流、逆流或混合流。空气和雾滴的运动方向取决于空气入口和雾化器的相对位置。并流运动是空气和雾滴在塔内均以相同方向运动，这种流向适用于热敏性物料的干燥，关键在于严格控制空气出口温度。在逆流干燥器中，由于气流向上运动，雾滴向下运动，延缓了雾滴或颗粒的下降运动，因而

在干燥室停留时间较长，有利于颗粒的干燥；雾化的湿颗粒与部分干燥后下落并由上升气流带动的较轻颗粒接触，产生颗粒间的附聚，产品的溶解性能较好；热利用率较高。但逆流干燥的干物料与高温空气相遇，只适用于非热敏性物料的干燥。

空气-雾滴混合流运动是既有逆流又有并流的运动，例如喷嘴安装在干燥室下部或中上部向上喷雾，热风从顶部进入，雾滴先与空气逆流交换，使水分迅速蒸发，物料干燥到一定程度后又与已降温的空气并流向下运动，避免了物料的热变性，最后物料从底部排出，空气从底部的侧面排出。这种流向显著地延长了物料在塔内的停留时间，从而可降低塔的高度，可适用于热敏性物料的干燥（图 1.30）。

在旋转式雾化器的喷雾干燥室中，空气运动既有旋转运动，又有错流和并流运动（图1.31），塔内各点温度分布均匀，尽管空气入口温度较高，但与雾滴接触后迅速下降到接近排风温度，说明雾滴与空气间的热量、质量交换过程进行得很迅速。由于雾滴主要是沿水平方向的，因此塔形为直径大而高度小。

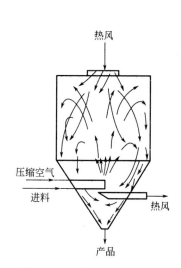

图 1.30　混合流运动情况 I

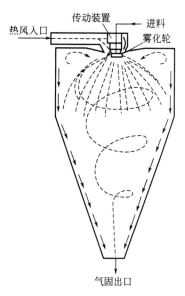

图 1.31　旋转式雾化器干燥器内运动状况

三类雾化器的性状对比见表 1.6。

表 1.6　三类雾化器的性状对比

性能指标		雾化器		
		压力式	离心式	气流式
料液条件	溶液	适合	适合	适合
	悬浮液	适合	适合	适合
	膏糊状	不适合	不适合	适合
	黏度	低黏度	较高,有限度	较高
加料方式	动力	柱塞泵	离心泵	离心泵
	压力	2～20MPa	约 0.3MPa	低压

性能指标		雾化器		
		压力式	离心式	气流式
雾化器	价格	低	高	低
	能耗	中	小	大
塔身	塔径	小	大	小
	塔高	高	低	低
	气流	顺流、逆流	顺流	顺流、逆流
产品	粒度	粗大	细小	较小
	颗粒均匀性	均匀	均匀	不均匀
	含水量	较高	较低	最低

③ 喷雾干燥系统 开放式喷雾干燥系统流程如图1.32所示，其特点是干燥介质只使用一次就排入大气，系统结构简单，适用于废气湿含量较高、不会引起环境污染的场合。食品工业中奶粉、蛋粉和其他许多粉末制品的生产都采用这种系统。缺点是载热体消耗量大。

闭路循环式喷雾干燥系统流程如图1.33所示。一些特殊物料需要采用惰性气体（如氮、二氧化碳等）为干燥介质，此干燥介质必须在系统中循环使用。物料所含溶剂在干燥室中蒸发后被惰性气体携带，在冷凝器中分离后再回到干燥室，形成循环流动。干燥室中排出的带有粉粒的尾气，经除尘设备回收粉粒后进入冷凝器，除去溶剂的气体经风机升压后被加热，再送回干燥室使用。整个系统为正压操作，防止环境空气进入系统。

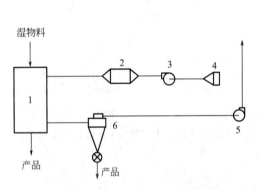

图1.32 开放式喷雾干燥系统流程
1—干燥器；2—加热器；3—风机；4—空气过滤器；
5—鼓风机；6—旋风分离器

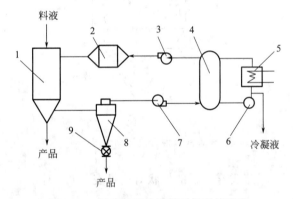

图1.33 闭路循环式喷雾干燥系统流程
1—干燥器；2—加热器；3—鼓风机；4—洗涤器；5—冷却器；
6—溶剂泵；7—引风机；8—旋风分离器；9—出料阀

所述特殊物料可以是下列情况之一者：被干燥物料中含有有机溶剂；被干燥的物料有毒或有臭味；粉尘在空气中会形成爆炸混合物；产品与氧接触会发生氧化而影响产品质量。

自惰循环式喷雾干燥系统流程如图1.34所示，装置中引入空气和可燃气体燃烧，空气中的氧气可低于4%而自制惰性气体。由于"自惰"燃烧必然产生过多的气体，为维持系统的压力平衡，在鼓风机出口处必须安装一个减压缓冲装置，在压力增高到一定值时将部分气体排入大气中。

半闭路循环式喷雾干燥系统流程如图1.35所示，干燥介质为空气，在系统中有一个温度较高的直接加热器，能将混合在干燥介质中的臭气在排入大气之前烧掉，防止对大气产生

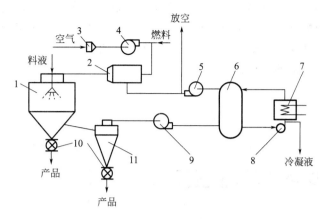

图 1.34　自惰循环式喷雾干燥系统流程
1—干燥器；2—加热器；3—空气过滤器；4，5—鼓风机；6—洗涤冷凝器；
7—冷却器；8—泵；9—引风机；10—出料阀；11—旋风分离器

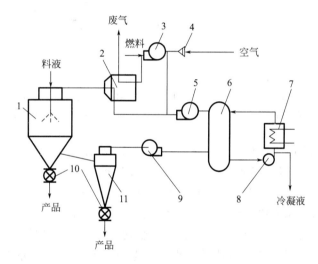

图 1.35　半闭路循环式喷雾干燥系统流程
1—干燥器；2—加热器；3，5—鼓风机；4—过滤器；
6—洗涤冷凝器；7—冷却器；8—泵；9—引风机；
10—出料阀；11—旋风分离器

污染。这种系统多用于处理活性物质或干燥含水、有臭味但干燥产品没有爆炸或着火危险的物料（如单细胞蛋白、酵母等）。系统在微真空下操作，同样设有一个压力平衡装置。

　　④ 喷雾干燥的组合　喷雾沸腾干燥系统是喷雾干燥与流化床干燥的结合。它利用雾化器将溶液雾化后喷入流化床，借助干燥介质和流化介质的热量使水分蒸发、溶质结晶和干燥等工序一次完成。一部分雾化的溶液在流化床蒸发结晶，形成新的晶种，另一部分在雾化过程中尚未蒸发的溶液与原有结晶颗粒接触而涂布于其表面，使颗粒长大并进一步得到干燥，形成粒状制品。这种系统具有体积小、生产效率高等优点。

　　喷雾干燥与附聚造粒系统是通过附聚作用，制成组织疏松的大颗粒速溶制品。附聚的方法有再湿法和直通法。再湿法是使已干燥的粉粒湿热空气或料液雾滴接触，逐渐附聚成为较大的颗粒，然后再度干燥而成为干制品。如图 1.36 所示，把需要附聚的细粉送入干燥器上方的附聚管内，用湿空气（或蒸汽）沿切线方向进入附聚管旋转冷凝，使细粉表面润湿发黏而附聚。附聚后的颗粒进入干燥室进行热风干燥，然后进入振动流化床冷却成为制品。流化床中和干燥器内达不到要求的细粉汇入基粉重新附聚。再湿法是目前改善干燥粉粒复水性能最为有效、使用最为广泛的一种方法。

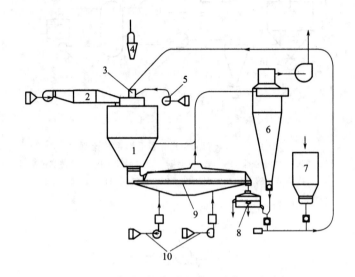

图 1.36　喷雾干燥与附聚造粒系统（再湿法）

1—干燥塔；2—空气加热器；3—附聚管；4—离心式雾化器；5—湿热空气；
6—旋风分离器；7—基粉缸；8—成品收集器；9—振动流化床；10—冷空气

直通法不需要使用已干燥粉粒作为基粉进行附聚，而是调整操作条件，使经过喷雾干燥的粉粒保持相对高的湿含量（6%～8%，湿基）。在这种情况下，细粉表面自身的热黏性促使其发生附聚作用。用直通法附聚的颗粒直径可达 $300\sim400\mu m$。附聚后的颗粒进入两段振动流化床，第一段为热风流化床干燥，使其水分达到所要求的含量；第二段为冷却流化床，将颗粒冷却成为附聚良好、颗粒均匀的制品。在输送过程中，细的粉末以及附聚物破裂后产生的细粉与干燥器主旋风分离器收集的细颗粒一起返回到干燥室，重新湿润、附聚、造粒（图 1.37）。

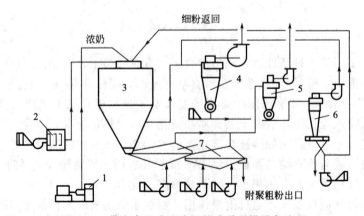

图 1.37　带有直通式速溶机的喷雾干燥设备流程

1—供料泵；2—空气加热器；3—喷雾干燥塔；4～6—旋风分离器；7—流化床

二、传导式干燥

1.滚筒干燥

滚筒干燥的加热部件是表面高度抛光的铬钢圆筒，圆筒内部由蒸汽、热水或其他加热剂加热。物料在滚筒上形成 0.1~1.0mm 厚度的薄层，当滚筒回转 3/4~7/8 周时，物料已干燥到预期的程度，被刮刀刮下。滚筒的温度、转速根据物料的性质而定。

滚筒干燥机可分为单滚筒和双滚筒两种，两者又有常压和真空之分。滚筒干燥机的加料方式有浸渍式、喷雾式、滚轮式等；双滚筒通常采用中央加料式，以调节滚筒间距离来控制薄层厚度（见图1.38）。

滚筒干燥设备结构简单，干燥速度快，热能利用经济。但与喷雾干燥相比，干制品带一些蒸煮味，色泽略深，一般用于干燥预煮的粮食制品、糊化淀粉、番茄酱、南瓜浆等。

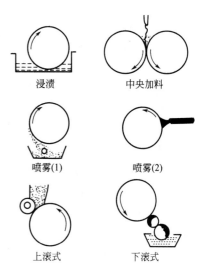

图1.38 滚筒干燥机的加料方法

2.真空干燥

真空干燥是利用低压下水的沸点降低的原理，干燥在高温下易氧化变质、风味易变化的热敏食品，物料的温度和干燥速率取决于真空度、物料状态及受热程度。真空干燥制品的结构疏松，容易复水。真空干燥分为间歇式和连续式，最简单的是真空盘架式干燥，物料在加热板上传导受热，水分蒸发后被真空泵或蒸汽喷射器排出；连续式真空干燥是真空条件下的带式干燥，前已述及。如果蒸汽含有有价值而需要回收的物质如香精，则必须采用间壁式冷凝器。采用真空干燥设备一般可制成不同膨化度的干制品，若要生产高膨化度产品，可采用充气（N_2）干燥方式或控制料液组成及干燥条件来获得。

三、冷冻干燥

冷冻干燥也称冷冻升华干燥，是将食品中水分由固态转变成气态的操作。食品在较低的温度（-50~$-10℃$）冻结状态下，在高真空（0.133~133Pa）干燥室内接受辐射热或传导热，其热量相当于水分升华所需潜热，食品始终保持冻结状态。在冰的蒸汽压与真空室气压之间压差的推动下，水分升华逸出。这种干燥方法由于处理温度低，对热敏性物质特别有利。

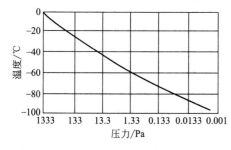

图1.39 冰的饱和蒸汽压图

1.冷冻干燥原理

液态或固态的水在不同温度下都具有不同的饱和蒸汽压，如果固态的水处在低于其饱和蒸汽压的真空环境下，水分即以升华方式转移。冰的饱和蒸汽压如图1.39所示，一般在冷冻干燥时所采用的真空度约为对应温度下冰的饱和蒸汽压的 1/4~1/2，如 $-40℃$ 干燥时采用的真空度应为 2.67~6.67Pa。升华时需要的热量如果由所处理的物料供给，物料的温度将随干燥过程而降低，以至于冰的蒸汽压过分降低而使升华速率很低，因此，在干燥操作中既要向物料提供热量，又要避免固体物的融化。

食品的冻结可通过自冻和预冻实现，自冻是利用食品水分在高真空下因瞬间蒸发吸收蒸发潜热而使食品温度降低到冰点以下，获得冻结。由于瞬间蒸发会引起食品变形或发泡甚至飞溅，因此不适合外观形态要求高的食品。预冻是在干燥前将食品预先冻结成一定的形状，而冻结率和冻结速率将会影响冷冻干燥的效果。

不同的冻结率将影响冻干品的最终含水量，冻结率低则冻干品的含水量高。此外，冻干食品在升华干燥时，物料有部分液体存在，在真空下会迅速蒸发，造成液体浓缩，营养成分流失，产品体积缩小。因此，预冻终点温度一般要求低于物料共晶点温度（食品物料中水分全部冻结的温度）5～10℃。

冻结速率低，食品中易形成大冰晶，对细胞组织产生损害，引起细胞膜和蛋白质的变性，从而影响干制品的弹性和复水性。但是，对于冻干食品而言，食品物料中的冰晶并非愈小愈好。在冻干过程中，形成的冰晶越小其升华后留下的空穴就越小，使得后续水蒸气逸出通道窄小；形成的冰晶越大，升华后形成的空隙通道越大，水蒸气的逸出阻力小，干燥速度快，制品多孔性好。因此，应通过实验确定适当的预冻速率以获得适度大小的冰晶，使得在不影响产品质量的前提下，加快干燥速率。此外，食品冻结的形状对食品在干燥时能否有效吸收热量和排出升华气体的影响也很大。

预冻方法除了冷风冻结和搁板冻结，还有喷雾冻结和流化冻结。喷雾冻结也是真空冻结方法之一，待干物料从喷嘴中呈雾状喷到一表面上，当容器内是真空时，由于水汽的蒸发使之冻结。该表面可以是一个旋转的圆盘或一条传送带。流化冻结器的工作原理是用高压气流向上吹入颗粒食品，其风速大到足以使颗粒食品不断地运动。为了使产品快速冻结，空气温度为－30～－26℃，冻结后的产品温度－15℃左右。

冷冻干燥冰晶的升华总是从表面开始的，随着升华的进行，升华面向食品中心移动，已干层保持冻结时的状态，形成海绵状多孔结构，热量由外界靠传导方式传递到升华面的阻力和升华面所产生的水蒸气向外表面传递并进而向空气中逸出的阻力将会逐渐增大。随着升华面的不断深入，如果加热源温度始终不变，已干层温度可能会过高，因此需要降低热源温度，但同时也降低了对冰芯的传热，扩大了已干层的绝缘效应。冷冻干燥是所有干燥方式中最费时的干燥。

冷冻干燥所需时间

$$t = \frac{L^2 \rho (m_o - m_f) \Delta H_s}{8 K_d (T_S - T_i)}$$

式中　　L——干燥层的厚度；

　　　　ρ——干燥物的密度；

m_o，m_f——干燥起始及终点的水分含量；

　　ΔH_s——升华热值；

　　　K_d——干燥层的热传导度；

　　　T_S——已干燥层表面温度；

　　　T_i——冻结层物料温度。

2.冷冻干燥的特点

冷冻干燥是迄今最昂贵的干燥方式，之所以能够工业化应用是因为它具有常规干燥法无法比拟的优点，包括：①适用于热敏食品以及易氧化食品的干燥，能最大限度保留新鲜食品的色、香、味及营养素；②由于物料中水分通过升华干燥，无溶质迁移、表面硬化、收缩等问题，干燥制品复水后易恢复原有的性质和形状；③能排除95%~99%以上的水分，产品能长期保存。缺点是设备投资费和操作费都高，因而产品成本高。

3.冷冻干燥技术进展

冷冻干燥的基本过程如图1.40所示，在干燥时将待干物料料盘放入干燥室，用预冻制冷系统进行预冻。预冻结束后关闭制冷系统，同时向加热板供热，并与低温冷凝器接通。开启真空泵和制冷系统进行冷冻干燥操作。冷冻干燥设备已经由间隙式发展为连续式，加热方式由传导式发展为辐照和多种热溶剂等，对提高冻干效率、降低能耗的研究也有了相应的进展。

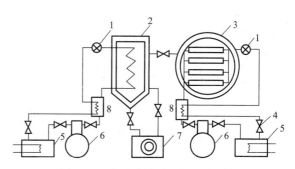

图1.40　间歇式冷冻干燥设备示意
1—膨胀阀；2—低湿冷凝器；3—干燥室；4—阀门；
5—冷凝器；6—压缩机；7—真空泵；8—热交换器

① 对物料的预处理　液态物料如调味品、生物提取液、人参蜂王浆等含胶体较多物料的冻干时，如果浓度较高，快速冻结后冰晶体较分散，升华后的孔隙难以连成通道，冻干速率就较慢，此时适当降低物料的浓度就有助于提高冻干速率。当然，物料的浓度也不宜太低，否则不但会增加能耗，而且已干层容易发生结构崩塌而造成水蒸气扩散孔道堵塞。

② 采用组合干燥工艺，降低能耗　采用反渗透预脱水和真空冻干结合的方式处理液态食品原料，由于食品中水分不发生相变，因此能耗低，香气成分不易挥发，产品质量高。冷冻干燥与热风干燥组合干燥技术最早由Kruger教授开发并获得了美国专利，该技术的关键在于真空冻干的多孔已干层厚度不使随后通风干燥中内部融化的汁液溢出表面，以免堵塞表面多孔结构，增加传质阻力。丹麦技术大学Poulsen教授等进一步研究了不同方案的组合，根据美拉德反应原理，当食品中水分含量达15%~20%时，食品褐变反应速度最快，而在30%以上时，其褐变反应速度缓慢，根据这一特性，首先采用热风干燥脱水除去部分水分，再进行真空冷冻干燥，这种组合干燥可以降低干燥成本，产品品质也不至于明显下降，而先真空冻干再通风干燥能获得风味较浓的产品。对这项技术应用于干燥鸡肉丁的成本分析，对于年脱水能力为1125t的设备，冻干与通风干燥组合比完全真空冻干费用节约144万美元。

③ 常压冻干技术　此项技术早在20世纪50年代即由Meryman提出，基本原理是用高性能的干燥剂吸附升华出来的水蒸气，使冻结食品在常压下靠蒸汽分压差达到升华干燥目的。常压冻干不需要真空泵及真空密封系统，也不需要低温的冷凝器，还可节能35%。常压冻干方式较多，按干燥剂与食品的空间位置关系有：食品与干燥剂分置式，食品与干燥剂托盘交替摆放式，食品与干燥剂混合流化床式。按干燥剂种类有：活性炭、活性氧化铝、预糊化玉米淀粉等。常压冻干的主要问题是干燥时间长，产品质量与真空冻干相比较略有下降，主要是氧化作用使食品颜色发生轻微变化；其次是微量融化使组织结构收缩，复水性稍差。

④ 在真空干燥箱内加装通风搅拌装置　在真空干燥箱内加装通风搅拌装置，可促进气体分子的运动，增加气体分子的碰撞机会，从而提高气体分子的传热速率，同时还可以增加

蒸汽分子向外扩散的速率，加速物料的干燥。

⑤ 加热方式的选择与加热温度的控制　冷冻干燥加热方式有导热、对流、辐射及微波加热。传统的搁板加热以传导加热为主，主要靠气体分子热传导，传递速率受操作压力限制，只有在较高的操作压力下，才能获得较高的传热速率。这种方式的局限性在于加热板与食品托盘间的接触状态不一致，接触热阻较大，使局部地方出现干燥不均匀现象；辐射加热对于大面积颗粒状食品的真空冻干更适用，其特点是加热均匀，不存在接触热阻问题；采用微波加热可使升华干燥时间大大缩短，对 2.54cm 的汉堡包进行冻干，所需时间仅为搁板加热冻干的 1/9。

加热温度的控制包括冻结层和已干层的温度控制。控制冻结层温度的原则为：在保证冻结不发生融化的情况下，温度越高越好；对于已干层，要防止脱水多孔层在温度过高时出现崩解或变性。以传导为主的加热方式，已干层的温度一般可达 50℃ 以上，有些物料在此温度下会出现流变学性质的改变或活性降低的现象，所以应尽量采用较高的干燥温度，以缩短干燥时间。

⑥ 提高已干层导热性　常压下气体的热导率与压力的相关性很小，但在低压（小于 26664Pa）下气体的热导率随气压的增大而提高。此外，气体的导热性正比于其扩散能力，氢气的热导率约六倍于空气。在冷冻干燥中，水蒸气和载湿体一起构成了二元混合气体，载湿体分子量越小，水蒸气扩散系数越大。水蒸气对氢气的扩散系数约四倍于对空气的扩散系数。因此，在低压下应用轻质惰性气体为载体，能同时提高传热传质的效率。

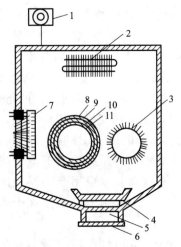

图 1.41　连续刮除已干层装置示意
1—真空泵；2—冷阱；3—刮料装置；
4—受料器；5—闭风室；6—阀门；
7—辐射装置；8—已干层；9—冻结层；
10—冰层；11—料筒

⑦ 刮除已干层，降低传导阻力　已干层的绝缘阻力是冷冻干燥进展的最大障碍，如果升华界面始终是冻结体表面，传热和传质的阻力便可以降到最小。通过不断刮除已干层可以达到这一效果。刮除已干层有连续法和间歇法。图 1.41 是连续刮除的装置示意图，该装置利用一只装有刮料刷的滚筒与料筒逆向旋转，当料筒表面物料干燥后即被刮料刷刮下。刮料刷的水平进量可以根据冻干速率加以调节。

⑧ 改变干燥室压力，提高升华温度　被干燥物料与低温冷凝器表面之间的蒸汽分压差越大，干燥速度越快。因此，在容许的温度范围内，提高干燥室压力（如在干燥室中导入易凝性气体庚烷）以提高物料的升华温度是十分有利的。庚烷气体与水蒸气混合，在低温冷凝管上一起结霜，被低温盐水洗脱后，经分离、加热、闪蒸后循环使用。

⑨ 改进低温冷凝的方法　采用间壁式冷凝器时，蒸汽易在器壁凝结成霜。为了减小传热阻力，需要经常除霜，这就要求设备中有两个冷凝器，因而增加了设备费用。图 1.42 是使用四（2-乙基己基）硅酸酯冷溶剂除霜的示意图。这种冷溶剂的冰点比水的冰点低得多，且与水互不相溶。将冷溶剂在冻料附近喷成雾状液幕，当升华的水蒸气穿过液幕时即被冻结成细冰粒，形成冷溶剂和冰晶相混合的悬浮液，冰粒经电磁振动筛滤去，冷溶剂则被冷却到 −40℃ 后循环使用。

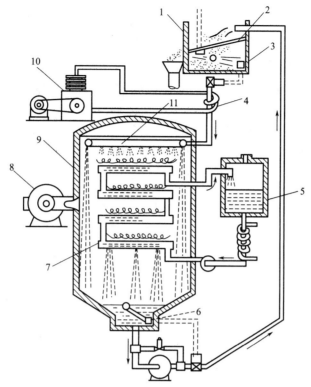

图 1.42 使用四（2-乙基己基）硅酸酯冷溶剂除霜装置示意图

1—冷溶剂液槽；2—电磁振动筛；3，6—电动流量调节器；

4—冷却管；5—加热剂液槽；7—中空搁料架；

8—真空泵；9—干燥室；10—制冷机；

11—环形集液管

四、喷雾冷冻干燥

喷雾冷冻干燥（spray freeze drying，SFD）技术是一种将液体产品进行雾化，并通过与冷溶剂（如液氮）充分接触后冻结成冰粉或冰粒，再将冻结的冰粉或冰粒减压冷冻干燥成粉体粒子的过程。SFD 作为一种新型的药物粒子化技术方法，产品的密度低，比表面积高，可应用于难溶性物料的干燥。

1. 喷雾冷冻干燥原理

喷雾冷冻干燥联合了喷雾技术和冷冻干燥技术，主要由低温喷雾装置和冷冻干燥装置组成。SFD 过程如图 1.43 所示，一般包含雾化、冻结和干燥 3 个步骤。

雾化是把待干燥液体喷雾成细小的雾滴。在此过程中，低温液体泵将低温液体加入到收集容器中。雾滴在低温的流体或气体作用下快速冻结，容器底部通过搅拌器搅拌液体，使样品冻结均匀。待低温液体挥发

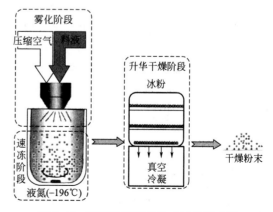

图 1.43 喷雾冷冻干燥技术过程示意图

后，使用冷冻干燥装置，对冻结粉末进行干燥，获得粉末状干燥成品。

喷雾冷冻干燥技术结合了喷雾干燥和冷冻干燥两项传统干燥技术的优点，产品的品质好，能耗和干燥时间都低于冷冻干燥，但设备投资较高。

2. 喷雾冷冻干燥技术的影响因素

① 雾化因素　影响雾化后粒子形态的因素很多，包括雾化器类型、是否添加保护剂、料液的性质（如黏度、浓度）等。影响粒度分布的主要因素是料液的流速，即料液从喷嘴喷出的速度，增大流速可减小粒径。料液的浓度越高，所得粒子比表面积越小，形态呈片状；黏度越大，所得粒子的表面积也越小，但易发生聚集；加保护剂后粒子呈球形，不加则呈棉絮状。雾化器也是控制初始液滴粒度分布的关键部件，不同类型的雾化器会直接影响 SFD 粒子的分布范围。

② 冻结因素　冻结过程中，雾化液滴中的水分在低温环境中迅速冻结形成冰晶，冰晶的形态决定着最终粒子的形态。快速冻结的冰晶形成的粒子大多呈空洞连续状（蜂窝状），粒子的微结构均匀，但干燥过程的升华速率小。慢速冻结的冰晶有充分的时间长大，所得粒子的最终形态多为片状，形成的冰晶粗大，粒子的微结构不均匀且比表面积大，干燥过程的升华速率大。

③ 干燥因素　干燥过程要避免粒子在玻璃化转变温度（T_g）附近发生融合或聚集。如温度高于 T_g 值，干燥过程会引起粒子的软化、粘连，严重时还会造成粒子微结构的坍塌或熔融。

SFD 目前尚不能实现自动化和大规模生产，因为雾化、冻结与干燥单元没有很好的连续性。低温冷却剂消耗量大（特别是液氮），对环境造成严重污染（如卤代烷），这些是需要解决的问题。

五、过热蒸汽干燥

过热蒸汽干燥是用过热蒸汽与被干燥物料直接接触的干燥方式。这种干燥以水蒸气为干燥介质，排放的也全部是低压蒸汽，可以通过对蒸汽潜热加以利用，因此具有节能、环保等优点。低压过热蒸汽干燥方法结合了过热蒸汽的特性和真空干燥的优点，具有干燥时间短、物料收缩变形小、色泽劣变程度轻、多孔、复水性好等特点，是一种很有发展潜力的干燥技术。

1. 过热蒸汽干燥原理

物料受热后产生的水蒸气的扩散没有阻力，过热蒸汽干燥在恒速干燥阶段的干燥速度正比于热溶剂与物料表面的温差，也就是只取决于热传递速率，不受物料表面积的限制。所以第一，过热蒸汽干燥在压力下的沸点温度高于热风干燥，具有温差优势和蒸发面优势，水分扩散系数大，干燥速度快；第二，过热蒸汽的传热性能优于同温空气，能有效降低导湿温性，使表面水分蒸发而不向内部迁移。研究表明，热蒸汽干燥的恒速干燥阶段比热风干燥长（见图 1.44）。在降速干燥阶段，由于物料温度较高，所以干燥速率也比较高，平衡水分较低，而且在蒸汽环境中不会出现表面硬化现象，有利于干燥的彻底，产品也具有多孔结构。

2. 过热蒸汽干燥工艺

过热蒸汽干燥食品的典型工艺流程如图 1.45 所示，物料从干燥器上部加入，加入量由定量调节阀控制，干燥后物料从干燥器底部卸料。过热蒸汽通过干燥器不同高度的喷嘴加入，与物料直接接触，使物料中的水分汽化逸出。干燥过程中过热蒸汽的部分显热被释放出，温度降低，所以从干燥器排出的蒸汽一般处于过热或接近于饱和的状态，大部分蒸汽由循环风机抽送到过热器中重新加热后送回干燥器，另有一部分（相当于物料干燥时蒸出的水量）则通过冷凝排出。

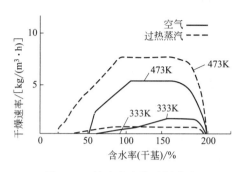

图 1.44　糖蜜废弃物干燥曲线

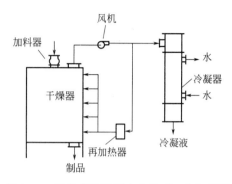

图 1.45　过热蒸汽干燥食品典型工艺流程图

3.过热蒸汽干燥的特点

过热蒸汽干燥的优点是热效率高、干燥速率快、干燥质量好，并且节能。但是过热蒸汽干燥设备投资大，喂料和卸料时不能有空气渗入，设备系统复杂；当喂入室温的物料时易产生结露现象，使干燥时间延长；不适合热敏性物料，虽然可采用低压过热蒸汽干燥方法获得质量改善，但会提高设备的成本和操作的复杂性。

4.过热蒸汽干燥的逆转点

过热蒸汽干燥时存在一个温度"逆转点"，在"逆转点"以上温度干燥时，蒸发速率大于用干空气蒸发，在"逆转点"温度以下时则正好相反（见图1.46）。多种研究证明了逆转点的存在，并且在不同条件下逆转点不是恒定的，其中影响因素最大的是蒸汽的流速，主要原因可能是干燥介质的基本热力学特性不同，与物料对流换热系数随温度的改变不一致。

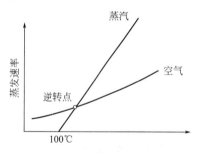

图 1.46　过热蒸汽干燥蒸发速率与介质温度的关系

5.过热蒸汽干燥设备

美国 THERMO 电力公司开发了一种直接-间接过热蒸汽干燥系统，如图1.47所示。湿物料的水分在干燥室内被蒸发并被过热蒸汽带走，一部分蒸汽需要排出，其量等于物料蒸发的水分量，这部分蒸汽可通过冷凝将其潜热回收。另一部分作为循环工作蒸汽。该系统用锅炉产生压力蒸汽，用天然气把蒸汽加热至过热。夹层里的蒸汽对物料进行预热，冷凝水补充到锅炉中。

加拿大密执安大学的过热蒸汽干燥流程如图1.48所示。其主要特点是：干燥的能源由蒸汽等离子吹管供给，这种蒸汽吹管可提供温度较高的过热蒸汽，并且不需要锅炉作为外部设备，干燥机本身就是蒸汽发生器。产品干燥后采用旋风分离器解决产品与蒸汽的分离问题，并使分离后的蒸汽循环利用。

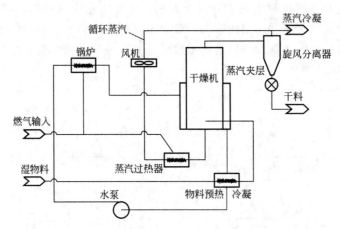

图 1.47   直接-间接过热蒸汽干燥机示意图

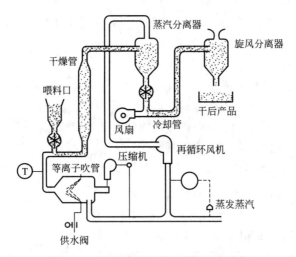

图 1.48   输送式过热蒸汽干燥机示意图

六、其他干燥方式

1. 热泵干燥

热泵是由压缩机、蒸发器、冷凝器和节流阀等组成的闭路循环系统（图1.49）。干燥室中的湿热空气进入蒸发器中，热泵系统内需循环的工作介质在此蒸发，吸收热量，湿热空气在蒸发器表面被冷却，因空气的温度降至露点以下而被干燥，然后进入冷凝器。被加温的工作介质经热泵高压压缩为液体，同时放出大量相变热，这部分热量在冷凝器中对低温的干燥空气实施加热，达到一定温度后重新进入干燥室干燥物料；液化后的热泵工作介质经节流阀再次回到蒸发器内。

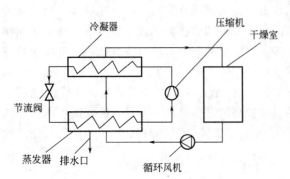

图 1.49   热泵干燥系统原理图

传统的干燥技术在排放湿热空气时浪费了大量热量，而通过热泵系统的二路循环，空气实现了循环利用，有显著的节能效果。

2. 微波干燥

食品热风干燥的主要缺点是在降速阶段所需时间长、效率低、易过热，因为在该阶段食品物料的热传导率较低。微波是一种高频电磁波，具有介电感应的加热效应，通过高频电场在空间不断变换方向，使物料中的极性分子随着电场做高频振动。由于分子间的摩擦挤压作用，使物料迅速发热。微波加热具有以下特征。

① 穿透性。微波可以直接穿透入物料内部，对内外均衡加热，从而大大缩短了加热时间。

② 选择性加热。不同物料对微波吸收程度不一样，一般来说，物料分子极性越强，越容易吸收微波。水的分子极性非常强，容易吸收微波而发热，物料含水量越高，其吸收微波的能力越强。当干燥器内物料的含湿量有差异时，含水量较高的部分会吸收较多的微波，因此在腔体内起到一个能量自动平衡作用。由于这些特点，使微波非常适合于干燥。

③ 加热响应快，易于控制。微波加热的时滞极短，加热与升温几乎是同时的。微波加热时，由于外部水分的蒸发，外部温度会略低于内部温度，热量从内向外传递，水分的转移同样由内向外，传质与传热是同向的，从而极大地提高了干燥速率。微波还能降低水分子，尤其是结合水与物料分子间的亲和力，使水分子容易脱离物料分子而向外扩散。

大部分微波干燥系统都结合了传统的干燥手段，已有的研究表明，微波干燥适合于用在降速阶段或者低含水量时来完成干燥，采用强制对流干燥和微波干燥的二段式干燥过程可以在节约能量和时间的同时得到品质更好的产品；微波技术与真空技术相结合，使干燥过程既具有高效率，又具有低温、隔绝氧气的特点，非常适合各种热敏性物质的干燥。

3. 红外线辐射干燥

红外干燥技术是基于水分吸收红外辐射的特性，红外线的波长范围是 $0.75\sim1000\mu m$。每种物质的分子都以自己的固有频率在振动，当入射的红外线频率和物质分子频率相等，该物质就吸收红外线产生共振，使物质温度升高。食品中很多成分在 $3\sim10\mu m$ 的远红外区段有强烈吸收，所以通常食品干燥选择远红外进行。

红外线对物料有一定穿透深度，利用红外线辐射技术干燥食品的优点主要是干燥时间短，热效高，最终产品品质较好，产品干燥过程中温度均一，不需要有气流穿过物料。红外辐射干燥也可以和传统干燥技术联合使用。

4. 卤素干燥

卤素干燥是在红外干燥的基础上发展起来的。卤素灯加热提供了近似的红外辐射（波长 $0.7\sim5\mu m$），比发射中波红外线的典型的红外源的穿透深度大。在烤箱中用卤素灯加热，辐射主要集中在食品的表面，这样有助于从表面移走水分，防止了干燥产品的返潮。将卤素灯-微波干燥相结合，微波干燥省时、卤素灯加热表面水分迁移，是一项很有前景的干燥技术。

5. 超声波干燥

超声波干燥原理是：超声波在液体中传播时使液体介质不断受到压缩和拉伸，而液体耐压不耐拉，液体若受不住这种拉力，就会断裂而形成暂时的近似真空的空洞，而到压缩阶段，这些空洞发生崩溃。崩溃时，空洞内部最高瞬压可达几万个大气压，同时还产生局部高温以及放电现象等，这就是空化作用。超声引起的空化作用在液体表面形成超声喷雾，使液体蒸发表面积增加，可提高真空蒸发器的蒸发强度与效率，这为食品工业中热敏性稀溶液物料的浓缩干燥提供了一条良好的途径。

超声干燥与气流干燥相比，具有干燥速度快、温度低、最终含水率低等优点，对食品进行超声脱水干燥不仅速度快、时间短、复水性好，而且食品的色、香、味和营养成分都能很好地得到保留。

6. 静电场干燥

日本学者浅川在研究高压静电场时发现，经高压静电处理后水的某些性质会发生变化，在高压电场中，水的蒸发变得非常活跃，施加电场后水的蒸发速度明显加快，并证实电场的耗电量很小，这便是"浅川效应"。静电场干燥则是通过不均匀电场的作用，在电场的作用下，水分子被拉到物料表面，该过程没有传热过程，因此物料不会升温。更为重要的是，电晕放电可以在常温和常压下产生，在促进水分蒸发的同时还具有良好的节能效果。通过对各类物料包括蔬菜、中药材、生物材料、乳制品等的干燥研究，发现静电场不仅可以提高干燥速率、节省能源，而且对产品的质量没有不良影响，同时具有热风干燥和真空冷冻干燥的优点，在干燥过程中物料温度低，能量消耗少，很适合热敏性物料的干燥。

第五节　干制品的贮藏和复水

一、干制品的贮藏

1. 干制品在贮藏期的变化

干制品在不同相对湿度的环境中有不同的平衡水分含量，食品的成分和干制的方法也会影响平衡水分含量，糖类、盐类含量高的食品以及冷冻干燥食品的平衡水分含量较高。干制品如果没有良好的包装就会吸水回潮。

水分含量高的干制品在贮藏中有变色、氧化、蛋白质变性的可能。干制蔬菜、果汁粉等在贮藏中容易发生褐变；花青素在无水状态下能长期稳定，而在水分含量 3%～5% 以上时容易分解；叶绿素在水分含量 6% 以上时，首先变成脱镁叶绿素，进而分解为无色物质。芳香物质的损失随水分含量的上升而加速。如香菇含水分 2% 以下时三年内香味无太大变化；但水分含量在 6% 以上时，香味在一年内完全消失；水分含量达到 5%～10% 时，未失活酶的活力恢复。

干制品的表面积一般都比干制前大，冻干食品的表面积比原料大 100～150 倍，因此，脂类物质容易氧化，包括类胡萝卜素等脂溶性色素都易氧化脱色。水分含量低于 2% 时氧化速度较高。蛋白质在干燥中因热效应和盐类浓度提高而变性；在贮藏中如果水分含量大于 2%，变性仍在缓慢进行，低于 2% 则变性基本不再继续。

2. 压块

干制品若在产品不受损伤的情况下压缩成块可大大缩小包装体积，有效地节省包装材料、装运和贮藏容积及运输费用。另外产品紧密后还可降低包装袋内氧气含量，有利于防止氧化变质。压块后干制品的最低密度为 880～960kg/m³，干制品复水后应能恢复原来的形状和大小，压块时应注意破碎和碎屑的形成、压块的密度和内聚力等问题。蔬菜干制水分低，质脆易碎，常用蒸汽加热 20～30s 促软后压块。对于某些热塑性果干可加热后压缩。

3.干制品的包装

干制品的包装应能够防止干制品的吸湿回潮，透气率低，以防止氧化、串味和虫、鼠侵害。硬包装有金属罐、摩擦罐、玻璃瓶。硬包装的密封性好，防冲击，对光、湿、气的透过率低，能够真空包装或充惰性气体包装。软包装有纸包装、塑料薄膜及复合膜包装。软包装的体积小、重量轻，复合膜的强度也较大，能够真空或充气包装，但容易破损。

4.干制品的水分含量和贮藏条件

不同食品贮藏要求的水分含量各不相同。蔬菜复水性的要求不很高，糖类和蛋白质的含量又较低，水分含量要求小于 6%，大于 8% 时耐藏性明显下降。鱼、肉干制品水分可在 6%～10%，水分含量过低时复水困难。蛋粉、乳粉因脂肪含量高，表面积大，要求水分含量不大于 2%。所有干制品都应在干燥、避光和低温的条件下贮藏。

5.干制品的速化复水处理

提高低水分产品复水的速率现已有了不少有效的处理方法，其中之一是压片法。水分低于 5% 的颗粒状果干经过相距为 0.025mm 的辊轧（300r/min），因制品具有弹性并有部分恢复原态趋势，制品的厚度为 0.25mm。薄片只受到挤压，它们的细胞结构未遭破坏，故复水后能迅速恢复原来的大小和形状。薄片复水比普通制品迅速得多，而且薄片的复水速率可通过调节制品厚度加以控制。

另一种破坏细胞的速化复水处理方法是将含水量为 12%～30% 的果块经速率不同和转向相反的转辊轧制后，再将部分细胞结构遭受破坏的半制品进一步干制到含水量 2%～10%。块片中部分未破坏的细胞复水后将恢复原状，而部分已被破坏的细胞则有变成软糊的趋势。

刺孔法是另一种速化复水处理方法。水分为 16%～30% 的半干苹果片先行刺孔再干制到 5% 的水分，这不仅可加速复水的速率，还可加速干制的速率。复水后大部分针眼消失。

二、干制品的复水

干制品复水后恢复新鲜状态的程度是衡量干制品品质的重要指标。干制品的复原性是干制品重新吸水后在重量、体积、形态、质构、色泽、风味、成分等各个方面恢复新鲜状态的程度。在这些衡量品质的因素中，有些可定量表示，有些只能定性表示。

干制品复水能力受制品物理、化学变化的影响，因此复水性能够比较恰当地反映干制过程中某些品质的变化。例如食品失水后盐分浓度增加以及热的影响会促使蛋白质部分变性，失去了持水能力，同时还会破坏细胞壁的渗透性。淀粉和树胶在热的影响下同样会发生变化，使其亲水能力下降。细胞受损后，细胞壁通透性增加，在复水时因糖分和盐分的流失而使风味和持水能力下降。干制时细胞和毛细管的萎缩和变形等物理变化也会降低干制品的复水性。干制品的复水比 $R_复$ 是复水后沥干重 $G_复$ 和干制品试样重 $G_干$ 的比值，即 $R_复 = G_复/G_干$。

第六节　食品干燥的玻璃化转变

一、玻璃态与玻璃化转变

非晶聚合物根据其力学性质随温度变化的特征，可以按温度区域不同分为 3 种力学状态

——玻璃态、高弹态（或称橡胶态）和黏流态，都是内部分子处于不同运动状态的宏观表现。玻璃态下的高分子物质由于温度较低，分子热运动能量很低，不足以克服主链内旋转的位垒，只有较小的运动单元如侧基、支链和链节能够运动，而分子链和链段均处于被冻结状态，聚合物在外力作用下只能发生很小的形变，这时的聚合物所表现出来的力学性质与玻璃相似，故这种状态称为玻璃态。其外观像固体具有一定的形状和体积，可以承载自重，但结构又与液体相同，即分子间的排列为近程有序而远程无序，所以它实际上是一种"过冷液体"。在玻璃态下物体的自由体积非常小，自由体积份额为 $0.02 \sim 0.113$，分子流动阻力较大，体系具有较大的黏度，约为 $10^{12}Pa \cdot s$，食品内部分子扩散速率很小，一切受扩散控制的松弛过程都将被抑制，因此不容易发生褐变、氧化等化学变化，食品保质期得以提高。

当温度上升，分子热运动能量足以克服分子内旋转位垒，链段运动被激发，在受外力作用时表现出很大形变，外力解除后形变可以恢复，这种状态称为高弹态，其黏度仅为 $10^3 Pa \cdot s$，自由体积份额也由于膨胀系数的增大而显著增大，反应速率约为玻璃态的 10^{12} 倍，基质的结晶、再结晶和酶的活性等化学反应加快，食品的贮藏稳定性降低、质量下降。当温度继续升高，整个分子链都可以运动，聚合物逐渐变成黏性流动的状态，发生的形变不能恢复，称为黏流态。玻璃态和高弹态之间的转变称为玻璃化转变，对应的转变温度称为玻璃化转变温度（T_g）。

食品中的组分在玻璃化转变温度范围内物质的一些特性发生明显的变化，可以通过介电常数、模量、黏度、热焓、自由体积、热容量、热膨胀系数等的变化观测到（图 1.50～图 1.53）。

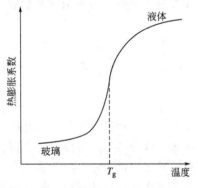

图 1.50　温度与热膨胀系数的关系

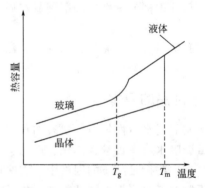

图 1.51　温度与热容量的关系

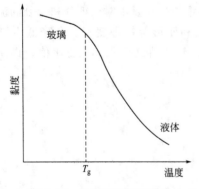

图 1.52　温度与黏度的关系

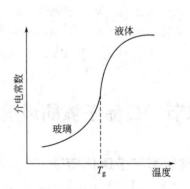

图 1.53　温度与介电常数的关系

食品的玻璃化转变温度与食品组成成分有关，低分子质量组分（如糖）的玻璃化转变温度明显，一般在20℃左右，高分子质量组分（如蛋白质、淀粉等）的玻璃化转变温度范围比较宽。大多数水溶性食品组分的玻璃化转变温度随分子质量的增加而升高。水对无定形态基质具有增塑作用，并可以显著降低玻璃化转变温度。

二、食品水分对玻璃化转变温度的影响

食品都是具有复杂化学成分的有机体，其中含有大量的糖类、脂肪、蛋白质、水、盐等无定形物质，这些物质的玻璃化转变是影响食品物理状态的重要因素。食品中三大主要成分为蛋白质、碳水化合物和脂肪。其中碳水化合物对干燥食品的影响最大，高糖食品可显著地降低 T_g，蛋白质和脂肪对 T_g 的影响并不显著。图1.54～图1.56 显示了几种食品原料的 T_g 变化参数。

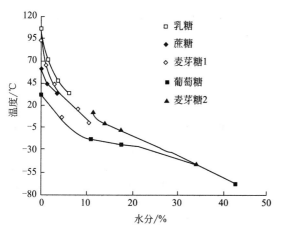

图1.54　各种糖的玻璃化转变温度

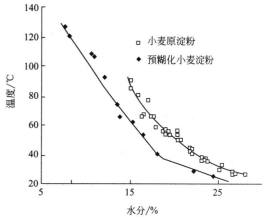

图1.55　淀粉的玻璃化转变温度（DSC，10℃）

从分子运动的角度来看，凡是有利于分子运动的因素都将引起玻璃化转变温度的降低，凡是不利于分子运动的因素都将引起玻璃化转变温度的升高。水在体系中引入了自由体积，并且使聚合物链间氢键被破坏，对无定形物质具有增塑作用，所以玻璃化转变温度受制品的水分含量影响很大，水分含量较低的干燥食品影响更加显著。如冻干食品由于具有疏松多孔结构，制品极易吸湿，随着制品水分含量的增加，T_g 值不断下降，制品由相对稳定的玻璃态转化为不稳定的高弹态，其黏度下降，多孔结构不能支撑自身重力而出现皱缩、塌陷等现象。

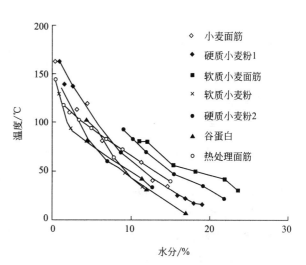

图1.56　小麦粉和小麦蛋白的玻璃化转变温度

三、玻璃化转变对食品干燥和贮藏的影响

1. 冻干食品的皱缩、塌陷现象

在冻干过程中，食品内部未干层的冰晶升华为水蒸气后，通过表层已干层的疏松多孔结构排出。适当提高食品物料温度可以强化冰晶的升华过程，但如果物料温度超过了其玻璃化转变温度就会造成其黏度降低，多孔层发生塌陷的现象，这也是冻干制品塌陷、皱缩或气泡膨胀，甚至因表面多孔通道被堵塞，内部大量汽化而使物料飞溅的原因。塌陷温度约为 T_g +12℃，若高糖食品需要冷冻干燥，可以通过添加高分子材料来提高塌陷温度。

2. 喷雾干燥中的裂纹及黏壁现象

随着喷雾干燥的进行，食品物料的温度不断降低，同时物料雾滴由液态向高弹态、玻璃态转变。当雾滴表面温度接近 T_g 时，雾滴形成颗粒，如果颗粒内部含有较高水分，会造成产品的颗粒形态有不规则裂纹；如果颗粒已形成玻璃态，但颗粒的温度高于其黏流态温度时，会从其玻璃态转变为黏流态，显示出黏性流动性质，形成黏壁现象或颗粒间结成块，果汁、含蜂蜜食品等常出现这一问题。所以喷雾干燥不是一个简单的水分蒸发过程，需要适当地设置工艺参数。

3. 热风干燥过程中的影响

当热风干燥高糖食品，如水果片或其他极黏的产品时，由于低分子量糖的增塑作用降低了物料的玻璃化转变温度，果片成塑性。当表皮和组织过度破坏时，果片表面开裂、糖液外渗，造成高糖食品即使含水量很低也呈现潮湿状态，给水果的干燥带来困难。黏性食品、黏稠糊状产品、水果片和湿粉等在流化床中不能很好地流动，需要干燥到 T_g 上升，流动性提高，黏性问题才能得到改善。

4. 干制食品的裂缝或破碎

传统理论认为裂缝或破碎的产生是由于食品在温度梯度和湿度梯度作用下产生的应力造成的结果，而用玻璃化转变理论能更好地解释这一现象。根据玻璃化转变的观点，在高温干燥过程中，由于食品对水分扩散的限制作用，颗粒表面的水分较低而进入玻璃态，内部的水分较高仍处于高弹态；处于不同相态的内外层，由于其热膨胀系数不同而导致裂缝产生。干燥后的食品在存放过程中，从周围环境中吸湿，表层发生膨胀，使处于玻璃态的内层受到拉应力，产生内部裂缝，向外扩展导致开裂。所以尽量改善储存条件，避免在储存过程中过早产生这种缺陷。

5. 结晶、结块和成团

所有非晶态食品在贮藏期间都可能发生结晶，结晶速率随 $\Delta T (T - T_g)$ 的升高而增大。食品吸收水分使 T_g 降低，ΔT 升高，从而发生结晶作用，结晶过程释放的水被邻近的粒子吸收生成水桥，引起结块和成团。

6. 松脆性和可塑性

松脆性是干制食品如谷物食品、休闲食品的重要品质。当食品处于玻璃态时，质构松脆，如果在水等增塑剂作用下时，T_g 下降，体系由玻璃态转化为高弹态。这一性质在食品加工中也有用途，如低温粉碎，以液氮为冷冻剂将物料温度降至 T_g 以下，可以粉碎常温下无法粉碎的物质，得到更细、流动性更好的粉末，还避免了粉碎发热引起的变质；相反在食品中添加低分子糖和多羟基化合物，可以降低体系的 T_g，能在相当低的湿度条件下维持半

干食品的可塑性和咀嚼性。

7. 挥发物的扩散和渗透

食品体系中的挥发物在玻璃态时流动性大大受到限制。当温度高于玻璃化转变温度时，挥发物扩散随温度增加而加快。玻璃化质构限制了透氧从而保护敏感性的芳香物质氧化。

8. 化学变化

干制品中化学变化十分缓慢，但如果贮藏在 T_g 以上时，黏度降低，扩散性增加，反应物流动性和氧的扩散性增加，会加速干制品的化学反应。

四、玻璃化转变温度的应用

玻璃化转变影响微生物的生长繁殖，主要体现在玻璃化转变导致微生物的周围水分、温度、pH 值、酶浓度及盐浓度等理化环境的改变，因而能抑制腐败微生物的生长。对于有益微生物，人们研究了海藻糖对乳酸菌的保护机理，证实了玻璃化转变对保护乳酸菌的重要作用。在喷雾干燥微胶囊制备中，首先要促进干燥过程玻璃化转变的快速完成。因此要提高进料液中固形物浓度，减少水的含量，使体系从一开始就有一个较高的强起点；其次是选择较高分子量的壁材，但要防止 T_g 过高造成产品裂缝，还应尽可能提高干燥效率。乳制品中存在无定形的乳糖，奶粉的结晶、粘连和结块均与乳糖的玻璃化转变有关。关于乳粉的褐变问题，当贮藏温度与乳粉玻璃化转变温度的差值减少时，乳粉的非酶褐变指数降低，随着温差增大，非酶褐变指数迅速增加。关于乳粉结块问题，科学家们发现黄原胶是很好的防结块剂，而 β-环糊精对粉体的结块抑制效果并不明显。黄原胶和 β-环糊精复配型添加剂的防结块效果最好。在糖果生产中，棉花糖中蔗糖在低于玻璃化转变温度贮藏时性质稳定，当温度超过蔗糖玻璃化转变温度时，棉花糖的纤维玻璃结构就会发生崩溃，蔗糖的结晶就会在镶嵌在玻璃化的结构中形成，导致糖果的返砂，缩短食品的货架期。用羧甲基纤维素钠、果胶、海藻酸钠、黄原胶预处理胡萝卜切片，不仅提高了胡萝卜质构特性，而且提高其玻璃化转变温度至 $-0.28℃$，其中 0.4% CMC-Na 的效果最好。冰淇淋的含水量高达 60% 左右，凝冻前是一种多元溶液。冰淇淋的 T_g 一般在 $-43\sim-30℃$，而其贮存温度在 $-18℃$ 左右，所以在贮存过程中冰淇淋大多处于橡胶态，结晶、再结晶的速度很大，冰淇淋中有大量的粗冰粒生成，导致口感变得粗糙。若冰淇淋在玻璃态保存，其中的结晶、再结晶速度缓慢，就可在较长的贮存期内保持原有的细腻口感。

第二章 食品低温保藏

食品低温保藏就是利用低温技术将食品温度降低并维持在低温（冷却或冻结）状态，以阻止或延缓它们的腐败变质，从而使食品的长途保鲜运输和保鲜贮藏成为可能。低温保藏不仅可以用于新鲜食品物料的保藏，也可用于食品加工品、半成品的贮藏。

根据低温保藏中食品物料是否冻结，可将其区分为冷藏与冻藏。冷藏是指在高于食品物料冻结点的温度下贮藏，冻藏是在能使食品保持冻结状态的温度下贮藏。冷藏温度范围一般为$-2 \sim 15℃$，能够使易腐食品保藏数天或数周。根据食品物料的特性，冷藏的温度又可分为$-2 \sim 15℃$和$-2 \sim 2℃$两个温度段，植物性食品的冷藏一般在前一温度段，而动物性食品的冷藏则多在后一温度段。

第一节 低温防腐的基本原理

一、低温对酶活力的影响

在低温条件下，微生物和氧化作用对食品质量的影响相对较小，而酶的作用影响相对较大。温度对酶活性的影响可以用温度系数Q_{10}来表示，大多数酶活性化学反应的Q_{10}值在$2 \sim 3$的范围内，即温度每降低$10℃$，酶的活性降低至原活性的$1/3 \sim 1/2$。因此，降低温度能够降低酶促反应的速率，延缓食品的腐败。动物（尤其是温血动物）性食品中酶活性的最适温度较高，温度降低对酶的活性影响较大；植物（特别是在低温环境下生长的植物）性食品酶活性的最适温度较低，低温对酶的影响较小。

但是低温只能抑制酶活性而不能破坏酶活性，只要有反应介质存在，就会发生酶促反应，这也是冻藏比冷藏的保鲜期长的主要原因。一般在$-18℃$以下，食品中90%以上的水分都变成冰，酶活性才会受到较强的抑制，因此低温库的温度通常都设定在$-18℃$以下。但果胶水解酶、过氧化物酶、脂肪氧化酶等许多酶在冰冻的基质中仍显示出催化活性，对脂肪酶而言，因其底物是非水溶性物质，即便在$-29℃$下也能催化脂肪分解，一周的催化作用相当于$37℃$下$45min$的水解效果。因此，多脂鱼类等食品的保藏温度要低于$-18℃$，一般在$-30 \sim -25℃$，价值高的金枪鱼在$-30℃$以下保藏。

底物浓度和酶浓度是影响酶促反应的另一因素，一般来说，底物浓度和酶浓度越高，催化反应速率越快。当食品冻结温度降至$-5 \sim -1℃$区带，食品中80%水分结成了冰，使未冻结溶液浓度上升，有时会出现该温度下酶反应速率高于常温的现象。因此，快速通过最大冰晶生成带不但减少冰晶对食品的机械损伤，也能减少酶对食品的催化作用。

对于果蔬类食品，温度对呼吸强度的影响极为显著。外界温度的升高、贮藏室氧气浓度高、受机械损伤以及微生物的侵害都会增强果蔬的呼吸强度，消耗果蔬的营养，蒸发水分并加速褐变。在$25 \sim 35℃$时食品的变质作用最强烈，而低温能有效控制呼吸作用。

对于动物性食品，由于牲畜屠宰后肌肉细胞已停止供氧，肌肉组织的正常代谢过程被终止，分解酶类活动加强，氧化酶类活动抑制，糖原分解为乳酸后不能继续氧化，有机磷化合物分解出正磷酸。乳酸和磷酸的积聚使肌肉呈酸性，外观呈僵硬状态，坚硬干燥，不易煮烂。需要经过成熟排酸，使肉中乳酸转化，肌肉复软，才能风味丰富、富有汁液，所以冷鲜肉比刚屠宰的肉更鲜。鱼肉的酶促反应比畜肉快，在相当短的时间内蛋白质即水解为氨基酸和其他含氮化合物，脂肪分解生成游离的脂肪酸，糖原酵解成乳酸，为微生物腐败提供了条件，所以活鱼要比死鱼鲜。肉类成熟过程中和成熟后的微生物控制，都需要低温的保护。

二、低温对微生物的影响

微生物按其适宜生长的温度范围可分为嗜冷微生物、嗜温微生物和嗜热微生物，每种微生物只能在一定的温度范围内生长，各种微生物都有其生长繁殖的最低温度、最适温度和最高温度。微生物的最适生长温度仅对生长而言，而不是其代谢产物合成的最适温度，后者一般要高于前者。微生物处在温度低于最低生长温度的条件下，生长受抑制，但菌体多数并未死亡；若处在高于最高温度条件下，菌体就会死亡。微生物的生长温度类型见表 2.1。

表 2.1　微生物的生长温度类型

微生物类型	生长温度范围/℃			存在环境
	最低温度	最适温度	最高温度	
嗜冷微生物	−10～6	10～20	25～30	海洋、湖泊、冷泉、冷藏库等
嗜温微生物	10～20	25～30	40～45	食品及其原料、土壤等
	10～20	37～40	40～45	寄生于人体和动物中
嗜热微生物	25～40	50～55	70～80	温泉、堆肥、土壤等

低温对微生物的影响包括低温过程和低温终点两个方面，在冻结点以上的温度范围内，降温速率越大，菌体死亡率越大；在冻结点以下，降温速率越大，菌体的存活率越高。这是因为在正常生理条件下，微生物细胞内复杂的生化反应处于平衡状态，但由于各种生化反应的温度系数各不相同，降温时这些反应按照各自的温度系数降速，因而破坏了生化体系的平衡，影响了微生物的生理机能。温度降得越低，降温速度越快，生理失调越严重，甚至达到失去生理功能的程度。幼龄菌对降温作用尤其敏感，从 45℃ 速降到 10℃ 时，95% 的细胞死亡。

食品冻结时的情况则不同，缓冻时形成量少粒大的冰晶体，对细胞产生机械性破坏作用，还促使蛋白质变性，因而微生物的存活率低。速冻时细胞内水分冻结成细小均匀的玻璃状晶体，在一个较长的时期内对细胞的影响不大。急速冷却时，如果水分能迅速转化成过冷状态，避免结晶而成为玻璃态，就有可能避免因介质内水分结冰所遭受到的破坏作用。细菌芽孢和霉菌孢子中的水分含量较低，其中结合水含量较高，因而它们在低温下的稳定性也较高。

低温终点是影响微生物存活的另一重要因素。温度下降时微生物细胞内原生质黏度增加，胶体吸水性下降，蛋白质分散度改变，并且最后还导致了不可逆性蛋白质凝固，从而破坏了生物性物质代谢的正常进行，对细胞造成严重损害。在稍低于生长温度或冻结温度下贮藏对菌体存活的威胁最大，而以 −5～−2℃ 为最甚，介质中冰晶体的形成会促使细胞内原生质或胶体脱水，常会促使蛋白质变性。微生物细胞失去了水分就失去了活动要素，同时冰晶体的形成还会使细胞遭受到机械性破坏。而温度达到 $-25 \sim -20℃$ 时，微生物细胞内所有酶的反应几乎全部停止，并且细胞内胶质体的变性也较缓慢，因而微生物的死亡率比高温时低得多。

第二节　食品冷却及冷藏

冷藏是将食品在略高于冻结点的温度下贮藏，一般冷藏温度在 $-2 \sim 15℃$，以 $4 \sim 8℃$ 最为常用。冷藏是最方便、最经济、对食品品质影响最小的贮藏方法，冷藏可延缓微生物的生长、生命组织的新陈代谢以及自溶和脂肪氧化等化学反应的速率，而且可减少食品水分的损失。但冷藏不能阻止食品腐败，只能延缓腐败的速度，因此冷藏期较短，通常只有几天到数周，视食品的种类和成熟度而异。

微冻冷藏是适用于水产品贮藏的一种方法，在略低于冻结点以下的 $-3℃$ 温度下，鱼体内部分水分发生冻结，对肉质蛋白质等不产生明显影响，对微生物的抑制比普通冷藏明显加强，从而使贮藏期比冰温冷藏延长 $1.5 \sim 2$ 倍。

一、食品的冷却

1. 食品冷却目的

食品冷却是要将食品温度降低到高于冻结点的预期温度，冷却过程是食品与周围介质的热交换过程，食品冷却的时机、速度都会影响食品冷藏的质量，易腐食品更应该在采收或屠宰后立即尽速冷却，以及时抑制生化反应和微生物的生长繁殖。

对于采收后仍保持个体完整的新鲜水果、蔬菜等植物性食品物料，采收后的果蔬仍具有和生长时期相似的生命状态，仍维持一定的新陈代谢。由于生命活动的终止，合成代谢不再进行，而分解代谢仍在继续，因而产生大量的呼吸热，加速了食品营养物质的损耗，进而导致食品风味的损失和过度成熟。美国甜玉米在 $0℃$ 下的代谢能使糖分每天丧失 8%，在 $20℃$ 下每天丧失达 25%，在炎夏的下午还要远远超过此数。一般情况下，温度降低会使植物个体的呼吸强度降低，新陈代谢的速度放慢，植物个体内贮存物质的消耗速度也减慢，植物个体的贮存期限也会延长。例如，草莓、葡萄、樱桃、生菜、胡萝卜等品种，采摘后尽快冷却可以延长储藏期半个月至一个月。但是，马铃薯、洋葱等生长在地下的品种，由于收获时容易碰伤，需要在常温下养好伤后再进行冷却储藏。

对于动物性食品物料，个体在屠宰后呼吸作用已经停止，不再具有正常的生命活动，对外界微生物的侵害失去抗御能力。虽然在动物肌体内还有生化反应进行，但主要是一系列的降解反应，肌体出现死后僵直、软化成熟、自溶和酸败等现象。达到"成熟"的肉继续放置则会进入自溶阶段，肌体内的蛋白质等发生进一步的分解，腐败微生物也大量繁殖。因此，肉的贮藏应降低温度以减弱生物体内酶的活性，降低污染菌对食品的腐败作用。如将火鸡块中心温度快速冷却至 $0℃$ 以下（$2 \sim 3.5h$）和慢速冷却（$6 \sim 8h$），火鸡上污染菌的数量随保藏期的变化见表 2.2。

但是，某些食品如果冷却太快，也会导致品质的不良变化，如桃子降温太快会受到冷伤害，形成木柴结构；动物屠宰后在僵硬前立即冷却到 $0 \sim 5℃$ 会产生冷收缩，导致持水能力不良及过度坚韧。

表 2.2　火鸡块中的总菌数　　　　　　　　　　　　　　　菌落/g

冷却后的保藏时间/d	快速冷却(2~3.5h)	慢速冷却(6~8h)
0	145	1800
3	60	3850
7	60	31000
10	70	625000
14	50	80000

2.食品冷却方法

食品的冷却方法有通风冷却、差压式冷却、冷水冷却、碎冰冷却、真空冷却等。根据食品的种类及冷却要求的不同，可以选择合适的冷却方法。表 2.3 是几种冷却方法的一般使用对象。

表 2.3　不同食品的冷却方法

冷却方法	适用食品					
	鱼	肉	禽	蛋	水果	蔬菜
通风冷却		√	√	√	√	√
差压式冷却		√	√	√	√	√
冷水冷却	√		√		√	√
碎冰冷却	√		√			√
真空冷却					√	√

① 强制通风冷却法　利用降温后的冷空气作为冷却介质使食品降温的方法称为空气冷却法，也是使用最广泛的冷却方法。冷风机将被冷却了的空气从风道中吹出，在预冷室或隧道内与食品接触，吸收其热量，维持其稳定的低温（图 2.1）。通风冷却的工艺效果主要决定于空气的温度、相对湿度和流速。

空气冷却一般适应于预冷果蔬、肉、禽、蛋品、烹调食品、冷饮半制品及糖果等，冷却温度必须处在允许食品可逆变化的范围内，以便食品回温后仍能恢复它原有的生命力，而空气的温度不应低于冻结温度，以免食品发生冻结。相对湿度大一些的空气在冷却时能加快冷却速度，对容易干缩的食品一般都采用较高湿度的空气。空气冷却能广泛适用于不能用水冷却的食品，一般空气的流速控制在 1.5~5.0m/s 的范围。

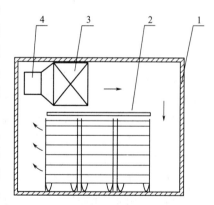

图 2.1　常规室内预冷结构示意图
1—维护结构；2—被冷却物；
3—蒸发器；4—风机

② 差压式冷却　差压式冷却是强制通风冷却的改良，冷风机吹出的冷风被导风板引导形成风道，包装的食品被放置在吸风口一端并铺上盖布，食品包装箱或容器上开设通风口，冷风受盖布阻挡，被引入通风口对食品个体（而不是包装模块）进行冷却（图 2.2）。冷却室内形成 2~4kPa 压差，冷风以 0.3~0.5m/s 流速通过箱体。根据食品种类不同，差压式冷却一般需 4~6h，有的可在 2h 左右完成（通风冷却约需 12h，冷藏库冷却需 15~24h）。

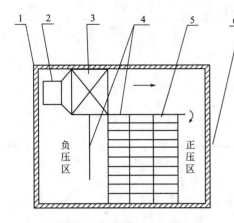

图2.2　差压预冷结构示意图
1—维护结构；2—风机；3—蒸发器；
4—隔风板；5—被冷却物；6—冷藏库门

差压式冷却具有能耗小、冷却速度快（相对于其他空气冷却方式）、冷却均匀、适用的品种多、易于由强制通风冷却改建的优点，但也有食品干耗较大、货物堆放要求高、冷库利用率低的缺点。在预冷室增加喷雾装置，保持空气湿度在95%以上，或者果蔬预冷前先作喷淋，都可有效降低干耗。

③ 接触式冷却法　利用冷水、冰块与食品接触，使食品温度下降的方法简便易行，而且行之有效。冰块融化时吸收的潜热为334.9kJ，在和食品接触时就直接从食品中吸取热量，因此冰冷却的效果取决于冰块与食品的接触程度，包括冰块用量、冰块大小。细小均匀的冰块可获得较大的冷却速度，冰块大小最好不超过2cm。冰块一般用于冷却鱼类、禽类和根菜类。为了防止冰水对食品物料的污染，通常对制冰用水的卫生标准有严格的要求。

冷水冷却有浸渍式和喷淋式。冷水冷却的特点是冷却快，没有干耗。但水作为连续介质，若食品个体污染，将会影响全体食品质量。此外，在循环使用过程中也容易增长微生物，故此需要不断补充清洁水。冷却水中通常含有一些温和的杀菌剂如氯、石炭酸等。用海水、盐水作介质常用来冷却鱼类，但不宜与一般食品直接接触，只可间接接触。

④ 真空冷却法　水在101.3kPa压力下的沸点是100℃，在666.6Pa下的沸点为1℃，因此，在低压下常温的水会迅速汽化，同时带走大量的蒸发热（2450kJ/kg）。不管何种产品，水分蒸发1%可使食品自身温度降低5℃，许多产品可预先进行湿润，特别是初温较高的产品。真空冷却法主要用于蒸发表面积大的叶菜类冷却，某些水果和甜玉米也可用此法冷却，比表面积低且有蜡质表层的果蔬不宜用真空冷却。真空室的压力为613～666Pa。为了减少干耗，果蔬在进入真空室前要进行喷雾加湿。冷却的温度一般为0～3℃。

由于冷却速度快，在真空装置内实际冷却时只需10min，包括从真空管中抽真空所需时间也仅20min，水分的蒸发量2%～4%，对食品脱水的影响并不大，故不会影响食品的新鲜外观。但是，真空冷却设备的成本高，少量使用很不经济，所以一般都在远离冷库的蔬菜基地，在大量收获后的运输途中使用。

⑤ 蒸发冷却法　蒸发冷却是令干燥空气在湿润的食品表面上通过而使之冷却的简单过程。产品可先用水雾喷湿，然后再用干燥空气吹过。通过蒸发水分使食品冷却的程度受到空气含水能力的影响，因而这种技术的使用局限于相对湿度低的场合，而且必须使用优质水，但却有节能的优点。

二、食品的冷藏

1. 食品的冷藏温度

食品的贮藏期是贮藏温度的函数，在食品性质允许的前提下，贮藏温度应尽可能地降低。各种食品的性质各不相同，同样食品的成熟度也不同，适宜的冷藏温度也就各不相同。病原菌在3.3～10℃生长只是缓慢，而在3.3℃以下就不再生长，低温菌的生长速度也非常缓慢，因此，常用的冷藏温度在 3～−2℃。冷藏室内温度应稳定、均匀，温差不超过 0.5℃。

冷藏温度的微小改变，有时会导致品质损失速率的明显改变，例如，鲤鱼的贮藏期在 −1～−2℃下为 22～29d，但在 0℃却只有 13d；新鲜鸡肉在 −2℃的贮藏期比在 0℃时长 40％。

植物性食品收获后仍是有生命的有机体，对能导致腐败、发酵的外来微生物的侵袭有抵抗的能力，例如能将微生物分泌的水解酶分解，阻止微生物的侵入。细胞的氧化作用还能使受到机械伤害和微生物侵入的组织形成木栓层，从而保护内层的健康组织。因此，植物性食品的冷藏必须保证其生命状态。

2. 空气相对湿度及循环

冷藏室内空气湿度对食品的耐藏性有直接的影响。如果空气湿度过高，水分冷凝在低温食品的表面上，霉菌就会在食品表面上生长，或导致一些水果不正常的破裂；反之，如果空气湿度过低，则导致食品过度脱水，外观枯萎干缩。不同食品在经受霉菌生长和趋于脱水等方面的情况各不相同，所以必须使各种食品达到最适平衡。大多数绿叶蔬菜适宜的相对湿度在 90％～95％，水果适宜的相对湿度在 85％～90％，坚果在 70％下贮藏良好。乳粉、蛋粉等干燥的颗粒状食品在冷藏温度下贮藏期较长，但需要非常干燥的气氛，相对湿度高于 50％时，如果包装的透湿率高，就会发生过度的结块现象。

会趋于失水的食品在冷藏时可用各种包装方法加以保护，大块肉常用塑料套覆盖或喷以各种耐水涂料；需在冷藏库内成熟数月的干酪采用浸蜡保护，既能减少失水，又能防止霉菌生长；带壳蛋则浸在矿物油中以封闭蛋壳微孔；柑橘等水果可在表面涂果蜡，以降低呼吸和失水。

冷藏室内适宜的空气循环是必须的，只有这样才能及时将食品产生的呼吸热带走，并保证冷库内温度及气体组成的均匀分布。冷藏库内空气的净化和更换也需要空气的流动。

表 2.4 所列的是代表性果蔬在呼吸过程中放出的热量，呼吸热随品种而异，随温度下降而降低。呼吸率特别高的产品如青刀豆、甜玉米、菠菜、草莓等特别难以贮藏。此类产品如果紧密贮放，即便周围气温较低，中心也会腐烂。

表 2.4　水果、蔬菜在呼吸过程中的放热情况

品种	呼吸热/[kJ/(t·24h)]		
	0℃	4.4℃	16℃
苹果	310～840	620～860	2390～3660
青刀豆	5800～6500	9660～12020	33850～46550
硬花甘蓝	7860	11600～18570	35730～52750
甘蓝	1260	1760	4300
胡萝卜	2250	3660	8520
芹菜	1710	2550	8670
甜玉米	6920	9910	40520
洋葱	630～1160	1860～2090	—
橙子	430～1090	1370～1640	3850～5450
桃	900～1450	1520～2140	7660～9820
巴梨	690～930	—	9280～13920

品种	呼吸热/[kJ/(t·24h)]		
	0℃	4.4℃	16℃
豌豆	8610	13940	41410
马铃薯	460～930	1160～1860	2320～3710
菠菜	4470～5130	8280～11820	38950～40090
草莓	2880～4000	3860～7120	16310～21390
葡萄柚	510	1220	3230
葡萄	410	780	2780
柠檬	670	940	3450
黄瓜	1560	2280	9760
甜瓜(西瓜除外)	1560	2280	9760
甘薯	1250～2570	1800～3530	4510～6640
番茄(青熟)	610	1130	6570
番茄(成熟)	1070	1320	5950

为了排除蔬菜、水果、鲜蛋在贮藏期间代谢所产生的水分和各种气体，需要更换库房内空气成分，对多数果蔬而言，24h内更换1～3倍容积的新鲜空气即可满足需要。

三、食品冷藏时的品质变化

食品在冷却贮藏过程中发生的变化，受到众多因素的影响，如冷藏温湿度、动植物生长的条件、收获和屠宰条件、卫生条件等。除了肉类的成熟作用外，其他变化都将引起食品品质下降。

1. 水分蒸发

食品表面的蒸汽压高于冷藏空气介质的蒸汽压，因此食品在冷藏中会发生干耗，当水分蒸发量超过5%，水果、蔬菜会出现明显的凋萎现象，果肉软化收缩，氧化反应加剧。肉类的干耗会造成表面收缩、硬化，形成干燥皮膜和肉色变化，加剧脂肪的氧化。鸡蛋干耗造成气室增大，质量下降。为了减少干耗，要根据不同食品的水分蒸发特性，控制其适宜的温度、湿度及风速。果蔬中叶菜类、蘑菇、樱桃、杨梅、龙须菜最易蒸发，番茄、甜瓜、莴苣、萝卜、白桃、栗子蒸发量居中，洋葱、马铃薯、苹果、梨、橘子、葡萄、柿子、西瓜不易蒸发。在库温1℃，相对湿度80%～90%，流速2m/s的条件下，猪、牛、羊胴体的24h干耗分别是2%、2.5%、2.5%，48h为3%、3.5%、3.5%，8d为4%、4%、4%，14d达到5%、4.5%、5%。

2. 低温冷害与寒冷收缩

低温冷害是指当冷藏的温度低于果蔬可以耐受的限度时，果蔬的正常代谢活动受到破坏，使果蔬出现病变，果蔬表面出现斑点、内部变色（褐心）等现象。低温对新陈代谢各方面的抑制程度不同，一些反应对低温敏感，低于某一临界温度时则完全停止，从植物组织中已分离出几种低温不稳定酶系。一些水果与蔬菜，特别是热带或亚热带种的植物，当贮藏在最适温度之下时，虽然温度在冻结点之上，但代谢不平衡已严重到不足以提供代谢基础物质或积累有毒物质，致使细胞发生生理失调。部分果蔬低温伤害的温度和现象见表2.5。低温伤害症状通常是产品处于低温时出现的，但有时直到从低温移到较高温度时才表现出来，在随后的几小时内就很快变质。影响低温伤害的因素有贮藏温度、贮藏时间、果蔬组织的成熟度、贮藏环境的气体组成及失水的速率。

寒冷收缩是畜禽屠宰后在未出现僵直前快速冷却造成的。一般来说，宰后 10h 内肉温降低到 8℃ 以下容易发生寒冷收缩，其中牛肉和羊肉较严重，而禽类肉较轻。冷却温度不同、肉体部位不同，寒冷收缩的程度也不相同。肉体的表面容易出现寒冷收缩。寒冷收缩后的肉类经过成熟阶段后也不能充分软化，肉质变硬，嫩度变差。

表 2.5　部分果蔬低温伤害的温度和现象

品种	最低安全温度/℃	受伤情况
苹果	2～3	内部褐变,部分软化
鳄梨	7～13	凹陷性病斑,果肉和维管束褐变
香蕉	12～13	成熟后外观变暗,果皮上出现褐色条纹
青刀豆	7～10	穿孔及枯褐色
蔓越橘	1～2	低温破裂,组织松软
黄瓜	7	凹陷性病斑,浸水斑,腐烂
茄子	7	凹陷斑痕或赤褐色增加
柚子	10	穿孔及脱水
柠檬	12～14	外皮赤斑,内部变色及脱水
芒果	10～13	表皮成灰色及成熟不良
香瓜	7	凹陷斑,表面腐败
西瓜	2～10	穿孔,不能成熟
秋葵	4～7	变色,凹陷,穿孔,变软
新鲜橄榄	7	内部褐变
木瓜	7	穿孔,不能成熟,异味及枯萎
菠萝(青熟)	7～10	成熟后仍呈绿色,果肉褐变
甜椒	7	凹陷斑,变色,穿孔
马铃薯	3～4	变甜及褐变
南瓜	10～12	枯萎,部分部位软化
番薯	12～13	凹陷斑,枯萎,穿孔,内部褐变
番茄(青熟)	12～13	成熟后色泽不良,链格孢菌霉烂
番茄(成熟)	7～10	浸水软化及枯萎

3. 生理成熟

为了运输和贮存的便利，果蔬在收获时还未完全成熟，因此在采摘后还有一个生理后熟过程。在冷藏过程中，果蔬体内的淀粉与糖之比、糖酸比、果胶物质、维生素含量等都会发生变化，并伴随着风味、色泽、硬度的变化，如叶绿素和花青素会减少，而胡萝卜素等会显露。对于大多数水果来说，随着果实由未熟向成熟过渡，果实内的糖分、果胶增加，果实的质地变得软化多汁，糖酸比更加适口，食用口感变好。但在冷藏过程中果蔬的一些营养成分（如维生素 C 等）会有一定的损失。

肉类和鱼类的成熟是在酶的作用下发生的自身组织的降解。肉组织中的蛋白质、ATP等分解，这对肉类的肉质柔软化、风味增加和持水性回复有显著作用。成熟作用的效果因不同种类的动物而异，对猪、家禽等肉质较柔嫩的品种，成熟作用不十分重要；但对牛、绵羊、野禽等，成熟作用就非常重要。

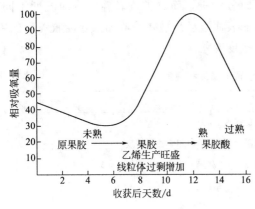

图 2.3 呼吸作用的转跃期形式和水果成熟度变化的关系

值得注意的是有些水果在冷藏中有呼吸高峰现象。无呼吸高峰水果的呼吸率随贮藏期的延长而逐渐降低，有呼吸高峰的水果在贮藏中有一个呼吸率急剧上升到顶峰，而后迅速下降的过程（图 2.3）。在呼吸高峰期间，呼吸热迅速增加，乙烯大量释放，在促使水果自身成熟的同时，也催化冷藏库内其他水果的成熟。呼吸高峰之后，水果进入过熟期，容易腐败，不能久藏。苹果、杏子、鳄梨、香蕉、芒果、橘子、木瓜、百香果、桃子、梨子、番茄等一些水果有呼吸高峰现象。呼吸峰的形态和上升高度随水果的种类、成熟度、贮藏温度和贮藏空气组成而异。

4. 微生物的增殖

动物组织特别容易受微生物的侵袭，因为去皮分割的操作剥夺了动物的保护层。植物组织主要是受霉菌的侵害。微生物的增殖使食品表面黏湿、霉变而腐败。

食品在冷藏过程中还发生其他变化，包括果蔬紧密度和脆性丧失、肉类色泽变暗、脂肪氧化、鱼组织软化和出现滴液、面包和糕饼的陈化及风味损失等。部分食品的贮藏要求和性质见表 2.6。

表 2.6 部分食品的贮藏要求和性质

食品	贮藏温度 /℃	相对湿度 /%	贮藏期	含水量 /%	冻结点 /℃	比热容/[kJ/(kg·℃)] 高于冻结点	低于冻结点	潜热 /(kJ/kg)
苹果	−1~1	85~90	2~7 个月	85	−2	3.85	2.09	280.5
橘子	0~1.2	85~90	56~70d	90	−2.2	3.77	1.93	288.9
桃子	−0.5~1	80~85	14~28d	86.9	−1.5	3.77	1.93	288.9
梨	0.5~1.5	85~90	1~6 个月	83	−2	3.77	2.01	280.5
甜瓜	2~7	80~90	7~56d	92.7	−1.7	3.94	2.01	305.6
菠萝	4~12	85~90	14~28d	85.3	−1.2	3.68	1.88	284.7
李子	−4~0	80~95	21~56d	86	−2.2	3.68	1.88	284.7
杨梅	−0.5~1.5	75~85	7~10d	90	−1.3	3.85	1.97	301.4
西瓜	2~4	75~85	14~21d	92.1	−1.6	4.06	2.01	301.4
柠檬	5~10	85~90	2 个月	89	−2.1	3.85	1.93	297.2
杏子	−0.5~1.6	78~85	7~14d	85.4	−2	3.68	1.93	284.7
香蕉	11.7	85	14d	75	−1.7	3.35	1.76	251.2
樱桃	0.5~1	80	2~21d	82	−4.5	3.64	1.93	276.3

食品	贮藏温度/℃	相对湿度/%	贮藏期	含水量/%	冻结点/℃	比热容/[kJ/(kg·℃)]		潜热/(kJ/kg)
						高于冻结点	低于冻结点	
葡萄	−1～3	85～90	1～4 个月	82	−4	3.60	1.84	272.1
葡萄柚	10.0	85～90	4～6 周	88.8	−1.1	3.81	—	—
木瓜	7.2	85～90	1～3 周	90.8	−0.9	3.47	—	—
甜菜	0～1.5	88～92	7～42d	72	−2	3.22	1.72	242.8
卷心菜	0～1	85～90	1～3 个月	91	−0.5	3.89	1.97	305.6
胡萝卜	0～1	80～95	2～5 个月	83	−1.7	3.64	1.88	276.3
芹菜	−0.6～0	90～95	2～4 个月	94	−1.2	3.98	1.93	314.0
黄瓜	2～7	75～85	10～14d	96.4	−0.8	4.06	2.05	318.2
韭菜	0	85～90	1～3 个月	88.2	−1.4	3.77	1.93	293.1
莴苣	0～1	85～90	1～2 个月	94.8	−0.3	4.02	2.01	318.2
玉米	−0.5～1.5	80～85	7～28d	73.9	−0.8	3.31	1.76	247.0
洋葱	1.5	80	3 个月	87.5	−1	3.77	1.93	288.9
豌豆	0	80～90	7～21d	74	−1.1	3.31	1.76	247.0
土豆	3～6	85～90	6 个月	77.8	−1.8	3.43	1.80	259.6
南瓜	0～3	80～85	2～3 个月	90.5	−1	3.85	1.97	301.4
萝卜	0～1	85～95	14d	93.6	−2.2	3.98	2.01	309.8
菠菜	0～1	90	10～14d	92.7	−0.9	3.94	2.01	301.4
番茄(青熟)	10～20	85～90	21～28d	94	−0.9	3.98	2.01	309.8
番茄(成熟)	1～5	80～90	7～21d	94	−0.9	3.98	2.01	309.8
龙须菜	0～2	85～90	21～28d	94	−2	3.89	1.93	314.0
干蚕豆	0.7	70	6 个月	13	−1.7	1.26	1.00	41.8
巧克力	4.5	75	6 个月	1.6	—	3.18	3.14	—
干坚果	0～2	65～75	8～12 个月	3～6	−7	0.92～1.05	0.88～0.92	10.0～18.4
干大蒜	0～1	75～80	6～8 个月	74	−4	3.31	1.76	247.0
奶油	0～2	80	7d	59	—	2.85	—	192.6
人造奶油	0.5	80	6 个月	17～18	—	3.35	—	125.6
黄油	−10～−1	75～80	6 个月	14～15	−2.2	2.30	1.42	196.8
干酪	−1.0～1.5	65～75	3～10 个月	46～53	−2.2～−10	2.68	1.47	167.4
牛奶	0～2	80～95	7d	87	−2.8	3.77	1.93	288.9
猪肉	0～1.2	85～90	3～10d	35～42	−2.2～−1.7	2.01～2.26	1.26～1.34	125.6
羊肉	0	80	10d	60～70	−1.7	—	—	—
兔肉	0～1	80～90	5～10d	60	−1.73	3.35	—	—
家禽	0	80	7d	74	— 1.7	3.35	1.80	247.0
鲜鱼	−0.5～4	90～95	7～14d	73	−1～−2	3.43	1.80	242.8
牡蛎	0	90	2 个月	80	−2.2	3.52	1.84	268.0
鲜蛋	−1.0～−0.5	80～85	8 个月	70	−2.2	3.18	1.67	226.1

食　品	贮藏温度 /℃	相对湿度 /%	贮藏期	含水量 /%	冻结点 /℃	比热容/[kJ/(kg·℃)] 高于冻结点	比热容/[kJ/(kg·℃)] 低于冻结点	潜　热 /(kJ/kg)
冰　蛋	−18	—	12个月	73	−2.2	—	1.76	242.8
腌　肉	−23～10	90～95	4～6个月	39	−1.7	2.14	1.34	130.6
腊　肉	15～18	60～65	—	13～29	—	1.26～1.80	1.00～1.21	41.9～92.1
大　米	1.5	65	6个月	10	−1.7	1.09	—	—
冰淇淋	−30～−20	85	14～84d	67	—	3.27	1.88	217.7
果　酱	1	75	6个月	36	—	2.01	—	—

5. 移臭（串味）

有强烈气味的食品与其他食品一起冷藏，气味就会传给其他食品。放入洋葱后，即便洋葱已出库，但其气味还会传给随后放入的食品。要避免上述这种情况，就要求专库专用或严格消毒和除味。此外，冷藏库还具有一些特有的臭味，俗称冷藏臭，也会传给冷却食品。

四、食品冷藏条件的改善

1. 光线

冷藏库内必须是黑暗的，这样有助于延缓马铃薯和洋葱等的发芽，以及延缓褪色和异味产生。紫外线常被用来抑制微生物的生长及食品表面霉菌的生长，但紫外线同样会催化氧化反应而导致褪色及异味的产生，因此紫外线的使用必须谨慎，一般使用的功率为每立方米空间平均一瓦，每天平均照射3h，可对空气起消毒作用。

2. 低温杀菌

温和的热处理可以减少新鲜水果表面或接近表面微生物的数量，因而可以延缓冷藏时的变质，并且没有化学残留。对于柠檬、木瓜、李子等水果来说，将水果浸渍在46～54℃的温水中1～4min就有良好效果。

3. 表面涂层

一些水果和蔬菜在冷藏前经过表面涂蜡可以减少脱水，改善外观；带壳蛋在其产下后12～24h浸于油可大大延长贮藏期；鲜肉表面喷涂复配的壳聚糖可以起到减菌和减少脱水的效果。

4. 气体调节

贮藏环境的空气组成发生变化，果蔬的生理作用也发生相应变化，氧气的浓度下降或二氧化碳浓度上升都能抑制其呼吸作用，延缓成熟和阻止某些病害的蔓延。将氧气浓度由21%降低到10%以下时，不论有无二氧化碳存在，都可降低呼吸速率；将二氧化碳浓度由0.03%增加到10%时不论氧气浓度如何，均能减缓呼吸作用。

抑制呼吸作用所需氧浓度的减少取决于贮藏温度。随温度的下降，所需的氧浓度也减小。氧气浓度过度降低，正常的有氧呼吸就会受到抑制，无氧呼吸作用上升，营养物质迅速消耗，同时乙醛、乙醇等其他无氧呼吸作用的产物积累，对细胞组织起毒害作用，使果蔬变色，组织软化，风味改变，使贮藏期反而缩短。氧的临界浓度随贮藏期而变，较短的贮藏期允许较低的氧临界浓度，不同品种以及不同成熟度的果蔬对氧气的临界浓度也不同。二氧化碳浓度过高时所有的代谢活动全部受到抑制（包括有氧和无氧呼吸），使品质很快劣化并发生腐败，所以气体组成必须适度。

二氧化碳是乙烯作用的竞争性抑制剂，提高贮藏环境中的二氧化碳含量，会使水果的内源乙烯合成速度减缓，并降低产品对乙烯的敏感性，对抑制马铃薯发芽和蘑菇开伞也很有效。适当地提高二氧化碳的含量，可以减缓呼吸，对呼吸跃变型果蔬有推迟呼吸跃变启动的效应，也间接影响其蒸发，并且可以延缓叶绿素的分解，同时可以有效地抑制微生物的生长繁殖。

肉类及肉制品贮藏在含二氧化碳10%～20%气体中的保藏期明显增加。家禽肉类贮藏在含二氧化碳25%的气体中时微生物腐败大大减少。鱼类保藏气体中的二氧化碳浓度达50%～100%时品质要好两倍以上，浓度为20%时能有效延缓鱼肉的微生物腐败。新鲜水果置于含20%二氧化碳的气体中1～2d，腐败率大大减少，但时间过长时效果相反。

气调贮藏从深度和精度上主要分为两大类：人工气调贮藏和自发气调贮藏。人工气调贮藏（CA贮藏）是指在相对密闭的环境中（如气调库房等）和冷藏的基础上，人工降低氧气的浓度、提高二氧化碳浓度至适宜组分配比，并精确控制库内氧气和二氧化碳浓度以及温、湿度的贮藏方式。CA贮藏的时间长、效果好，但成本相对较高。气调设备有催化燃烧降氧机、碳分子筛制氮机、中空纤维制氮机、二氧化碳脱除机、乙烯脱除机，以及控温、加湿、测控设备等。

自发气调贮藏（MA贮藏）是指在相对密闭的环境中（如塑料薄膜袋、帐式密封方式），依靠果实自然呼吸自发调节氧气和二氧化碳浓度的气调贮藏方式。硅窗气调是根据不同果蔬贮藏要求，选择硅橡胶织物膜作为气体交换的窗口，热合于聚乙烯贮藏帐上。硅窗对氧和二氧化碳具有良好的透气性和适当的透气比，可以自动排出贮藏帐内的二氧化碳、乙烯和其他有害气体，防止贮藏果蔬中毒，还有适当的氧气透过率，避免果蔬发生无氧呼吸，其气体成分可自动恒定在氧含量3%～5%、二氧化碳含量3%～5%。

水果、蔬菜的贮藏条件（日本）见表2.7。

表2.7　水果、蔬菜的贮藏条件（日本）

食品种类	贮藏温度/℃	相对湿度/%	氧气浓度/%	二氧化碳浓度/%	可能贮藏期限
苹果	0	90～95	3	3	6～9个月
温州蜜橘	3	85～90	10	0～2	6个月
甜柿子	0	90～95	2	8	6个月
涩柿子	0	92	3～5	3～6	3个月
日本梨	0	85～92	5	4	9～12个月
桃子	0～2	95	3～5	7～9	4周
栗子	0	85～90	3	6	7～8个月
青梅	0	—	2～3	3～5	—
香蕉(绿熟)	12～14	—	5～10	5～10	6周
草莓	0	95～100	10	5～10	4周
番茄	6～8	—	3～10	5～10	5周
香瓜	0	—	3	10	30d

食品种类	贮藏温度 /℃	相对湿度 /%	氧气浓度 /%	二氧化碳浓度 /%	可能贮藏期限
菠 菜	0	—	10	10	3 周
青豌豆	0	95~100	10	3	4 周
莴 苣	0	95~100	10	4	2~3 个月
白 菜	0	90	3	4	4~5 个月
胡萝卜	0	95		6~9	5~6 个月
大 蒜	0	85~90	2~4	5~8	10~12 个月
山 药	3~5	90~95	4~7	2~4	8~10 个月
马铃薯	3	85~90	3~5	2~3	8~10 个月

五、食品冷却时的耗冷量和冷却时间

食品冷却过程的耗冷包括高温食品冷却到预定低温的显热、冷却过程中果蔬释放的呼吸热、动物胴体的生化反应热。即:

$$Q = G[c(t_初 - t_终) + H\tau]$$

式中　Q——冷却过程中食品的耗冷量,kJ;

G——受冷食品的质量,kg;

c——食品的比热容,J/(kg·℃);

H——果蔬呼吸热,胴体的生化反应热为 0.628kJ/(kg·h);

$t_初$——食品的初始温度,℃;

$t_终$——食品冷却的终点温度,℃;

τ——食品冷却时间,h。

冷却过程中食品的耗冷量并非均匀一致,冷却率在冷却初期最大,耗冷量当然也最大。为估算食品冷却过程的散热量,常采用冷却率因素,使设备的冷却能力能够适应冷却高峰所需。即:

$$Q = Gc(t_初 - t_终) / 冷却率因素$$

食品冷却速度与冷却介质的性质、流速、放热系数,与食品间的温差以及食品自身的性质如热导率、形状等因素有关。含脂量低的食品,热导率大;比表面积大的食品,冷却速度快,所以球形、方形和圆柱形食品要比同等厚度的块状食品冷却时间短。食品从初温降低到预期温度所需冷却时间可按下式计算:

平板状食品:$Z = [c\rho\delta/(4.65\lambda)](\delta + 5.3\lambda/\alpha)\lg[(t_初 - t_介)/(t_终 - t_介)]$

圆柱状食品:$Z = [c\rho\delta/(2.73\lambda)](\delta + 3.0\lambda/\alpha)\lg[(t_初 - t_介)/(t_终 - t_介)]$

球形食品:$Z = [c\rho\delta/(4.90\lambda)](\delta + 3.7\lambda/\alpha)\lg[(t_初 - t_介)/(t_终 - t_介)]$

式中　Z——食品的冷却时间,h;

c——食品的比热容,J/(kg·℃);

ρ——食品的密度,kg/m³;

λ——食品的热导率,W/(m·℃);

$t_初$——食品的初始温度,℃;

$t_终$——食品冷却的终点温度，℃；

δ——食品的厚度，m；

α——介质的对流放热系数，W/(m²·℃)；

$t_介$——冷却介质的温度，℃。

第三节　食品冻藏

食品冻藏是将食品冻结并在此状态下贮藏的方法。食品冻结可使食品中大部分甚至全部水分形成冰晶体，从而减少游离水，使微生物的生长受到抑制，适当的低温和冻结速度还会促使微生物死亡；酶的活力在低温和失去反应介质的作用下同样被大大降低；脂肪耗败、维生素分解等作用在冻藏时也会减缓。冻藏能够延缓食品的腐败，而不能完全终止腐败。

一、食品的冻结规律

食品物料的冻结是食品物料从降温到完全冻结的整个过程，冻结曲线是描述冻结过程中食品物料的时间-温度曲线。以纯水为例，水从初温（T_1）开始降温，达到过冷点 S，因冰结晶开始形成，释放的相变热使水的温度迅速回升到冻结点 T_2，然后水在不断克服相变热的平衡的条件下继续形成冰结晶，温度保持在平衡冻结温度，形成一结晶平衡带。当全部的水被冻结后，冰以较快的速率降温，达到最终温度（见图 2.4）。

当水中含有溶质，其冻结曲线将发生明显变化，如图 2.5 所示，当 15% 的蔗糖溶液从初温 T_1 下降，经过过冷点 S 后达到初始冻结点 T_2，开始形成冰结晶。未冻结部分溶质浓度随冻结的进展，水分不断地转化为冰结晶而逐渐提高，冻结点随浓度提高而逐渐下降，直至所有的水分都冻结，溶液中的溶质、水（溶剂）达到共同固化，即达到低共熔点或冰盐冻结点 T_4。

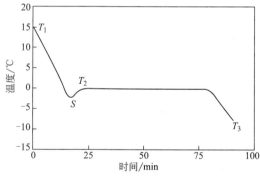

图 2.4　纯水的冻结曲线

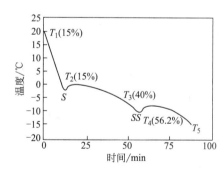

图 2.5　蔗糖溶液的冻结曲线

冻结开始的前期温度下降较慢，这是由于有大量的水形成冰结晶，因此这一阶段被称为最大冰结晶生成带。对于 T_2 和 T_4 之间的任一给定温度点 T_3，可以根据图 2.5 确定液体的浓度和冰结晶/液体的比率。在 T_4 后出现一小平衡带，对应着冰和糖的水合物结晶形成。食品物料是多组分共溶体系，大多数食品的低共熔点在 $-65 \sim -55$℃，这一温度在冷冻和冷藏中较难达到，因此，在冻结和冻藏过程中，食品中仍有部分水分保持未冻状态（表 2.8）。食品中水分冻结率的近似值为：

$$冻结率 = [1 - 食品的冻结点(℃) / 食品的温度(℃)] \times 100\%$$

表 2.8　一些食品在不同温度下的冻结率　　　　　　　　　　　　　　　　　　　　　　%

食品种类	食品温度/℃												
	-1	-2	-3	-4	-5	-6	-7	-8	-9	-10	-12.5	-15	-18
肉类、禽类	0~25	52~60	67~73	72~77	75~80	77~82	79~84	80~85	81~86	82~87	85~89	87~90	89~91
鱼类	0~45	0~68	32~77	45~82	53~84	58~85.5	62~87	65~88.5	68~89.5	70.5~90	72.5~92	74~93.5	76~95
蛋类、菜类	60	78	84.5	81	89	90.5	91.5	92	92.5	93	94	94.5	95
乳	45	68	77	82	84	85.5	87	88.5	89.5	90.5		93.5	95
番茄	30	60	70	76	80	82	84	85.5	87	88	89	90	91
苹果、梨、土豆	0	0	32	45	53	58	62	65	68	70	74	78	80
大豆、萝卜	0	28	50	58	64.5	68	71	73	75	77	80.5	83	84
葱、豌豆	10	50	65	71	75	77	79	80.5	82	83.5	86	87.5	89
橙、柠檬、葡萄	0	0	20	32	41	48	54	58.5	62.5	65.5	69	72	75
樱桃	0	0	20	32	40	47	52	55.5	58	63	67	71	

二、冻结速率及影响冻结速率的因素

冻结速率是指食品物料内某点的温度下降速率或冰峰的前进速率。冻结速率与冻结物料的特性和表示的方法等有关，用于表示冻结速率的方法有以下几种。

1. 时间-温度法

一般以降温过程中食品物料内部温度最高点，即热中心的温度表示食品物料的温度。但由于在整个冻结过程中食品物料的温度变化相差较大，选择的温度范围一般是最大冰结晶生成带，常用热中心温度从 $-1℃$ 降低到 $-5℃$ 所需时间来表示。通过此温度区间的时间低于 30min 的称为快速冻结，高于 30min 的称为缓慢冻结。这种表示方法使用方便，多应用于肉类冻结，但也有不足之处：一是对于某些食品物料的最大冰结晶生成带的温度区间较宽（甚至可以延伸至 $-15~-10℃$）；二是该方法不能反映食品物料的形态、几何尺寸和包装情况等，在用该方法表示时一般还应标注样品的大小等。

2. 冰峰前进速率

冰峰前进速率是指单位时间内 $-5℃$ 的冻结层从食品表面向内部延伸的距离，单位 cm/h，常称线性平均冻结速率。这种方法最早由德国学者普朗克提出，他将冻结速率分为三级：快速冻结 5~20cm/h，中速冻结 1~5cm/h，慢速冻结 0.1~1cm/h。该方法的不足是实际应用中较难测量，而且不能应用于冻结速率很慢以至产生连续冻结界面的情况。

3. 国际制冷学会（IIR）定义

根据国际制冷学会的定义，食品表面与中心温度点间的最短距离（δ_0）与食品表面达到 $0℃$ 后食品中心温度降至比食品冰点（开始冻结温度）低 10℃ 所需时间（τ_0）之比，该比值就是冻结速率（v），单位 cm/h。当冻结速率大于 0.5cm/h 时视为速冻。该划分规则考虑到食品外观差异、组成分不同，冰点不同，因此其中心温度计算值随不同食品的冰点而变。与冰峰前进速率法 $-5℃$ 为下限温度低得多，对速冻条件要求更为严格。按照 IIR 的定义，一般通风冷库的冻结速率为 0.2cm/h 左右，送风冻结器的冻结速率为 0.5~3.0cm/h，单体快速冻结的冻结速率可达 5～10cm/h，超快速冻结的冻结速率达 10～109cm/h。

4. 其他方法

冻结食品物料的外观形态，包括冻结界面（连续或不连续）、冰结晶的大小尺寸和冰结晶的位置等也可以反映冻结速率。快速冻结的冻结界面不连续、冻结过程中食品物料内部的水分转移少，形成的冰结晶细小而且分布均匀；缓慢冻结可能产生连续的冻结界面，冻结过程中食品物料内部有明显的水分转移，形成的冰结晶粗大而且分布不均匀。

食品是多组分的复合体，对冻结速率影响较大的组分是水和脂肪。因水的热导率 [0.604W/(m·K)] 远大于脂肪的热导率 [0.15W/(m·K)] 和空气的热导率 [0.066W/(m·k)]，因此脂肪含量高或空气夹带量高的食品冷冻速度慢；肉类的脂肪层及纤维与制冷面接触方向同样影响传热速率；因水冻结成冰后热导率发生变化，冻结速率因而也相应变化。非食品成分因素有制冷剂的流速和热容量、产品厚度和与制冷剂的接触程度。

三、冻结前食品物料的预处理

食品物料（尤其是细胞组织比较脆弱的果蔬）的组织结构通常会在冻结过程中受到损伤，在冻藏前往往采取一些特殊的前处理形式，以减少冻结、冻藏和解冻过程对食品物料质量的影响。

1. 热烫处理（杀青处理）

新鲜的果蔬尚有生命力，在冻结时细胞会受伤致死，因氧化酶活性增强而使果蔬褐变，因此需要通过热处理使植物性食品内的酶失活变性。动物性食品因非活性细胞而不需要此工序。常用热水或蒸汽对蔬菜进行热烫。热烫后应注意沥净蔬菜上附着的水分，使蔬菜以较为干爽状态进入冻结。

2. 加糖处理

将水果进行必要的切分后渗糖，使水果中游离水分的含量降低，减少冻结时冰结晶的形成；糖液还可减少食品物料的氧化作用。渗糖后可以沥干糖液，也可以和糖液一起进行冻结。糖液中加入一定的抗氧化剂可以增加抗氧化的作用效果。

3. 加盐处理

对于水产品和肉类，加入盐分也可减少食品物料和氧的接触，降低氧化作用。这种处理多用于海产品，如海产鱼卵、海藻和植物等均可经过食盐腌制后进行冻结。

4. 浓缩处理

对于液态食品如乳、果汁等，若不经浓缩便进行冻结，就会产生大量的冰结晶，使液体的浓度增加，导致蛋白质等物质的变性、失稳等不良结果。浓缩后液态食品的冻结点大为降低，冻结时结晶的水分量减少，对胶体物质的影响小，解冻后易复原。

5. 加抗氧化剂处理

由于虾、蟹等水产品在冻结时容易氧化而变色、变味，因此需要加入水溶性或脂溶性的抗氧化剂，以减少水溶性物质（如酪氨酸）或脂质的氧化。

6. 冰衣处理

在冻结、冻藏食品表面镀一层冰衣，可起到包装的作用。纯净水做的冰衣质脆、易脱落，常用一些增稠剂作糊料，提高冰衣在食品物料表面的附着性和完整性。也可以在冰衣液中加入抗氧化剂或防腐剂，以提高贮藏的效果。

7. 包装处理

主要是为了减少食品物料的氧化、水分蒸发和微生物污染等，通常采用不透气的包装材料。

四、食品的冻结方法

1. 空气冻结法

空气冻结法所用的冷冻介质是低温空气，冻结过程中空气可以是静止的，也可以是流动的。静止空气冻结是将食品放在低温（−40～−18℃）的库房内进行冻结，冻结过程中的低温空气基本上处于静止状态，但仍有自然的对流，有时为了改善空气的循环，在室内加装风扇或空气扩散器，以便使空气可以缓慢地流动。冻结的速度缓慢，水分蒸发也多，但设备要求简单，操作方便，费用低。这是目前唯一的一种缓慢冻结方法，用此法冻结的食品物料包括牛肉、猪肉（半胴体）、箱装的家禽、盘装整条鱼、箱装的水果、5kg以上包装的蛋品等。

鼓风冻结法是通过鼓风使空气强制流动并和食品物料充分接触，增强制冷效果的方法。冻结室内的空气温度一般为−46～−29℃，空气流速在10～15m/s。吊篮式或推盘式隧道冻结适用于大量包装或散装食品物料的快速冻结，温度一般在−45～−35℃，空气流速在2～3m/s，冻结包装食品需要1～4h，较厚食品6～12h。风速与冻结速度的关系见表2.9。

表 2.9　风速与冻结速度的关系

风速/(m/s)	表面传热系数/[W/(m²·K)]	冻结速度增加的百分比/%	风速/(m/s)	表面传热系数/[W/(m²·K)]	冻结速度增加的百分比/%
0	5.8	0	3	18.4	217
1	10.0	72	4	22.6	290
1.5	12.1	109	5	27.4	372
2	14.2	145	6	30.6	432

（1）输送带式冻结　输送带式冻结可以设置鼓风和接触两种换热装置，上部为强制空气对流换热，下部与带冷冻的钢带进行传导换热，因此冻结速度快，在空气温度为−35～−30℃时，冻结时间一般在8～40min。为了提高冻结速度，可在钢带的下面加设一块铝合金平板蒸发器（图2.6），也可用不冻液（常用氯化钙水溶液）在钢带下面喷淋冷却，但不常用。

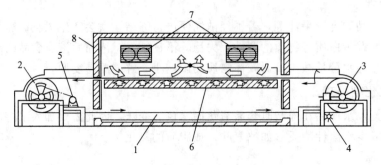

图 2.6　有冷冻板的输送带式冻结装置

1—不锈钢传送带；2—主动轮；3—从动轮；4—传送带清洗器；
5—调速电机；6—冷冻板（蒸发器）；7—冷风机；8—隔热层

（2）螺旋式冻结 由于带式传动占地面积大，因而开发出多层传送带的螺旋式冻结装置。这种装置主要由转筒、不锈钢网带、蒸发器等部件组成，不锈钢网带的一侧紧靠在转筒上，靠摩擦力和转筒的传送力使网带运动。一般传送带速度 0.1～1.8m/s，冷风温度为－40℃左右，冻结时间可在 10～150min 间调节，能适应多种冻品的要求（图 2.7）。

（3）气流冲击式冻结 气流冲击式冻结是隧道冻结装置的新形式，高速冷空气分别由上、下两个静压箱的许多喷嘴中吹出，产生的高速气流（30m/s 左右）垂直吹向不锈钢网带上的食品，使被冻食品的上下都能均匀降温，达到快速冻结的效果（图 2.8）。

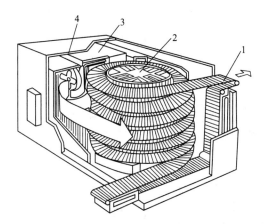

图 2.7　螺旋式冻结机

1—传送带；2—转筒；3—冷风循环系统；4—机壳

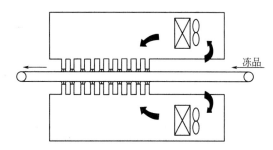

图 2.8　气流冲击式冻结装置

（4）流态化冻结 流态化冻结是将被冻食品放在开孔率较小的网带或多孔槽板上，－40℃的冷空气以 6～8m/s 的速度垂直向上运动，使食品悬浮，在 6～8min 内便可完成冻结，食品的脱水现象也小，可实现单体快速冻结，冻品相互不黏结。

带式流态化冻结大多采用两段式结构，第一段气流速度高，主要使食品表层冻结，彼此互不黏结；第二段为冻结段，食品中心温度被降至－18～－15℃（见图 2.9）。

斜槽式流态冻结装置的主体部分为一块固定的多孔底板（槽），槽的进口稍高于出口，食品在槽内依靠上吹气流充分流化，并借助一定倾斜角的槽体，向出料口流动。料层高度可由出料口的导流板进行调节，以控制冻结时间和冻结能力。这种冻结装置构造简单、冻结速度快、流化质量好、冻品温度均匀。蒸发温度在－40℃以下，垂直向上风速为 6～8m/s，冻品间风速为 1.5～5m/s 时，冻结时间为 5～10min。缺点是风机功率大，风压高，冻结能力较小（见图 2.10）。

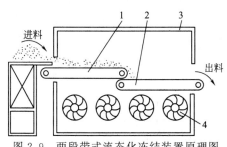

图 2.9　两段带式流态化冻结装置原理图

1—第一段；2—第二段；
3—隔热外壳；4—风机

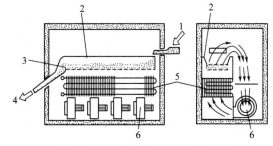

图 2.10　斜槽式流态化冻结装置

1—进料口；2—斜槽；3—导流板；4—出料口；
5—蒸发器；6—风机

振动式流态冻结装置是冻品槽由连杆机构带动做水平往复式振动，以增加流化效果，可更有效地冻结各种软嫩和易碎食品。

2. 间接接触冻结法

间接接触冻结方法中最主要的是平板冻结，该装置由多块铝合金平板蒸发器组成，平板内有制冷剂循环通道。各板间放入食品，以油压装置使板与食品贴紧（图2.11）。由于食品与平板间接触紧密，且铝合金平板具有良好的导热性能，故其传热系数高。当接触压力为7~30kPa时，传热系数可达98~120W/(m²·K)，厚度为3.8~5.0cm的包装食品的冻结时间一般在1~2h。平板冻结速度比空气冻结快，食品的干耗小，制冷效率高，能耗低，设备的占地面积也小，因此被广泛应用于小包装水产品和肉类制品的速冻，但对形状不规则的、不能挤压的及厚度较大的食品不宜使用。

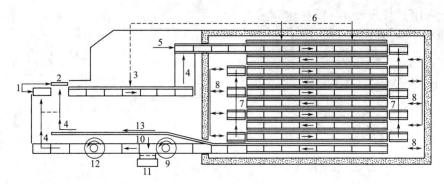

图2.11　连续卧式平板冻结装置

1—货盘；2—盖；3—压紧机构；4—升降机；5—推杆；6—液压系统；7—降低货盘装置；
8—液压推杆；9—翻盘装置；10—卸料；11—传送带；12—翻转装置；13—盖传送带

3. 直接接触冻结法

(1) 浸渍冻结法　浸渍冻结法是将食品直接与低温液态冷溶剂接触，使食品快速冻结的一种方法。接触方式有沉浸、喷淋。不冻液应该无毒、纯净、无异味和异样气体、无外来色泽和漂白作用、不易燃、不易爆等。无机不冻液有氯化钠和氯化钙溶液，有机不冻液有甘油-冰水和丙二醇。23%氯化钠溶液可达-21.1℃，67%浓度的甘油与水的混合液可达-46.7℃，60%的丙二醇与水的混合液可降温到-51℃。

浸渍冻结的速度快，冻结时间比送风冻结短，而且没有干耗。但盐水只适用于海产品的冻结，略甜的甘油-冰水仅适用于水果，丙二醇带辛辣味，只能用于带包装的食品。将食品包装后冻结不但影响冻结效果，而且操作困难。对大块食品如猪肉半胴体，可涂藻酸钙膜加以改进，即先将半胴体浸入藻酸钠溶液，再浸入氯化钙溶液，因离子交换而形成一层均匀致密而且不溶于水的藻酸钙膜层。藻酸钙无毒，能食用，外观上不易察觉，不影响加工和消费。半胴体冻结后以清水洗去膜外所附盐液，并强烈鼓风干燥即可。

(2) 冷溶剂冷冻法　冷溶剂冷冻法是另一类直接冻结法，即以液态氮、液态二氧化碳、二氧化氮直接喷淋在食品上，利用冷溶剂的蒸发热使食品急速冷冻（图2.12）。常压下液氮于-195.8℃沸腾，其相变热为199.5kJ/kg，如再升温至-20℃，以比热容1.05kJ/(kg·K)计还可以再吸收184.3kJ/kg，与汽化潜热相近，二者合计可共吸收384.3kJ/kg。液氮已成为直接接触冻结法最重要的超低温制冷剂。常压下液态二氧化碳的沸点在-78.9℃，沸腾时吸收576.8kJ/kg蒸发热，如蒸发后温度再上升到-20℃，以比热容0.84kJ/(kg·K)

计，还可吸收热量49.5kJ/kg，二者合计共吸收626.3kJ/kg。

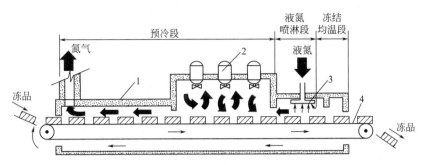

图2.12 液氮喷淋冻结装置示意图
1—隔热箱体；2—轴流风机；3—液氮喷嘴；4—不锈钢传送带

冷溶剂冻结法的冻结速度极快，冻结质量高，对细胞的破坏作用小；食品的干耗在0～1%，远远低于其他冻结方法的干耗，因此冷冻伤害也少；由于冻结时惰性气体隔绝了食品与氧气的接触，冻结过程中就没有氧化现象，并能适用于杨梅、蘑菇等用其他冻结方法不能冻结的食品。但如果冷冻速度过快，会使食品表面开裂，并且对厚度超过60mm食品的冻结有一定困难。对50mm厚的食品，经10～30min即可完成冻结，食品表面温度为−30℃，中心温度达−20℃。一般每1kg冻品约消耗液氮0.9～2kg。

4.低频高能超声波技术的应用

超声波能穿过液相，有正压和负压交替的周期。若声强足够大，液体所受的负压足够强，就会破坏液体结构的完整性而产生气泡或空穴，引发气蚀（空化效应），原先溶解在液体中的气体也会进入气泡，气泡快速扩张。当超声波的正压作用阶段来临时，气泡在表面张力的作用下收缩，气泡中的气体受到压缩又会进入液体之中。但是由于气泡收缩，表面积减小，使气泡中气体扩散回液体的面积缩小，因此一个压缩和扩张的循环后，进入气泡的气体的量总要多于压缩时离开气泡的气体量，气泡会不断长大。气蚀产生的气泡在冻结过程中可以成为结晶必需的晶核。实验研究表明，超声波可以在浓缩后的蔗糖溶液的冻结过程中明显地增加晶核数量。此外，超声波还可以触发微气化，即由于声能作用使气泡产生振荡运动，在液体中引发漩涡；进出气泡的气体也会在气泡周围产生微流。微气化对于液体的扰动作用能强化传热和传质过程。对于冻结过程而言，微气化可以有效地增加冰和未冻水之间传热、传质的效率，从而提高冻结速率。

食品冻结中形成的冰晶在受到声能作用时就会碎为分散的小晶体，这些小晶体又可以成为冻结过程的小晶核。据实验研究，用一脉冲的声能每隔30s作用在正在冻结的葡萄糖溶液上10min，可观察到溶液冻结表面树枝状的结晶发生了断裂，断裂的碎冰分散到未冻结的液体中，形成的冰晶比对照组更细小。

5.高压速冻法

从图2.13可知，水的冰点随压力的增加而迅速下降，到200MPa时达到最低点，−20℃情况下仍未冻结。如压力继续提高，冰点有所提高，在图2.13中的A、B、C、D区域形成低于0℃而水不会结冰的不冻区。速冻是要达到快速越过最大冰晶生成带，让水分尽可能地形成细小的冰晶。高压速冻时先将食品加压到200MPa，再降温到−20℃，该过程已经越过了常压下的最大冰晶生成区，但仍保持在液体状态，此时将食品快速降压至常压，水从不冻区的液态移向冰-Ⅰ区的固态，释放的相变热被食品自身吸收，食品温度适当回升。由于相变过程无需与外界换热，不存在热阻问题，同时由于冻品各部位瞬间均匀降压，生成的冰晶细小而均匀，因此大大减小了冷冻应力，基本避免了冻结对组织的损伤。这种冻结方法也被称作压力移动冻结法。

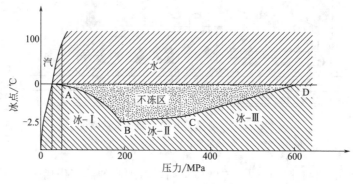

图 2.13 压力-冰点曲线

五、冻结和冻藏过程对食品品质的影响

1. 冻结过程对食品品质的影响

食品中的水分大致分为细胞内的胶体结合水和细胞间隙的游离水。在冻结初期，细胞间隙的水分已冻结成冰，细胞内的水分因冻结点低而仍保持液态。在两者蒸汽压差的推动下，细胞内的水分透过细胞膜扩散到细胞间隙中，如果是慢速冻结，就会使大部分水冻结于细胞间隙内，形成巨大的冰晶体（图 2.14）；如果采用快速冻结，由于冰晶形成速度大于水的扩散速度，冰结晶就会均匀而细小地分布在细胞内和细胞间隙中。

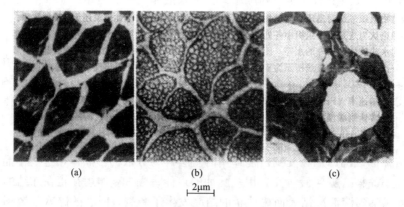

图 2.14 不同冻结速率冻结的鳕鱼肉中冰结晶的情况
（a）未冻结；（b）快速冻结；（c）缓慢冻结

缓冻时食品细胞发生如下两个变化。

（1）冻结时的体积变化

① 0℃的水转变为 0℃的冰时，体积增加约 9%，在食品中体积约增加 6%。

② 随着冻结的进行，溶质被不断浓缩而导致结晶析出。

③ 非溶质部分如油脂在低温下结晶。

④ 细胞内的溶解气体因溶剂结晶而过饱和，最后从溶液中逸出。

以上因素引起的体积膨胀使细胞受到机械损伤，细胞变形，相互间的结合被分离，甚至细胞膜被破坏，以致解冻后细胞不能复原，无法回吸形成冰结晶的水，造成汁液流出损失，肉质成海绵状软化。

（2）胶体性质的变化 因浓缩过程的进行，未冻区的 pH、离子强度、黏度、冻结点、表面张力、氧化还原电位等都在改变，蛋白质受到如下作用而使溶解度下降。

① 在高浓度盐的作用下发生盐析。

② pH 的改变可能达到某些蛋白质的等电点。

③ 离子浓度的变化干扰了蛋白质胶体的电性平衡。

④ 与蛋白质结合的水分被冻结，蛋白质形成脱水型而不能复原。

⑤ 蛋白质被浓缩并受到机械挤压，相互间脱水聚集而形成沉淀。

细胞的体积变化和胶体性质变化伴同冰晶的机械损害，使食品品质下降，产品的营养价值、风味和质构都不同程度地受到损失。

速冻对食品品质的影响要小得多，这是因为速冻产生的是微小的冰晶体，对细胞的机械损伤小；细胞内溶质的浓缩作用减弱，胶体成分与浓缩液接触的时间也大大缩短，因而对胶体性质的影响也小；因降温迅速，微生物的生长和酶的活力也得到及时抑制。

但冻结速度过快也有不利的一面。速冻时因食品表层首先冻结，限制了内层冻结时的膨胀。根据理论计算，冻结膨胀压可达 8.5MPa，当食品外层承受不了内压时，便以破裂方式进行释放。例如，用−196℃的液氮速冻金枪鱼时，因鱼体大而厚，产生的内压冻品发生龟裂，并使内脏的酶类挤出、红细胞崩溃、脂肪向表层移动等，从而加速了肉的变色。为了防止因冻结内压引起冻品表面的龟裂，日本采用二段冻结方式，先将鱼体放入−15℃盐水中，待鱼体各部位温度趋于均匀时再用−40℃的氯化钙盐水浸渍或喷淋冻结，这样可防止鱼体表面发生龟裂。

在冻结鳕鱼时，由于鳕鱼肉的体液中含有较多的氮气，并随着水分的冻结而发生游离，体积迅速膨胀，产生的压力将未冻结的水分挤出细胞外，在细胞外结成冰，细胞内的蛋白质变性而失去保水能力，解冻后不能复原，成为富含水分并有很多小孔的海绵状肉质。严重的时候，其肉的断面像蜂巢，食味变淡。

2.冻藏对食品品质的影响

冻藏是一个比较长的阶段，在冻藏期间由于冻藏温度的波动和空气中氧的作用，食品品质还会发生不良变化。

① 冰结晶的成长和重结晶 食品冻结后，冰晶体的大小不会完全均匀。在相同温度下，冰结晶的蒸汽压<液态水的蒸汽压，大形冰晶的蒸汽压<小形冰晶的蒸汽压。在蒸汽压差的推动下，在冻藏期间细小的冰晶会逐渐合并，成长为大的冰结晶。当温度发生波动时，含溶质较多的冰晶体首先融化，水分透过细胞膜扩散到细胞间隙的高温冰晶体上，在降温时再次结晶，使冰晶体颗粒增大。冰结晶的成长和重结晶会使细胞受到严重的机械损伤并促使蛋白质变性。

② 冻干害 冻藏的食品与冷藏室的空气之间存在一个温度差，促使水分从食品中不断地升华到空气中。循环的空气在流经空气冷却器时受到冷却，露点下降而使吸收的水蒸气在蒸发管表面凝结成霜。周而复始的升华-凝结过程使食品不断干燥，并由此造成重量损失，即干耗。随着贮藏期的延长，水分升华从食品表面向内推进，在冰晶升华的地方成为细微的孔隙，大大增加了食品与空气的接触面积，使脱水多孔层极易吸收冷藏库内

的气味并引起强烈的氧化反应，蛋白质也脱水变性。食品表面脱水变色的现象通常称为冻灼（freezer burn）。

冻藏食品的干耗可用镀冰衣和包装的方法加以防止，特别是多脂鱼类，在冰衣中加入抗氧化剂还能有效防止脂肪氧化。但是包装食品周围空气温度的波动能够使包装袋内部形成温差，促使水分发生迁移。例如，冰晶体可以在整个家禽的腹腔内形成或在包装袋的空隙处形成。

③ 脂类和蛋白质的变化　冻藏过程中食品物料中的脂类会发生自动氧化作用，导致食品物料产生哈喇味，游离脂肪酸的含量也会随着冻藏时间的延长而增加。冻结的浓缩效应往往导致大分子胶体的失稳，冻藏时间延长往往会加剧这一现象，而冻藏温度低、冻结速率快可以减轻这一现象。

④ 其他变化　冻藏过程中食品物料还会发生其他一些变化，如 pH、色泽、风味和营养成分的改变等。果蔬在冻藏过程中会出现由叶绿素的减少而导致的褪色；肉的鲜红色是肌红蛋白的颜色，在冻藏过程中，肌红蛋白中的亚铁离子被氧化而生成暗红色的高铁肌红蛋白。美拉德反应在冻藏期间也在缓慢地进行，使鱼肉等变色。此外，果蔬中维生素 C 的含量也会由于氧化作用而减少。

作为商品销售的冻藏食品，其冻藏过程是在生产、运输、贮藏库、销售等冷链环节中完成的。在不同环节的冻藏条件可能有所不同，其贮藏期要综合考虑各个环节的情况而确定，为此诞生了冷链中的 TTT（time-temperature-tolerance）概念。TTT 即时间-温度-品质耐性，表示冷链各环节中，在保证品质的前提下允许发生的时间与温度，并可根据不同环节及条件下冻藏食品品质的下降情况，确定食品在整个冷链中的贮藏期限。

TTT 的计算按以下步骤进行：首先了解冻藏食品物料在不同温度 T_i 下的品质保持时间（贮藏期）D_i，然后计算在不同温度下食品物料在单位贮藏时间（如 1d）所造成的品质下降程度 d_i，$d_i = 1/D_i$；根据冻藏食品物料在冷冻链中不同环节停留的时间 t_i，确定冻藏食品物料在冷链各个环节中的品质变化 $t_i \times d_i$，最后确定冻藏食品物料在整个冷链中的品质变化 $\sum t_i \times d_i$。$\sum t_i \times d_i = 1$ 是允许的贮藏期限。当 $\sum t_i \times d_i < 1$ 表示仍在允许的贮藏期限之内，当 $\sum t_i \times d_i > 1$ 表示已超出允许的贮藏期限。

图 2.15 是不同温度下冻藏食品 1d 的品质降低值和在冷链不同环节的停留（贮藏）时间得到的 TTT 曲线图。表 2.10 是相应的计算数值。可以看出，按表 2.10 中冷链各环节的条件，最终食品物料的品质已超过允许限度。

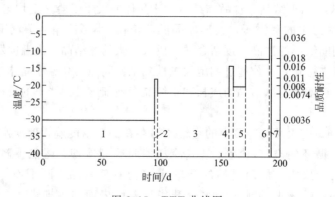

图 2.15　TTT 曲线图

表 2.10 根据 TTT 曲线图得到的相应计算数值

序号	冷链环节	温度/℃	时间/d	1d 内食品品质的降低量	该环节食品品质的降低量
1	生产者的冻结保藏	−30	95	0.0036	0.344
2	生产者到批发商的冻结输送	−18	2	0.011	0.022
3	批发商的冻结保藏	−22	60	0.0074	0.444
4	批发商到零售商的冻结输送	−14	3	0.016	0.048
5	零售商的冻结保藏	−20	10	0.008	0.080
6	零售商的冻结销售	−12	21	0.018	0.378
7	零售商到消费者的冻结输送	−6	1	0.036	0.036
	合计		192		1.352＞1

六、冷冻食品的解冻

冻结食品在加工或消费前必须解冻，解冻状态可以分为半解冻（−5～−3℃）和完全解冻。解冻方法很多，常用的有空气和水以对流换热方式与热表面接触解冻、电解冻、高压解冻，以及几种方式的组合解冻。

1. 解冻曲线

解冻是冻结的逆过程，在解冻过程中加入的热量使食品内的冰重新融化成水，并被组织吸收，吸收得越多，复原得越充分，解冻后产品的质量就越好。解冻时冻品的融化层由表层逐渐向内推进，解冻过程中食品温度的上升如图2.16所示。从解冻曲线可以看出，解冻过程可以分为三个阶段。第一阶段从冻藏温度至−5℃；第二阶段从−5～−1℃，称为有效温度解冻带，即相对于冻结过程中的最大冰结晶生成带；第三阶段从−1℃至所需的解冻终温。图2.16中的六条曲线显示，越靠近食品的表面，解冻速度越快，解冻时间越短；因水的热导率小于冰的热导率，因此解冻速度随

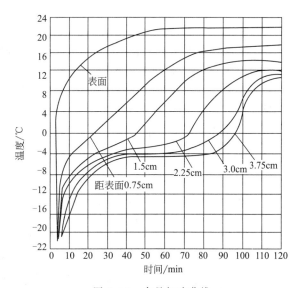

图 2.16 食品解冻曲线

解冻的进行而降低，越靠近食品深层，所需的解冻时间越长。因此，当食品深层温度达到食品冰点时，表面可能已长时间受解冻介质的作用，产品质量自然下降。

食品因冻结而使细胞结构受到损害，解冻时温度上升，细胞内压增加，汁液流失加剧，微生物和酶的活力上升，氧化速率加快，水分蒸发加剧，使食品重量减轻；冻结使蛋白质和淀粉失去持水能力，解冻后一部分水分不能被细胞回吸，造成食品的汁液流失，流失液中溶解有蛋白质、盐类、维生素等，使食品的风味和营养价值降低，重量也减轻。汁液流失对食品的质量影响最大，因此流失液的产生率是评定冷冻食品质量的指标之一。

要在食品解冻后保持较好的质量，就需根据食品的种类和大小，采用不同的解冻方法，基本要求包括：解冻的均一性，即食品内外层应尽量同步解冻，各部位的温差应尽量小；尽量缩短高温下的解冻时间；尽量减少微生物对食品的污染；尽量减少解冻过程中的干耗；尽量减少解冻后的汁液流失；解冻的终温应适当，一般在0℃左右，最高不超过5℃。

2. 解冻方法

食品的解冻是一个复温过程，解冻时的复温速率不足够就会发生再结晶，细小的冰晶迅速长大直至损伤细胞。食品解冻温度控制要比冻结温度控制复杂得多，首先是高的复温速率难以达到，因为在一般的解冻过程中，食品材料的外层率先融化形成液体层，而冰的热导率是水的4倍，导温系数是水的8.6倍，融化层的热阻要比冻结层的大得多；其次，解冻过程受食品材料物性限制，传热温差不能过大，否则将会导致组织破坏、蛋白质受热变性等后果；而且在解冻过程中再结晶会加剧食品材料的汁液损失。所以解冻过程的热控制要比速冻过程更困难。

解冻过程可分为慢速解冻和快速解冻。慢速解冻时蛋白质与高浓度溶质接触时间长，容易产生浓缩危害；快速解冻有利于减少食品品质的降低。对豆类、甘薯等淀粉含量高的食品可用蒸汽快速解冻，以使β化的淀粉受热后α化。解冻方法可分为外部加热法和内部加热法。外部加热法是利用解冻介质的温度高于冻结食品的温度进行外部加热以达到解冻的目的。

（1）外部加热法

① 空气解冻 空气解冻是以空气为传热介质的解冻方法。该方法多用于畜胴体的解冻。通过改变空气的温度、相对湿度、风速、风向达到不同解冻工艺的要求。一般空气温度为14～15℃，相对湿度为85%～95%，风速2m/s以下，风向可以是水平、垂直或可换向送风。采用高湿空气解冻时，空气的湿度一般不低于98%，空气的温度可以在-3～20℃的范围，空气流速一般为3m/s。在使用高湿空气时，应注意防止空气中的水分在食品物料表面冷凝析出。这些条件控制能够减少干耗和微生物的污染。

② 水或盐水解冻 水比空气传热性能好，对冻结食品的解冻快，且食品表面有水分浸润，还可增重。但食品的某些可溶性物质在解冻过程中将部分失去，且易受微生物污染。常用的水解冻方法有静水解冻、流水浸渍解冻和喷淋解冻。水或盐水可以直接和食品物料接触，但应不影响食品物料的品质，否则食品物料应有包装等形式的保护。水或盐水的温度一般在4～20℃，食盐的浓度一般为4%～5%。盐水解冻主要用于海产品，可能对物料有一定的脱水作用，如用盐水解冻海胆时，海胆的适度脱水可以防止其出现组织崩溃。加碎冰解冻用于气温高时解冻大型鱼，因不能采用快速解冻，为防止长时间解冻引起的微生物增长而采取加碎冰低温缓慢解冻。

③ 真空解冻 在2.3kPa时，水在20℃即沸腾，产生的水蒸气在冻品表面凝结，放出2450kJ/kg热量，使食品升温解冻（图2.17）。真空降低了水蒸气的温度，可以避免食品表面过分升温。

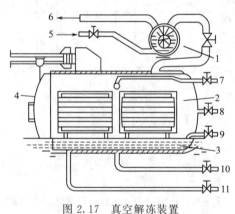

图2.17 真空解冻装置

1—水封式真空泵；2—食品车；3—水槽；
4—食品出入口；5—真空泵供水口；6—真空泵
排气门；7—清洗水入口；8—空气入口；
9—进水口；10—蒸汽入口；11—排水口

真空解冻的效率比空气解冻提高了 2～3 倍，而且大多数细菌被抑制，并减少了营养成分的氧化和变色。由于不与水直接接触，食品的汁液流失量比在水中解冻显著减少。低温的饱和水蒸气不会使食品过热和受到干耗损失，而且色泽鲜艳，味道良好。真空解冻的缺点是块形大的食品内层升温比较缓慢，成本较高。

④ 加压解冻 加压解冻是将解冻食品放入耐压容器内，通入压力为 2～3kgf/cm²❶ 的压缩空气，温度 15～20℃，空气流动速度 1～1.5m/s。由于压力升高使冰点降低，而且单位容积内的空气密度增大，因此提高了食品和空气的换热速率，如冷冻鱼的解冻速率为室温 25℃时的 5 倍。

⑤ 气液接触式解冻 图 2.18 为气液接触式解冻装置示意图。气体循环路径中的气液接触器能够对空气进行高效率的加湿和热交换，空气再经过除尘、除菌、脱臭，得到净化后被送到解冻室中循环，就在冻品表面凝结并放出凝结潜热，使冻品升温而被解冻。这种解冻方法的解冻终温低，能避免冻品在解冻过程中发生干燥和减重现象，解冻后食品质量较好。

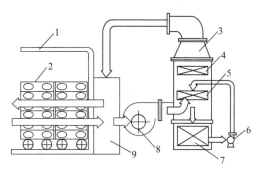

图 2.18　气液接触式解冻装置示意图

1—解冻室；2—鱼车；3—加湿塔；4—降雾器；
5—气液接触器；6—泵；7—热交换器；
8—鼓风机；9—风向反转挡板

⑥ 接触解冻 该解冻装置与平板冻结器相似，板与板之间放食品，用上下板将食品压紧，板内通以 25℃ 的流动空气进行解冻。此法适合于外形较为规整的食品物料，解冻速率快，解冻时间短。

(2) 内部加热法 利用电流和微波的特性，在冻结食品解冻时从内外同时进行加热解冻，这种方法称内部加热法。内部加热法有以下几种。

① 低频电流加热解冻（欧姆加热解冻） 利用食品自身的电阻，当电流通过冻结食品时产生电阻热而使食品被解冻。此方法也称为电阻解冻法。采用的是频率为 50～60Hz 的低频交流电，使电流贯穿冻品容积时，按容积转化成热量，其加热的穿透深度不受冻品厚度的影响，在冻品内外不会形成较大的温度梯度，而且没有加热表面，设备接触部位不会产生结垢而影响传热。这种方法解冻比用空气和水解冻快 2～3 倍，耗电较少，费用不高。由于冻结食品是电路的一部分，因此要求食品表面平整，内部成分均匀，否则会出现接触不良或局部过热的现象。

② 高频电流加热解冻 解冻的电流频率在 1～50MHz，一般选用 13MHz、17MHz、40MHz。在解冻时，冻结食品放在加有高频电的极板之间，食品的介质分子在高频电场中受极化后，跟随高频电磁场的变化而发生相应的变化。分子之间互相旋转、振动、碰撞，产生摩擦热。频率越高，分子之间转动越大，产生的摩擦热也越多，食品的解冻也越快。冻结食品的发热是在表面和内部同时进行的，故解冻较快。高频波的半衰深度是微波的 5～14 倍，所以它较微波的解冻速度快，而且当微波解冻时，冻品表面某处冰融化成水，就会使该处的温度迅速升高，而高频解冻不会有该问题存在。因为高频解冻时，随冻品温度的上升，介电常数增加很快，高频感应渐渐失去解冻作用，即高频感应可以自动控制解冻的终点。

③ 微波解冻 微波解冻是利用波长在 1mm 到 2.54cm 之间的电磁波间歇照射食品，使

❶　1kgf/cm² = 98.0665kPa。

食品中的介电物质发生剧烈震动产生热量而进行解冻。微波解冻的优点是解冻快、不易受微生物的污染、营养成分损失少；其不足之处是加热不均匀，不适合进行完全解冻。这是因为食品材料中的水分子只有解冻后才能大量吸收微波能，而对于晶体的水分子吸收微波能力低。如在915MHz时，水的吸收能力为冰的45倍，所以微波解冻时，若冻品表面某处的冰融化为水，该处的温度会迅速升高，甚至发生冻品完全解冻后，表面局部烧焦的现象。微波解冻现在主要用在家庭的微波炉，对少量冻品解冻。

④ 高压解冻　根据图2.13水的压力-冰点关系，当对冻品加以高压时，原有的部分冰温度剧降放出显热并转化为另一部分冰融解所需的潜热使之融化。该过程无须外界加入热量，所以融解迅速。另外由于高压冰融解热的减少、导温系数的增大，使传热速度加快，并且压力能可以瞬间均一传递到冻品内部，内外可同时快速解冻。相关试验表明，对直径100mm、长200mm的冰块在10℃的水中常压静置解冻要80min，加压120MPa和200MPa解冻只需20min和11.5min，而且可以避免加热解冻造成的食品热变性，同时避免了食品在解冻时在最大冰晶带停留时间过长。高压还有杀菌作用，解冻后液汁流失少，色泽、硬度等指标均较好。

(3) 组合式解冻　解冻方法各有差异，组合解冻可扬长避短，例如，微波和空气的组合解冻是在微波解冻装置上添加冷风装置，先由微波加热，使冻结层部分化冻，硬度降低到可以用刀穿刺的程度，继之以冷风解冻，这样能避免品温的不均匀，而且不引起部分过热。

冷冻品在完全冻结时，电流很难通过它的内部。如−28℃的冷冻鱼电导率为$0.6\Omega/cm$，解冻时为$1.5\Omega/cm$。采用电和水组合解冻，在解冻初期采用空气或水把冻品表面先解冻，然后进行电解冻，可发挥各自优点，缩短解冻时间。如解冻一款冻鲱鱼，单用电阻型解冻需70min，每千克耗电$0.074kW \cdot h$；组合解冻仅需31min，耗电$0.031kW \cdot h$。

(4) 二段解冻　易于出现解冻僵硬现象的肉类冻品，应先放在−2～0℃的空气中解冻7～10d，肉的品温降到−3～−2℃，冻结率在50%～70%时放到10℃的空气中进行第二段解冻。在第一段半解冻状态时，未融化的冰晶就像肉内的骨架，阻止了因肌肉收缩而致的解冻僵硬现象的发生。

第三章 食品热杀菌保藏

安全是食品的基本要求，热杀菌是用于即食食品保藏最常用，也是最可靠的方法。

第一节 食品加热杀菌

食品加热杀菌的作用主要是杀死微生物、钝化酶；改善食品的品质和特性，提高食品中营养成分的可消化性和利用率；破坏食品中嫌忌成分。热杀菌的负面作用主要是食品的营养和风味成分有一定的损失，对食品的质构特性有一定的影响。

一、加热杀菌原理

1.微生物的耐热性

从高空到深海，微生物遍布在地球各处，但各种微生物要求的生长繁殖条件各不相同。从微生物对温度的要求角度，可把微生物大致分为嗜热微生物、嗜温微生物和嗜冷微生物三类（见表2.1）。这三类菌都是热杀菌的对象，但嗜热菌尤其是产芽孢细菌因其抗热性强，是加热杀菌的主要对象。

引起食品腐败和食物中毒的常见细菌有芽孢杆菌属、梭状芽孢杆菌属、埃希氏杆菌属、沙门氏菌属、志贺氏菌属、葡萄球菌属、链球菌属等。芽孢杆菌属是最常见的腐败菌，有些还具有毒性，如炭疽芽孢杆菌；有些耐热性很强，如凝结芽孢杆菌、嗜热脂肪芽孢杆菌。梭状芽孢杆菌中肉毒杆菌（A～G型）的毒性大，其中A、B型的耐热性最强，外毒素的毒性强，杀灭温度在100℃、360min和120℃、4min，所以常作为杀菌条件的对象菌（或用PA3679芽孢菌）。葡萄球菌属中的金黄色葡萄球菌分布广泛，但由于耐热性较弱，所以在生制食品材料中允许有一定量的残留。沙门氏菌属对热的抵抗力很弱，但在低温下可存活很长时间，而且毒性强，易污染鱼、肉、蛋和乳品等，蛋糕等食品需重点防范。埃希氏杆菌属归于大肠菌群，是主要的食品污染菌之一。霉菌和酵母菌对热敏感，能杀灭细菌的条件通常能同时杀灭霉菌和酵母菌。

（1）微生物耐热性的表示方法

① D 值（decimal reduction time） 微生物营养细胞的热致死反应动力学符合化学反应的一级反应动力学方程，即

$$-\mathrm{d}N/\mathrm{d}t = kN$$

式中 N——任一时刻活菌浓度，cfu/mL；

　　　t——时间，min；

　　　k——热死速率常数，$\min^{-1}$。

对上式积分，以微生物受热死亡过程中残存活菌数的对数与加热时间作图，可得一条

直线：

$$\ln(N/N_0) = -kt$$

D 值的定义是：在一定的致死温度条件下，杀死 90% 微生物所需的加热时间。相当于热力致死温时曲线通过一个对数周的时间（图 3.1）。$D = 2.3/k$，D 值大的微生物耐热性也大。需要注意的是，D 值不受原始菌数的影响，但随热处理的温度不同而变化，温度愈高，微生物的死亡速率愈大，D 值则愈小。为区别不同温度下的 D 值，可在 D 的右下角标注热处理温度值，因 D_{121} 在实际杀菌时应用较多，常以 D_T 表示。

② Z 值 使热力致死时间按 10 倍变化时，所对应的加热温度变化（图 3.2）。Z 值越大，该微生物的抗热性越强。计算杀菌强度时，低酸性食品 Z 值一般取 $10℃$，酸性食品 Z 值一般取 $8℃$。

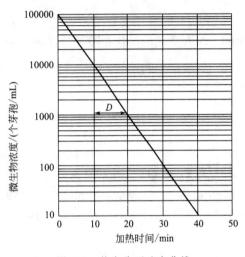

图 3.1 热力致死速率曲线

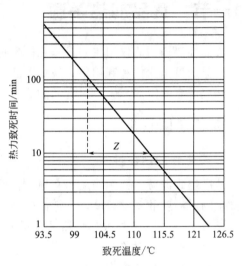

图 3.2 热力致死时间曲线

③ F 值 在一定的致死温度条件下，杀死一定数量微生物所需的时间。F 值可用于比较相同 Z 值微生物的耐热性，它与热死试验时的原始菌数有关，随所指定的温度、菌种、菌株所处环境不同而变化，故 F 值的完整写法应是 F_T^Z。F 值也称杀菌效率值，通常以 $121.1℃$ 下的致死时间表示，如 $F^{20} = 5$，表示 Z 值为 20 的对象菌，$121.1℃$ 下致死时间为 5min。如对象菌的 Z 值等于 10，F 值以 F_0 表示。非标准温度下的 F 值，需注明加热温度，如 F_{100}。

要彻底杀灭所有微生物是十分困难的，只要将微生物数量降低到某一数值，就能够保证食品的安全，用公式可表示为：$F_{安} = D_T(\lg a - \lg b)$，式中 a 是杀菌前对象菌的芽孢数，b 是杀菌后允许的腐败率。美国用 $6D$ 值来杀死嗜热芽孢菌，用 $12D$ 值来杀死肉毒梭菌，以确保食品的安全。

④ 热力指数递减时间（thermal reduction time，TRT） TRT 是 D 值概念的扩大，即在一定的致死温度条件下，将微生物减少到某一程度（10^{-n}）时所需的热处理时间，单位为 min，也就是说，$\text{TRT}_n = nD$。

(2) 加热杀菌的原理 微生物加热杀菌的基本原理是破坏微生物的蛋白质、核酸、细胞壁和细胞膜，从而导致其死亡。

① 加热对蛋白质的作用 蛋白质是微生物基本结构的组成部分，与细菌的能量、代谢

及稳定内环境密切相关，破坏微生物的蛋白质，抑制一种或多种酶的活性即可导致微生物的死亡。干热和湿热对微生物蛋白质破坏的机制是不同的，湿热主要是通过凝固微生物的蛋白质导致其死亡，而干热灭活微生物的机制是氧化作用。干燥的细胞不具备生命的功能，缺乏水分将使代谢全面停止，导致微生物死亡主要是氧化作用。实验证明，在干热灭菌时，当温度升高到很高时，微生物蛋白质并未凝固，在高温下细菌死亡率逐渐升高的原因是由于氧化作用速率的增加、蛋白质变性、电解质浓缩引起中毒而致细胞死亡。

采用湿热杀菌时，微生物蛋白质受到热力作用而变性，大量的疏水基暴露于分子表面，并互相结合成为较大的聚合体而凝固、沉淀。蛋白质凝固变性所需的温度随其含水量而变化，实验证明，当含水量为50%时，蛋白质凝固温度为56℃；含水量降为25%时，凝固温度升到74～80℃；当含水量为0时，凝固温度达到160～170℃。由此可见，湿热灭菌比干热灭菌所需温度低、作用快。

② 加热对细胞壁和细胞膜的损伤　细菌的胞壁和胞膜是热力的重要作用点。细菌可由于热损伤胞壁和胞膜而死亡。微生物芽孢受热损伤后对多黏菌素、新霉素及十二烷基硫酸钠、脱氧胆酸钠等表面活性剂敏感性增强，而多黏菌素作用于细胞膜，新霉素抑制蛋白质的合成并有表面活性作用，这些都说明芽孢的细胞膜和细胞壁是热损伤的位点。

③ 加热对核酸的作用　加热不仅可以破坏微生物的酶蛋白和结构蛋白，而且可以破坏微生物的核酸。Ginoza 等研究了加热对单股病毒核酸的杀灭机理。在生理 pH 值范围内，在贮存情况下加热时 RNA 的感染性和分子完整性丧失。

2. 影响微生物耐热性的因素

微生物的耐热性是复杂的化学性、生理性以及形态方面的性质综合表现的结果，不但受到遗传因素的影响，而且与其所处的环境条件也是密切相关，根据外界条件的不同，其耐热性会有很大幅度的变化。现从加热前、加热时和加热后三个阶段来分别阐述影响微生物耐热性的因素。

(1) 加热前的因素　在加热前，影响微生物耐热性的主要因素是微生物细胞的遗传性、细胞组成成分、细胞形态、细胞的培养龄等内在因素和培养基的组成成分、培养温度、代谢产物等环境因素。

不同菌种微生物的耐热性不同，嗜热菌的耐热性大于嗜温菌，而嗜温菌的耐热性又大于嗜冷菌；芽孢的耐热性大于营养体。菌龄同样是影响微生物耐热性的因素，稳定期细胞的耐热性要比对数期细胞强，成熟芽孢的耐热性比未成熟芽孢强。

不论是营养体还是芽孢，一般情况下，培养温度越高，所培养细胞及芽孢的耐热性就越强，只有少部分菌在最适发育温度下的耐热性最强。在杀菌前把大肠埃希氏菌分别进行 0℃和 37℃下保温 30min，然后在 50℃条件下测定其存活率，结果发现，后者的存活率比前者高一个数量级。在各种细菌和酵母菌的试验中发现，如将细菌细胞先保藏在 0℃下，对比迅速加热至致死温度（750℃/min）和缓慢加热至致死温度（0.6℃/min）两种条件，前者的杀菌效果明显提高。

各种芽孢的耐热性也不相同，一般厌氧菌芽孢的耐热性较需氧菌芽孢强，嗜热菌的芽孢耐热性最强。同一菌种芽孢的耐热性也会因热处理前的培养条件、贮存环境和菌龄的不同而异，菌体在其最高生长温度生长时形成的芽孢耐热性通常较高，实验室培养的芽孢比在大自然条件下形成的芽孢耐热性低，在营养丰富的培养基上发育的芽孢，其耐热性就强。有些成分有助于耐热性的增加，如在肉毒梭菌芽孢培养基中添加 C_{16}、C_{18}、$C_{18:1}$；在巨大芽孢杆菌、凝结芽孢杆菌、肉毒梭菌芽孢等的培养基中添加钙、锰离子；在巨大芽孢杆菌、枯草芽孢杆菌、生孢梭菌芽孢等的培养基中降低磷酸盐浓度。而在巨大芽孢杆菌培养基中添加 L-谷氨酸、L-脯氨酸；在肉毒梭菌培养基中添加酪蛋白、酵母和动物组织的酶解物，它们的耐热性反而减弱。热处理后残存芽孢经培养繁殖和再次形成芽孢后，新形成芽孢的耐热性就较原来的芽孢强。嗜热菌芽孢随贮藏时间的增加而耐热性可能降低，但厌氧菌芽孢的耐热性减弱速度要慢得多。至于菌龄对微生物耐热性的影响，芽孢和营养细胞不一样，幼芽孢较老芽孢耐热，而营养细胞则在对数生长期最敏感。

(2) 加热时的相关因素 加热温度和加热时间是影响微生物受热死亡的因素，但细胞浓度、是否有菌块存在、培养基的性状及氧等也与其直接有关。杀菌前食品中微生物的污染程度影响最终杀菌效果。由于微生物的对数减菌规律，杀菌前微生物的数量越多，杀菌后活菌残存的可能性越大。

酸碱度对微生物的繁殖及酶活性影响很大，对热敏感性的影响也很显著。酸碱能够促使蛋白质的热变性，细胞的表层构造、机能以及细胞的代谢系统都受其影响，因此是影响杀菌效果的最显著因子。不同酸度食品需要的杀菌条件有很大差异。

因为肉毒杆菌在 pH≤4.8 时就不会生长，在 pH≤4.6 时芽孢受到强烈的抑制，所以把 pH4.6 作为酸性食品和低酸食品的分界线。此外，肉毒杆菌在干燥的环境中也无法生长，因此，pH 高于 4.6、水分活度大于 0.85 的食品为低酸食品。酸性食品可以采用沸水或 100℃ 以下温度杀菌，而低酸食品必须采用加压高温杀菌，以确保肉毒杆菌全部被杀死。

细菌芽孢和营养体在微酸性至中性范围内的耐热性最强，过酸或过碱都有削弱其耐热性的趋势。无论在什么温度下，D 值都随 pH 值的降低而降低；越是低温加热，D 值下降幅度越大。在相同的 pH 条件下，微生物耐热性因溶质种类不同而发生很大变化（图 3.3、图 3.4）。

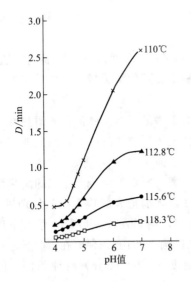

图 3.3　pH 对食品中 *C. botulinum* 62A 芽孢耐热性的影响

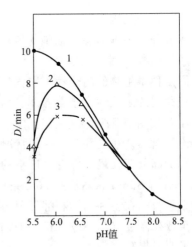

图 3.4　pH 对 *Sal. typhimurium* 耐热性的影响（液态卵，温度 55℃）

1—用盐酸调配时；2—用醋酸调配时；3—用乳酸调配时

水分活度是影响微生物耐热性的另一重要因素。在 110℃ 下对凝结芽孢杆菌、嗜热脂肪芽孢杆菌、E 型肉毒梭菌、枯草芽孢杆菌等微生物芽孢的耐热性反应的比较，显示在 $A_w =$

0.2～0.4范围内芽孢具有最强的耐热性，A_w大于0.4时，D值显著下降，$A_w=1.0$时为最低。

微生物耐热性因不同的菌种而有差异。凝结芽孢杆菌、嗜热脂肪芽孢杆菌芽孢的耐热性随A_w提高而下降的显著性不高，$A_w=1.0$时比$A_w=0$时的D值大，而E型肉毒梭菌在高湿度下的热敏感性极强。

溶质对微生物的耐热性也有显著影响，嗜热脂肪芽孢杆菌的芽孢在NaCl、LiCl、葡萄糖、甘油溶液和气相调湿条件下的耐热性如图3.5所示。微生物随其细胞水分受到束缚而不易受热力损伤，但一旦超过某一临界值，其敏感性反而会增强，但因菌种、芽孢的形成条件和溶质等因素而有所变化。

糖类对微生物耐热性有一定影响。高浓度糖液能够吸收细菌细胞的水分，致使细胞原生质脱水，影响了蛋白质凝固速度，从而增强了芽孢的耐热性能。糖的浓度越高，杀灭芽孢所需的时间越长，低浓度糖对芽孢耐热性的影响很小。如酵母在100℃、43.8%糖液中的致死时间为6min，在66.9%糖液中为28min。牛奶中金黄色葡萄球菌的$D_{60℃}=$

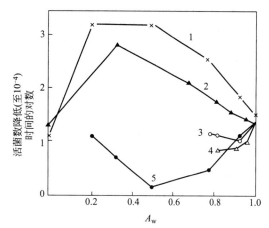

图3.5 水分活度A_w对$B. stearothermophilu$
芽孢耐热性的影响（120℃）

1—水蒸气；2—甘油；3—食盐；4—葡萄糖；5—氯化锂

5.34min，而牛奶加57%蔗糖时$D_{60℃}=42.53$min，如果蔗糖浓度低于14%则几乎无影响。糖类品种对微生物耐热性同样有很大影响，对D值的影响效果依次为：蔗糖＞葡萄糖＞山梨醇＞果糖＞甘油；淀粉对芽孢耐热性没有直接的影响，但由于不饱和脂肪酸等某些抑制成分很容易吸附在淀粉上，因此间接地增加了芽孢耐热性。

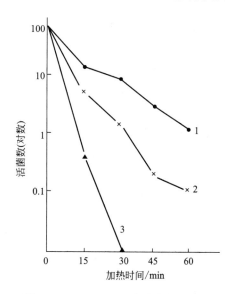

图3.6 *Bacillusceus*在脂类物质中的
耐热性（121℃）

1—大豆油；2—橄榄油；3—液态石蜡

脂肪含量高时会增强细菌的耐热性。细菌在脂肪介质中时，水分渗入困难，并且脂肪是不良导体，阻碍了热量的传导，造成细胞蛋白质凝固受阻。大肠杆菌和沙门氏菌在水中被加热到$60～65℃$时即可死亡，而在油中需加热到100℃、30min，109℃时需10min才能杀死。蜡状芽孢杆菌的芽孢在磷酸缓冲液中$D_{100℃}=8$min，在脂类物质中$D_{121℃}=7～30$min，因脂类物质的不同差异很大（图3.6）。但在脂类物质中加入微量的水，就能明显促进微生物受热死亡的速度。

微生物在油和水的界面上，有些可以从水相过渡到油相中，有些会停留在界面上，此时在水中加入油酸钠等脂肪酸盐，则大部分微生物能移动到油相中；若在高浓度盐水中进行搅拌，则几乎所有的细菌都能移动到油相中。柠檬酸盐和亚硝酸盐会使细菌停留在油相外侧。

蛋白质及其相关物质对微生物具有保护作用，

但作用机制尚不十分清楚。有资料显示，明胶、血清等能增强芽孢的耐热性，蛋白胨、肉膏等对产气荚膜梭菌芽孢、大肠埃希氏菌有保护作用。

盐类对微生物耐热性的影响随盐的种类、浓度、菌种等因素而有相当大的差异。盐类对微生物产生的作用包括：不同浓度盐类可以调节细胞内外渗透压的平衡，从而减少一些重要成分在加热过程中向胞外泄漏；能够透过胞壁的盐类对细胞内的 pH 值有影响；NaCl、KCl 之类的盐对蛋白质的水合作用影响效果明显，因此，对酶及其他重要蛋白质的稳定性产生影响；二价阳离子与蛋白质结合生成稳定的复合体而有助于耐热性的增强；一定浓度盐类的存在使水分活度降低，从而使细胞的耐热性增强。

食盐是盐类中最重要的一种，关于它对微生物耐热性的影响已有较多报道，其影响效果因菌种、盐浓度及其他环境条件而有变化。在低浓度下食盐对细胞有保护作用，高浓度（5％以上）则使其耐热性减弱，当浓度加大到 10％左右，对细胞耐热性的影响度又减小。

一些高等植物的液汁和分泌的挥发性物质对微生物有抑制和杀菌作用，这种具有抑制和杀菌作用的物质称植物杀菌素，某些罐头食品在杀菌前加入适量的富有植物杀菌素的蔬菜或调料如葱、辣椒、胡椒、丁香、蒜、胡萝卜等，可以促使微生物在杀菌时死亡。

(3) 加热后的条件　微生物受到某种外界强烈的刺激后，会遭到一定程度的损伤，损伤程度较轻的细胞及芽孢在适当的环境中，其繁殖可以得到恢复。实验结果显示，在普通培养基中添加酵母膏、肉汁、氨基酸、淀粉等，损伤细胞的繁殖率得到显著提高。受热力损伤细胞除了营养要求扩大外，还受各种条件如培养温度、pH 值、氧化还原电位、渗透压、表面张力等因素的影响，并易受抑制剂、选择剂的影响。

3. 影响食品杀菌效果的因素

在其他条件相同的情况下，食品的构成、性状不同，食品的传热速度也不同，这将直接影响食品的杀菌效果。

(1) 食品的传热类型　食品的传热方式有传导、对流、对流-传导复合型三种。传导型是依靠物体间的接触进行热量传递，在加热和冷却过程中，物料间出现温度梯度，热传导最慢的一点往往是食品的几何中心，此点称为冷点。属这类传热方式的食品有固体和黏稠食品，如午餐肉、西式火腿、浓缩汤类、高浓度番茄酱等。

果汁、低浓度流体罐头食品属对流传热方式。加热后，部分食品受温度场的影响，受热膨胀而上升，在食品包装容器内形成循环流动，物料间的温差很小，传热速度快，所需加热或冷却时间短。对流传热食品的冷点在包装容器底部附近。

对流-传导复合型传热往往是对流和传导同时存在或者先后存在。糖汁或盐汁的小块颗粒果蔬罐头中，液体是对流传热，固体是传导传热。糊状玉米等含淀粉较多的罐头是先对流传热，后因淀粉糊化而转为传导传热，冷却时也为传导传热。苹果沙司等有较多沉积固体的罐头食品，其加热初期为传导传热，在加热后流体的对流加速，当对流力量达到足以使固体悬浮于液体中循环流动，传热方式转为对流传热。

(2) 食品初温　食品的初温是指杀菌开始时食品的中心温度。初温对传导型食品加热时间的影响很大，热灌装（50～90℃）食品的杀菌时间可比冷灌装（20～40℃）食品缩短约 25％。食品成分在长时间受热时会分解或相互作用，从而影响食品的质量。对流型食品的初温对加热时间的影响较小。

(3) 食品物料的形态和黏度　对于含固体的对流型食品，固体形态大的食品需要增加杀菌时间才能达到同等杀菌 F 值。物料的黏度对杀菌时间也有影响，黏度愈高，杀菌时间愈长。例如，果酱罐头的糖水浓度从 30％ 提高到 60％ 时，杀菌时间从 58min 提高到 66min。

4. 加热对食品成分的影响

食品受热时品质会发生变化，因此，合理的加热杀菌条件除了必须达到杀菌效果外，还必须充分注意保持食品的营养成分。

(1) 加热对碳水化合物的影响 食品中的还原糖化学性质活泼，在碱性时最易被氧化。除自身会进行分解、缩合反应外，还可以与食品中的其他成分相互作用，使食品很快产生褐变、异臭等。1％ 的糖液在中性或微碱性溶液中就会发生褐变，添加有机酸后不易发生褐变，而抑制褐变的能力依次为：苹果酸＞酒石酸＞柠檬酸＞葡萄糖酸。褐变反应在常温下速度缓慢，随着温度升高反应速度加快，温度每升高 10℃，反应速度提高 3～3.5 倍。

各种糖发生褐变反应的速度顺序为：五碳糖中，核糖＞阿戊糖＞木糖；六碳糖中，半乳糖＞甘露糖＞葡萄糖。双糖及多糖类的反应速度较慢。

(2) 加热对蛋白质的影响 食品中蛋白质由于加热、干燥、冻结等加工而变性。蛋白质的加工特性影响到产品的质构，如果过度加热还会降低蛋白质的生物价值。例如，肉中的主要结构蛋白质决定肉的加工性、持水性，直接关系到肉加热后的软硬度和口感。肉中的蛋白质受 100℃ 以上温度加热时会产生有机硫化物或硫化氢，与包装材料中的铁、锡离子作用而形成黑色的硫化物，这是肉类罐头常产生的黑变原因之一。但肉和骨头经过适当时间蒸煮后，会产生一些化学变化，使汤汁具有良好的风味。

(3) 加热对脂质的影响 加热对食品脂质最重要的影响是导致酸败。动植物脂肪在加热处理时都很容易氧化而发生酸败，当加热温度超过 250℃ 时还可能产生有毒的化合物。脂肪氧化的同时还会影响食品的色泽，如胡萝卜素被破坏后产生色变。长时间使油脂处于高温状态是有害的，食品加工时或油炸产品时，温度控制在 200℃ 以下比较安全。当油脂中游离脂肪酸达到 2％ 以上时就不能食用。

(4) 加热对维生素的影响 在无水状态下加热到 100～130℃ 时，维生素 E 的热稳定性最高，维生素 C 的热敏感性最强，维生素 A、维生素 D、维生素 B_{12} 随温度上升而渐渐分解，维生素 B_1、叶酸、维生素 B_6 在上述温度下则急剧分解。维生素的稳定性与其类别、加热温度和加热时间等有关。维生素的分解速度还受 pH 值、金属离子、氧化剂、还原剂及与空气接触与否的影响。

(5) 加热对酶的影响 在一定的温度范围内，酶的热失活反应并不完全遵循一级反应，一些酶的失活可能是可逆的。例如，果品蔬菜中的过氧化物酶和乳中的碱性磷酸酶等在一定条件下热处理时被钝化，在食品贮藏过程中会部分恢复活性。但若是热处理温度足够高，所有酶的变性将是不可逆的。

酶的种类和来源不同，其耐热性相差也很大。酶对热的敏感性与酶分子的大小和结构复杂性有关，通常酶的分子越大、结构越复杂，对高温就越敏感。食品中过氧化物酶的耐热性较高，通常被选作热烫的指示酶。食品中绝大多数酶的耐热性一般，如脂酶和大蒜素酶等，通常对温度的耐性不超过 65℃；果胶甲酯酶、植酸酶、叶绿素酶、胶原酶、牛乳中的碱性磷酸酶等是中等耐热性的，可在 40～80℃ 的温度范围内起作用。

若来源不同，即便是同一种酶，其耐热性也可能有很大的差异。pH 值、水分含量、加热速率等热处理的条件参数也会影响酶的热失活。一般食品的水分含量愈低，其中的酶对热的耐性愈高，这意味着食品在干热的条件下灭酶的效果比较差。加热速率影响到过氧化物酶的活力恢复，加热速率愈快，热处理后酶活力恢复得愈多，经高温短时杀菌的食品常会在贮藏过程中出现酶的活化现象，从而引起食品品质的下降。食品的成分如蛋白质、脂肪、碳水化合物等都可能影响酶的耐热性，例如糖能提高苹果和梨中过氧化物酶的热稳定性。此外，加热对食品颜色也有影响，特别是叶绿素容易受热脱镁而呈黄绿色，食品质构通常会发生改变。

二、加热杀菌方法

1. 食品的低温杀菌（巴氏杀菌）

巴氏杀菌是在100℃以下的加热处理，以杀灭食品中所有致病菌为目的。经巴氏杀菌后的产品中非致病的腐败芽孢菌依然存在，能在常温下增殖，因而只有有限的货架寿命，需要辅以冷藏、发酵、使用添加剂等才能延长保藏期。巴氏杀菌也常用于pH4.5以下的酸性食品的杀菌，这种方法虽不能杀灭芽孢杆菌，但因酸性环境能抑制其生长，而在pH4.5以下能增殖的酵母菌及大部分耐酸的非芽孢细菌都不耐热，少数耐酸的芽孢杆菌如酪酸核状芽孢杆菌的 $D_{100} = 0.1 \sim 0.5 min$，经100℃加热一定时间可被杀灭。低温杀菌的优点是操作方便，设备简单，对食品物性的影响小。

不同物料要求的巴氏杀菌条件也不同，常用牛奶的巴氏杀菌温度、时间是：63℃ 30min，72℃15s，89℃1s，90℃0.5s，94℃0.1s，总固体含量超过18%或添加甜味剂，杀菌温度应增加3℃；对于酒类的杀菌条件则是69℃30min，80℃25s，83℃15s。

2. 食品的高温杀菌

食品的高温杀菌是指食品经100℃以上的杀菌处理。pH高于4.5的低酸性食品易被各种致病菌、产毒菌及其他腐败菌污染变质。由于肉毒梭状芽孢杆菌能在pH4.8以上繁殖并分泌毒素，低酸性食品必须以杀死肉毒杆菌芽孢为安全杀菌的评价指标，因肉毒杆菌芽孢的耐热性较强，必须通过高温杀菌才能保证食品的安全。高温杀菌的安全条件通常是121℃，15~20min。需要明确的是，这是食品中心温度达到121℃后的保持时间，不是杀菌周期时间。

3. 食品超高温瞬时加热杀菌

超高温杀菌已经成为液态食品的主要杀菌工艺。关于超高温杀菌的概念并没有权威机构加以明确，通常将加热温度为135~150℃，加热时间为2~8s，杀菌效果达到商业无菌要求的过程称为超高温杀菌。在热杀菌工艺中升高温度能提高对微生物的致死效力，超高温灭菌效果的评价选用了更高的标准，即通常以某种细菌孢子来检验。根据加勒斯路特（Galesloot）法则，超高温工艺杀菌效率的定义是以杀菌前后孢子数的对数比来表示：

$$SE = \lg(原始孢子数 / 最终孢子数)$$

SE 值可定量评判超高温工艺。林德格伦（Lindgren）和斯瓦特林（Swartling）在原乳中加入已知数量的枯草杆菌孢子，然后在不同温度下用超高温设备杀菌4s，得到的杀菌效果见表3.1。

表3.1 不同温度下超高温杀菌的效率

杀菌温度/℃	每毫升原奶中初始孢子数	每毫升杀菌奶中孢子数	杀菌效率（SE）
125	450000	0.45	6
130	450000	0.0007	8.8
135	450000	0.0004	>9
140	450000	0.0004	>9

实验中用来确定残存孢子数的方法是"稀释法"，该方法能够得到的最小残存孢子数是0.0004 个/mL，因此，实际杀菌效果可能比表3.1中显示的更高。

在固定杀菌温度为135℃、4s，在原乳中加入不同数量孢子的杀菌结果见表3.2。

表3.2　不同原始污染菌数下超高温杀菌的效率

每毫升原奶中初始孢子数	每毫升杀菌奶中孢子数	杀菌效率（SE）
450000	0.0004	＞9
4000000	0.0004	＞10
75000000	0.0004	＞11

在135℃、4s下对耐高温的嗜热脂肪芽孢杆菌孢子的杀菌效果见表3.3。

表3.3　超高温杀菌对嗜热脂肪芽孢菌孢子杀灭的效率

每毫升原奶中初始孢子数	每毫升杀菌奶中孢子数	杀菌效率（SE）
10000	0.0004	＞7.4
150000	0.0004	＞9

尽管表3.3中试验一的 SE 仅＞7.4，但这只是数字计算的结果，在135℃或更高温度进行 4s 的热处理过程中，残存菌数都达到了 0.0004。对于商业无菌标准的商品，杀菌效率（SE 值）要求达到 6～9 以上，从表3.1～表3.3 中可知，135℃、4s 的杀菌可使 SE 值全部大于 6～9，因此，温度 135℃或 135℃以上，时间 4s 的条件是可靠的超高温杀菌条件。

超高温杀菌与其他加热杀菌方法相比的突出优点是能最大限度地保持食品的原有品质。以最早应用 UHT 技术的牛乳为例，在高温处理过程中最基本的化学变化之一是褐变作用（褐变现象仅仅是热杀菌处理过程中最容易判断的化学变化之一，许多其他的化学变化如产生焦煮味、乳清蛋白质变性、热敏维生素的破坏、酶的复活等都随褐变而同时发生）。以牛乳对光线的反射，测定牛乳的褐变程度，发现在超高温范围温度内，褐变速率随温度上升而加快，但并不与杀菌效率的上升速度成正比。杀菌效应和褐变效应速率之比对温度的曲线如图3.7所示，在温度低于 135℃时，两者速率比没有显著变化；但在 135℃以上，杀菌效应与褐变效应比值快

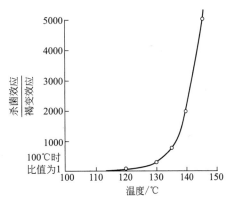

图3.7　杀菌温度上升对杀菌和褐变效应比值的影响

速增长；到 140℃时杀菌效应速率的提高要比褐变效应速率的提高快 2000 倍，在 150℃更增长到 5000 多倍。因此，牛乳在 135℃或者更高温度下进行处理可以成为颜色变化很小的灭菌产品，其颜色变化并不比高温短时间巴氏杀菌的乳强烈。这一效应在其他食品中同样存在，例如，采用超高温方式灭菌的果汁基本没有蒸煮味。

三、食品加热杀菌装置

食品的性状、种类不同，适用的杀菌设备也不相同。杀菌设备的分类方法大体归纳为：①根据杀菌温度不同，可分为低温杀菌设备、高温杀菌设备和超高温杀菌设备。②根据操作

方式不同，可分为间歇操作和连续操作杀菌设备。③根据杀菌设备所用热源不同，可分为直接蒸汽加热杀菌设备、热水加热杀菌设备和火焰连续杀菌设备。④根据杀菌设备的形态不同，可分为板式杀菌设备、管式杀菌设备和釜式杀菌设备。低温连续式杀菌常采用管式热交换器和板式热交换器，高温杀菌设备有高压蒸汽杀菌锅、水封式连续杀菌设备、火焰杀菌设备等。

1. 蒸汽杀菌釜

蒸汽杀菌釜是最常用的热杀菌装置之一（见图3.8），利用高压蒸汽的高温杀灭微生物。由于采用蒸汽直接加热，物料受热损伤比较大，适用于金属罐等预包装食品的杀菌。预包装食品安放在杀菌篮中，通过导轨进入杀菌釜（见图3.9）。在杀菌过程中，杀菌釜内的温度分布不完全一致，尤其是杀菌釜的两端，因此常采用微量开放蒸汽阀的方式，提高蒸汽在釜内的流动性。回转式杀菌釜能让杀菌篮在釜内缓慢回转，使各处温度分布均匀，所以杀菌过程中无需放汽。

图 3.8　蒸汽杀菌釜

图 3.9　蒸汽杀菌釜和杀菌篮

2. 高温水杀菌装置

水的传热速度快，釜内温度分布均匀，而且物料受热损伤小。可以对水预热，升温速度快，对玻璃瓶预包装食品和软包装食品的杀菌都适用，但装置相对复杂，并增加了贮水罐（见图3.10）。

3. 侧喷脉动式杀菌釜

侧喷脉动式杀菌釜适用于袋或盒装类食品的二次杀菌。杀菌釜根据不同食品对灭菌条件要求设定升温、杀菌和冷却程序，通过设置于釜内的喷嘴喷射温度和方向不断变化的热水，热扩散快且热传递均匀，减缓了高温灭菌热损伤大的缺点（见图3.11）。

图 3.10　高温水杀菌装置

图 3.11　侧喷脉动式杀菌釜

下面介绍部分超高温杀菌设备。

4. 蒸汽喷射式超高温杀菌（直接加热法之一）

蒸汽喷射式超高温杀菌装置因生产公司的不同而由不同的结构组成，世界著名的有利乐拉伐公司的真空瞬时加热杀菌装置，英国 APV 公司的直接蒸汽喷射杀菌装置，美国彻里-伯勒尔公司的大气-真空装置等，其工艺原理基本相同。

真空瞬时加热杀菌装置的操作流程见图 3.12，物料从贮槽提升到有一定液位高度的平衡槽 1，经离心泵 2 输送到两台板式热交换器 3 和 5，预热到 75℃左右。热交换器 3 由来自真空罐 10 或 14 的过热蒸汽作热源，热交换器 5 则由生蒸汽加热。经预热的物料用高压离心泵 6 抽送到喷射器 7 中与高压蒸汽接触，部分蒸汽发生冷凝，该相变热几乎在瞬间将物料加热到杀菌温度，在 1s 之内即可达到 140℃，然后经保温管 8 保温约 4s 后，由转向阀 9 进入保持一定真空度的真空罐 10。高温高压的物料在真空罐内因压力突然降低而体积迅速增大，水蒸气急剧蒸发，物料温度瞬间下降到大约 77℃，同时数量相当于喷射进入物料中的水蒸气也在蒸发过程中被释放出。产生的蒸汽先经板式热交换器 3 被经过的冷物料冷却，然后在片式热交换器 4 中被冰水冷凝成水而排出。经过超高温处理的灭菌产品用无菌泵 11 从真空罐 10 中抽出，进入无菌均质机 12，经过约 200kgf/cm² 压力均质后被无菌冷却器 13 冷却到 20℃或更低的温度，完成超高温处理过程，进入无菌包装阶段。

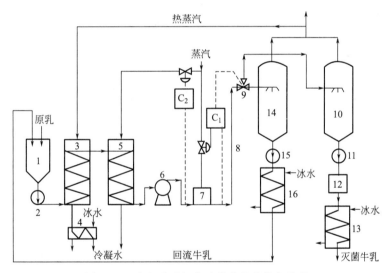

图 3.12　真空瞬时加热杀菌装置的操作流程

如果由于某种原因，物料在杀菌时没有达到 140℃这一设定温度，则转向阀 9 自动将物料转向到真空罐 14 中，先在真空闪蒸条件下冷却，并用离心泵 15 从真空罐 14 中抽出，后经板式热交换器 16 进一步冷却，最后返回到平衡槽 1 中重新进行处理。这种自动转向装置确保了真空瞬时加热杀菌装置有足够的可靠性。

蒸汽喷射器是整套装置的心脏，物料在其中能够瞬间升温到杀菌温度，传统的喷射头是一不对称的 T 形三通，内管管壁四周分布有许多直径小于 1mm 的细孔，蒸汽通过这些细孔与物料流动方向成直角方位，在高压下强制喷射到物料中去。目前使用较多的环形喷嘴注射器结构如图 3.13 所示，高压物料与高压蒸汽在圆锥形喷头处以薄膜状相接触，因而热交换更加均匀、彻底，对热变性的影响也更小。为了防止物料在喷射器内发生沸腾，物料必须保持在一定压力下，而蒸汽压必须高于物料压力，物料在进入喷射器前的压力一般保持在

$4.0\text{kgf}/\text{cm}^2$ 左右，蒸汽压力在 $4.8\sim5.0\text{kgf}/\text{cm}^2$。喷射所用蒸汽必须是高纯度的，通常使蒸汽通过一离心式的过滤器，以除去任何可能存在的固体颗粒和溶解的盐类。

直接蒸汽喷射杀菌的温度-时间曲线如图 3.14 所示，加热和冷却迅速，对物料性状的影响小，通过表 3.4 的描述可知，其杀菌效果非常可靠。

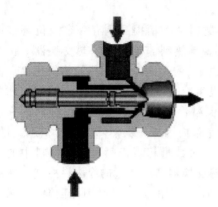

图 3.13　环形喷嘴注射器

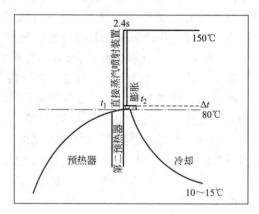

图 3.14　直接蒸汽喷射杀菌的温度-时间曲线

表 3.4　真空瞬时加热杀菌法的杀菌效率

杀菌温度/℃	微生物种类					
	枯草杆菌孢子			嗜热脂肪芽孢杆菌孢子		
	杀菌前孢子数/(个/mL)	杀菌后孢子数/(个/mL)	SE 值	杀菌前孢子数/(个/mL)	杀菌后孢子数/(个/mL)	SE 值
125	450000	0.45	6.0	10000	2.5	3.6
130		0.0007	8.8		0.45	4.3
135		<0.0004	>9		<0.0004	>7.4
140		<0.0004	>9		<0.0004	>7.4
120	4000000	4.5	6.0	250000	2.5	5.0
125		0.04	8.0		2.5	5.0
130		<0.0004	>10		0.095	6.4
135		<0.0004	>10		<0.0004	>9
120	75000000	9.5	7.0			
125		4.5	7.2			
130		0.025	9.5			
135		<0.0004	>11			

5. 蒸汽注入式超高温杀菌（直接加热法之二）

与蒸汽喷射式不同，蒸汽注入式是将物料注入充满过热蒸汽加热器中，让产品通过蒸汽气层，由蒸汽瞬间加热到杀菌温度而完成杀菌过程。产品的喷射系统可以改变，但液滴大小必须均匀，才能保证换热效率均匀。除此以外，生产过程与蒸汽喷射系统类似，冷却方法也是在真空罐中通过膨胀来实现的。采用注入式的原理进行杀菌的超高温装置有法国的拉吉奥尔装置、巴黎布雷尔-马泰尔公司的热真空装置、丹麦的帕拉莱斯托尔装置等，它们原理相同，但在具体的结构和操作方面仍有所区别。

APV 公司的蒸汽注入式杀菌器流程如图 3.15。物料由恒位槽被泵运送到板式换热器 1，预热升温到 75℃，然后在压力泵输送下进入蒸汽注入腔 2，受到超高温蒸汽的加热，物料温度瞬间被加热到 143℃，在保温管 3 中保持这一温度数秒钟后进入闪蒸真空罐 4，物料温度急剧冷却到 75℃左右。闪蒸真空罐中产生的蒸汽被水冷凝器 9 冷凝，部分不凝性气体被真空泵排除，从而保证闪蒸真空罐中的压力能够始终保持在大气压以下，喷入物料中的蒸汽也全部在真空罐中汽化时除去。经灭菌处理的物料收集在膨胀罐底部，用无菌泵送至无菌均质机 5，经均质灭菌的产品在板式换热器 6 中经过二次冷却，温度降低到 25℃以下后被直接输送到无菌灌装器中灌装，或送入无菌贮罐 7 中，没有达到灭菌条件的物料通过旁路重新回到恒位槽。在板式换热器 6 中冷却灭菌产品的冷却水被产品加热后，被生蒸汽进一步升温，用作板式换热器 1 的热源，在热交换中被冷后作为冷源用于冷却灭菌产品。

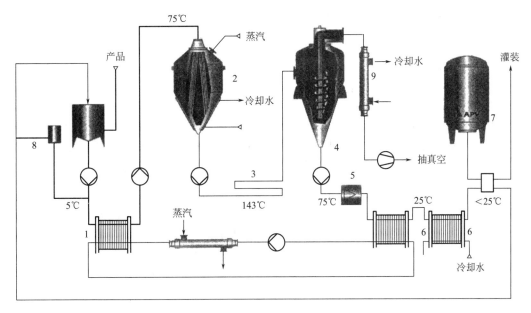

图 3.15　蒸汽注入式杀菌器流程

1，6—板式换热器；2—蒸汽注入腔；3—保温管；4—闪蒸真空罐；5—无菌均质机；

7—无菌贮罐；8—杀菌环路；9—冷凝器

6. 欧姆热超高温杀菌（直接加热法之三）

欧姆加热是利用食品本身的介电性质，将电流直接导入食品原料，使食品自身发热而达到杀菌效果的一种杀菌方法，该方法对于含颗粒（粒径＜15mm）流质食品的杀菌具有独特的优势。欧姆加热 UHT 杀菌系统由柱式欧姆加热器、输送泵、管式或刮面式热交换器等组成，图 3.16 是欧姆加热 UHT 杀菌系统的工艺流程，对物料的加热杀菌采用欧姆加热器，对物料的冷却采用常规的间接式热交换器，根据物料的特点选择相应的板式、管式或刮板式热交换器。

物料的杀菌由进料泵 1 送入欧姆加热器 3 被加热到设定温度后进入保温管 5，在高温下保持设定时间后进入冷却热交换器 6、7、8，冷却到所要求的冷却温度，低温的无菌物料进入无菌贮罐 12 并送到无菌包装机。系统从预杀菌开始便用无菌空气或氮气调节集液罐 11 和无菌贮罐 12 的压力，当生产高酸食品时，杀菌温度为 90～95℃，背压保持 0.2MPa；当加工低酸食品时，杀菌温度为 120～140℃，背压保持 0.4MPa，以防止物料在欧姆加热器中沸

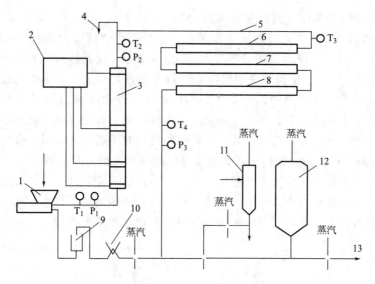

图 3.16　欧姆加热 UHT 杀菌系统的工艺流程

1—进料泵；2—控制箱；3—欧姆加热器；4—排出口；5—保温管；6～8—冷却热交换器；
9—消毒液收集槽；10—消毒液冷却热交换器；11—集液罐；12—无菌贮罐；13—无菌物料出口

腾。集液罐用以收集消毒液与产品交接时形成的混合液，一旦交接液收集完全，物料即被送入无菌贮槽。生产过程随时受到四组不同位点的温度监测控制，可对物料温度进行微调或将不合格物料通过旁路排出，生产结束后系统由 CIP 程序控制进行循环清洗。

7. 板式热交换超高温杀菌（间接加热法之一）

间接加热法可以采用比直接加热法更高的温度，使用更短时间的工艺来处理制品，该方法首先必须解决的是一般片式热交换器使用的密封垫圈不能承受如此高压的问题。阿尔博恩装置是一种加热和冷却全都采用片式热交换器的超高温装置，由于该装置在脱臭，特别是脱除高温加热时产生的巯基物是分两步进行，因此，所得灭菌产品风味爽口。阿尔博恩装置的操作流程见图 3.17，平衡罐 1 中的物料由离心泵 2 送至交流换热器 3 和热水预热器 4，被加

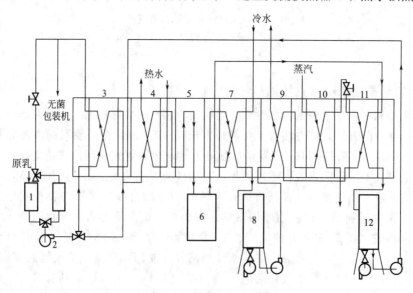

图 3.17　阿尔博恩工艺流程图

热到72℃，并在片式保温器5中保持80s。这一预热保温过程具有稳定蛋白质作用，有利于减少最后加热器中沉积物的产生。通过保温器的物料经均质机6均质后通过冷却器7至真空罐8，所有溶解在物料中的气体和预热保温时所产生的某些挥发性巯基物得以脱除，但水分并没有丧失。初步脱臭后的物料经泵输送进热水交流换热器9和最后加热器10，受到压力为294kPa的蒸汽加热，达到139℃后立即进入冷却器11，然后进入到第二真空罐12。在第二真空罐里，所有溶解在产品中的气体和最后一次高温加热过程中产生的含巯基化合物再次被除去，物料温度急骤下降到72℃，最后在交流换热器3中被输入的冷物料冷却到大约20℃。该过程的时间-温度曲线见图3.18。

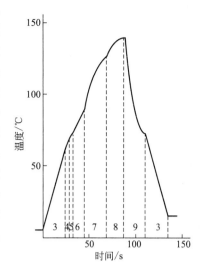

图3.18　阿尔博恩装置的时间-温度曲线

8.环形管式热交换超高温杀菌（间接加热法之二）

环形管式加热器与其他超高温杀菌器相比具有下列特点。

① 加热器、冷却器和保温器均以无缝环形不锈钢管制成，没有密封圈和死角，可以承受特别高的压力。

② 高压泵是唯一的物料输送设备，能够使物料通过预热器、加热器、交流换热器、冷却器，并最后输送到灌装器，因而减少了灭菌产品再染菌的可能性。

③ 均质机有五只阀，分为两部分，在加热器之前的压力高达250kgf/cm^2，加热器之后的压力在5～50kfg/cm^2，以防止物料在高温下沸腾。

④ 强烈的湍流保证了制品的均匀处理和较长的运行周期。

环形管式加热器的热交换部件包括循环消毒器、预热交流换热器和冷却交流换热器、加热器和冷却器。循环消毒器是用不锈钢管弯成的环形套管，用以加热装置的清洗和消毒用水，在正常的产品杀菌处理时不起作用。预热交流换热器为循环消毒器的双层套管，进入的冷物料被外管流过的热物料预热。超高温加热器是安装在蒸汽罐中的不锈钢单层管，在蒸汽罐中物料被蒸汽间接加热到杀菌温度。该单层管的相当长部分延伸到蒸汽罐外，可根据需要来延长保温时间。更先进的设备中环形单管被环形套管所代替，物料在内管中流动，蒸汽在外管中逆向通过。冷却器有水冷却器和冰水冷却器，在环形管中冷水做逆向流动，以冷却交流换热器中流出的超高温灭菌产品，如果需要的话，制品的最终冷却可用冰水。

图3.19为KFUHT杀菌装置的流程图，这套系统采用直线套管热交换器，通过U形管连接成套。在热交换面和容易裂纹处没有支架，热损耗少，并防止了支撑结构所造成的管道裂纹。该装置无菌加工的工艺过程如下：来自平衡槽1的牛乳由离心泵2输送到管式热交换器4内，将牛乳升温到75℃，然后用高压均质机使料液细化，再通过脱臭罐7排除不凝性气体；均质后牛乳进入管式热交换器9，温度升至140℃并稳定保持2s，最后经管式热交换器冷却降温，送至无菌灌装机。

9.刮面式热交换超高温杀菌（间接加热法之三）

如果待杀菌的物料黏度太大或流动太慢，或者容易在加热器表面生成焦化膜，不能用其他装置杀菌时，就必须使用刮面式超高温热交换器。这种加热器是一多层的圆筒体，圆筒体

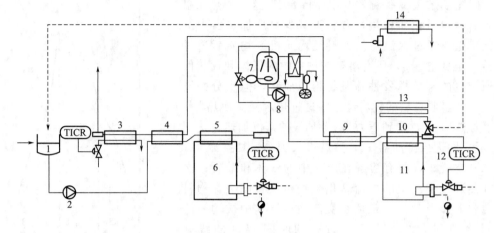

图 3.19　KFUHT 杀菌装置流程图

1—平衡槽；2，8—离心泵；3—冷却器；4，9—管式热交换器；5—预热器；6，11—热水循环系统；
7—脱臭罐；10—管式加热器；12—温度指示器；13—保温管；14—预冷却器

内装了一刮板搅拌器，以强化制品的运动不致焦化（图 3.20）。刮板与筒壁传热面紧密接触，能连续刮除传热面上的物料而产生清洁的传热面，刮下的物料沿刮板卷向搅拌轴附近，低温物料则被引向清洁的传热面，由于物料在筒内轴向和径向混流而产生强烈的传热效果。加热介质或冷却介质在夹套内流动，物料由定量泵压送通过搅拌轴之间的环形通道，通过筒壁发生热交换。通过调节轴的转速、物料流量和冷却介质压力可以达到稳定的热交换，保持物料温度的恒定。刮面式热交换器既可单独用作超高温装置，也可以与其他热交换器，如板式或环形管式热交换器联用。由于在刮面装置中一般无余热回收途径，因此其运行费用要高于采用其他类型热交换器的装置。

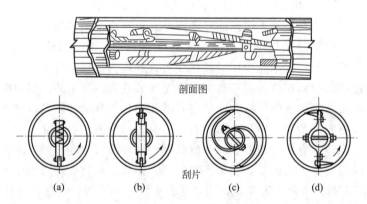

剖面图

刮片

(a)　　　(b)　　　(c)　　　(d)

图 3.20　刮片种类

(a) 单刮片；(b) 双刮片；(c) 弯曲双刮片；(d) 垂直双刮片

图 3.21 是中国食品发酵工业研究院研制的刮板式 UHT 瞬时杀菌装置流程图，该设备单机生产能力 800～1000kg/h，加热杀菌温度可达 120～130℃。该系统共有 3 个单机、一级加热杀菌、二级冷却。其杀菌工艺过程如下：物料首先在物料罐被预热至 40～60℃，由定量泵压送至加热杀菌的刮板式热交换器，被蒸汽加热至 121℃ 或以上温度。杀菌后的物料在保温管保温 42s 后进入 Ⅰ 级和 Ⅱ 级刮板式冷却器，被 18～20℃ 冷却水冷却至 30℃ 左右，然后送入无菌贮罐贮存。由于杀菌温度超过 100℃，需要维持一定的系统压力，因此在物料出

口处安装一个背压阀，升启物料泵后，调节背压阀使系统保持 0.2～0.3MPa 压力。如果物料加热温度低于设定杀菌温度，气动转换阀转换流向，物料经回流管返回物料罐，同时加大进汽量，使物料尽快达到给定杀菌温度。

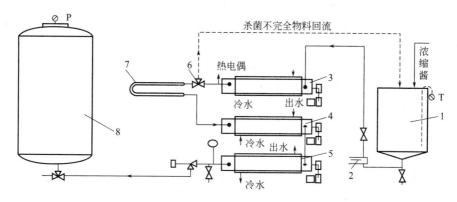

图 3.21　番茄酱无菌大罐贮藏刮板式 UHT 瞬时杀菌装置流程图

1—物料罐；2—定量泵；3—杀菌机；4—Ⅰ级冷却器；

5—Ⅱ级冷却器；6—转换阀；7—保温管；8—无菌贮罐

10. 混合式热交换超高温杀菌

混合式是蒸汽喷射式与管式换热器的组合，图 3.22 是利乐公司混合式杀菌装置流程图，因采用管式换热器可适用于黏度中等及较大的料液。该装置杀菌的工艺过程如下：4℃的牛乳经 3a 和 3c 两段预热至 95℃，在 4a 段稳定蛋白质后再经 3d 段进一步加热，由蒸汽喷射器 5 迅速加热至 140～150℃，然后在保温管 4b 保持数秒后进行冷却。预冷在具有热回收功能的 3e 段完成，再进入闪蒸罐 6 使之温度降至 80℃。闪蒸冷却前设置预冷可提高热量利用率，并减少香味物质的损失。经无菌均质机 8 均质后，再由 3f 段冷却至约 20℃的包装温度，送入无菌贮罐或无菌灌装机。

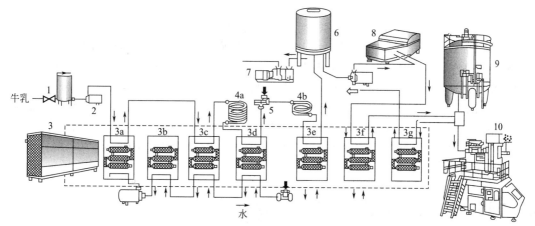

图 3.22　混合式 UHT 杀菌装置流程图

1—平衡槽；2—供液泵；3—管式热交换器（3a—预热段，3b—稳定段，

3c—加热段，3d—最终加热段，3e—冷却段，3f—冷却段，3g—热回收冷却器）；

4a，4b—保温管；5—蒸汽喷射器；6—闪蒸罐；7—真空泵；

8—无菌均质机；9—无菌贮罐；10—无菌灌装机

11. 自由降膜式热交换超高温杀菌

自由降膜式 UHT 瞬时杀菌装置也是一种直接式 UHT 杀菌装置（图3.23），是美国 El-mer S. Davies 在 20 世纪 40 年代发明的，20 世纪 80 年代初开始用于工业化生产各种乳制品，其处理的牛乳品质较其他 UHT 瞬时杀菌装置生产的质量更好。自由降膜式 UHT 瞬时杀菌装置的特点如下：①采用直接加热方式，换热效率高，但需要洁净蒸汽；②加热杀菌过程中原料呈薄膜液流，加热均匀且迅速，加温冷却瞬间完成，产品品质好；③因料液进入时罐内已充满高压蒸汽，故不会对料液产生高温冲击现象；④不会与超过处理温度的金属表面接触，因而无过热引起的焦煮、结垢等问题；⑤缺点是蒸汽混入料液中，后期需要蒸发去除水分，投资大，操作比较难控制。

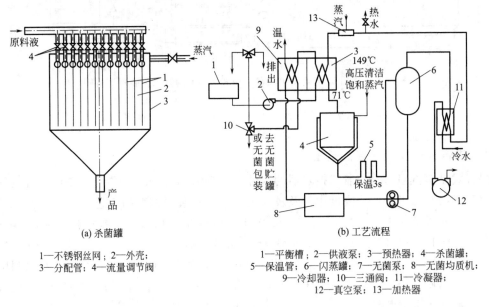

(a) 杀菌罐

1—不锈钢丝网；2—外壳；
3—分配管；4—流量调节阀

(b) 工艺流程

1—平衡槽；2—供液泵；3—预热器；4—杀菌罐；
5—保温管；6—闪蒸罐；7—无菌泵；8—无菌均质机；
9—冷却器；10—三通阀；11—冷凝器；
12—真空泵；13—加热器

图 3.23　自由降膜式 UHT 瞬时杀菌装置及其工艺流程

该装置的工艺过程如下：原料从平衡槽经泵送至预热器内预热到 71℃ 左右，经流量调节阀进入杀菌罐内，杀菌罐内充满 149℃ 左右的高压蒸汽，物料在杀菌罐内沿长约 10cm 的不锈钢网以大约 5mm 厚的薄膜形式从蒸汽中自由降落至底部，整个降落加热过程约 1/3s。此时，物料已吸收一部分水分，在经过保温管保持 3s 后进入闪蒸罐。物料中水分迅速蒸发，从蒸汽中吸收的水分全部汽化，物料温度由 149℃ 降到 71℃ 左右，物料中的水分也恢复到了正常数值。物料由无菌泵抽出，经无菌均质机均质后进入冷却器，最后进入灌装机。闪蒸罐中的二次蒸汽经冷凝器冷凝，不凝性气体被真空泵排出以保持闪蒸罐中一定真空度。全部运行过程均由微机自动控制。

第二节　热杀菌食品包装——罐藏

食品热杀菌保藏的两个核心指标是杀菌的彻底和容器的密封。最先工业化生产并影响人类进程的热杀菌保藏是食品罐藏。作为食品的包装材料，罐藏容器首先必须是无毒无味，其次化学性质稳定，能够与有机酸、蛋白质、盐类等长时间接触而不发生反应，并且密封性能良好。

现代食品罐藏的范畴已经突破了马口铁罐头的形式,凡是达到商业无菌的杀菌强度,包装能够屏蔽杀菌后的外界污染,都属于罐藏。所以马口铁罐、玻璃罐(封盖形式、旋盖形式)、铝塑复合袋、超高温杀菌的纸包装等,都属于罐藏。金属是最常用的制罐材料,常用的有镀锡板、镀铬板和铝合金,非金属材料有玻璃、金属-塑料复合薄膜、陶瓷、金属-塑料复合纸等。

本节主要介绍金属罐的生产工艺。金属罐按其制罐方式可分为三片罐和两片罐,两片罐根据罐径与罐高之比的不同可分为浅冲罐和深冲罐,高径比小于1的为浅冲罐。按罐体形状的不同可分为圆罐、方罐、椭圆罐、梯形罐、马蹄形罐等,除圆罐外的其他罐都称异形罐。

一、制罐材料

1. 镀锡薄钢板

镀锡薄钢板是一种具有金属延展性、表面经过镀锡处理的低碳薄钢板,俗称马口铁,其结构由五层组成(见图 3.24 和表 3.5)。

按照我国 GB/T 2520—2008 的标准,镀锡薄钢板的技术要求如下。

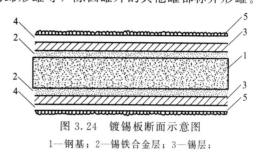

图 3.24 镀锡板断面示意图
1—钢基;2—锡铁合金层;3—锡层;
4—氧化膜;5—油膜

表 3.5 电镀锡薄钢板各层次结构的组成和性能

结构组成	厚度	成分	性能特点
钢基	$0.12\sim0.36$mm	低碳钢	机械加工性能良好,提供罐体强度
铁锡合金层	小于 1g/m²	铁锡合金结晶	提高薄板耐腐蚀性能,过厚会影响加工性能
锡层	$5.6\sim22.4$g/m²	纯锡	美观、无毒、耐腐蚀、易焊
氧化膜	$1\sim3$mg/cm²(单面)	氧化亚锡、氧化锡、氧化铬、金属铬	经钝化处理,具有抗氧化、抗硫和防锈性能
油膜	$2\sim5$mg/m²	癸二酸二辛酯	润滑作用,减少表面机械损伤,并增加耐腐蚀性能

① 镀锡量 镀锡量以镀锡量代号表示,即每平方米镀锡薄钢板上锡的质量(g/m²)。标准的有 1.1/1.1、2.2/2.2、2.8/2.8、5.6/5.6、8.4/8.4、11.2/11.2,称为均厚镀锡量。钢板两面镀锡量不同的,称为差厚镀锡量,如 2.8/5.6、2.8/11.2 等,可采用薄面标识 D 或厚面标示 A 加以区分,如 2.8D/5.6、2.8/11.2A 等。

② 调质度 镀锡薄钢板的机械性能,一般以调质度代号(T)表示,T 值越大,硬度越高。如 T-1 表示洛氏表面硬度 HR30Tm 值 49,T-5 表示 HR30Tm 值 65。

③ 表面状态 表面状态是为了区分镀锡后是否进行锡层软熔处理,表示为粗糙表面、无光表面等。

④ 钝化方式 钢板表面钝化分为化学钝化、电化学钝化、低铬钝化。未作注明的均表示电化学钝化。

⑤ 表面涂油 未作注明的表示涂层是癸二酸二辛酯。

⑥ 表面质量 镀锡薄钢板表面不得有针孔、伤痕、凹坑、皱折、锈蚀等,但允许有轻微的夹杂、刮伤、压痕、油迹等,以不影响使用为度。

⑦ 钢基种类 MR 表示钢基含有微量非金属,适用于大多数食品包装;L 表示其他元素含量低,属于高耐腐蚀钢基;D 表示铝镇静钢,适用于深冲罐的生产。

⑧ 含量 锡原料中锡含量不低于 99.90%,铅不高于 0.01%。

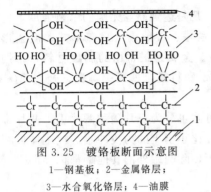

图 3.25 镀铬板断面示意图
1—钢基板；2—金属铬层；
3—水合氧化铬层；4—油膜

2. 镀铬薄钢板

镀铬薄钢板是铬型无锡薄钢板，由钢基板、金属铬层、水合氧化铬层和油膜构成。电镀铬板的生产工艺与电镀锡板的前处理相同，但没有钝化，镀铬后直接涂油。与镀锡板相比，镀铬板具有生产成本低、表面附着力强、涂印效率高、耐硫性好等优点，因此广泛用于杂品罐及瓶盖等（见图 3.25 和表 3.6）。

镀铬板使用时不能焊锡，罐身接缝只能采用黏结或熔接的方法，罐藏容器内外均需涂料。

表 3.6 镀铬薄钢板各层次结构的成分和性能

结构组成	厚度	成分	性能特点
钢基板	0.2~0.3mm	低碳钢	加工性能良好,提供罐体强度
金属铬层	32.3~140mg/m²	金属铬	耐腐蚀,但性能不如锡
水合氧化铬层	7.5~27mg/m²(以铬计)	水合氧化铬	保护金属铬层,有利于印涂
油膜	4.9~9.9mg/m²	癸二酸辛二酯	防锈和润滑

3. 覆膜铁

覆膜铁是无需镀锡而直接将专用的 PP 和 PET 覆贴在薄钢板表面的制罐材料。覆膜工艺是以感应加热的方式将运行的带钢升温至略高于覆膜贴合层的熔点，经紧密、无皱纹压合后再将带钢升温至薄膜熔点，并保持聚合物重结晶温度至少 2s，然后迅速浸入水中退火。另一种低温黏合工艺，其黏合牢度不如高温法。

覆膜铁的结构有罐内壁和外壁之分，用于罐内壁的覆膜包括双层结构，处于外层的薄膜一般需具有较好的机械力学强度，主要起到阻遏屏障作用；处于内层的结构主要保证具有与镀铬板的良好黏附性能和抗腐蚀性能，整个膜层的厚度一般在 $15\sim20\mu m$。用于罐外壁膜的内层需具有良好的黏附性能，耐腐蚀性能不作明确要求；外层应具有良好的机械性能及便于印刷。

覆膜铁除不能实施电阻焊接以制成三片罐外，其材质的一切机械性能与镀锡板等同，而且耐蚀性能优于现行各种罐材，对腐蚀介质渗透的阻隔效果理想，特别适用于番茄酱等产品的生产；防锈、隔热、减震等功能良好，耐深冲的性能突出，并且没有双酚 A 的污染，节约锡资源，在日本、德国等发达国家已经有 70% 左右的制罐材料采用覆膜铁。

4. 铝合金薄板

铝合金薄板是铝、锰、镁等按一定比例配合制成。因具有优异的金属压延性能，容易成型，适于制造扁平冲底罐和深拉冲拔罐；铝合金薄板的重量轻，密度是镀锡板的 1/3；热导率高，有利于罐头杀菌和冷却；耐腐蚀，不生锈。但铝合金罐的价格高，容易变形，对酸、碱、盐含量高的食品腐蚀的抵抗性能差。

5. 玻璃

玻璃罐重量大，易碎，内容物易变色。但玻璃罐的透明性能可增加消费者对商品的信任度，而且化学性能稳定，不会腐蚀，不会与内容物发生反应，罐体可重复使用。

6. 金属-塑料复合薄膜

复合薄膜容器的重量轻，体积小，其空罐体积比镀锡板罐小85％；单位重量的包装材料可容纳较多的食品，1t镀锡板仅能容纳4t食品，而1t蒸煮袋可容纳20～40t食品；热传导快，内容物受热面积大，杀菌时间可缩短1/3～1/2，因此食品品质较好，风味和营养成分损失少；封口简便，开启方便。但复合薄膜价格高，而且不适宜用于块状带骨食品的包装。

7. 罐头涂料

罐头的涂料一般分四种：内壁涂料，外壁涂料，接缝补涂涂料，全喷涂涂料。除了外壁涂料，其他三种都和罐头内容物紧密接触，要求涂料成膜后无毒害，不污染内容物，附着力要好，经一定温度杀菌后，涂膜不软化、脱落、溶解，化学稳定性要好。

各种涂料各有其特性和适用性，常用罐头涂料如下。

① 抗酸涂料　抗酸涂料用于有效抵御罐内酸性腐蚀，环氧酚醛树脂涂料的耐腐蚀性能强，对金属表面具有一定的黏附力，并具有一定的柔韧性和化学稳定性，涂料无异味，能耐焊锡热，适用于一般的含酸、含硫食品，可单独使用。常用的是214环氧酚醛树脂涂料，金黄色。

② 抗硫涂料　酚醛树脂的致密性好，抗硫化氢透过能力强，抗油性能也较好，但涂膜较硬，柔韧性差，可用作抗硫面涂料。环氧酯氧化锌涂料的抗硫作用强，但涂膜较软，不能单独使用，可作为抗硫底涂料。常用的抗硫涂料是214环氧酚醛树脂涂料，即214是抗酸、抗硫两用涂料。

③ 冲拔罐涂料　用于冲拔罐、水产类，金黄色。

④ 脱模（抗粘）涂料　脱模涂料是将环化橡胶溶解后与高熔点合成蜡——亚乙基二硬脂酰胺共同研磨而成，具有良好的滑脱性能。但脱模涂料的抗硫性能较差，只能用作面涂料，用于解决午餐肉等肉糜制品粘罐。淡白色。

⑤ 接缝补涂涂料　接缝涂料因焊接受热破坏，需要补涂。

⑥ 其他专用涂料　如蘑菇510涂料。

8. 罐头密封胶

罐头密封胶固化于罐盖上，在二重卷边时填充于罐身与罐盖间，对保证罐藏容器的密封性能有重要作用。密封胶要求无毒无味，在板材上的附着力强，能够抗热、抗水、抗油、抗氧化，而且可塑性强。我国常用的密封胶是硫化乳胶，由天然乳胶等组成。

二、高频电阻焊罐的生产工艺

1. 高频电阻焊罐罐身的生产工艺流程

选材→剪切→堞片→取片→成圆→接缝搭接→电阻焊接→涨方、压筋→焊缝补涂及固化→扩口→翻边→封口→检漏

罐盖的生产工艺流程：切板→涂油→冲盖和圆边→浇胶→烘干

① 切板　罐身的接缝重叠宽度仅0.3～0.4mm，因此对罐身切板的精度要求很高，切板的长度尺寸误差不得超过0.05mm，切斜公差d要求小于0.6mm/m（d＝板宽切斜误差/板长，为直角度指标），切板切口处露尖部分小于0.025mm，切边的毛刺最大不超过板厚的15％。

罐身板落料长度 $L=\pi(d+t_b)+U$，落料宽度 $H=h+e$

式中　d——圆罐的内径，mm；

　　　t_b——罐身镀锡板的厚度，mm；

　　　U——罐身接缝搭接量，mm；

　　　h——罐身外高，mm；

　　　e——罐身板落料附加系数，mm，一般为3.5mm，有加强筋罐型为4mm。

②　堆片　将切好的薄板放在限位的片堆上。

③　取片　带真空的橡胶吸盘将罐身板平动送入揉铁辊轴进行弯曲，以降低金属板材的内应力，便于成圆。

④　成圆　罐身板通过成圆辊轴，在机械力作用下形成圆筒状。抱圆式成圆是通过两个半圆形抱闸将罐身板抱在圆柱体上定型而成。

⑤　接缝搭接　成圆后的罐身被送入Z形导轨，到达导轨的出口端时达到规定的搭接宽度，罐身被推入电极滚轮进行焊接（图3.26）。

⑥　电阻焊接　罐身经过绕有铜丝的上下两个电极滚轮之间时，因镀锡薄钢板的电阻率远比铜丝高，同时又受到罐身搭接部位镀锡板之间界面电阻的影响，在大电流作用下，搭接部位镀锡板的温度迅速达到1200～1500℃而成塑性状态，并在电极滚轮压力的作用下熔接在一起，冷却后成为牢固的焊接结构（图3.27）。尽管焊接过程瞬间完成，但焊缝处依旧会形成类似淬火的黑色，只有在氮气保护下进行焊接，才能使焊缝保持金属的原色。

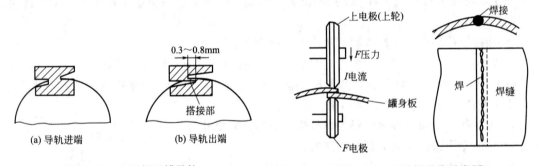

图3.26　电阻焊送罐导轨　　　　　图3.27　电阻焊形成示意图

⑦　涨方、压筋　在电阻焊接后，方罐通过机械模具的冲压而成型，大型罐体通过在罐身部位压制与底盖平行的若干组加强圈，即压筋来加强罐身强度，以承受罐头在杀菌、冷却和运输过程中内外压变化。

⑧　焊缝补涂及固化　镀锡板经高温焊接后，在罐体接缝的内外壁上形成了一条没有保护涂料和镀层的铁带。为了提高焊缝部位的耐腐蚀性，焊接后必须对焊缝作焊缝补涂。罐身内壁用粉末涂料，通过静电把涂料定位在焊缝处，罐身外壁用液体涂料，通过滚轮涂布，然后经过电磁烘干机烘烤固化。

⑨　扩口、翻边　扩口也是方罐形态的需要，通过机械冲压把罐口撑大。翻边是把罐口向外弯曲，形成封口边沿。翻边有旋压翻边和模压翻边两种方式。由于接缝在焊接时经过高温和冷却，焊缝处的金属变硬，采用模压翻边容易产生裂口，因此，采用旋压翻边更为恰当。

⑩　封口、检漏　罐身和罐底现行封口，形成可装填物料的空罐。空罐的密封性通过检漏机在线检验。检漏机是一组与空罐气密性良好的模具，在空罐内鼓入压缩空气，有漏气的

空罐被自动剔除。

罐底、罐盖部分的生产方式是冲盖，是罐盖板经冲床的冲压裁切而制成具有一定规格标准的膨胀圈纹、埋头度和盖边形状的罐盖。再通过圆边机加工，便成为能与罐体钩合的罐盖。注胶工序是通过注胶机把密封胶均匀地浇注或打印在罐盖边缘的沟槽内，然后经干燥除去水分，再进行高温硫化，提高胶膜的理化性能。

2. 影响电阻焊接质量的因素

① 焊接电流　电阻焊的焊缝由间断的焊点（焊核）构成，焊点的大小与电源的电压波形有关，而焊点的间距与电源的频率有关，这两个因素直角影响着焊缝的牢固程度和密封性。

如果采用一般正弦波形的交流电为焊接电源，在焊接时温度随波形而剧烈波动，在峰谷时温度很高，而在 θ 为零附近会产生一定的间隙。采用矩形波电流时，焊点各处的温度基本相同，而且焊点间的间隙可以减小到最低。

焊点距离 $P_t = V_s/(2f)$ （m），式中 V_s 为焊接速度（m/s），f 为电源频率（Hz）。在焊接速度不变的前提下，提高电源频率可以减小焊点距离。

② 焊接速度　焊接速度与电源频率及焊点间距有关，在电极宽度、电极压力不变时，焊接速度 $V_s = 2P_t f$。一般食品罐的 $P_t = 0.6 \sim 1.0$mm，气溶胶罐的 $P_t = 1 \sim 1.2$mm。在保证焊点距离的前提下，要提高焊接速度，必须提高电流频率。

罐身的生产能力 $Q = 1000V_s/(H' + \Delta H)$ （罐/min），式中，V_s 为焊接速度（m/min），H' 为罐身板高度（mm），ΔH 为罐与罐的间隙（mm）。对一般线速度小于 10m/min 的低速电阻焊罐身机，可直接采用 50Hz 的电源；焊接速度在 $15 \sim 20$m/min 的中速焊机，焊接电流频率在 $100 \sim 150$Hz；焊接速度高达 60m/min 的高速焊机，其焊接电流频率为 450Hz。

但是电源的频率不能过高，不然会使涡流损失增大，机件上的感应损失也大，电流功率因素下降，机械效率降低，生产成本上升。焊接速度过高，焊接触点变形不充分，使温度场分布速度滞后，界面接触电阻增大，焊点温升剧烈。又因焊点更迭速度大于热量传导速度，因此容易引起表面烧伤、内外金属飞溅。

③ 焊接压力　焊接压力是指两电极滚轮对罐坯施加的压力。焊接压力影响着界面电阻的大小及熔核的压实程度。界面电阻反比于焊接压力，因此，焊接压力大时，达到熔接温度所需电流也大。但焊接压力过小时焊接质量难以稳定，焊缝可能呈不规则形态。焊接压力与电流的组合必须根据罐体材质、涂层等实际情况而定。

④ 电极铜丝　在焊接过程中，由于电极遭熔化的锡的污染而使电极电导率迅速下降，如果没有铜丝作为中间电极，焊接质量将无法控制。铜丝在与罐体接触后即被切断回收，因此罐体始终能在洁净的电极下焊接。为了与焊接滚轮及罐体接触良好，电极铜丝需压扁成一定规格，并且表面不得有氧化物、油污和杂质等。

⑤ 热传导　焊接电流产生的热量，一部分用于形成焊点，另一部分被扩散到焊点周围的金属中。热量的传导速度同样影响焊接质量。热扩散快的部位需要大一些的电流，但在热扩散速度慢的部位，如用同样的焊接电流，因焊点热量过大，会造成焊接过度，熔化金属被挤出，焊接强度降低。罐体焊接的第一个焊点和最后一个焊点，由于部分热量是向空气扩散，所用焊接电流应减小，约为其他焊点电流的 70%，由时间控制器和电流控制器同步调节。

3. 空罐的卷封和质量要求

封口是罐头生产的核心工艺，也是最容易出现质量缺陷的工序。封罐机有三个主要部件：压头、滚轮、托底板。压头和托底板把罐身固定在特定位置，滚轮实施封口，形成二重卷边。滚轮有头道滚轮和二道滚轮之分，头道滚轮的槽形曲线狭而深，上部圆弧曲率较小，使罐盖边缘容易向下弯曲；下部圆弧曲率较大，使罐盖边缘继续弯曲并逐步向上与罐身翻边钩合。罐身、罐盖经压头和托底板固定后，一对头道滚轮做径向推进，逐渐将盖钩滚压至身钩下，同时盖钩和身钩逐步弯曲，相互钩合，形成二重卷边形态。二道滚轮的槽形曲线宽而浅，便于卷边成型。头道滚轮卷封后离开，由一对二道滚轮进行二次卷边作业。卷边在二道滚轮的推压下，盖钩和身钩进一步弯曲、钩合，最后被压实并定型（见图 3.28）。卷边作业有两种方式：圆罐的卷边一般采用罐身旋转、滚轮径向运动的方式；异形罐采用罐身固定、滚轮绕罐运动的方式。

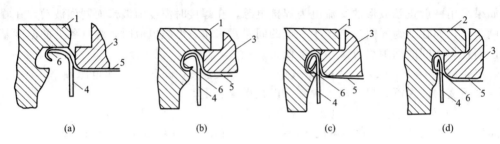

图 3.28　二重卷边卷封作业示意图

（a）（b）（c）第一次卷边作业；（d）第二次卷边作业

1—头道辊轮；2—二道辊轮；3—压头；4—罐身；5—缸盖；6—胶膜

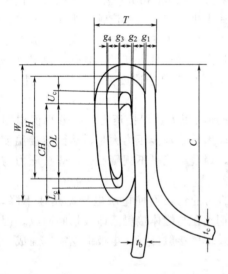

图 3.29　二重卷边结构示意图

T—卷边厚度；W—卷边宽度；C—埋头度；
BH—身钩宽度；CH—盖钩宽度；
OL—叠接长度；U_c—盖钩空隙；
L_c—身钩空隙；g_1、g_2、g_3、
g_4—卷边内部各层间隙；
t_b—罐身镀锡板厚度；
t_c—罐盖镀锡板厚度

卷封形成的结构叫二重卷边，是罐身的翻边部分（身钩）和底盖的钩边（盖钩）部分进行紧密卷合的结果。在二重卷边结构中，盖钩有三层，身钩有二层，卷边缝内衬垫以富有塑性的胶膜（见图 3.29）。卷边厚度 $T = 3t_c + 2t_b + \sum g$；卷边宽度 $W = 2.6t_c + BH + L_c$；埋头度 C 是卷边顶部至罐盖平面高度，$C = W + (0.15 \sim 0.30)$；叠接长度 OL 是卷边内身钩和盖钩重合变化的长度，$OL = BH + CH + 1.1t_c - W$，叠接率 $OL\% = OL/(W - 2.6t_c - 1.1t_b) \times 100\%$。

二重卷边的外观，要求卷边顶部应平服，下缘应光滑，卷边轮廓应卷曲适当，不应成半圆形。不应存在卷边不完全、假卷、起筋、跳封、快口或割裂（图 3.30）等。卷边下缘不应存在密封胶膜挤出等现象。

二重卷边的内部，要求达到 3 个 50%，即紧密度（$TR\%$）、叠接率（$OL\%$）和接缝盖钩完整率（$JR\%$）应都不低于 50%。紧密度是指卷边内部盖钩上平服部分占整个盖钩宽度的百分比，即 $TR\% = 100\% - $ 皱纹度（$WR\%$）。皱纹度增加，罐头渗漏腐败的可能性也增加。罐身缝叠接部位的盖钩容易向

下垂延形成内垂唇（图 3.31），内垂唇度 $ID\% = d/CH \times 100\%$，$JR\% = 1 - ID\%$。焊锡罐的罐身缝叠接部位有 4 层铁皮，电阻焊罐只有 2 层，所以接缝盖钩完整率达到 50% 已非难事。

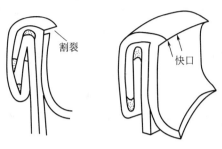

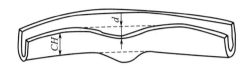

图 3.30　快口、割裂示意图　　　　　　图 3.31　内垂唇示意图

三、实罐生产工艺

实罐生产工艺流程：洗罐→装罐→预封→排气→密封→杀菌→冷却→检测→包装

1. 空罐的清洗

空罐在制造、运输、贮存过程中不可避免地会沾染一些灰尘、油污、微生物及助焊剂的残留。为保证罐头质量，在装罐前必须对空罐进行在线清洗。

2. 装罐

浆状、液状、颗粒状和粉末状物料可用机械装罐，而易软烂的果块、需搭配块片的畜禽肉、需排列整齐的鱼类等固体食品的装罐仍需采用人工装罐。装罐时需要注意以下几点。

① 必须控制一定的顶隙度。顶隙是指罐内食品表面至罐顶盖之间的距离。顶隙大小影响到罐内的真空度、食品容量和排气效果。顶隙过大会影响装罐量，而且杀菌冷却后因罐内压的显著降低，罐身会自行凹陷；若排气不充分，罐内残留的空气较多，将促使罐内壁的腐蚀和产品的氧化变色。顶隙过小，即内容物装得过多，杀菌时因食物膨胀而引起罐底盖凸起变形，进而影响卷边质量，而且在连续回转杀菌时将影响传热效率。有些产品如午餐肉等，为防止因罐内空气的存在而使产品表面油脂氧化变色，在装罐时基本不留顶隙。趁热装罐（80℃以上）的果酱等浓稠食品也无需留有顶隙。

② 按照产品规定的称量或容量要求定量装罐，有固形物量要求的，则应注意固形物与汤汁的比例。

③ 同一罐内产品质量应基本一致，如果蔬块形、大小、色泽、成熟度的均匀，水产品和禽类的部位搭配。

④ 注意装罐温度，趁热装罐，及时密封以缩短杀菌时间。但大型罐（3kg 以上）的装罐温度不宜过高，否则在杀菌冷却后容易瘪听。

⑤ 罐口不得受食物碎块、油脂、汤汁等污染，以保证封罐质量。严格禁止杂物混入罐内。

3. 预封

预封是用滚轮将罐盖盖钩卷到身钩下，使罐盖能沿罐身筒自由旋转而不能脱开。预封可以防止因顶隙在排气后降温过速而影响罐内真空度、排气时的过度加热和防止罐内汤汁在排气过程中暴沸溢出、罐盖脱落。

4. 排气

排气是利用外力驱除罐头顶隙及内容物中的部分气体，从而在密封后使罐内形成部分真空的过程。排气可以抑制罐内残存的需氧微生物的生长。经商业杀菌的罐头食品中仍有相当部分有活菌检出，其中以好氧性芽孢菌为最多，将这些细菌分离后在罐外培养，仍能使蛋白质腐败变质，但它们在罐头中都不能发育生长。排气在杀菌冷却后，罐内可以形成一定的真空度，减小内容物风味、色泽的变化，减轻维生素的破坏，并且是控制需氧微生物生长的重要措施。排气不充分的罐头，特别是带骨产品，在受热后产生的罐内超压，会使罐底盖的膨胀超过其膨胀圈的弹性极限，从而使罐头永久变形，造成假胖听，甚至破坏二重卷边结构。所以排气还是防止在高温杀菌时因罐内空气、水蒸气和内容物膨胀而引起罐头变形、爆裂的重要措施。

罐头的排气方法有热力排气法、真空封罐排气法和蒸汽喷射排气法三种。

① 热力排气法　热力排气是利用物料和空气受热膨胀及食品受热产生水蒸气，以排除罐内空气的方法。罐头冷却后罐内内容物的收缩和水蒸气的冷凝是热力排气后能形成真空的主要原因。热力排气有热装罐法和加热排气法。

热装罐法是将食品加热到一定温度后趁热装罐并迅速密封的方法。这种方法只适应于液态或酱状食品，物料温度应为 $70 \sim 75$ ℃；有汤汁的食品也可预先把食品装入罐内，另将汤汁加热到 90℃后加入并趁热封罐。加热排气法是在食品装罐并预封后送入排气箱内，经一定时间加热，使食品中心温度达到 $70 \sim 90$ ℃，食品内部的气体充分外逸后封罐。对于空气含量低的食品，加热排气主要是顶隙中的空气，因此封罐温度是关键因素；对空气含量高的食品，在达到预定排气温度后还要适当延长排气时间，使存在于食品组织中的气体有充分的时间外逸。影响热力排气效果的因素有加热温度、时间和罐内顶隙。

② 真空封罐排气法　真空封罐排气法是利用密封室内的真空度，使罐内空气外逸后在真空环境中封罐。这种方法可使罐内真空度达到 $33.3 \sim 40$ kPa。罐头在真空室内的时间很短，只能排出顶隙内的空气和物料中的部分气体，对于肉类、鱼类和部分果蔬等一类汤汁少、空气含量高的罐头，真空封罐排气的效果良好。若食品组织中空气量较多，在真空度较高的环境下，细胞中气体膨胀，引起食品体积扩大，导致罐内汁液逸出，造成净重不足，这种现象为"真空膨胀"，膨胀程度以膨胀系数即膨胀后果实体积增量的百分比表示。

"真空吸收"是真空排气中的另一种现象，即真空封罐的罐头静置 $20 \sim 30$ min 后，罐内真空度有所下降。真空吸收系数是罐内真空度下降后的值对下降前的比值的百分数。真空吸收的原因是真空排气的时间较短，细胞间隙内的空气未能及时排除，在封罐后逐渐逸出，使罐内真空度下降。

真空膨胀系数、真空吸收系数较高的罐头在排气时需要辅以加热，大部分真空吸收高的水果应以热力排气为主，真空排气为辅。罐内真空度的大小取决于封罐机内的真空度和食品的温度，可表示为：

$$W = W' + P'_{蒸} - P''_{蒸}$$

式中　W——罐头密封并杀菌冷却后的真空度；

$\quad\ W'$——罐头密封时，封罐室内的真空度；

$\quad\ P'_{蒸}$——真空密封时相对于食品温度的水蒸气分压；

$\quad\ P''_{蒸}$——实测真空度时食品温度对应的水蒸气分压。

一般来说，真空室内真空度越高，食品的温度越高，封罐冷却后罐内真空度也越高，但因水的沸点是压力的函数，在一定的温度下，真空度过低，食品会暴溢；同样在真空度一定时，食品温度过高也会导致暴溢，二者的关系应为：$P'_{蒸} + W' \leqslant B$（当地大气压）。

真空封罐时顶隙值大小十分重要，不留顶隙的罐头很难获得真空度。影响罐头真空度的因素包括封罐室的真空度、食品装罐温度、食品含气特性及顶隙度。

③ 蒸汽喷射排气法　蒸汽喷射排气法是在罐头密封前，向其顶隙部分喷射蒸汽，以取代顶隙中的空气，在密封后利用顶隙部分蒸汽的冷凝而获得真空。蒸汽喷射排气时食品温度变化不大，无法驱除细胞内和细胞间隙中的气体，因此蒸汽喷射排气法不使用于含气量较多的食品，而较适用于酱类和含汤汁的食品。对于含气量大而又有汤汁的水果罐头，可在汤汁注入前先进行真空脱气，以排除果体内的空气，然后在释放真空的同时注入汤汁到预定高度。此外，食品的初温对罐头真空度也有较大影响。

蒸汽喷射排气法的操作中需要注意两个因素：其一是为了防止空气重新进入罐内，在罐身和罐盖结合处的周围必须维持一个大气压的蒸汽，直至完成封罐；其二是必须控制适当的顶隙。顶隙大小是蒸汽喷射排气最主要的影响因素，按照经验，应控制在8mm左右。

5. 密封

罐头的密封是防止食品遭受二次污染而能长期保藏的重要保证。无论何种材料或形状的容器，如果不能使食品与外界彻底隔绝，都不能防止食品的腐败。因此，密封是罐头食品生产中的重要工序。密封方法和要求与空罐卷封相同。

6. 杀菌

罐头食品的传热方式有导热、对流、导热-对流结合型三种。导热型的罐头是依靠物体间的接触进行热量传递，在加热和冷却过程中，物料间出现温度梯度，热传导最慢的一点往往是罐头的几何中心，此点称为冷点。对流型传热食品受热后膨胀而上升，在罐内形成循环流动，物体间的温差很小，传热速度快，所需加热或冷却时间短。对流传热罐头的冷点在罐头轴上离罐底20~40mm的部位（图3.32）。导热-对流结合型传热往往是导热和对流同时存在或者先后存在。如苹果沙司等有较多沉积固体的罐头食品，其加热初期为导热传热，在加热后流体的对流加速，当对流力量达到足以使固体悬浮于液体中循环流动，传热方式转为对流传热。三种传热方式的加热曲线见图3.33~图3.35。

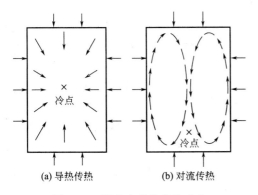

图 3.32　罐头食品传热的冷点

(a) 导热传热　　(b) 对流传热

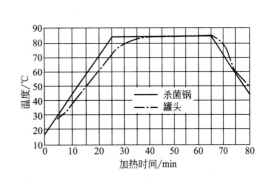

图 3.33　樱桃汁加热曲线

对罐型而言，小罐比大罐传热快，同容积的罐头，高径比小的罐头传热快。罐头食品的初温是指杀菌开始时罐内食品的中心温度。初温对导热型罐头食品加热时间的影响很大。具体注意事项参见本章第一节"3.影响食品杀菌效果的因素"部分。

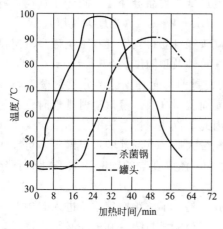

图 3.34　苹果沙司加热曲线

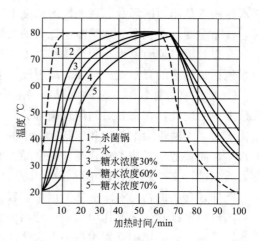

图 3.35　果酱加热曲线

杀菌强度的设定、食品原料组成对杀菌效果的影响等，这些因素要组合考虑，最终通过实验，根据实际效果确定杀菌公式。在 pH 大于 4.6 的低酸食品罐头中，对公共卫生安全构成危害的主要是肉毒杆菌，这是食品致病菌中耐热性最强的细菌，所以对低酸食品杀菌规程，必须足以杀死肉毒杆菌的营养体及芽孢。为了安全，实际采用梭状芽孢杆菌 3679（简称 P.A.3 6 7 9）为对象菌，因其生理生化和营养学特性、种族特征及培养方法均与肉毒杆菌（A 型）相似，Z 值相同（约 10℃），芽孢的耐热性比肉毒杆菌大 3～8 倍，重要的是此种菌不产生毒素，所以成为国际通用的标准菌。P.A.3 6 7 9 美国菌种保藏中心菌株编号：ATCC 7955。

7. 罐头的冷却

罐头食品杀菌后应迅速冷却，使罐内温度降低到适当值，以防止食品品质下降。例如荔枝、梨、桃等水果罐头受热过久，会发生组织软化、色泽退化、风味下降。蛋白质在高温下容易分解，并与罐壁的金属离子结合成硫化物。酸度高的罐头冷却迟缓会加速罐头内壁腐蚀。嗜热菌芽孢适宜在 43.3～76.7℃环境下活化，因此，罐温应冷却到 38～40℃。冷却温度过低，不利于罐外冷却水的蒸发，容易引起罐壁生锈。虾、蟹类水产罐头的玻璃状结晶（$MgNH_4PO_4 \cdot 6H_2O$）在 30～40℃条件下容易成长，因此，这类罐头需冷却至 30℃以下。

罐头的冷却通常采用水作冷却介质，对于常压沸水杀菌的罐头，一般采用水池冷却法，即在杀菌结束后，先排除锅内蒸汽和热水，再向罐头喷水约 1min，然后取出杀菌篮，置于冷却水池中冷却到 38℃左右。

对于高压蒸汽杀菌和高压水杀菌的罐头，须采用反压冷却法。如果杀菌锅内降压过快而罐头尚未得到冷却，就会造成罐体内外压差过大，使罐身变形、卷边松弛甚至二重卷边撕裂而爆罐。反压冷却是在杀菌结束后，关闭所有的进汽阀和泄汽阀，开启压缩空气阀，使锅内保持规定的反压力。在向锅内喷射冷却水的过程中，锅内压力由于蒸汽的冷凝而急速下降，必须及时补充压缩空气以维持锅内反压力。同时也要注意，罐内压力随罐内温度下降而下降，杀菌锅内反压要同步调整，否则会使罐头过压变形。

8. 罐头的检验

罐头成品在出厂前必须经过检查，确定是否符合商品要求和质量等级。微生物检验采用镜检、培养和罐头保温试验。罐头食品中的微生物如因杀菌不完全或其他原因而有残存时，遇到适当的温度就会繁殖而使食品变质，其中大部分的腐败微生物都会产生气体而使罐头膨胀。保温时间和温度应根据食品的种类和性质（如酸度、液汁量等）而定，一般采用37℃检验普通腐败菌，采用55℃检验耐热菌。酸性食品，并且液汁较多，较易杀菌的食品采用常温检查。如肉类和水产类罐头采用37℃保温7昼夜，糖水果蔬、果汁类罐头采用不低于20℃下常温保藏7昼夜。

外观检验的重点是罐体的二重卷边状态和身缝、焊锡的完整度，罐底盖是否呈内凹状态，以判断罐头的真空度。罐头真空度检验用专业设备检验。感官检验和称量检验需通过开罐进行检验。

第三节　热杀菌食品包装——无菌包装系统

商业化的无菌包装系统有多种，如利乐无菌包装系统、康美包（Combibloc）无菌包装系统、埃卡（Erca）塑料杯无菌包装系统、芬包（Finn Pak）塑料袋无菌包装设备、塑料瓶无菌包装设备等，现举例介绍如下：

一、康美包无菌包装系统

德国PKL包装公司的康美包属于开放式无菌包装系统，使用预制的纸盒为包装材料，除了应用于牛奶、果汁无菌包装外，还可用于糊状食品和含颗粒流质食品的无菌包装。康美包的特点是纸盒纵向密封采用特别的折叠方法，产品不会接触到板缘，可以受到全面保护；包装系统可在不干扰生产的情况下变换包装容量，而且几乎没有包装材料的浪费。

康美包的成形-充填-封口装置系统是开放系统，其无菌区域为从容器灭菌到装填后密封这一段空间，其优点是在生产过程中，在同一台机器上更换容量不同的包装材料，甚至是机器暂停生产时都不会影响机器内无菌状况，包装材料的损耗率很低，无菌段的性能设计要求更高。在机器开工之前，无菌区采用双氧水蒸气和热空气进行灭菌，在正常运转期间，无菌区内采用特殊设计的与空气净化系统相连的无菌空气分布系统，并使无菌空气流动尽可能呈层流状态，并始终处于正压状态。如果发生故障，在重新开始生产前必须重新对机器进行灭菌。

康美包无菌包装机的装填装置采用正位移泵，可装填最大粒径为20mm、黏度在80～1000Pa·s、颗粒含量最高达50%的液体物料。装填部件配备有带搅拌器的缓冲槽，能防止颗粒与液体的分离。纸盒顶部采用超声波封口，20kHz的超声波能将纸板上的塑料直接加热并黏合，封口操作时间约0.1s。由于超声波可以穿过小颗粒或纤维，因此在封口部位即便溅有小颗粒也能得到完整的封口。

康美包无菌包装系统结构和操作过程见图3.36。

① 盒坯输送台。各种规格盒坯放在输送台上，依次输送到定型轮旁。

② 张开盒坯。盒坯被一活动吸盘吸住和拉开，成为无底、无盖的长方形盒，随后推送至定型转轮支座上。

③ 盒底加热。两道热空气喷嘴伸入已张开的无底长方形盒内，使盒底四壁塑料面受热熔化。

④ 底部折叠。当定型转轮转到该处时，开口的纸盒即被折叠器纵横两向折压而产生折纹。

⑤ 底部密封。在封底器的压力下将盒底封闭。由于定型轮支座顶端凹陷，故封口后盒底也呈微凹状，这样可使纸盒装满产品后能平稳直立而不易翻倒。

⑥ 链式输送带。已封底的空盒被定型转轮推出，并被链式输送带扣住前移。

⑦ 顶部折纹。空盒顶部在此处被另一折叠器由顶向下折,以备最后封口之用。

⑧ 产品充填时的无菌区 (图 3.36 中未标序号)。无菌区内充满常温无菌、正压的空气流,可避免外部空气侵入。在无菌区内进行空盒杀菌、物料充填、封盒顶和冷却。

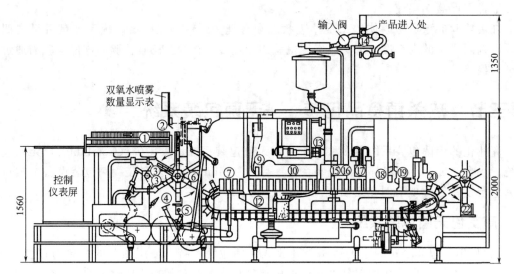

图 3.36　康美包无菌包装机的结构和操作过程 (单位:mm)

⑨ H_2O_2 喷雾。开顶的纸盒内壁受到 H_2O_2 喷雾消毒,喷雾量严格控制并在显示屏上显示。

⑩ 干燥带。空盒受到连续的热空气吹入,增加了 H_2O_2 杀菌效果,盒体也被干燥,双氧水残留量小于 0.5×10^{-6}。

⑪ 空气加热器 (图 3.36 中未标序号)。空气被过滤并加热到 200℃,成为无菌热空气。

⑫ H_2O_2 和热空气排放罩。

⑬ 灌装台。在无菌空气下定量充填无菌产品,灌装容量可根据容器容量调节。由于使用预成型纸盒,不可能在液面下封口,为了使顶隙尽可能地小,可使用蒸汽喷射与超声波密封相结合的方法消泡,必要时可使用合适的消泡剂。如果产品中含有块状物,需要有可摇动性,封口时就应留有适量顶隙,并充以氮气等惰性气体。

⑭ 阀门组件。控制产品、清洗液和蒸汽的流动。

⑮ 去沫器。若灌装时有泡沫产生,去沫器可将其吸除并送往另一贮槽。

⑯ 吹液器。灌装时如有产品溅到待封口的盒顶四壁上,吹液器即将其吹除以保证盒顶封口密闭。

⑰ 盒顶部加热熔化。向盒顶部封口部分吹高热空气,使纸盒表面的塑料熔化。

⑱ 盒顶密封。先使盒顶部分折叠,再用灼热的封口钳热封。

⑲ 打印日期。

⑳ 盒顶第二次封口。确保封口密封。

㉑、㉒ 传送轮和传送带。将包装产品送出机外。

康美包无菌包装系统在设计上有一些独到的特点,例如,更换纸盒包装容量的设备调节过程在 2min 内就可完成,设备的应用灵活性极大;其次,对无菌区的设计优良,只要该区域处于工作状态,即便长期停机也无需重新清洗无菌区;第三,可灌装带颗粒、有黏性的物料;第四,纸盒底部采用专利的密封方式,平整无折纹,能防止沉淀淤积底部;第五,封口顶隙可调,适于包装带颗粒产品;第六,纸盒在纸厂生产,边角坚挺,盒体硬度大,能适应大容量包装；第七，设备维修简便，运行可靠，组合灵活。其缺点是包装材料的贮存和运输占用的空间大，纸盒成本较高。

二、芬包塑料袋无菌包装设备

塑料袋无菌包装设备有芬兰 Elecster 公司的芬包、加拿大 Du Potn 公司的百利包（Pre Pak）等，两者都为立式制袋充填包装机。塑料袋无菌包装的包装材料也要求采用有 PVDC 或 EVOH 高阻隔层的复合塑料膜或铝塑复合膜，以取得较长的货架期；芬包采用外层白色、内层黑色的 LDPE 黑白复合膜，无菌奶包装在常温下的货架期可达 3 个月，若采用铝塑复合膜则货架期可达 6 个月。

1. 芬包无菌包装过程

芬包塑料袋无菌包装系统包括电阻式 UHT 杀菌设备、两台 FPS-2000LL 无菌包装机、空气过滤杀菌器和 CIP 清洗设备，主要用于包装牛奶、饮料等流质食品，包装容量有 $0.2\sim$ $0.5L$ 和 $0.6\sim1L$ 两种规格。图 3.37 是 FPS-2000LL 塑料袋无菌包装机的结构，属立式自动

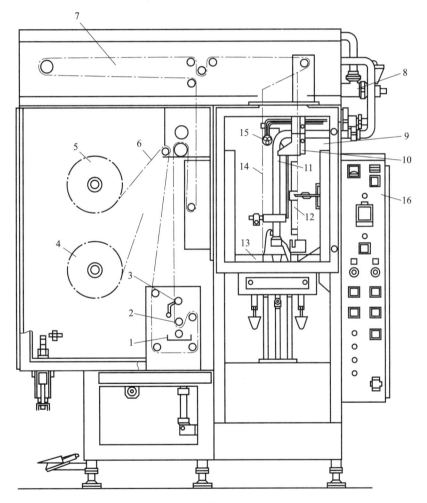

图 3.37　FPS-2000LL 塑料袋无菌包装机的结构

1—H_2O_2 浴槽；2—导向辊；3—H_2O_2 刮除辊；4—备用薄膜卷；5—薄膜卷；6—包装薄膜；7—紫外灯室；

8—定量灌装泵；9—无菌腔；10—三角形折叠器；11—物料灌装管；12—纵缝热封器；13—横缝热封和

切断器；14—薄膜筒；15—无菌空气喷管；16—控制箱

成型-充填-密封包装机类型。机器的工作过程为：包装薄膜 6 从膜卷经过 H_2O_2 浴槽 1，受到 1%浓度 H_2O_2 的杀菌，经 H_2O_2 刮除辊 3 除去游离 H_2O_2 后进入机器上部的紫外灯室 7 进行复合杀菌；灭菌薄膜进入薄膜成型、充填、热封无菌腔 9，薄膜由三角形折叠器 10 折叠成薄膜筒 14，由纵缝热封器 12 密封成筒；充填管将灭菌物料充入后，横缝热封和切断器 13 将充满物料的薄膜筒横向热封并切断成单个包装袋。

2. 包装薄膜的杀菌

包装薄膜采用 H_2O_2 和紫外线复合杀菌方式，包装薄膜先经 1%的 H_2O_2 液浸浴杀菌，再进入包装机上部的紫外灯照射室杀菌，在薄膜上端纵向安装有五根 40W 的紫外灯管，在薄膜下端横向安装有 13 根 15W 的紫外灯管，包装薄膜在上、下紫外灯管间行进，受到紫外线的强烈照射杀菌，在此期间紫外灯室保持 0.15～0.2MPa 正压无菌。

3. 机器的预杀菌

包装机的物料管道、阀门和充填部件由电阻式 UHT 加热器提供 0.4MPa 压力（约 130℃）过热水循环杀菌，设备表面温度升到 120℃后保持 20min，达到灭菌要求；包装机的紫外灯室、无菌空气管和无菌腔内用 0.15MPa 的高温蒸汽杀菌 20min。由于紫外灯室和无菌腔是不封闭的，在生产前要保持这两个区域的无菌空气正压。

第四章 食品冷杀菌保藏

冷杀菌或非热杀菌，是利用物理、化学或生物的方法，使食品不升温或升温不高的杀菌方法。冷杀菌有利于保持食品中的生理活性物质，对风味的影响较小。多种冷杀菌技术在实验室规模比较成熟，产业化的尚不多。已经产业化的冷杀菌技术主要是超高压杀菌和辐照杀菌，其中辐照杀菌的加工能力很大。

第一节 食品超高压杀菌

超高压杀菌是在特定的装置内对食品施以 200MPa 以上的静水压并保持一定的时间，生物物质的高分子立体结构中非共价键结合发生变化而导致酶失活、微生物死亡。超高压处理只有物理变化，没有化学变化，不会产生副产物，食品中的某些蛋白质、高分子物质、纤维素、风味物质、维生素、色素等也不受或很少受影响。

一、超高压对微生物的影响

高压会使细胞变形。细胞内含液泡、气泡和原生质，在高压下会发生变形。细胞内的气体空泡在 0.6MPa 下会破裂，大肠杆菌和蕈状芽孢杆菌、弧菌属及气杆菌属中的某种菌在 27～40MPa 压力下变成纤维状的细长形态。弧菌或深海八叠球菌等表现出细胞肥大、细长或分枝状等形态各异的变化。变形虫和草履虫属等原生动物在高压下变成球状。

高压对细胞膜和细胞壁也有影响。在压力作用下，细胞膜的磷脂双层结构被压缩，细胞膜常表现出通透性的变化和氨基酸摄取的受阻。当压力为 20～40MPa 时，细胞壁会发生机械性断裂而松懈，压力为 200MPa 时可致细胞壁破坏而导致微生物细胞死亡。Larson 报告中指出，用 300MPa 高压处理，细菌的革兰氏染色性会由阳性转变为阴性，此结果表明高压与膜系和细胞壁的破坏有关。

高压对细胞内部微观结构也有影响。例如，在 40MPa 压力下，大肠杆菌发生核糖体减少，55MPa 压力下变形阿米巴的高尔基体消失，50～70MPa 压力下梨形四膜虫的微小管和纤毛的基粒小体消失。20～80MPa 压力下大部分微生物运动停止，分裂和增殖被阻。

高压还可能引起蛋白质、核酸等的失活。蛋白质经高压处理后，其离子键、疏水键会因体积的缩小而被切断，从而导致其立体结构崩溃，蛋白质变性。一般来说，100～300MPa 压力下引起的蛋白质变性是可逆的，超过 300MPa 的变性是不可逆的。同样，核酸、脂肪、糖类等都会受到超高压的影响。

高压对微生物代谢也有很大影响。Landan 的研究证明了大肠杆菌的蛋白质合成诱导在 27MPa 下完全被阻，在 68MPa 下翻译停止。100MPa 下 DNA 和 RNA 的合成停止，细胞膜中对渗透压和离子浓度调节有重要作用的 Na^+，K^+-ATP 酶活性开始发生变化。也有报道在高压下酵母停止发酵。表 4.1 列出了高压杀菌的部分例子。

表 4.1　高压处理对部分微生物的作用

序号	微生物种类	处理压力/MPa	处理时间/min	处理温度/℃	处理效果
1	大肠杆菌	290	10	25	大部分杀死
2	大肠杆菌	200	20	−20	灭菌
3	大肠杆菌	300	30	40	灭菌
4	大肠杆菌	400	10	25	灭菌
5	金黄色葡萄球菌	290	10	25	大部分杀死
6	金黄色葡萄球菌	600	10	25	灭菌
7	链球菌	194	10	25	灭菌
8	炭疽杆菌(营养体)	97	10	25	灭菌
9	芽孢杆菌(牛乳中)	500	30	35	大部分杀死
10	铜绿假单胞菌	200	60	40	灭菌
11	黏质沙雷氏菌	578～680	5	20～25	灭菌
12	乳链球菌	340～408	10	20～25	灭菌
13	荧光假单胞菌	204～306	60	20～25	灭菌
14	产气气杆菌	204～306	60	20～25	灭菌
15	枯草杆菌(营养体)	578～680	10	20～25	灭菌
16	短乳杆菌	400	10	25	灭菌
17	巨大芽孢杆菌(芽孢)	300	20	60	灭菌
18	多黏芽孢杆菌(芽孢)	300	20	60	灭菌
19	枯草杆菌(芽孢)	450	20	60	灭菌
20	蜡状芽孢杆菌(芽孢)	600	40	60	灭菌
21	凝结芽孢杆菌(芽孢)	600	40	60	灭菌
22	地衣芽孢杆菌(芽孢)	600	60	60	灭菌
23	巴雷利沙门氏菌	200	20	−20	灭菌
24	醋化醋杆菌	200	20	−20	灭菌
25	副溶血性弧菌	200	20	−20	灭菌
26	乳链球菌	200	20	−20	灭菌

序号	微生物种类	处理压力/MPa	处理时间/min	处理温度/℃	处理效果
27	嗜酸乳杆菌	200	20	−20	灭菌
28	枯草杆菌（芽孢）	200	720	40	灭菌
29	枯草杆菌（芽孢）	200	360	60	灭菌
30	嗜热脂肪芽孢杆菌（芽孢）	200	1440	40	大部分杀死
31	嗜热脂肪芽孢杆菌（芽孢）	200	360	60	灭菌
32	鼠伤寒沙门氏菌	340	30	23	大部分杀死
33	鼠伤寒沙门氏菌	300	10	25	灭菌
34	桑夫顿堡沙门氏菌	272	40	23	大部分杀死
35	胚胎弯曲杆菌	300	10	25	灭菌
36	铜绿假单胞菌	300	10	25	灭菌
37	小肠结肠炎耶尔森氏菌	300	10	25	灭菌
38	藤黄微球菌	600	10	25	灭菌
39	粪链球菌	600	10	25	灭菌
40	菠萝欧文氏菌	300	10	20	灭菌
41	土壤中自然菌丛	168	1440	20	大部分杀死
42	低度发酵酒酵母	200	90	40	灭菌
43	低度发酵酒酵母	400	10	25	灭菌
44	低度发酵酒酵母	550	8	20	大部分杀死
45	贝酵母	300	10	室温	灭菌
46	红酵母	250	3	室温	灭菌
47	异常汉逊酵母	250	5	室温	灭菌
48	白假丝酵母	200	180	40	灭菌
49	产朊假丝酵母	400	10	25	灭菌
50	米曲霉	200	60	40	灭菌
51	泡盛曲霉	400	10	室温	灭菌
52	密丝毛霉	300	10	室温	灭菌
53	噬菌体 T2、T4D、T5	200	5	37	失活

二、影响超高压杀菌的因素

1. 压力大小和加压时间的影响

在一定范围内，压力越高杀菌效果越好。在相同压力下，持压时间越长，杀菌效果在一定程度上有所提高。300MPa 以上压力可杀死细菌、霉菌、酵母菌，而病毒在较低的压力下就失去活性。对于非芽孢类微生物，加压范围为 300～600MPa 时有可能全部致死；对于芽孢类微生物，有的可能在 1000MPa 的压力下存活。但对于耐压芽孢类微生物，300MPa 以下的高压处理能促使芽孢发芽，发芽后芽孢的耐压能力明显降低。图 4.1 枯草杆菌芽孢的加压处理曲线较好地反映了这一状况。

2. 温度对超高压杀菌的影响

温度对超高压灭菌的效果影响很大。由于微生物对温度的敏感性，在低温或高温下，高压对微生物的影响加剧，因此，在低温或高温下对食品进行高压处理具有较常温下处理更好的杀菌效果。

大多数微生物在低温下耐压程度降低，主要是因为压力使得低温下细胞因冰晶析出而破裂程度加剧。蛋白质在低温下对高压敏感性提高，人们发现低温下菌体细胞膜的结构也更易损伤。低温高压杀菌处理对保持食品品质，尤其是减少热敏性成分的破坏较为有利。高桥观二朗等对包括芽孢菌、常见致病菌在内的 16 种微生物的低温高压杀菌研究显示，除了芽孢菌和金黄色葡萄球菌外，大多数微生物在 −20℃ 下的高压杀菌效果较 20℃ 下的好。图 4.2 显示了酵母菌在不同温度下的高压杀菌效果。

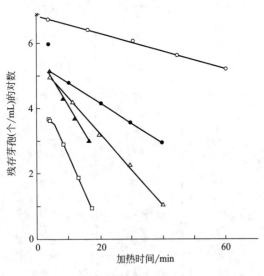

图 4.1　100℃时枯草杆菌芽孢在不同
压力下的致死曲线

○ 0.1MPa；● 100MPa；△ 200MPa；

▲ 300MPa；□ 400MPa；× 初始芽孢数

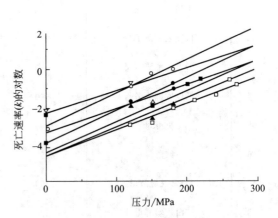

图 4.2　不同温度下酵母菌死亡速率-
压力曲线关系

□ −20℃；▽ 50℃；■ 40℃；● −10℃；

△ 0℃；▲ 5℃；□ 25℃；

3. pH 对超高压杀菌的影响

每种微生物都有适应其生长的 pH 值范围，在压力作用下，介质的 pH 值会影响微生物的生命活性。高压会改变介质的 pH，例如，在 68MPa 下，中性磷酸盐缓冲液的 pH 值将低

0.4 个单位。此外，压力可能会影响微生物对 pH 的敏感性，例如，在 0.11MPa 下，粪链球菌在 pH9.5 时生长受抑制；而在 40MPa 下，pH9.0 即可使其生长受抑制。Kanjiro Takahashi 研究溶液中大肠杆菌、金黄色葡萄球菌、啤酒酵母的高压灭菌效果，发现常温下高压处理时，pH 7.0 时的灭菌效果最差，而低温下 pH 值高低对灭菌效果无影响。在 pH4.6 以下，嗜热脂肪芽孢杆菌菌体数量一直随压力提高而下降，而且酸度越高，菌体存活率越低；在 pH3.6 下经 200MPa 加压可使菌体数量减少 5 个数量级，而在中性酸度下只能降低 2 个数量级（图 4.3）。

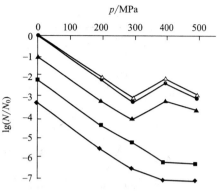

图 4.3　pH 值与高压对嗜热脂肪芽孢杆菌的协同关系曲线

◆ pH3.6；■ pH4.6；▲ pH5.6；
△ pH6.6；● pH7.6；

4. 微生物的种类和生长阶段对超高压杀菌的影响

革兰氏阳性菌比革兰氏阴性菌对压力更具抗性，革兰氏阴性菌的细胞膜结构更复杂，易受压力等环境条件的影响而发生结构的变化。许多非芽孢类的细菌在 100MPa 以上都失去活性，但芽孢类细菌则可在高达 1200MPa 的压力下存活。革兰氏阴性菌中的芽孢杆菌属和梭状芽孢杆菌属的芽孢最为耐压，杀灭芽孢需更高的压力并结合其他处理方式。许多研究表明，微生物在其生长期，尤其是对数生长早期对压力更敏感。例如，对大肠杆菌在 100MPa 下杀菌，40℃时需要 12h，在 30℃需 36h，在 20℃需要 124h，因为大肠杆菌的最适生长温度在 37～42℃，在生长期进行高压杀菌所需时间短，杀菌效率高。

5. 食品成分对超高压杀菌的影响

食品成分对高压杀菌的影响情况非常复杂。一般在食品含高盐高糖时，其杀菌速率均有减慢趋势，这大概与微生物的高耐压性有关，糖和盐的浓度愈高，微生物的致死率越低（图 4.4）。富含蛋白质、油脂的食品高压杀菌较困难，但添加适量的脂肪酸酯、糖脂及乙醇后，加压杀菌的效果会增强。蛋白质、脂类、糖类对微生物有缓冲保护作用，而且这些营养物质加速了微生物的繁殖和自我修复功能。食品基质含有的添加剂组分对超高压灭菌影响也很大。G. O. Adegoke 研究了高压和植物油（单萜）对啤酒酵母的联合作用，在常压下 $600\mu g/mL$ 单萜对啤酒酵母无效果；但在 180MPa 的压力下，$600\mu g/mL$ 的单萜能使啤酒酵母抑制 3 个数量级。有些食品在高压杀菌时可考虑使用天然抑菌剂，其协同效应可使处理压力降低。

6. 水分活度对超高压杀菌的影响

水分活度对杀菌效果有明显影响作用，当水分活度为 0.96 时，在 30℃下用 400MPa 处理 15min，可使红酵母细胞减少 6 个数量级；而当水分活度降至 0.94，酵母灭活不足 2 个数量级；当水分活度低于 0.91，几乎没有灭活发生。A_w 为 0.92～0.88 时，基质对微生物已有明显保护作用。控制 A_w 无疑是超高压杀菌的重要环节。

7. 加压方式对超高压杀菌的影响

超高压灭菌有连续式和间歇式，一般情况下间歇式杀菌效果要好一些。第一次加压会引起芽孢菌发芽而成为营养细胞，降低了细胞的耐压能力，因此对于易受芽孢菌污染的食物，用超高压多次短时处理杀灭芽孢菌效果较好。

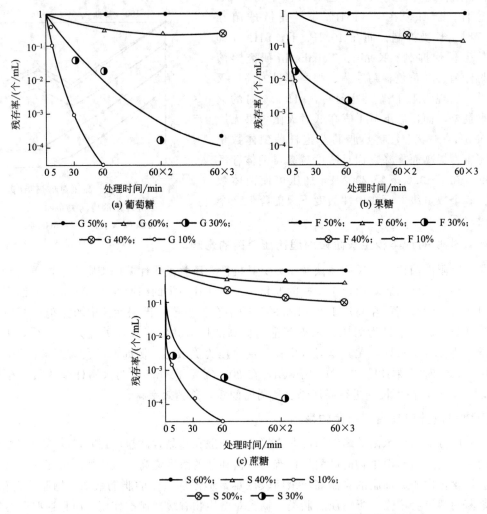

图 4.4　糖浓度对超高压杀菌的影响（500MPa、25℃，蜡状芽孢杆菌）

三、超高压对食品中营养成分的影响

1. 超高压对蛋白质的影响

　　超高压通过压缩蛋白质分子体积，改变蛋白质分子的非共价键，引起蛋白质解聚、分子结构伸展等变化。在超高压作用下蛋白质分子被压缩，形成氢键的原子间距离减小，导致氢键作用增强；同时，水分子进入蛋白质分子内部，增强了蛋白质的水合作用，致使分子内与分子间疏水相互作用减弱。在结构方面，低于 8GPa 的压力不会改变蛋白质分子的一级结构；由于超高压对氢键具有稳定作用，因此需要较高的压力（600MPa）才能改变蛋白质的二级结构；蛋白质的三级和四级结构受压力的影响较大，有报道不同的蛋白质在 150～600MPa 压力下都观察到三级结构的变化而引起的变性；四级结构对压力最为敏感，50～300MPa 的压力能导致大多数寡聚蛋白质解聚。

　　超高压对蛋白质分子结构和活性的影响机制尚不完全明确，小分子物质的存在同样会影响超高压对蛋白质的作用。一般在 100～200MPa 压力下，蛋白质的活性、分子间结合力和构象等变化是可逆的，而当压力超过 300MPa 时蛋白质的变化可能是不可逆的。梁燕等报道了草鱼鱼糜的凝胶在 400MPa 压力以上时，质构指标如凝胶强度、弹性、内聚性、回复性均显著高于热处理样品，且形成的凝胶质地致密均匀，说明蛋白质的高级结构发生了明显变化。

2. 超高压对淀粉及糖类的影响

高压对淀粉的糊化特性会产生影响。淀粉的糊化是因为其分子内氢键断裂，分子伸展而与水分子间形成氢键，一般把偏光十字消失的温度称为糊化温度。在 400MPa 以上压力处理后，淀粉糊化性能有明显改变，压力越高、加压时间越长，糊化温度越低。在 400～600MPa 压力下，淀粉在常温下便糊化，同时吸水量也发生变化（见图 4.5）。有报道认为淀粉中的含水量是影响高压作用的关键因素。对蜂蜜进行高压杀菌处理结果显示，在微生物致死的情况下，对糖类几乎没有影响。对甜菜的超高压处理，甜菜果胶结构在 450MPa 加压处理 30min 后，果胶分子质量从 5.88×10^5 Da 降至 2.25×10^5 Da。

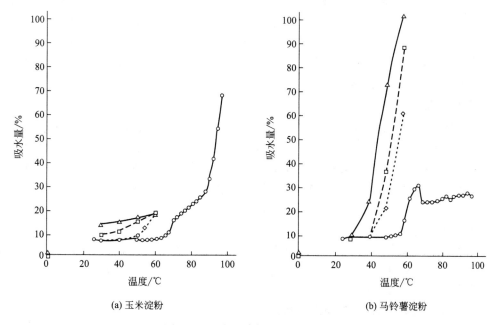

(a) 玉米淀粉　　　　　　　　　　　(b) 马铃薯淀粉

图 4.5　压力对淀粉吸水量的影响

○ 0.1MPa；◇ 400MPa；□ 500MPa；△ 600MPa；

3. 超高压对油脂的影响

高压对油脂的影响是可逆的。油脂类耐压程度低，常温下加压到 100～200MPa 便基本上变成固体，但解除压力后固体仍能恢复到原状。Wong（1987）利用拉曼红外光谱仪研究了很多种脂类状态的变化，发现压力每升高 100MPa，主要临界温度提高 20℃，且呈直线关系。高压处理对油脂的氧化有一定的影响。1992 年 Ohshima 用 200～600MPa 的压力处理鳕鱼肉 15～30min，发现浸提出的鱼油的过氧化值随压力的增加和时间的延长而增加。当把去脂沙丁鱼肉和沙丁鱼鱼油混合物用 108MPa 的压力处理 30～60min 后贮存在 5℃ 条件下，贮存期间过氧化值和 TBA（硫巴比妥酸）值比未处理对照组高。但如果只处理鱼油，即使是 500MPa 以上的压力对其脂肪的氧化程度的影响也不大。已有证据证明纯鱼油自动氧化对高压处理的反应是较稳定的，在有肌肉存在的情况下压力处理后油脂氧化作用加强。另外，鱼肉中的脂酶在 200MPa 或 200MPa 以上的压力下失活。

4. 超高压对食品中其他成分的影响

高压对食品中风味物质、维生素、色素及各种小分子物质的天然结构几乎没有影响。例如，在生产草莓果酱时可保持原果的特有风味、色泽及营养。在柑橘类果汁的生产中，加压处理不仅不影响其营养价值和感官质量，而且可以避免加热异味产生，同时还可抑制榨汁后果汁中苦味物质的生成，使果汁具有原果风味。袁龙等用 350MPa、保压时间 15min、温度 25℃处理软包装水煮笋，在达到杀菌要求的前提下维生素 C 保留率为 82.2%，而高压蒸汽灭菌维生素 C 保留率仅为 30.7%。

四、超高压技术处理食品的特点

超高压技术进行食品加工具有的独特之处在于它不会使食品的温度升高，而只是作用于非共价键，共价键基本不被破坏，所以对食品原有的色、香、味及营养成分影响较小。在食品加工过程中，新鲜食品或发酵食品由于自身酶的存在，产生变色、变味、变质，使其品质受到很大影响，这些酶如过氧化氢酶、多酚氧化酶、果胶甲基酯酶、脂肪氧化酶、纤维素酶等，作为食品品质酶，通过超高压处理能够被激活或灭活，有利于食品品质的改善。超高压处理可防止微生物对食品的污染，延长食品的保藏时间和味道鲜美的时间。超高压食品加工技术与传统加热处理食品比较其优点如下。

1. 营养价值高

超高压处理只对生物高分子物质立体结构中非共价键结合产生影响，因此对食品中维生素等营养成分和风味物质没有任何影响，最大限度地保持了其原有的营养成分，并容易被人体消化吸收。Muelenaere 和 Harper 曾经报告，在一般的加热处理或热力杀菌后，食品中维生素 C 的保留率不到 40%，即使挤压加工过程也只有大约 70% 的维生素 C 被保留，而超高压食品加工是在常温或较低温度下进行的，对维生素 C 的保留率可高达 96% 以上，从而将营养成分的损失程度降到最低。

通过对超高压处理的豆浆凝胶特性的研究发现，高压处理会使豆浆中蛋白质颗粒解聚变小，从而更便于人体的消化吸收。超高压处理的草莓酱可保留 95% 的氨基酸，在口感和风味上明显超过加热处理的果酱。

2. 产生新的组织结构，不会产生异味

超高压食品能更好地保持食品的自然风味，感官特性有了较大的改善，可以改变食品物质性质，改善食品高分子物质的构象，获得新型物性的食品，如作用于肉类和水产品，提高了肉制品的嫩度和风味；作用于原料乳，有利于干酪的成熟和干酪的最终风味，还可使干酪的产量增加。

超高压处理是液体介质短时间内等同压缩过程，压力可以在瞬间传到食品的中心，压力传递均匀，处理均一性好，从而使食品灭菌达到均匀、瞬时、高效，且比加热法耗能低，运转费用也低。

3. 经过超高压处理的食品无"回生"现象

食品中的淀粉糊化后在保存期内会慢慢失水，发生 α-淀粉 β 化，即淀粉回生或称淀粉老化。超高压处理后食品中的淀粉属于压致糊化，不存在热致糊化后的回生现象。

4. 超高压食品加工技术适用范围广

超高压技术不仅被应用于各种食品的杀菌，而且在植物蛋白的组织化、淀粉的糊化、肉

类品质的改善、动物蛋白的变性处理、乳产品的加工处理以及发酵工业中酒类的催陈等领域均已有了成功而广泛的应用。超高压处理过程是一个纯物理过程，瞬间压缩，作用均匀，从原料到产品的生产周期短，生产工艺简洁，污染机会相对减少，无"三废"，产品的卫生水平高。

五、超高压处理装置

1. 超高压杀菌装置的分类

超高压杀菌装置按加压方式分为直接加压方式和间接加压方式两类，图 4.6 为两种加压方式的装置构成示意图。直接加压方式的超高压杀菌装置中，加压容器与加压装置分离，用增压机产生超高压液体，然后通过超高压配管运至超高压容器。间接加压方式超高压杀菌装置的超高压容器与加压液压缸呈上下配置，在加压液压缸向上的冲程运动中，活塞将容器内的压力介质压缩产生超高压。两种加压方式的特点比较见表 4.2。超高压杀菌装置按超高压容器的放置位置分为立式和卧式两种，立式装置的占地面积相对小，但物料的装卸需专门装置；卧式装置的物料进出较为方便，但占地面积较大。

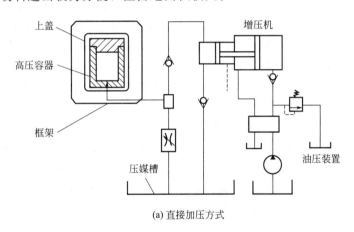

(a) 直接加压方式

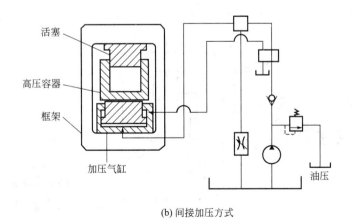

(b) 间接加压方式

图 4.6 直接加压方式和间接加压方式示意图

表 4.2 两种加压方式的特点比较

加压特点	直接加压方式	间接加压方式
适用范围	大容量(生产型)	小容量(研究开发用)
构造	框架内仅有一个压力容器,主体结构紧凑	加压液压缸和超高压容器均在框架内,主体结构庞大
超高压配置	需要超高压配管	不需超高压配管
容器容积	始终为定值	随着压力的升高容积减小
容器内温度变化	减压时温度变化大	升压或减压时温度变化不大
压力的保持	当压力介质的泄漏量小于压缩机的循环量时可保持压力	若压力介质有泄漏,则当活塞推到液压缸顶端时才能加压并保持压力
密封的耐久性	因密封部分固定,几乎无密封件的损耗	密封部位滑动,故有密封件的损耗
维护	需要经常保养维护	保养性能好

2. 超高压杀菌装置的组成

超高压杀菌设备主要由超高压杀菌处理容器、加压装置及其辅助装置构成 (图 4.7)。通常压力容器为圆筒形,材料为高强度不锈钢。为了达到必需的耐压强度,容器的器壁很厚,这使设备相当笨重。改进型超高压容器在容器外部加装线圈强化结构,与单层容器相比,线圈强化结构不但安全可靠,而且使装置轻量化 (图 4.8)。装置的超高压由油压装置产生,直接加压装置需超高压配管,间接加压装置还需加压液压缸。辅助装置主要包括以下几个部分:①恒温装置,为了提高超高压杀菌的作用,可以采用温度与压力共同作用的方式。为了保持一定温度,要求在超高压处理容器外带有一个夹套结构,并通以一定温度的循环水。另外,压力介质也需保持一定温度,因为超高压处理时,压力介质的温度也会因升压或减压而变化,控制温度对食品品质的保持是必要的。②测量仪器,包括热电偶测温计、压力传感器及记录仪,压力和温度等数据可输入计算机进行自动控制。还可设置电视摄像系统,以便直接观察加工过程中食品物料的组织状态及颜色变化情况。③物料的输入输出装置,由输送带、机械手、提升机等构成。

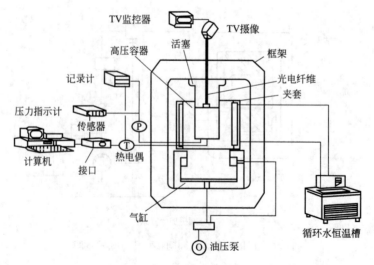

图 4.7 UHP 处理装置示意

图 4.9 是食品用超高压试验机的构造示意图，超高压容器是圆筒形，上部是一可开关的盖子，下部装有活塞，由低压液压缸上下驱动。超高压容器和低压液压缸都固定在座架上，周围是高强度钢板制作的轭式框架。超高压容器的内侧为处理室，里面装满水，通过低压液压缸的压力将活塞推入处理室，液体被压缩后在内部形成超高压。这种内部形成的液体压力能够均匀地向各个方向传递，静水压在瞬间就可以传递到食品内部。活塞的小端（超高压容器一端）和大端（低压液压缸一端）的受压面积比为 1：10，活塞被推入容器时，容器内形成的压力是低压端油压的 10 倍，最高使用压力为 700MPa。超高压容器的表面装有塑料套管，可以利用冷热水循环调节温度。上升到 700MPa 需 1.5min，减压时只需 10s 左右。

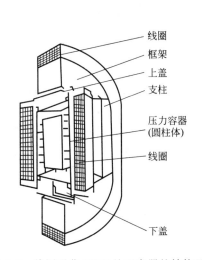

图 4.8　线圈强化 UHP 处理容器的结构示意

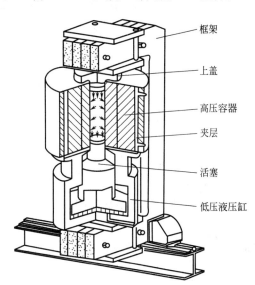

图 4.9　食品用 CIP 装置试验机示意

六、超高压杀菌方式

1. 间歇式超高压杀菌

间歇式超高压可处理液态、固态和不同大小形状的物料，操作与热杀菌处理的程序相似，将经过包装的物料装进杀菌容器，并放入超高压腔体中，在超高压处理之前应排除腔体内的空气。升压到操作压力后恒压保持一定时间，然后卸压完成杀菌。超高压处理包装好的食品时，残留的空气一般不会影响杀菌动力学和杀菌效果，但会增加升压时间。

2. 半连续式超高压杀菌

处理果汁的半连续超高压设备如图 4.10 所示。该装置具有一个带自由活塞的超高压容器，物料通过低压食品泵泵入超高压容器内，高压泵 2 将饮用水注入超高压容器内，并推动自由活塞对物料进行加压。卸压时打开出料阀，用低压泵 1 通过饮用水推动活塞将物料排出超高压容器。出料管道和后续的容器必须处于无菌状态，处理后的物料应采用无菌包装。多个单独的超高压杀菌装置并联使用，通过控制不同装置的进出料顺序可以实现物料的连续处理。由于物料是先杀菌再采用无菌包装，所以对包装材料和容器没有特殊要求。

3. 连续式超高压杀菌和脉冲超高压杀菌

半连续式超高压处理设备可以对液体食品实现连续化作业，真正的连续化处理设备需要

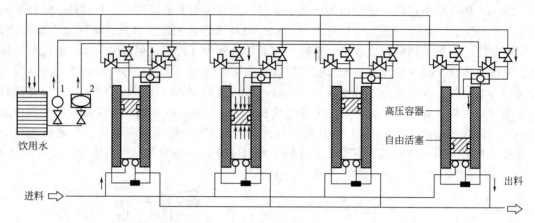

图 4.10 用于处理果汁的半连续超高压设备
1—低压泵；2—高压泵

解决物料的连续加压、恒压和卸压，目前还没有用于生产的连续式超高压处理设备。半连续或间歇工作的杀菌设备与短时循环程序结合，可改造为以脉冲形式释放压力的超高压杀菌设备，研究表明多脉冲压力处理可提高酵母灭活速率，同样作用时间的脉冲超高压杀菌效果要好于一次处理的。脉冲的频率、受压时间和未受压时间的比值和脉冲的波形（斜波、方波、正弦波或其他波形）等是脉冲超高压处理中的重要控制参数。

第二节　食品辐照杀菌

天然辐射是无时无刻不在发生的自然现象，高能辐射可以杀灭危害食品的微生物和害虫。由于对辐射食品安全、卫生的高度要求，食品辐射有别于其他工业和医疗辐射，因而常采用"辐照食品"的称谓以示差别（图 4.11）。

在食品中利用辐照技术，可以达到杀菌、杀虫、抑制果实发芽、延迟后熟等作用。与传统的方法相比，辐照保藏技术的优点如下。

① 食品在受射线照射过程中的升温极微，可以忽略不计，在冷冻状态下也能进行处理，从而可以保持食品原有的新鲜感官特征。

② 操作适应范围广。在同一射线处理场所可以处理多种体积、形态、类型不同的食品。由于射线的穿透力强，对于一些难以进行加热、熏蒸、湿蒸杀菌的食品尤其适用。

图 4.11　辐照食品的通用标志

③ 食品辐照是物理加工过程，不需要化学药物，经辐照的食品中不会有残留物，射线也不会与产品化合。

④ 食品可以在包装以后接受照射，对包装无严格要求，因此，辐照保藏既可以防止食品的再污染，又能节约材料。

⑤ 加工效率高，射线的穿透度高、均匀，与加热相比，辐照过程可以精确控制。整个工序可连续作业，易实现自动化。

⑥ 节约能源。据国际原子能机构的统计分析，冷藏农产品每吨耗能 90kW/h，热处理消毒达 300kW/h，而辐照灭菌保藏只需 6.3kW/h，辐照消毒每吨仅为 0.76kW/h，与加热和冷藏处理相比，可节约能耗 70%～90%。

一、辐照源

1. 放射性同位素辐照源

用于食品保藏的辐照源有放射性同位素、电子加速器和 X 射线发生器。放射性同位素可以是天然存在的，但绝大多数是人工制造的，最常用的 ^{60}Co 和 ^{137}Se 都是人工放射性同位素。

^{60}Co 在衰变过程中每个原子核放射出一个 β 粒子和两个光子，最后变成稳定同位素 ^{60}Ni，β 粒子能量较低，穿透力弱，因此对受辐射物质的作用很小；而 γ 光子具有中等的能量，穿透力很强，因此适合于食品等体积大的反应体系的应用。^{60}Co 的半衰期为 5.25 年。

^{137}Se 的显著特点是半衰期长，但其 γ 射线的能量低，仅 0.66MeV，穿透力也弱，而且是粉末状化合物，防护的安全性不如 ^{60}Co 大，分离的费用高，因此，使用不如 ^{60}Co 广泛。部分放射性同位素的半衰期及射线的能量见表 4.3。

表 4.3　部分放射性同位素的半衰期及射线的能量

同位素	符号	半衰期/年	β 粒子能量/MeV	γ 射线能量/MeV
钴 60	^{60}Co	5.25	0.31　1.48	1.333　1.173
碘 131	^{131}I	8.05	0.250~0.812	0.080~0.723
铯 137	^{137}Se	30	0.52　1.17	0.662
镭 226	^{226}Ra	1620	4.59　4.78	0.187~0.64

γ 射线对物质的穿透强度按指数规律下降，通常以剂量下降 50% 的厚度来描述射线的穿透性。γ 射线的穿透性与射线的能量成正比，与受照物质的密度成反比，用公式可表示为：

$$I = I_0 e^{-\mu x}$$

式中　I_0——物体表面的辐射强度；

　　　I——距表面 x 距离的辐射强度；

　　　μ——吸收系数，其数值随辐射强度和受照物性质而变（见表 4.4）。

表 4.4　γ 射线的吸收系数

受照物质	吸收系数 μ/cm^{-1}		
	0.5MeV	1.0MeV	4.0MeV
空气(0℃,101.325kPa)	0.00008	0.00005	0.00004
水	0.09	0.067	0.033
铝	0.23	0.16	0.082
铁	0.63	0.44	0.27
铅	1.7	0.77	0.48

2. 电子加速器

电子的静止质量为 $9.1 \times 10^{-28}g$，而在其速度接近光速时，因速度和质量的增加，能量迅速提高，达到可利用的程度（表 4.5）。

表 4.5　电子速度与电子能量

电子速度/($\times 10^8$ m/s)	光速的百分率/%	电子能量/MeV
1.1	36.6	0.05
2.6	86.7	0.5
2.82	94.06	1
2.985	99.57	5
2.994	99.869	10

　　电子加速器是利用电磁场作用，使电子获得较高能量，将电能转变成辐射能，产生高能电子射线或 X 射线的装置。电子射线又称电子流、电子束，其能量越高，穿透能力就越强。电子加速器产生的电子流强度大，剂量率高，聚焦性能好，并且可以调节和定向控制，便于改变穿透距离、方向和剂量率。

　　电子在密度为 ρ(g/cm^3) 的物料中的穿透深度 $I = R/\rho$(cm)，式中，R 为电子的辐射强度。一般以电子射程的 2/3 作为照射的适宜厚度。不同能量的电子穿透深度和照射的适宜厚度见表 4.6。由表 4.6 可知，即使采用 10MeV 的电子束，其穿透深度与 γ 射线相比也是有限的，因此，电子射线只能作表面处理，大体积物料的内部辐射还需用 γ 射线进行。照射过程中可用测量电子束流强来监测剂量，也可用酸敏变色片、带色玻璃纸或变色玻璃来监测剂量。

表 4.6　不同能量电子穿透深度和照射的适宜厚度

能量/MeV	穿透深度/cm	照射的适宜厚度/cm	
		单侧	双侧
1	0.5	0.3	0.9
2	1.0	0.6	1.7
4	2.0	1.2	3.5
6	3.0	1.9	5.1
8	4.0	2.5	7.0
10	5.0	3.1	8.9

　　X 射线发生器是用高能电子束轰击重金属靶，以产生 X 射线，但其转换率一般不高，如 0.5MeV 的电子束转化率仅 1%，2MeV 的为 5%，3MeV 的为 14%，而且能量构成中含有大量低能部分，因此，一般认为不宜用于食品辐照。

二、辐照剂量单位

　　辐射量与单位名目繁多，这里主要介绍与辐照加工有关的照射剂量（exposure dose）与吸收剂量（absorbed dose）。

1. 照射剂量

　　照射剂量是指 X 射线或 γ 射线在单位质量空气中产生的全部次级电子被完全阻留在空气中时所产生的同一符号离子的总电荷量，表示 X 射线或 γ 射线在空气中电离能力的大小。如果 X 射线或 γ 射线在质量为 dm 的体积单元空气中逐出的所有次级电子的能量完全被吸收时，产生的同种离子总电荷为 dQ，则照射剂量 X 定义为：$X = \mathrm{d}Q/\mathrm{d}m$。

照射剂量的单位是库仑/千克（C/kg），以前使用的是伦琴（R）。伦琴是非国际单位，1R 是 0.00129g 空气（1cm³ 干燥空气在 0℃、101.325kPa 时的质量）中，产生正负电荷总量各为一静电单位离子的 X 射线或 γ 射线的照射剂量，精确值为 $1R = 2.58 \times 10^{-4}C/kg$。

照射剂量率为单位时间内的照射量，定义为：$\dot{X} = dX/dt$，单位是 C/(kg·s)。

2. 吸收剂量

吸收剂量是任意介质吸收电离辐射的物理量，它直接与辐射效应相关，与电离辐射的种类及能量无关，通常以 D 表示。若电离辐射给予某一体积内物质的平均能量为 dE，该体积内物质的质量为 dm，则 $D = dE/dm$，其单位是戈瑞（Gy），以前用拉德（rad）表示，但拉德是非国际单位。$1Gy = 1J/kg = 100rad$。

吸收剂量率是单位质量的被照射物质在单位时间内所吸收的能量，$\dot{D} = dD/dt$，单位是 Gy/s。

3. 剂量当量

剂量当量（dose equivalent）是从生物学效应角度引入的物理量，主要考虑了不同类型辐射所引起的生物效应的不同，其定义是吸收剂量和必要修正系数的乘积：

$$H = QND$$

式中　Q——是品质因素，不同辐射的 Q 值可能不同，如 X 射线、γ 射线和高速电子为 1，α 射线为 10；

　　　N——是修正因子，通常指沉积在体内放射性物质的不均匀分布，导致生物效应的偏差，因而需要修正，外源照射的 N 等于 1。

Q 和 N 的数值是国际放射防护委员会（ICRU）规定的数值，可在国际辐射单位与测量委员会第 19、25 号报告中查阅。

剂量当量的 SI 单位是西弗特（Sievert，Sv），以前常用雷姆（rem）为单位。当 Q 和 N 都等于 1 时，$1Sv = 1J/kg = 100rem$。

照射剂量和吸收剂量既有联系又有不同，同样的照射剂量被不同的物质吸收，获得的能量可能不同，如 1g 水接受 1R 照射相当于吸收 83erg❶，1g 空气照射 1R 吸收 87erg，1g 骨骼吸收 1R 获得 150erg。

三、辐照的化学效应

1. 水溶液的辐照效应

水是生命物质的主要成分，是辐照在机体中引起电离的主要物质。生物分子辐照损伤主要是水辐照产生的自由基与生物分子反应的结果。辐照对水的直接作用是引起水分子的电离、激发和超激发，这些原初变化形成 H·、OH· 与 e_{aq}^-，并进一步发生反应或扩散到溶液中，与溶质分子发生反应（见图 4.12）。水的主要辐解反应如下：

$$H \cdot + OH \cdot \longrightarrow H_2O \qquad k = 3.2 \times 10^{10} L/(mol \cdot s)$$
$$H \cdot + H \cdot \longrightarrow H_2 \qquad k = 1.3 \times 10^{10} L/(mol \cdot s)$$
$$OH \cdot + OH \cdot \longrightarrow H_2O_2 \qquad k = 5.3 \times 10^9 L/(mol \cdot s)$$
$$e_{aq}^- + OH \cdot \longrightarrow OH^- \qquad k = 3.0 \times 10^{10} L/(mol \cdot s)$$

---

❶ $1erg = 10^{-7}J$。

$$e_{aq}^- + e_{aq}^- \longrightarrow H_2 + 2OH^- \qquad k = 5.4 \times 10^9 \, L/(mol \cdot s)$$

$$e_{aq}^- + H \cdot \longrightarrow H_2 \qquad k = 2.5 \times 10^{10} \, L/(mol \cdot s)$$

$$OH \cdot + H_2O_2 \longrightarrow H_2O + HO_2 \cdot \qquad k = 2.7 \times 10^7 \, L/(mol \cdot s)$$

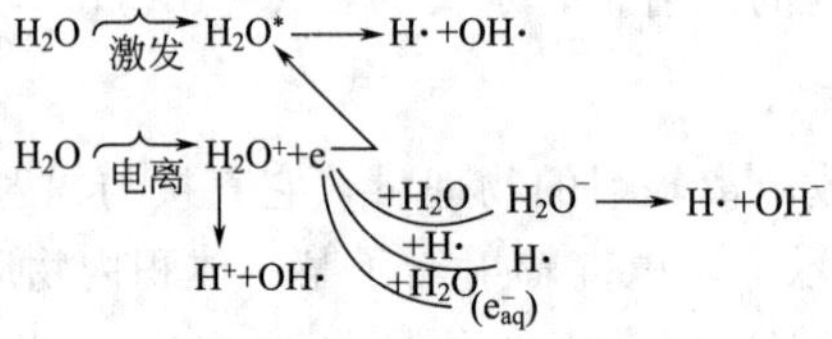

图 4.12　水的辐解

水辐射的化学最终效应可概括如下：

$$H_2O \longrightarrow 2.70 \, OH^- + 0.55 \, H^+ + 2.7 \, e_{aq}^- + 0.45 \, H_2 + 0.71 \, H_2O_2 + 2.7 \, H_3O^+$$

如果观察辐射的损伤，则羟自由基 $OH \cdot$ 和水合电子 e_{aq}^- 是两个最重要的水辐解自由基，生物分子的许多辐射化学变化都是与它们起化学反应的结果，前者是强氧化性物质，后者是强还原性物质。当有氧存在时，还会产生过氧氢自由基和超氧阴离子，其反应式如下：

$$H + O_2 \longrightarrow HO_2 \cdot \qquad k = 1.9 \times 10^{10} \, L/(mol \cdot s)$$

$$e_{aq}^- + O_2 \longrightarrow O_2^- \cdot \qquad k = 2 \times 10^{10} \, L/(mol \cdot s)$$

2. 蛋白质的辐照效应

不同种类的蛋白质对辐照的敏感性及反应各不相同，食品蛋白质受到辐照会发生脱氨、脱羧、交联、降解、巯基氧化、释放硫化氢等一系列复杂的化学反应。辐照引起的蛋白质功能丧失通常不是由于肽键的破坏，而可能是关键侧链的变化或氢键、二硫键的断裂，这种断裂能够引起紧密盘缠的肽链部分展开，使空间结构受到破坏，蛋白质的生理活性因而受损。

对各种酶和蛋白质溶液进行辐照时，发现含硫氨基酸和环结构化合物是对辐照最敏感的部分。蛋白质水溶液照射后发生了凝聚作用，甚至出现一些不溶解的聚集体，证明蛋白质分子能够发生辐照交联。无氧辐照更容易引起缩聚，这可能是有氧时因形成过氧自由基而抑制了自由基的二聚作用。

3. 脂类的辐照效应

脂类的辐照变化如图 4.13 所示，脂肪或脂肪酸照射后会发生脱羧、氧化、脱氢等作用，产生氢、烃类、不饱和化合物等。脂肪的辐照氧化取决于脂肪的类型、不饱和度、照射剂量、氧的存在与否等。通常情况下，饱和脂肪对辐照稳定，不饱和脂肪容易发生氧化，氧化程度与射线的剂量成正比。天然脂肪在低于 50Gy 下辐照时，脂肪质量指标只发生非常微小变化；剂量在 100～1000Gy 时，酸值、反式脂肪酸含量、双键位置的移动以及过氧化值等才明显上升；200～900Gy 照射可使卵磷脂脂质体（liposome）的过氧化值随着剂量提高而

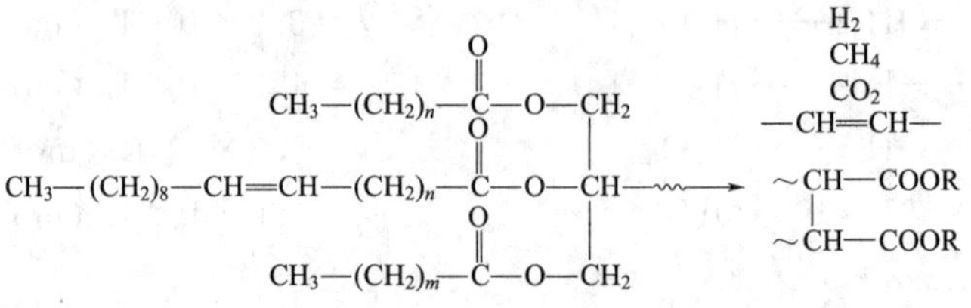

图 4.13　脂类的辐照分解

增加。在电离辐射的作用下，生物膜的脂类也可发生过氧化，如大鼠与狗的红细胞脂类经50Gy或100Gy照射后，脂类过氧化值显著增加，同时红细胞发生溶血，有些科学家认为生物膜损伤是辐照损伤的重要原因。

4. 糖类的辐照效应

低分子糖类在进行照射时，不论是在固态或液态，随辐照剂量的增加，都会出现旋光度降低、褐变、还原性及吸收光谱变化等现象。水合电子与葡萄糖在水溶液中的反应较慢，OH·与葡萄糖反应是从 α-位置抽氢，在无氧、大剂量照射时，会生成一种酸式聚合物，有氧存在时不产生聚合物。多糖的辐解会导致醚键断裂，淀粉和纤维素被降解成较小的单元。在低于 200kGy 的剂量照射下，淀粉粒的结构几乎没有变化，但直链淀粉、支链淀粉、葡聚糖的分子断裂、碳链长度降低。直链淀粉经 200kGy 照射，其平均聚合度从 1700 降低到350；支链淀粉的链长降低到 15 个葡萄糖单位以下。果胶辐射后也断裂成较小单元。多糖类辐射能使果蔬纤维素松脆，果胶软化。

5. 维生素的辐照效应

维生素分为水溶性与脂溶性两类。水溶性维生素中维生素 C 与维生素 B_2 对辐射最敏感，而烟酸对辐射十分稳定；脂溶性维生素中维生素 A 和维生素 E 对辐射较敏感，维生素 E 最敏感，维生素 K 较稳定，维生素 D 在剂量低于 50kGy 时耐辐照。维生素的辐照稳定性因食品组成、气相条件、温度及其他环境因素而显著变化，在通常情况下，复杂体系中的维生素比单纯维生素溶液的稳定性高。

6. 核酸的辐照效应

DNA 是细胞最重要的生物大分子，因核酸的分子量很高，因此极易受到射线本身和水辐解自由基的攻击，而核酸的化学结构只要有微量改变，也能导致细胞生物功能发生重大改变。核酸的辐射损伤可以有多种方式，如碱基的损伤、核糖的损伤、核酸的交联等。辐射交联是 DNA 损伤的又一方式。DNA 在细胞中是与 RNA、蛋白质、类脂、糖类以及其他小分子紧密相连的，核酸在辐射作用下与其他分子形成某种加成物是完全可能的。交联可以发生在 DNA 分子之内，也可以发生在 DNA 分子之间或 DNA 与蛋白质之间。在这些异种加成物中，最重要的一种就是 DNA 与蛋白质的交联。Alexander 等发现，当用 1MeV 剂量电子照射鲑鱼精子后，受照精子头部的 DNA 中有相当一部分不能与蛋白质分离而被提取出来。通常认为 DNA 与蛋白质的交联是 DNA 中的碱基与蛋白质中的氨基酸残基之间形成了共价键。

四、辐照的生物学效应

1. 靶学说

靶学说是从生物物理学角度对受照射细胞中存在的"靶"及它们的大小进行估计的一种假说。靶学说把对生物物质的热作用与辐射作用区分了开来，从而回答了为什么生物物质对辐射反应具有吸收能量低而效应高的特点。对靶学说的表达并无严格的统一，但其基本点是一致的，包括下列各点。

① 生物结构内存在一种对射线敏感的部分，它的损伤将导致产生某种生物学效应，这一敏感结构称作"靶"。

② 光和电离辐射以光子和离子簇的形式撞击靶区，击中概率服从泊松分布。

③ 对靶的一次击中或几次击中即可产生某一放射生物学效应，如酶的失活、分子断

裂等。

靠学说有几种较有代表性的模型：单靶，一次击中模型是设每一细胞只有一个靶，对它的一次击中便可使细胞失活，这一模型是许多较复杂模型的基础；多靶，一次击中模型假设一个细胞有 N 个靶，这些靶都是相同的，只有当所有的靶都失活，细胞才死亡，而每一靶的失活遵循一击失活原理；单靶多次击中模型假设细胞有一个靶，该靶必须接受 N 次以上击中才失活；多靶多次击中模型假设细胞有多个靶，只有每个靶都接受 N 次击中，细胞才死亡。

2. 细胞的辐照致死

细胞的辐照死亡大致可分为间期死亡和增殖死亡两种类型，前者是细胞受照射后未进行分裂就死亡，后者是受照射细胞经过一个或几个有丝分裂周期后死亡。细胞间期死亡的原因之一是细胞核结构的破坏。如受 γ 射线照射后 1h 内出现的生化变化有 DNA 的单链和双链断裂、DNA-蛋白质交联、DNAase 和蛋白水解酶的活化、染色质降解、组蛋白外逸等，在形态学上可观察到发生核固缩现象。细胞间期死亡有关的原因之二是膜的损伤。细胞质膜、核膜等任何一种膜的破坏都会影响细胞内生物活性分子的转移，从而严重干扰了代谢的方向性、有序性和协调性，如核膜的受损引起核内 K^+、Na^+ 和 Ca^{2+} 动态平衡失常，组蛋白和核酸前体外逸；线粒体膜的破坏引起氧化磷酸化的抑制等。细胞间期死亡有关的原因之三是能量代谢的障碍，这可能是膜损伤的后果。能量供应的不足影响到一些重要生物大分子的生物合成，导致了分解代谢的增强。有材料证明在细胞能量不足的条件下，DNAase 有被激活的可能性，引起自身催化的酶反应迅速进行，导致分解代谢增强和细胞死亡。

有专家认为细胞间期死亡是因为电离辐射启动了特殊的基因活动程序，这是一个级联过程，第一阶段是损伤因子和细胞结构发生相互作用；第二阶段发生代谢改变，接着引起细胞内能量水平的降低；第三阶段是染色质降解，促使维护正常基因组稳定性的酶作用信号发生不利于细胞生存的转变。启动了这种特殊程序的结果是细胞发生间期死亡。

快速分裂的细胞在受到中、低剂量照射后，可在数小时到数天内死亡。由于这种死亡与细胞分裂增殖有联系而称增殖死亡。细胞增殖死亡的原因是由于 DNA 的大量碱基的破坏和脱落、大量的双链断裂、非互补碱基或非互补链的插入、DNA-蛋白质的交联等错误，染色体发生畸变或致死性突变，引起细胞增殖能力的异常，产生异常蛋白质和功能失常的酶，最后导致细胞死亡。

应该指出，有些细胞既能发生增殖死亡又能发生间期死亡，其中照射剂量在死亡类型上起着决定性作用。两种类型的细胞死亡从分子损伤上有其共性，但在一些生化环节上的损伤程度不同，发展进程不一。

作为辐射的"靶"之一，辐照对膜的结构和功能有较大影响。辐照对膜的作用可分为直接作用和间接作用，直接作用是辐照能量对膜组分的直接效应，间接作用是与水分子辐解产生的自由基起反应，如图 4.14 所示。生物膜内蛋白质的肽键可因受自由基的攻击而断裂，—SH 基可被氧化，—S—S— 键也可被还原而断裂，膜蛋白因结构受损而丧失其正常功能。糖类受射线作用后可产生不饱和羰基化合物，或因脱氢而使糖环开环。脂质过氧化、不饱和键的氧化断裂可能性最大。

膜表面电荷与细胞代谢、细胞识别、细胞增殖密切相关。细胞膜表面暴露的唾液酸、透明质酸、氨基酸侧链和磷酸根等基团常使细胞膜带负电荷，在中等剂量或低剂量 γ 射线照射后，由于膜的超分子结构遭到破坏，使带负电荷的基团被遮盖起来。膜电荷的变化会在细胞

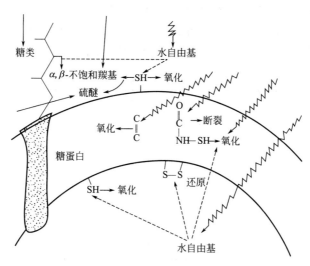

图 4.14 射线对膜组分的效应示意图

∨∨∨∨ 直接作用；————— 间接作用

功能上得到相应的反映。离子跨膜扩散的辐射效应显示，Na^+、K^+ 通透性与辐射剂量有依赖关系，这种透性的改变主要是因被动扩散发生了变化。

3. 辐射对细菌的作用

细菌在受辐射后，细菌受到 3 种因素影响：首先，细菌 DNA 在受辐射后的前 30min 期间，细菌的 DNA 迅速降解，随后开始减慢，DNA 降解的程度取决于辐照量，辐照量越高，降解的程度越大，在低剂量范围内，DNA 降解的程度与辐照量几乎成线性；其次，辐照后细菌 DNA 的合成受到干扰抑制，有氧存在时的抑制比无氧存在时大；第三，辐射后细菌 DNA 的修复合成发生错乱，残留末修复的 DNA 和错误修复可能是细菌死亡的最重要原因。此外，数十到数百戈瑞的照射，能使细菌特异基因非特异地降解，这些降解扰乱了转录过程。

4. 辐射对多细胞机体的作用

生物的演化程度越高，机体组织结构越复杂，对辐射的敏感性就越高，如动物的辐射敏感性高于植物，微生物类更低（表 4.7）。藻类虽属于植物，但因结构简单，因此很耐辐射。昆虫也耐辐射，但比单细胞生物敏感得多。植物经过辐照后可能产生致死、不育、生长抑制、形态变异等变化。

表 4.7　各种生物体的辐射致死剂量范围

生物体	剂量/kGy
高等动物及人类	0.005～0.01
昆虫	0.01～1
非芽孢杆菌	0.5～10
芽孢杆菌	10～50
病毒	10～200

昆虫受到辐照后可能发生致死或发育变异，缩短寿命，或丧失生殖能力；虫卵照射后可

能发生不能孵化，如果孵化也会出现组织器官畸变。70Gy可使果蝇的产卵期推迟4d，而且大部分卵不能孵化；0.14kGy照射成年果蝇能使产下的卵不能孵化；0.56kGy能使果蝇绝育；1.7kGy能使成年果蝇致死。不同昆虫的辐射敏感性相差也很大（见表4.8）。

表4.8　部分贮粮害虫的γ射线致死剂量和不育剂量

种　类	致死剂量/Gy				成虫不育剂量/Gy
	卵	蛹	幼虫	成虫	
谷象	40	112	40	153～205	80～100
四纹豆象	30	50	60	1705	60
玉米象	40	—	40	112	75～100
锯谷盗	96	145	86	206	100～153
杂拟谷盗	4.4	145	52	128	100～175
赤拟谷盗	109	250	105	212～345	200

五、食品的辐照杀菌

1. 辐照剂量与杀菌效应

对一定数量的活细菌（N_0）用不同剂量照射后培养，以存活率对数标值为纵坐标，以辐照剂量为横坐标，则细菌的辐照效应有三种类型的存活曲线，即指数型、乙状型和混合型（图4.15）。单靶单击的微生物存活曲线呈指数型；单靶多击的微生物呈乙状型，将此曲线的直线部分延长与纵轴相交，纵轴上的E值就表示达到钝化所需打击次数的理论数；混合型曲线由两个相交的指数曲线组成，表示微生物群体中既有辐射敏感性强的，也有敏感性弱的，是一个混合群体。直线的斜率通常采用D_{10}值来表示，是杀灭90%微生物所需的吸收剂量。D值除了可以从上述的存活曲线中求出，也可以先测定出照射剂量（D_i），再通过下式求得：

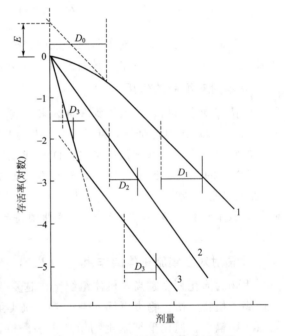

图4.15　微生物在辐照中的存活曲线
1—乙状型；2—指数型；3—混合型

$$D = D_i / (\lg N_0 - \lg N)$$

式中　N_0——辐照前细菌数；

N——经D_i照射后的存活菌数。

乙状型存活曲线是某些耐辐照微生物所特有的，在实验辐照生物学中常用的剂量值有D_{10}和D_0，D_0表示耐辐照细菌对辐照损伤的修复能力，可由存活曲线中直线部分外推得到。

2. 微生物对辐照的敏感性

D值反映了微生物对辐照的敏感性，也称为钝化系数。在一般情况下，细菌芽孢的抗性比营养型细菌强；在不产芽孢的细菌中，革兰氏阴性菌对辐照比较敏感。真菌属于真核细胞，构造比较复杂，酵母的辐照抗性比霉菌强，部分假丝酵母的抗性与细菌芽孢相同，霉菌的辐照抗性接近无芽孢细菌或比无芽孢细菌弱。

3.影响微生物辐照敏感性的因素

影响微生物辐照敏感性的因素是多方面的，与微生物本身的生理状态、照射时与照射后的环境条件及辐照品质等因素都有关。

① 温度对微生物辐照敏感性的影响　微生物的辐照钝化剂量随照射温度而有较大变化。如温度在常温范围内，则对杀菌效果影响不大，如 γ 射线对肉毒梭菌的芽孢在 0～65℃ 辐照，温度对杀菌效果没有影响。如果在低温状态下，则钝化剂量随温度降低而增大，菌体更耐辐照，这是因为低温下限制了辐照产生的自由基的扩散，减少了与酶分子相互作用的机会。如在 −78℃ 下对金黄色葡萄球菌进行辐照时，其 D 值是常温时的 5 倍；在 196℃ 用 γ 射线照射肉毒梭菌时的 D 值是 25℃ 时的 2 倍。高温下照射由于高温与辐照协同作用，微生物加速死亡，如上述肉毒梭菌 25℃ 时的 D 值为 3.4kGy，95℃ 时为 1.7kGy。

应该指出，微生物对辐照的敏感性与对热的敏感性无关。以肉毒杆菌的敏感度为 1，其他菌 D_{10} 与肉毒杆菌 D_{10} 的比值为相对敏感性，得到表 4.9。

表 4.9　微生物的相对敏感性

菌　　种	相对敏感度	
	对热	对辐照
肉毒杆菌	1.0	1.0
枯草杆菌	0.3	5.5
产气杆菌	3.0	0.5
大肠杆菌	约 1013	36

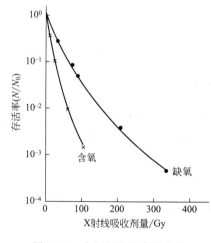

图 4.16　大肠杆菌的存活曲线

② 氧对微生物辐照敏感性的影响　辐照处理时有无分子态氧存在，对杀菌效果有显著的影响，一般情况下，杀菌效果因氧的存在而增强，这种现象被称为氧效应（图 4.16）。纯氧环境下的 D 值与纯氮环境下的 D 值之比称为氧增效比（m），大肠埃希氏杆菌的 m 为 2.9，弗氏志贺菌的 m 为 2.92，酿酒酵母的 m 为 2.4。细菌芽孢在空气环境中对射线的敏感性也大于在真空和含氮环境下的敏感性，这个结论已经通过对肉毒梭菌、生孢梭菌、凝结芽孢杆菌和枯草芽孢杆菌芽孢的研究得到了证实。但在稀水溶液中，氧的增强作用很小，有时不增强甚至起保护作用，因为氧是自由基的良好清除剂。

③ 水分活度对微生物辐照敏感性的影响　细胞的含水量对其辐照抗性有很大的影响。在低水分活度下，辐照的间接作用受到限制，对枯草芽孢杆菌和嗜热脂肪芽孢杆菌的芽孢在 $A_w = 0.00～1.00$ 的广泛范围内的研究表明，随着水分活度的下降，D 值有增大的趋势。

④ 细胞状态对微生物辐照敏感性的影响　辐照前微生物经历的培养条件对其辐照敏感性影响很大。处于引发期的细胞对辐照具有最强的抗性，而对数期的细胞敏感性最强；经过

厌氧培养的细胞比经需氧培养细胞的抗性强。

⑤ 环境因素对微生物辐照敏感性的影响 环境酸度对微生物辐照抗性的影响不大,如枯草芽孢杆菌的芽孢在 pH 值 2.2～10.0 范围内,蜡状芽孢杆菌在 pH 值 5.0～8.0 范围内,辐照抗性没有明显差异。介质对辐照抗性也有影响,复杂食品介质中细菌的抗辐照性较强。化学物质对辐照的影响较大,有些物质对菌体有保护作用,有些可促其死亡,也有一些无明显影响。有机醇类、L-半胱氨酸、抗坏血酸钠、乳酸盐、葡萄糖、氨基酸等食品成分能降低辐照的杀菌效果,马来酸、无机卤素化合物等可增强辐射的杀菌作用。

4. 杀菌剂量的选择

辐照杀菌加工必须考虑初始微生物污染的水平、产品杀菌要求程度、杀菌剂量及剂量不均匀度、辐照可能对产品造成的损伤、加工成本等。对于给定的环境条件,杀菌剂量(SD)的大小取决于给定的允许最终污染微生物数(N)和初始存活的污染微生物数(N_0),如果存活速率曲线有"肩"的话,还需要加上 D_0,即 $SD = D_{10} \times lg(N_0/N) + D_0$。

大多数国家用耐辐照的短小芽孢杆菌 E601 芽孢作为微生物参考标准,由此推算 25kGy 可以提供完全可靠的灭菌;北欧四国选用更耐辐照的尿链球菌 A21、球形芽孢杆菌 C1A 及大肠杆菌 T1 噬菌体作为微生物参考标准,根据微生物初始污染水平的差别采用不同的剂量。

未经处理的香料中霉菌污染的数量平均为 10^4 cfu/g,由于香料和调味品对热的耐受性差,加热消毒易引起香气和鲜味的丧失,辐照处理可避免引起上述的不良效果。剂量为 4～5kGy 就能使细菌总数减少到 10^4 cfu/g 以下,剂量为 15～20kGy 时能达到商业灭菌的要求。为防止香料和调味品辐照处理后产生变味现象,调味品的辐照剂量阈值为:香菜 7.5kGy,黑、白胡椒 12.5kGy,桂皮 8kGy,丁香 7kGy,辣椒粉 8kGy,辣椒 4.5～5.0kGy。

六、食物辐照的其他应用

1. 发芽的辐照抑制

马铃薯、洋葱、大蒜等蔬菜在收获后有一个休眠期,休眠过后就会发芽。马铃薯发芽后会产生有极强毒性的龙葵素;洋葱一经发芽很快就由鳞茎抽出叶子,把贮存于鳞茎的营养物质转供叶子生长,致使洋葱大量腐烂;大蒜萌芽后就开始散瓣、干瘪。

马铃薯收获后约有 100d 的休眠期,在此期间用 8000～10000C/kg ^{60}Co 处理,薯块生长点和生长素的合成遭到破坏,抑芽效果明显。大蒜收获后经过自然风干,用 30～150Gy 剂量的 ^{60}Co 辐照,处理后的大蒜在常温下贮藏 210～300d 基本无发芽现象,蒜头不散,蒜瓣洁白饱满,外观新鲜,失水比对照减少。

2. 食物虫害的辐照控制

玉米象是粮食仓贮中的主要害虫之一,它严重危害仓贮中的玉米、小麦和大米等多种谷物;豌豆象是危害豌豆生产和贮藏的主要害虫。对玉米象进行 0.2kGy、0.4kGy、0.6kGy、0.8kGy、1.0kGy、1.5kGy、2.0kGy、2.5kGy 和 3.0kGy,剂量率为 0.08kGy/min 的辐照;豌豆象增加一组 0.1kGy、剂量率为 0.0497kGy/min 的辐照;辐照温度均为 18～25℃。实验结果显示,玉米象成虫辐照致死率随着辐照剂量的增加而增加,辐照后 3 周的对照组成虫死亡率为 13.6%,而 0.4kGy 辐照的为 51.80%,0.8kGy 辐照的为 99.7%,1.0kGy 以上则全部死亡。在同一剂量辐照组,玉米象死亡率随着保持时间的延长而增加。例如,经 6.6kGy 辐照,第一周死亡率为 11.2%,第二周死亡率为 56.7%,第三周死亡率为 97.3%,

第四周则全部死亡；而对照组第四周仍有49.2%的成活率。

对豌豆象成虫致死的研究也显示类似的结果，辐照2周后对照组死亡率为0.8%，而0.4kGy辐照的死亡率为3.9%，0.8kGy辐照的死亡率为47.2%，1.0kGy以上辐照的全部死亡。用同一剂量如0.8kGy辐照后的豌豆象死亡率为0.8%，2周死亡率为47.2%，4周则全部死亡。

3. 果蔬成熟期的辐照延缓

果蔬的完熟是一种自然衰老的过程。在呼吸高峰以前，果实的细胞很健康，果肉组织紧密；呼吸高峰之后的果实变软，叶绿素消失，开始衰老。利用适当剂量的 γ 射线照射果实，能使果实的呼吸受到适当的抑制，生理代谢维持在较低水平，延缓果实跃变期的出现，从而延长了果蔬的贮藏期。过高的剂量反而会破坏果品的组织而加速熟化。

芒果、草莓、番茄、香蕉、番木瓜、菠萝、橘子、桃子等经辐照后都能推迟完熟期，延长环境条件下的贮藏期。广柑在0℃的条件下用1kGy剂量辐照并0℃贮藏，3个月后与新鲜广柑难以区分；用1kGy剂量对芒果辐照可延长货架寿命12d；桃是很难保存的鲜果，用2～3kGy剂量辐照可以防止棕色溃烂和酒曲霉活动；绿色香蕉用剂量常低于0.5kGy，木瓜用2kGy，芒果用0.4kGy，薯茄用4kGy，可延迟成熟；蘑菇经1.6kGy剂量辐照后呼吸强度下降，导致生长延缓，抑制破膜及开伞。辐照后还能起到保护外观的作用，蘑菇表面锈斑减少，颜色保持新鲜白色，而且表面较干爽。

七、辐照食品的安全性和卫生性

全世界已经有42个国家和地区批准辐照农产品和食品，批准的品种有240多种，辐照食品总量达每年20万吨。辐照食品种类也逐年增加，主要种类有：①谷物及其制品，②豆类，③干果果脯类（板栗、枣、核桃、榛子、松子），④果蔬类（脱水蔬菜），⑤香辛料类（辣椒、葱、洋葱、大蒜、黑白胡椒、孜然），⑥畜禽类（鸡蛋、冷冻肉、进口奶粉），⑦水产品（冷冻鱼、虾、鱼籽酱），⑧蜂产品（蜂花粉、蜂王浆、蜂蜜），⑨保健品，⑩干制食用菌类（灵芝、猴头、香菇、木耳、双孢菇等），⑪加工类（燕麦片、糖葫芦、豆腐卤、各种含有植物提取物和香辛料类的调味品），⑫宠物食品。

辐照食品的卫生安全性关系到食用者的健康和食品辐照技术的前途，因此受到各国卫生部门的高度重视，其范围包括5个方面：①有无残留放射性及诱导放射性；②辐照食品的营养卫生；③有无病原菌的危害；④辐照食品有无产生毒性；⑤有无致畸、致癌、致突变效应。

1. 辐照剂量的安全性

食品在进行辐照时是外照射，没有直接接触放射性核素，因此没有污染放射性物质的可能。至于诱导放射性，在目前允许的辐照源和能量限制下不足以诱发放射性。高能量的电离辐射会使食物的某些成分产生放射性。国际原子能机构的研究显示，平均剂量低于60kGy的 ^{60}Co 或 ^{137}Cs 伽马射线、10MeV的电子束或能量低于5MeV的X射线照射食物，所引起的本底辐射量上升近乎零。食品法典委员会根据世界卫生组织、联合国粮食及农业组织和国际原子能机构的实验结果，制定食物的最高辐射吸收剂量不得超过10kGy，并把机械源产生的X射线和电子的最高能量水平分别定为5MeV和10MeV，原因之一是避免辐照食物产生感生放射性。

2. 辐照食品的卫生性

关于辐照食品的营养问题，和其他食品加工技术一样，辐照也将使食品发生理化性质，但并不显著。国内外大量研究单位通过对辐照前后食品中的碳水化合物、脂肪、蛋白质、氨基酸和维生素等的分析数据，断定在指定的加工条件下，采用辐照加工法对营养的破坏并不比采用冷冻、加热、腌渍等普通方法大。

由于辐射效应研究的进展，已能够测出辐照食品中辐射分解产物数量，并研究它们在毒理学上的影响。美国对经辐照完全杀菌牛肉进行测试，鉴别出辐解产物有 65 种，其中以 2-烷基环丁酮和呋喃的安全性最令人关注。2-烷基环丁酮只存在于含脂肪的辐照食品中，其他非辐照加工食品中检测不到，因此，这种化合物被视为辐照食物的独有物质。2-烷基环丁酮含量与脂肪含量和辐照吸收剂量成正比，每克脂肪含 $0.2 \sim 2\mu g$ 不等。高剂量的 2-烷基环丁酮动物实验显示，2-烷基环丁酮可能会使注射化学致癌物质的动物较易患上结肠癌，但单纯 2-烷基环丁酮不会引发结肠癌。值得注意的是，研究所用 2-烷基环丁酮剂量远高于日常含辐照食物中的剂量。

呋喃是国际癌症研究机构认为可能会致癌的物质。关于伽玛辐照对食物内呋喃含量影响的研究显示，食物中呋喃的含量会随着辐照剂量增加而上升，而且食物的酸碱度和底物浓度会影响呋喃生成量，单糖含量高且酸碱度低的水果经辐照后会产生少量呋喃。但数据同时显示，在美国超市购买的辐照食品中的呋喃含量，普遍低于经热处理的食品中的含量。

为评估辐照食品的毒理学安全性，包括大鼠、小鼠、狗、鹌鹑、仓鼠、鸡、猪和猴子等动物都开展过喂饲测试。用于长期喂饲研究的辐照食品有肉类、鱼类、家禽及蛋类、水果、蔬菜和谷物，用于进行试验的狗有 1500 只、大白鼠 27000 只及 20000 只小白鼠。啮齿类动物需进行四代试验，对狗试验周期通常为三年或繁殖三胎。根据长期与短期动物饲养试验，观察临床症状、血液学、病理学、繁殖及致畸等项目，没有发现食物产生毒性反应及致畸、致癌、致突变现象。由联合国粮食及农业组织/国际原子能机构/世界卫生组织共同组成的辐照食物卫生安全联合专家委员会评估过多项研究的数据后，于 1980 作出结论：用低于 10kGy 以下剂量辐照处理的任何食品，不会引起毒理学上的危害，因此用这样的剂量所照射的食品不再需要做毒理性测试。这个结论并不意味高于 10kGy 剂量的辐照就是不卫生的，辐照消毒的实验研究证实，即使剂量高达 75kGy 的辐照食品也是可以放心食用的。

第三节　高密度二氧化碳杀菌

高密度二氧化碳技术（DPCD）是在小于 50MPa 的压力下，利用二氧化碳分子效应，钝化微生物及酶活性。二氧化碳无毒、无味、安全，单独作用能抑制需氧微生物生长，与压力结合（$3 \sim 70$MPa）对食品中微生物具有杀灭效果，同时能使酶部分失活。研究者对多种细菌、酵母、霉菌、芽孢进行一定强度的 DPCD 处理，发现大部分微生物杀灭效果可达到降低 $4 \sim 8$ 个对数值。微生物的孢子对物理处理、放射线或者化学防腐剂的耐受力很强，而高密度二氧化碳对微生物的孢子也表现出较好的杀灭作用，结合一定的温度处理能达到更好的杀灭效果。

与其他杀菌技术相比，高密度二氧化碳技术具有如下显著优点：①与热加工相比，食品物料在低温下和在二氧化碳的环境条件下进行处理，食品中的营养成分与风味物质不易被氧化破坏，能够保留食品原有的品质；②与超高压技术相比，具有压力低、成本低、节约能源、安全无毒、无噪声等特点；③具有环境友好的特点，不会对环境造成破坏。

一、高密度二氧化碳的杀菌机理

高密度二氧化碳技术的杀菌机制主要包括降低食物的 pH、CO_2 分子和碳酸氢盐离子的抑制作用、对细胞的物理性破坏、改变细胞膜结构和钝化孢子活性等几个方面，如图 4.17 所示分为七个步骤。

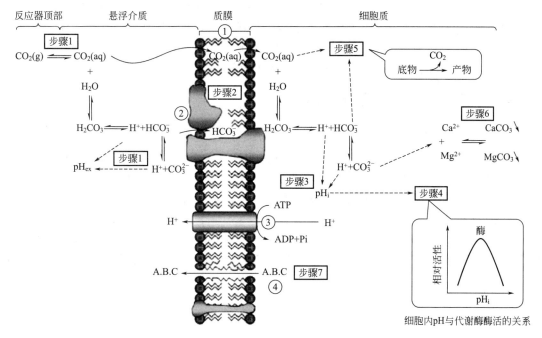

图 4.17　DPCD 杀菌机理示意图

① CO_2 增溶效应。在存在压力的情况下，CO_2 发生增溶，原料中的水分与 CO_2 接触并生成碳酸，并和电离的 HCO_3^-、CO_3^{2-} 以及 H^+ 平衡，从而降低了介质的 pH，在一定程度上抑制了微生物的生长。而微生物为维持细胞内 pH 的稳态，需增加能量及物质的消耗，导致微生物自身的抵抗能力减弱而发生钝化效应。

② 调节微生物细胞膜。一些研究表明，CO_2 与质膜具有较高的亲和性，细菌细胞表面的液态 CO_2 较易扩散进入质膜，并可能累积进入磷脂内层，进而改变了质膜的结构和功能，形成"麻醉效应"，并导致膜的渗透性提高。所生成的 HCO_3^- 可能使膜表面蛋白及磷脂的电荷发生改变，微生物细胞表面的最优电荷密度发生变化，导致膜的功能受到影响。

③ 降低微生物胞内 pH。虽然大多数微生物自身存在 pH 调控机制，如细胞质缓冲和质子泵等，但高密度条件下大量 CO_2 溶解进入细胞质，微生物细胞因无法及时调控而发生损伤。

④ 钝化微生物代谢关键酶。由于细胞内部 pH 降低，导致细胞内部分与新陈代谢相关的关键酶被钝化，如与糖酵解、离子交换、蛋白质转换、氨基酸和小分子肽的运输等有关的酶。在较低的 pH 条件下，蛋白质肽链上的精氨酸会与二氧化碳结合形成碳酸氢盐化合物而钝化酶活性。已经证实糖酵解过程中的一些关键酶会发生不可逆的失活。

⑤ 直接抑制效应。一些研究认为，CO_2 进入微生物细胞内不仅影响其 pH 变化，更可能参与其代谢工程中的羧化作用或脱羧反应，扰乱微生物正常代谢。

⑥ 扰乱微生物胞内的电解液平衡。CO_2 分子渗透入细胞，电离的 HCO_3^- 与细胞内的钙镁离子结合生成碳酸钙镁盐。研究表面，在细胞内存在某些对碳酸盐敏感的酶类，当它们接触到 HCO_3^- 时形成碳酸盐沉淀，从而扰乱了微生物细胞内的电解液平衡状态，导致整个生物细胞的死亡。

⑦ 转移微生物胞内和细胞膜的生命物质。研究认为，CO_2 含量积累到一定程度后可显著提高溶液的溶解性，对微生物细胞或细胞膜的组成形成"萃取"作用，从而破坏其生理结构或代谢进程，达到杀菌或钝化的效果。特别是在降压的过程中，CO_2 向细胞外迅速扩散，溶解在 CO_2 中的磷脂蛋白也随之扩散，从而导致细胞死亡。

二、影响高密度二氧化碳杀菌的因素

1. 处理压强和处理时间

通常情况下，任何有利于提高二氧化碳的溶解速度和溶解度的条件都能促进 DPCD 的杀灭效果，因此 DPCD 对微生物的杀灭效果随着压强、温度和处理时间的增加而逐渐提高。但是，当处理样品中的二氧化碳已经达到溶解饱和状态后，温度和压强的微小变化不会影响 DPCD 的杀灭效果。研究发现钝化植物乳杆菌在 6.9MPa 下需要 50～55min 能降低 5 个对数值，在 13.8MPa 下只需要 15～20min 就能达到同样的杀灭效果。但是，加压可能导致某些孢子发生聚集现象抵抗 CO_2 杀菌作用，一些研究显示杀菌效果与压力关系呈现 V 字形。相对于温度和压力，处理时间是次要的影响因素，在其他条件不适宜的情况下，增加处理时间往往不能明显提高杀菌效果。

2. 温度

较高的温度能促进二氧化碳的溶解、扩散率以及提高微生物细胞膜的流动性，有利于杀菌效果的提升。经 DPCD 处理后孢子对热处理的敏感性提高，耐热性降低，可在远低于致死温度的条件下达到灭菌效果。需要注意的是，处于临界点（31.1℃）附近的温度改变能使二氧化碳从亚临界状态变为超临界状态，而超临界状态下二氧化碳的溶解度和密度显著增强。例如，在 6.8MPa 下 40℃的处理温度对植物乳杆菌的钝化效果低于 30℃，这就是温度影响呈 V 字形的原因。

3. 微生物的种类

不同种类的微生物由于存在生理结构及生理特性的差异，对 DPCD 处理的敏感度不同。研究认为微生物细胞壁的属性对其的敏感性影响较大，一般来说，革兰氏阴性菌的细胞壁较薄，对 DPCD 处理的敏感性较革兰氏阳性菌更敏感。植物乳杆菌比大肠杆菌、酿酒酵母和明串珠菌对 DPCD 处理更有抵抗力。

4. 微生物的生长阶段

当微生物的生长进入稳定期时，细胞有能力合成蛋白质以抵抗不利的环境因素，因此比生长初期和对数期的微生物更不易被破坏。

5. 初始 pH

处理样品的初始 pH 对于 DPCD 杀灭微生物的效果影响很大。较低的 pH 利于二氧化碳的溶解和扩散，也有利于提高对微生物细胞的杀灭。例如，在同样的处理条件下（6.8MPa、

35℃）使植物乳杆菌降低 5 个对数值，在 pH 4.5 的醋酸缓冲液中处理时间为 25min，在 pH6.0 的蒸馏水中处理时间为 35min，而在 pH7.0 的磷酸缓冲液中需要处理 60min。

6. 水分活度

处理样品的水分活度和微生物细胞的含水量是影响 DPCD 杀灭效果的重要因素。较高的细胞含水量能增大二氧化碳的溶解度，从而促进对微生物的杀灭效果。例如，在 20MPa、35℃、2h 条件下，含水量为 70%～90% 的酵母细胞数量下降了 5～7 个对数值，而含水量为 2%～10% 的干酵母细胞仅不到 1 个对数值。

高密度二氧化碳对酶的钝化效果研究主要集中在酶活性的变化，已经发现 DPCD 技术能有效降低脂肪氧化酶、过氧化物酶、脂肪酶、多酚氧化酶、酸性蛋白酶、碱性蛋白酶、果胶酯酶、葡萄糖氧化酶的活性。目前对钝化酶的机理的相关研究较少，一般认为酶活性的下降与酶构象的变化、pH 的降低以及二氧化碳的特性等因素有关。

三、高密度二氧化碳技术在食品工业中的应用

高密度二氧化碳技术在食品工业中的应用根据食品属性的不同，主要分为液态食品杀菌及固态食品杀菌，多数研究以液态食品为杀菌对象。

1. 果蔬汁

采用间歇式设备，在 7～34MPa、35～60℃ 和 15～180min 条件下处理鲜橙汁，维生素 C 保存率 71%～98%，浊度提高到原值的 1.27～4.01 倍。感官评定显示风味没有改变。处理后的橙汁浊度在 4℃、65d 内保持恒定。对葡萄汁的 DPCD 杀菌结果表明，处理后葡萄汁中的酵母菌活性明显降低，花色苷、多酚和抗氧化物等植物功能因子的含量则未发生变化，对照传统巴氏杀菌，其风味的保存时间也得到增长。

2. 饮料

使用连续式 DPCD 设备，在 34MPa、25℃、7～9min、CO_2 与汁液比例为 13%（质量分数）条件下对椰子汁饮料进行杀菌，处理后产品与新鲜产品口感相同，4℃ 下保质 9 周。采用连续式 DPCD 设备对啤酒进行杀菌，起泡能力有所降低，但符合标准；混浊度明显降低，口感和香味没有明显差别。

3. 乳、蛋制品

在 20MPa、37℃、30min 条件下，能较好地杀灭牛初乳中的细菌，处理后的牛初乳未发生褐变和蛋白质变性等现象，能够较好地保持产品的品质的同时达到食品安全标准。DPCD 对脂肪有均质作用，在 40℃ 下 DPCD 能钝化脂肪酶，同时改变酪蛋白结构，有利于干酪的沉淀。鸡蛋中含有大量热敏性蛋白，非热杀菌技术的应用可确保其良好的感官特性和营养价值。研究表明，用 13MPa、45℃、10min 条件处理全蛋液，能有效钝化沙门氏菌、假单胞菌、大肠杆菌等多种微生物，全蛋液制品在 4℃ 环境下的货架期达 5 周。

4. DPCD 技术在固态食品杀菌中的应用

由于固态食品的基质本身缺乏流动性，且不能进行搅拌等操作，因此固态食品对 DPCD 的处理条件的要求更高，采用 DPCD 技术对固态食品进行杀菌的研究较少，主要包括肉及肉制品、虾、果蔬和泡菜等，处理后的固态食品大多表现出颜色、光泽等的变化，部分原料伴随着较明显的理化性质变化。因此对 DPCD 处理固体食品尚需进一步探索。

第四节　食品过滤除菌

除菌是指采用某些物理手段除去微生物，而不是将存在于食品及环境中的微生物致死的技术。一般除菌仍属于杀菌技术的范畴。过滤除菌是指用物理阻留的方法除去气体和液体中的悬浮灰尘、杂质及腐败菌。采用过滤除菌方法处理时，必须使食品物料通过致密的滤材，因此该方法只适用于液体或气体状态的物料。乳化态、混浊态的食品因过滤后会改变其性状，一般不宜使用过滤方法除菌。

一、空气过滤除菌原理

过滤除菌的原理与过滤器的滤材结构、特性、滤床深浅层次、滤孔大小以及被滤物质的特性等有关。空气过滤除菌是基于滤层纤维网格的多层阻碍，迫使气体在流动过程中出现气流速度改变和方向的绕流，从而导致菌体微粒与滤层纤维间产生撞击、拦截和布朗扩散等作用，而把菌体微粒截留、捕集在纤维表面，达到过滤除菌的目的。除此之外微粒的重力及静电引力也对捕集微粒起到一定作用。

1. 重力沉降作用

重力沉降是一个稳定的分离作用，当微粒所受的重力大于气流对它的拖带力时，微粒就容易沉降。在纤维的边界滞留区内，微粒的沉降作用提高了拦截滞留的捕集效率。

2. 随流阻挡作用

过滤器的微孔可以阻留比其孔径大的颗粒物质。一般的细菌等微生物粒子大小都在 $0.5\mu m$ 以上，所以孔径小于 $0.5\mu m$ 的过滤器就可以直接阻留这些微生物，达到良好的除菌效果。此外，由于滤材结构呈无数相互交叉重叠排列的网状纤维，形成众多细小曲折的通道，当微生物等微粒随低速流体慢慢靠近过滤介质时，微粒所在的主导流体流线受到过滤介质阻碍而改变流动方向，绕过纤维介质前进，并在纤维周边形成一层边界滞留区。滞留区的流体速度更慢，进到滞留区的微粒被黏附滞留而达到除菌的目的。

3. 惯性碰撞作用

惯性冲击滞留作用是空气过滤器除菌的重要作用。当含有微生物等尘埃粒子以一定的速度通过过滤器时，空气受阻而迅速改变运动方向，绕过纤维前进，而微粒由于它的运动惯性较大，未能及时改变运动方向，直冲到纤维的表面。由于摩擦黏附，微粒就滞留在纤维表面，从而达到除菌目的。纤维滞留微粒的宽度区间 b 与纤维直径 d_f 之比称为单纤维的惯性碰撞捕集效率 η_1，即 $\eta_1 = b/d_f$。

纤维滞留微粒的宽度区间的大小由微粒的运动惯性所决定，微粒的运动惯性越大，受气流换向干扰越小，b 值就越大。空气流速是影响捕集效率的重要因素。在一定条件下，当气流速度下降时，微粒的动量减小，惯性减弱，纤维滞留的宽度减小，捕集效率下降。气流速度下降到微粒的惯性不足以使微粒脱离主导气流而与纤维产生碰撞，微粒可随气流改变运动方向绕过纤维前进时，纤维的碰撞滞留效率等于零。这时的气流速度称为惯性碰撞的临界速度。临界速度随纤维直径和微粒直径而变化。

4. 布朗扩散粘留作用

直径小于 $1\mu m$ 的粒子即使在静止的空气和液体中，也处于一种随机、不规则的布朗运动状态，直径越小，布朗运动越活跃。粒子的布朗运动和扩散同样会引起遇到障碍物的惯性碰撞，而从流体中被阻留分离。布朗扩散的运动距离很短，在较大的气速、较大的纤维间隙中不起作用，但在很慢的气流速度和较小的纤维间隙中，布朗扩散作用大大增加了微粒与纤维的接触滞留机会。布朗扩散粘留作用与微粒和纤维直径有关，并与流速成反比，在流体速度小时，它是过滤除菌的重要作用之一。

5.静电吸附作用

静电吸附的原因之一是微生物微粒带有与介质表面相反的电荷，或是由于感应而得到相反的电荷而被吸附；另一原因是干空气对非导体的物质相对运动摩擦时，会产生诱导电荷，这种现象常出现在纤维和树脂处理过的纤维，尤其是一些合成纤维表现得更为显著。悬浮在空气中的微生物微粒大多带有不同的电荷，如枯草杆菌孢子20%带正电荷，15%带负电荷，其余为中性，这些带电的微粒会受带异性电荷的物体所吸引而沉降。此外，表面吸附也归属于这个范畴，如活性炭的大部分过滤效能是表面吸附的作用。

过滤除菌的作用原理，在各类滤器中都不是单一起作用的，往往是多种作用原理的综合结果。如当空气流过介质时，上述五种截留除菌机理同时起作用，不过气流速度不同，起主要作用的机理也就不同。当气流速度较大时，除菌效率随空气流速的增加而增加，此时惯性冲击起主要作用；当气流速度较小时，除菌效率随气流速度的增加而降低，此时扩散起主要作用；当气流速度中等时，可能是截留起主要作用。如果空气流速过大，除菌效率又下降，因为已被捕集的微粒又被湍动的气流夹带返回到空气中。

二、空气过滤器

1.过滤介质

常用空气过滤介质有棉花、玻璃纤维、活性炭、超细玻璃纤维纸、石棉滤板、烧结材料过滤介质以及其他新型过滤介质等。棉花是传统的过滤介质，棉花纤维直径一般为 $16\sim21\mu m$，装填时要分层均匀铺砌，最后压紧，装填密度达到 $150\sim200kg/m^3$。如果压不紧或是装填不均匀，会造成空气短路，甚至介质翻动而丧失过滤效果。

作为散装充填过滤器的普通玻璃纤维，一般直径为 $8\sim19\mu m$ 不等。纤维直径过小很容易断裂破碎而造成堵塞，增大阻力，因此充填系数不宜太大，一般采用 $6\%\sim10\%$。如果采用硅硼玻璃纤维则可得较细直径（$0.3\sim0.5\mu m$）的高强度纤维，可用其制成 $2\sim3mm$ 厚的滤材，可除去 $0.01\mu m$ 的微粒，故可除去噬菌体和所有的微生物。

超细玻璃纤维是用无碱玻璃制成的直径为 $1\sim1.5\mu m$ 的纤维。由于纤维特别细小，不宜散装充填，通常采用造纸的方法做成 $0.25\sim1mm$ 厚的纤维纸，形成的网格的孔隙为 $0.5\sim5\mu m$，所以有较高的过滤效率。超细纤维滤纸的抗湿性能差，而JU型除菌滤纸可以耐受油、水和蒸汽的反复加热杀菌，耐折叠，并具有更高的过滤效率和较低的过滤阻力。

烧结材料过滤介质种类很多，有烧结金属、烧结陶瓷、烧结塑料等。制造时用这些材料微粒粉末加压成型，粉末表面熔融黏结而保持粒子的空间和间隙，形成了微孔通道，具有微孔过滤的作用。我国生产的蒙乃尔合金粉末烧结板（或管）是由钛锰等合金金属粉末烧结而成，一般厚4mm左右，强度高，使用寿命长，能耐受高温反复杀菌，且受潮后影响不大，但价格较昂贵。一些新的过滤介质微孔直径只有 $0.1\sim0.22\mu m$，小于细菌直径，所以称为绝对过滤。所用材料有聚偏氟乙烯、聚四氟乙烯等。

2. 空气过滤器结构

(1) 深层过滤器   深层过滤器通常是立式圆筒形，内部充填过滤介质，空气由下而上通过过滤介质，以达到除菌目的。过滤介质主要有棉花、玻璃纤维、超细玻璃纤维等。以棉花-活性炭过滤器为例，其过滤介质装填为：上部和下部装填棉花，厚度为总过滤层的 $1/4\sim1/3$，中间装填 $1/3\sim1/2$ 厚度的活性炭颗粒。一般棉花的填充密度为 $150\sim200kg/m^3$，活性炭 $40\sim450kg/m^3$。活性炭的过滤效率比棉花低，但是阻力小，吸附力强，可吸附空气中油、水等有害物质。

(2) 平板式过滤器   这种过滤器适应充填薄层的过滤板或过滤纸，其结构由罐体、顶盖、滤层、夹板和缓冲层构成。空气从罐体中部切线方向进入，空气中的水雾沉于底部，由排污管排出；空气经缓冲层通过下孔板经薄层介质过滤后，从上孔板进入顶盖排气孔排出。缓冲滤层可装填棉花、玻璃纤维或金属丝网等，除菌滤膜主要使用金属膜、合金膜和陶瓷膜等无机材料，以及聚偏氟乙烯膜、聚四氟乙烯膜、聚砜膜、聚酰胺膜等有机高分子材料。

(3) 折叠式过滤器   在一些要求过滤阻力很小而过滤效率比较高的场合如洁净工作台等，折叠式过滤器过滤可满足这种要求。超细玻璃纤维纸的过滤特性是气流速度越低，过滤效率越高。通过将滤纸折成瓦楞状，就可在较小的设备内装设大的过滤面积。为了提高过滤器的过滤效率和延长其使用寿命，一般都加设预过滤设备，或采用静电除尘配合使用，或使用玻璃纤维等中效过滤器配合。

三、液体过滤除菌

液体过滤除菌可在不加热、不使用化学杀菌剂的情况下把活的和死亡的菌体滤除，因而得到广泛的应用。一般孔径在 $0.5\sim1\mu m$ 以下的过滤器就可以达到良好的除菌效果。液体滤器在使用前都需要经过一定的清洗消毒处理。

1. 牛乳微滤除菌

采用孔径范围为 $1\sim1.5\mu m$ 的微滤器，以错流方式处理脱脂乳，结果显示能截留 99.6% 以上的细菌，而且无明显的渗透通量下降。微滤的效能和产品渗透液的性质受操作参数如膜性能、错流速度、孔径、温度及浓缩因子平均值的影响。

Bactosatch 法是以均一膜进行微滤，从脱脂乳和蛋白质渗透液中除去细菌的技术。据报道，以 Bactosatch 法对中脂和低脂牛乳在浓缩因子为 10 下的平均渗透通量为 $500L/(m^2 \cdot h)$，细菌除去效率大于 99.6%，低脂牛乳在浓缩因子为 20 下，可得到高达 $750L/(m^2 \cdot h)$ 的渗透通量，连续运转 $5\sim10h$ 后将污染膜再生。除菌后的牛乳饮用性能良好，营养价值得到提高，保质期从 $6\sim8d$ 提高到 $16\sim21d$。

2. 生啤酒微滤除菌

采用 $0.5\mu m$ 的陶瓷微滤器对生啤酒进行过滤，结果显示能达到完全除菌的要求。经过陶瓷膜微滤后的生啤酒，其酒精度、原麦汁浓度和实际发酵度均保持不变，而总酸、色度、浊度和双乙酰含量均有所下降。因此，滤酒比原酒更清亮、透明。双乙酰含量根据我国国标 GB 4927—91 规定，优级淡色啤酒的双乙酰标准为 $\leq0.13mg/L$，世界先进国家啤酒双乙酰控制标准为 $\leq0.1mg/L$，微滤生啤酒的双乙酰值从 $0.034mg/L$ 下降到 $0.002mg/L$。

3. 饮用水生产

传统的饮用水生产工艺包括絮凝、沉降、消毒、澄清、过滤等。双介质过滤器（无烟煤

-沙，活性炭-沙）只适合处理低、中等浊度的水（不超过 $15\sim20$NTU），对于高浊度水的过滤效率十分低，水质差。

　　错流微滤器能在单一过滤步骤中，不用化学试剂或仅用少量试剂，就能将石灰岩溶洞地下水实现饮用化，可过滤 $100\sim120$NTU 浊度的地下水。对铁的常用的处理技术是使溶解状态的二价铁在大气下氧化为不溶的三价铁，然后采用介质过滤器将其沉淀除去，错流微滤或超滤则可将氢氧化铁粒子在单一步骤中去除。采用 $0.2\mu m$ Al_2O_3 膜在原料水中大肠菌群含量高达 8 万/mL 时也能将其完全除去，水的浊度也从原来的 $5\sim20$NTU 降至 0.5NTU以下。

第二部分 食品加工

第五章 乳制品生产工艺

第一节 牛乳的成分和性质

乳是哺乳动物分泌的用于哺育后代的最易消化吸收的完全食品。根据我国现行国标 GB 19301—2010《食品安全国家标准　生乳》的定义，生乳（raw milk）是"从符合国家有关要求的健康奶畜乳房中挤出的无任何成分改变的常乳"。

牛乳的化学成分很复杂，经证实至少有 100 多种化学成分，但主要由水、脂肪、蛋白质、乳糖、维生素、酶类、无机盐等物质组成。牛乳的组成可以表示如下：

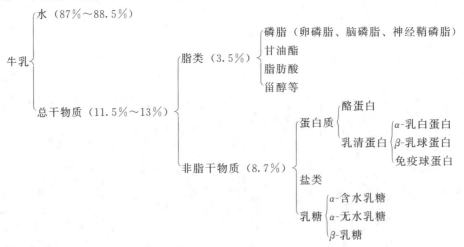

一、牛乳的成分

1. 乳蛋白

乳蛋白中主要是酪蛋白和乳清蛋白，还有少量的脂肪球膜蛋白。酪蛋白约占乳蛋白总量的 80%～82%，是一种两性电解质，等电点为 pH 4.6。但其分子中含有的酸性氨基酸远多于碱性氨基酸，因而具有明显的酸性，它不溶于水和有机溶剂，而溶于碱性溶液。酪蛋白与乳中的钙、镁、磷酸、柠檬酸等结合成酪蛋白酸钙-磷酸钙络合物，在水中形成胶体，是对牛乳加工性能影响最大的成分。

乳清蛋白占乳蛋白总量的 $18\%\sim20\%$，有对热稳定和不稳定两部分。在 pH $4.6\sim4.7$ 时将乳清煮沸 20min，发生沉淀的是对热不稳定的蛋白质，约占乳清蛋白的 81%；对热稳定的是胨和脒，约占乳清蛋白的 19%。能够用盐析沉淀的是乳球蛋白，约占乳清蛋白的 13%。脂肪球膜中吸附有少量的蛋白质，是蛋白质和酶的混合物，其中有脂蛋白、磷脂蛋白、碱性磷酸酶、黄嘌呤氧化酶等。

2. 乳脂类

乳脂类中有 $97\%\sim99\%$ 为乳脂肪，约有 1% 的磷脂，还有少量游离脂肪酸和甾醇等物质。乳脂肪以脂肪球形式分散于乳浆中，磷脂的 60% 存在于脂肪球膜中。乳脂肪的最大特点是所含脂肪酸种类比较多，已发现的达 60 余种，而一般动植物油脂中仅含 $5\sim7$ 种脂肪酸，这与反刍动物瘤胃中微生物的生物合成相关。乳脂肪的第二特点是水溶性挥发性脂肪酸含量特别高，所以乳脂肪是构成牛乳风味的主要成分。

乳脂肪能分散在乳浆中的原因是脂肪球表面有一层 $5\sim10$nm 厚的脂肪球膜，由蛋白质、磷脂、高熔点三酰甘油、甾醇、维生素、金属离子、酶、结合水等组成，磷脂-蛋白质络合物构成了其基本框架。不同亲水能力的物质有层次地定向排列在脂肪球与乳浆的界面上，形成乳化层，使脂肪球间保持 $9.05\sim9.26$nm 的间距而稳定地分散于乳浆中。

3. 乳糖

乳糖是哺乳动物特有的化合物，在牛乳中的含量为 $4.5\%\sim5.0\%$，平均 4.8%。α-含水乳糖是乳糖水溶液在 $93.5℃$ 以下结晶生成的在常温下最稳定的形态，其熔点为 $202℃$，比旋光度为 $[\alpha]_D^{20}=+89.4°$；β-乳糖的熔点为 $252℃$，比旋光度为 $[\alpha]_D^{20}=+35.5°$；α-无水乳糖的熔点为 $223℃$，比旋光度为 $[\alpha]_D^{20}=+86°$。

乳糖的初溶解度是 α-含水乳糖的溶解度，受溶剂温度的影响较小，而最后溶解度是 α-含水乳糖和 β-乳糖的平衡溶解度，即饱和溶解度。α-含水乳糖和 β-乳糖的比例随溶剂温度而异。

4. 盐类

牛乳中无机盐含量为 $0.7\%\sim0.75\%$，无机盐和有机盐中含量最大的是磷酸盐和柠檬酸盐。钾、钠离子大部分以氯化物、磷酸盐及柠檬酸盐形式呈可溶状态存在。钙、镁离子主要与酪蛋白、磷酸和柠檬酸结合。牛乳中钙的三分之二以酪蛋白酸钙、柠檬酸钙形式呈胶体状态存在，三分之一为可溶性盐。若这些盐的不同状态在乳中保持平衡，则牛乳的热稳定性高，反之，牛乳的加工稳定性就低。牛乳中盐的含量会因饲料品种、乳牛健康状况等因素而发生变化。

5. 维生素

牛乳含几乎所有已知的维生素，特别是维生素 B_2 的含量很丰富，但维生素 D 的含量较低。牛乳中维生素 A、维生素 D、维生素 B_2 等对热稳定，而维生素 C 等对热敏感。

6. 酶类

牛乳中的酶有三个来源：乳中含有、微生物代谢生成和体细胞崩解。部分酶对乳品加工有重要意义。

① 过氧化氢酶 过氧化氢酶来源于白细胞，牛乳经 $63.5℃$、30min 杀菌，95% 的过氧化氢酶被钝化，$72℃$、15s 加热则完全钝化，利用过氧化氢酶活力的测定可判断是否异常乳

或乳房炎乳。

② 过氧化物酶　过氧化物酶经 85℃、10s 或 75℃、10min 加热可失活，利用这一性质可检验高温短时杀菌程度。

③ 磷酸酶　牛乳中含有酸性磷酸酶和碱性磷酸酶，酸性磷酸酶存在于乳清中，经 73℃、50min 加热仍有活性，要 95℃、5min 才能完全钝化；碱性磷酸酶吸附于脂肪球膜处，经 63℃、30min 或 72℃、15s 加热可全部失活。利用磷酸酶的这一性质，可判断牛乳的低温巴氏杀菌是否完全，该方法非常灵敏，在巴氏消毒乳中仅含 0.5% 生乳也能检出。

经高温短时间杀菌，已失去活性的碱性磷酸酶，在 5～40℃ 下贮藏后又会部分恢复活力，所以高温短时杀菌牛乳应在 4℃ 下冷藏。

二、牛乳的物理性质

1.色泽和滋味、气味

正常的全脂牛乳呈不透明的乳白色或略带淡黄色。乳白色是由于酪蛋白-磷酸钙的微细颗粒及脂肪球对光线不规则反射和折射造成的，微黄色是核黄素、胡萝卜素和叶黄素所形成。新鲜的优质牛乳具有一种平和、自然的天然乳香，主要是由低级脂肪酸、丙酮酸、醛类、二甲硫醚及其他挥发性物质形成，其香味随温度上升而明显增强。牛乳味微甜，略带咸味，这是因乳中含氯离子，但正常乳在乳糖、脂肪、蛋白质等物质调和下，咸味不易被察觉。

2.冰点和相对密度

牛乳的冰点为 -0.500～-0.560℃，平均为 -0.522℃。牛乳的冰点主要与乳糖及可溶性盐类含量有关，与乳脂肪无关，蛋白质含量对其影响很小。在正常状况下，牛乳中乳糖和盐类的含量变化很小，因此冰点很稳定。冰点上升 0.0054℃，相当于牛乳中掺入 1% 的水。应用冰点上升法可以检出 3% 以上的加水量。牛乳相对密度 ≥1.027，若加水会降低，因脱脂而增大。

3.酸度

酸度是牛乳新鲜度和稳定性的重要指标，酸度高的乳和乳产品新鲜度低，保存性也差，在达到一定数值后即自行凝固变性（见表 5.1）。牛乳酸度有自然酸度和发酵酸度之分，两者之和为总酸度。用酸碱滴定中和结果所得酸度称滴定酸度，一般简称酸度。

表 5.1　牛乳的凝固与酸度的关系

酸度/°T	凝固温度/℃	酸度/°T	凝固温度/℃
18	煮沸不凝固	40	65℃凝固
22	煮沸不凝固	50	40℃凝固
26	煮沸能凝固	60	22℃凝固
28	煮沸能凝固	65	16℃凝固
30	77℃凝固		

自然酸度来源于乳中蛋白质、柠檬酸盐、磷酸盐及二氧化碳等酸性物质，新鲜牛乳的自然酸度为 16～18°T，其中 10～12°T 来源于酸性盐，3～4°T 来源于蛋白质，2°T 来源于二氧化碳。牛乳酸度有以下表示方法。

吉尔涅尔度（°T）：吉尔涅尔度是以酚酞为指示剂，中和100mL牛乳所需0.1mol/L氢氧化钠体积（mL），每消耗1mL为1°T。测定时取10mL牛乳，加入蒸馏水20mL稀释，以酚酞为指示剂，用0.1mol/L氢氧化钠滴定至终点，吉尔涅尔度＝消耗的氢氧化钠体积（mL）×10。新鲜的正常牛乳酸度在16～20°T。吉尔涅尔度是我国标准牛乳酸度表示法。

乳酸百分率：测定方法与吉尔涅尔度相同，按下式计算。

乳酸（％）＝0.1mol/L氢氧化钠体积（mL）×0.009×100/被测牛乳质量（g）

一般新鲜牛乳的乳酸百分率为0.11％～0.16％。

苏克斯列特-格恩克尔度（°SH）：该方法在德国常用，在测定时取50mL牛乳，不稀释，以酚酞为指示剂，用0.25mol/L氢氧化钠滴定。°SH×0.0225＝乳酸％。

第二节 液态鲜乳生产工艺

鲜乳是最基础的乳制品，通过鲜乳加工工艺，可了解所有乳制品的预处理要求。鲜乳按热处理方式可分为消毒乳和灭菌乳两大类。消毒主要是通过热处理降低乳中可能危害人体健康的细菌数量，但不足以杀死牛乳中的耐热微生物；灭菌的热处理强度可使产品中几乎所有的微生物和耐热酶类失去活性，经过热处理的产品包装在密闭容器中，达到"商业无菌"效果。商业无菌是指经杀菌处理后，按照所规定的微生物检验方法，食品中无活的微生物检出，或仅能检出极少数的非病原微生物，但它们在食品保藏期间不能生长繁殖。

液态鲜乳的生产过程如下：原料乳的检验→预处理（净乳、双层120目滤袋过滤、73℃15s杀菌、冷却到4℃贮藏待用）→标准化→脱气→预热→均质→杀菌或灭菌→冷却→（无菌均质）→灌装或无菌灌装→包装→（冷藏）→检验→出厂。

牛乳具有"自杀菌"作用，挤乳后2h不会马上变质，杂菌数大体保持在挤奶后含有的量，这段时间称为"抗菌期"。不同温度下牛乳中的微生物生长速度相差很大，但在4℃以下微生物的繁殖力非常低，可使生乳的保鲜期延长。

一、原料乳的检验

原乳的质量是产品质量的基础。原乳质量在同等级内的轻微差别，会影响产品的风味和保存期，跨等级的较大差别就会影响产品的营养价值，并限制了原乳的用途。根据我国GB 19301—2010《食品安全国家标准 生乳》的规定，生乳的感官指标包括色泽、滋味、气味和组织状态。理化指标包括：冰点－0.500～－0.560℃，相对密度≥1.027，蛋白质≥2.8g/100g，脂肪≥3.1g/100g，杂质度≤4.0mg/kg，非脂乳固体≥8.1g/100g，酸度12～18°T。菌落总数≤2×10⁶cfu/g，污染物、真菌毒素、农药和兽药残留限量都有相应要求。

原料乳除了要采样测定乳固体组分含量和微生物指标外，还要做如下即时检测。

1. 温度检测

IDF（国际乳业联盟）认为牛乳在4.4℃保存最佳，10℃稍差，15℃以上则影响牛乳的质量。

2. 牛乳酸度

牛乳的酸度来源于自然酸度和发酵酸度，牛乳中非脂干物质含量愈高，自然酸度愈大；牛乳中的微生物发酵乳糖产生乳酸，使牛乳酸度升高。符合GB 19301—2010要求，滴定酸度不超过18°T的原料奶适合生产鲜奶、高品质冰淇淋；滴定酸度不超过20°T的原料奶可用于乳粉生产；不超过22°T的原料奶尚可制作奶油，但风味较差；超过22°T的只能用于生产工业干酪素和乳糖。

3.酒精试验

酒精试验可检出酸度超过一定标准的牛乳，还可以检出异常乳（乳房炎乳、盐类不平衡乳以及混入氯化钙溶液的乳等）。酒精试验是利用酒精对蛋白质的脱水作用。正常牛乳对一定浓度及数量的中性酒精的脱水作用是稳定的，否则牛乳蛋白质因酒精的脱水作用发生凝集而结块。操作时取一定量中性的68%～72%浓度的酒精于试管中，加入等量的牛乳并混匀，如出现絮凝，说明酸度较高（表5.2）。

表5.2 不同酸度牛乳与68°酒精混匀时蛋白质的凝固特性

牛乳的酸度/°T	牛乳蛋白质的凝固特性
21～22	很细小的絮片
22～24	细小的絮片
24～26	较大的絮片
26～28	大型的絮片
28～30	很大的絮片

牛乳与68%酒精混合发生絮凝的酸度为20～22°T，与70%酒精发生絮凝的酸度为19～20°T，与72%酒精絮凝的酸度是18°T。如果牛乳中的盐类失衡，乳白蛋白和乳球蛋白含量增多，酒精的浓度提高、pH值下降，都会影响试验结果。

4.掺假掺杂检验

① 掺水检验的一般方法　合格牛乳的冰点为-0.508～-0.546℃，若牛乳中掺入水，则牛乳的冰点会升高。一般可以认为，牛乳冰点为-0.516～-0.546℃时是优质乳，冰点为-0.500～-0.508℃时表明已掺入少量水，高于-0.500℃或低于-0.557℃时为不合格牛乳。

② 掺碱、掺淀粉等物质的常用检验方法　掺杂的目的是增加牛乳密度、降低牛乳酸度、增加牛乳稠度、延长保存期等，掺杂物质可分为电解质类、非电解质类、胶体类和防腐类物质。

掺碱可用玫瑰红酸法和灰分碱度法检验，它们分别适用于掺碱量较多和微量时的检验。玫瑰红酸法是取5mL被检牛乳，加入0.05%玫瑰红酸5mL，呈玫瑰红的为阳性乳，含碱性物质。此法只能用于检出碱性物质较多的牛乳。灰分碱度法是取25mL被检牛乳经水浴蒸干、炭化、灰化后，用50mL热水分数次浸渍，浸出液以酚酞作指示剂，用0.1mol/L的盐酸滴定至无色（见GB 5409）。

掺淀粉的检验采用碘液法，取5mL生乳稍加煮沸，待冷却后加入数滴碘液，有蓝色或青蓝色沉淀物者为阳性，表明其中加有淀粉（米汤）。具体参见GB 5409。掺食盐可用0.01mol/L硝酸银溶液检验，呈黄色的样品为阳性，表明牛乳掺有食盐。掺豆浆、豆饼水的检出采用乙醚、乙醇等比溶液和氢氧化钾溶液混匀，黄色为掺杂牛乳。

二、预处理

真空采乳器采集的生乳杂质较少，但还会有一定的体细胞；以手工采得生乳就可能混有固体杂质。生乳在收奶站经简单的滤网和纱布过滤，在乳品厂得到机械净化。过滤器的特点是过滤能力大，能够连续化生产。过滤时应注意进出口的压差，防止杂质透过滤孔污染奶源。碟片式离心净乳机可以显著提高净化效果，它不但能去除灰尘、沙土等杂质，还能将乳腺体细胞和某些微生物除去。低温杀菌和冷却是为了保证加工前的品质。

三、标准化

标准化是在加工前将生乳的脂肪和非脂乳固体含量恒定化的操作。乳牛品种、饲养地区、季节、饲料种类以及乳牛个体等因素都会影响原料乳的成分。研究数据显示，牧场养殖的原料乳中脂肪、蛋白质等含量高于散养牛乳，我国西部地区奶源乳固体含量高于其他地区，夏季的乳固体含量低于其他季节。但是牛奶产品的质量标准是恒定的，不会随原料的批次而波动，因此，需要对原料成分随时进行调整。

因乳脂肪很容易从乳浆中离心分离，因此在实际操作中，往往先将原乳的脂肪离心脱除，然后再定量加入（见图5.1）。乳脂量不足需加稀奶油，乳脂量过高可加脱脂乳，加入量用图5.2方块图解法计算。图5.2中 x 是原料量，p 是原料含脂率（%），y 是稀奶油或脱脂乳量，q 是 y 物料的含脂量（%），r 是原料乳应达到的含脂量（%）。

$$x(p-r)=y(r-q)。$$

蛋白质的标准化问题是国际乳品界一直在探讨和谋求法规化的热点问题，蛋白质标准化在

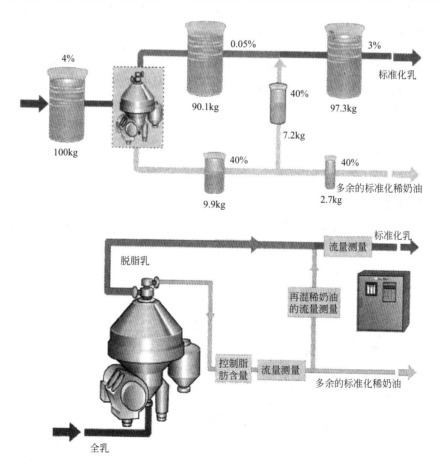

图5.1　标准化原理示意图

营养、法规、消费者利益、经济学等诸方面都很有意义，而且膜分离等技术为蛋白质标准化提供了技术保障，蛋白质标准化已成为不可回避的问题。但是目前只有保藏乳，如加糖炼乳和乳粉的蛋白质标准化是法规准许的，国际乳品联合会可能在必要时候建议对"乳与乳制品原则法典"进行修改，对乳制品进行蛋白质的标准化。

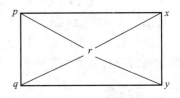

图 5.2　乳脂肪标准化计算图

四、脱气

牛乳刚被挤出后含 5.5%～7% 的气体，经过储存、运输和收购后气体含量可达 10% 以上，这些气体存在会影响牛乳计量的准确度，促使脂肪球聚合，并使巴氏杀菌机中结垢增加。脱气操作是将牛乳预热到一定温度，泵入真空脱气罐，气体和部分牛乳在真空环境中蒸发，牛乳在脱气罐顶部被冷凝回收，不凝性气体得到排除。脱气后的原料乳能够排除牛乳中含有的饲舍气味，在高温杀菌时也不易结焦。

五、均质

均质是借助均质机的剪切力和压力使牛乳高速通过狭缝，在湍流与气穴的联合作用下打碎乳中的脂肪球，使脂肪球的平均直径变小，从而增大脂肪球从乳浆中吸附酪蛋白的量，增大脂肪球的相对密度，以减缓脂肪球的上浮趋势。均质处理不仅增加了牛乳的稳定性，还使牛乳更易于消化吸收，提高了乳的营养价值，改善了口感。

牛乳均质条件是：温度 58～60℃，第一段压力 180～200kgf/cm²，第二段压力 35kgf/cm²。温度对均质效果影响很大，低温时乳脂肪呈固态或塑态，不但不易破碎，而且有时会使脂肪球成奶油粒，因此，牛乳在均质前必须预热到适当温度。经第一段压力均质后，密集的小脂肪滴有重新凝聚的趋势，需要第二段低压冲击，使其重新分散，而小脂肪滴有时间重新分配脂肪球膜。

均质牛乳的色泽更白，风味更突出，更容易产生日照气味，对脂肪酶的敏感性也更高，因此，均质后应立即杀菌。

六、杀菌和冷却

杀菌的目的是杀死乳中所有病原微生物、部分非病原微生物及钝化酶活性（见图 5.3）。乳品杀菌的条件有下列几种。

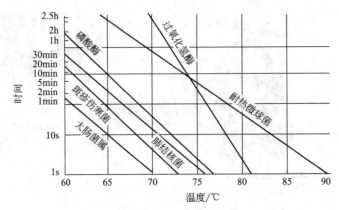

图 5.3　温度和时间对细菌和酶的影响

（1）低温长时间巴氏杀菌法　63～65℃保持30min，该方法能杀死牛乳中的各种生长型致病菌，杀菌率可达99%，但对部分嗜热菌及芽孢等则不易杀死。

（2）高温短时间巴氏杀菌法　72～75℃保持15～20s，或80～85℃保持10～15s。国际乳品联合会（IDF）推荐，新鲜乳的高温短时间杀菌工艺为72～75℃保持15～20s，稀奶油（脂肪含量10%～20%）的杀菌为80℃以上保持15s。

（3）超高温瞬时灭菌法（UHT）　在135～150℃经0.5～2s加热后迅速降温。UHT能彻底杀灭所有细菌营养体和芽孢。

（4）超巴氏杀菌乳　超巴氏杀菌乳也称ESL乳。ESL即延长货架寿命，是热处理产品的一个专用术语，ESL乳并没有一个法定的概念，在广义上ESL乳是比巴氏消毒牛乳货架期更长的产品。生产ESL乳的基本原理是减少生产和包装过程中的再次污染，以延长产品货架期。ESL乳消毒方式并没有特殊的规则，常用125～138℃保持2～4s，但ESL乳不要求在无菌环境条件下包装，所以产品并非完全无菌状态，这就要求有高水平的生产卫生条件和严格的分送温度（不宜超过7℃），温度越低，货架期越长。

UHT牛乳由于常温贮存时会因氧化产生不新鲜的味道，脂肪分离，处理后存活的酶水解蛋白和脂肪导致口味不良变化，而ESL乳克服了上述缺陷，提供了销售效益、口感和营养价值方面的优势，在北美的保质期一般为45～60d，从而受到广泛关注。

（5）采用微滤技术与巴氏杀菌相结合生产ESL乳　采用微滤技术可将乳中的细菌和芽孢几乎完全除去，这一方法因陶瓷膜技术的进步而能够实现。采用低于10^5Pa的压力，可以实现高流量长时间连续运转。因为膜的孔径大约$1\mu m$，脂肪球也会被截留，因此乳脂肪应首先被分离（见图5.4）。在微滤过程中，0.1%～1%的菌体细胞可透过滤膜，蜡状芽孢杆菌可透过率<0.05%。通过采用孔径更小的膜可以更有效地降低菌数，甚至达到无菌状态，但这会降低流量和可连续运转时间。截留液占初始体积的比例很小，截留液与稀奶油一起经130℃灭菌4s，与过滤后的脱脂乳重新混合之后，经均质并最后在72℃巴氏杀菌15～20s，然后冷却到4℃。部分稀奶油与脱脂乳重新混合，生产脂肪标准化的巴氏杀菌乳。

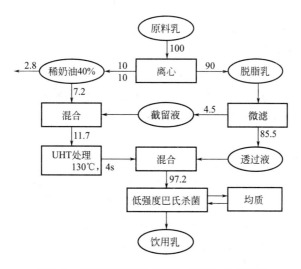

图5.4　采用微滤处理的巴氏杀菌乳加工过程

（图中数据表示比例关系）

对于杀菌彻底、货架期长的牛奶，可以增加一道无菌均质，防止发生沉淀。

七、灌装

对不同的包装材料、不同的保藏条件，灌装的条件也不同。对于无菌灌装系统需要有无菌灌装空间，在异地制造的包装材料需经双氧水与热处理，达到无菌后使用；在灌装现场高温成型的包装材料则无需再灭菌。需冷藏产品的灌装条件要求相对较低，但灌装空间和包装材料也需经严格杀菌后才能使用。产品在出厂前必须经过检验，达到国标或企标后方能出厂；对需冷藏的产品，在运输和销售过程中还必须配备冷藏链。

巴氏消毒乳在低温长期贮存时因嗜冷微生物的生长而造成了质量问题，这些嗜冷菌的存在是因为巴氏消毒后的污染。ESL 系统设计了包装机和环境的控制方法，将灌装机/包装机安装在有 HEPA 过滤器封闭仓里。HEPA 过滤器可以除掉所有酵母、霉菌、细菌以及小到 $0.3\mu m$ 的颗粒，使包装机所处的封闭仓环境达到无菌级，空气清洁系统和无菌乳包装机器非常相似，包装材料也要进行杀菌和消毒处理，通常与无菌包装材料处理相似，同时辅以冷链系统，从而可以延长产品的货架期。

第三节　发酵乳生产工艺

一、酸乳的定义与分类

联合国粮农组织、世界卫生组织和国际乳品联合会在 1977 年对酸乳的定义是：酸乳是指乳与乳制品（杀菌乳或浓缩乳）在保加利亚乳杆菌和嗜热链球菌的作用下，经发酵得到的凝固乳制品，可任意添加乳粉、脱脂乳粉、乳清粉等。在最终产品中必须大量存在这些微生物。本定义明确地指出了酸乳的原料、产酸途径、产品形态和活菌要求。

需要说明的是，很多研究显示乳酸菌杀菌后依然保持着乳酸菌活菌的健康作用。可以在室温下保藏数月的杀菌酸奶冠以"发酵乳"的商品名，专项研究显示同样具有良好的生理作用，如肠道乳杆菌数量显著增加，产气荚膜杆菌数量显著下降，肠道乙酸、丙酸、丁酸含量以及短链脂肪酸总含量均显著上升，市场以积极的姿态予以认可。

酸乳可以有不同的分类方法，最常用的如下。

1. 按成品的组织状态分类

① 凝固型酸乳：其发酵过程在包装容器中进行，从而使成品因发酵而保留其凝乳状态。

② 搅拌型酸乳：成品是先发酵后灌装而得。发酵后的凝乳已在灌装前和灌装过程中搅碎而成黏稠状组织状态。

2. 按成品口味分类

① 天然纯酸乳：产品只由原料乳加菌种发酵而成，不含任何辅料和添加剂。

② 加糖酸乳：产品由原料乳和糖加入菌种发酵而成。

③ 调味酸乳：在天然酸乳或加糖酸乳中加入香料而成。

④ 果料酸乳：成品是由天然酸乳与糖、果料混合而成。

⑤ 复合型或营养健康型酸乳：通常在酸乳中强化不同的营养素（维生素、食物纤维等）或在酸乳中混入不同的辅料（如谷物、干果等）而成。

3. 按原料中脂肪含量分类

据 FAO/WHO 规定将酸乳分为如下三类。

① 全脂酸乳：脂肪含量为 3.1%。
② 部分脱脂酸乳：脂肪含量为 0.5%～3.0%。
③ 脱脂酸乳：脂肪含量为 0.5%。

二、酸乳发酵剂及其生理功能

1. 酸乳发酵剂的特征菌相和功能

酸奶发酵剂的特征菌相由嗜热链球菌和保加利亚乳杆菌构成。嗜热链球菌是微需氧的革兰氏阳性菌，直径 0.7～0.9μm，成对或连成长链（见图 5.5）。产乳糖酶，能降低肠道 pH 值，分泌细菌素，生成多糖，产生超氧化物歧化酶（SOD），抑制胆固醇合成酶活性，因此具有减缓乳糖不耐、降低血清胆固醇、促进肠蠕动、具有抗肿瘤活性的作用、清除自由基等功能。保加利亚乳杆菌是德式乳杆菌的亚种，厌氧、革兰氏阳性，成单或成链，平均长度 (0.8～1.0)μm×(4～6)μm（见图 5.6）。

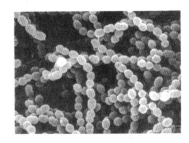

图 5.5　嗜热链球菌

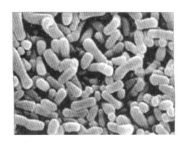

图 5.6　保加利亚乳杆菌

2. 嗜热链球菌与保加利亚乳杆菌的共生关系

嗜热链球菌与保加利亚乳杆菌为共生菌，研究表明，保加利亚乳杆菌能使各种氨基酸从酪蛋白中游离出来，促进嗜热链球菌生长，其中最主要的氨基酸是缬氨酸。其他研究表明，组氨酸和甘氨酸能促进嗜热链球菌的生长，可缩短嗜热链球菌细胞世代间隔和增加菌数，其结果在培养初期嗜热链球菌迅速增殖，1h 后菌数可达到保加利亚乳杆菌的 3～4 倍。而嗜热链球菌释放的甲酸又能促进保加利亚乳杆菌的生长（见图 5.7），当 pH 值从 6.5 下降到 5.5 时，保加利亚乳杆菌的生长开始加快，而嗜热链球菌的生长由于乳酸的抑制作用逐渐减慢。保加利亚乳杆菌对酸的敏感性较差，在介质 pH 值为 4.0～4.5 时，其细胞内 pH 值还能维持在中性附近；当介质 pH 值在 3.5 时，菌体内 pH 值在 4.4，其新陈代谢活动才受到抑制。

共生关系还体现在二菌配合使用时，凝乳时间比使用单一菌种短。在 40～45℃，两菌混合使用时的凝乳时间是 2～3h，而使用单一菌种时，在相同接菌量条件下，凝乳时间要长得多（见图 5.8）。

研究表明，嗜热链球菌与保加利亚乳杆菌之间的比例为 1.5∶1 时，有助于促进这两种菌维持更好的共生关系，生产的酸乳质量是最优的。但为了控制后酸化作用，可以扩大嗜热链球菌与保加利亚乳杆菌之间的比例。嗜热链球菌与保加利亚乳杆菌混合培养时，菌数的比例变化如表 5.3 所示。当酸度达到 100°T 时，两菌的比例基本达到 1∶1；继续发酵则比例进一步提高，当酸度达到 250°T 时，嗜热链球菌可能死灭，只剩保加利亚乳杆菌生存。

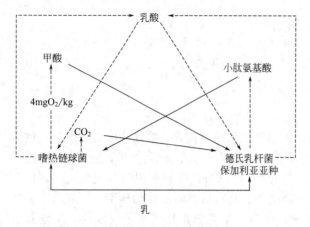

图 5.7　酸奶发酵过程中球菌与杆菌的
相互生长促进关系

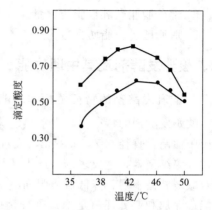

图 5.8　嗜热链球菌与保加利亚乳杆菌的
混合培养物与相应纯培养物的
产酸能力的对比
■ 混合培养物产酸量；— 纯培养物产酸之和

表 5.3　酸度对酸乳中嗜热链球菌与保加利亚乳杆菌的影响

酸度/°T	嗜热链球菌/$\times 10^6$	保加利亚杆菌/$\times 10^6$	杆菌与球菌之比
28	200	37	0.18
38	440	86	0.20
56	480	170	0.35
68	560	230	0.40
75	580	400	0.64
91	600	470	0.78
101	570	530	0.93
120	560	720	1.28

3.酸乳发酵剂其他菌种和功能

嗜酸乳杆菌存在小肠中，释放乳酸、乙酸，调整肠道菌群平衡，对大肠杆菌、金黄色葡萄球菌有明显的拮抗作用，是人体主要益生菌之一。嗜酸乳杆菌具有较强的蛋白质分解能力，使发酵乳具有较高的营养价值。双歧杆菌可维护肠道正常菌群平衡，抑制病原菌的生长，防止便秘、腹泻和胃肠障碍等，还具有抗肿瘤、改善人体的耐乳糖性、增强人体免疫机能、抗衰老等功能。干酪乳杆菌具有缓解乳糖不耐症，增强人体免疫力，缓解过敏，降低血清胆固醇以及预防癌症和抑制肿瘤生长等作用。植物乳杆菌 NDC 75017 可耐受 pH3.0 及 0.3g/100mL 胆盐环境，具有体外降胆固醇作用，可以作为降胆固醇的潜在益生菌。此外，谢氏丙酸杆菌具有合成维生素 B_{12} 能力，明串珠菌属能合成维生素 B_2 和维生素 B_{12}，嗜酸乳杆菌能合成烟酸、维生素 C 和维生素 B_{12}。明串珠菌和 *Str. diacetilactis* 能同时生成联乙酰和乙偶姻；*Str. lactis var. taette* 能够产黏，可改善酸乳的硬度；*Pediococcus acidiltici* 能产乳酸链球菌素，可起到防止污染菌对酸乳发酵影响的作用。

三、酸乳生产工艺过程

酸乳的生产工艺流程如下：

搅拌型酸奶：原料乳→净化→脂肪含量标准化→增加乳固体→预热→均质→热处理→冷却（42~44℃）→添加发酵剂→保温培养→冷却（18~20℃）→灌装（可同时添加已杀菌的果料）→冷藏。

凝固型酸奶：原料乳→净化→脂肪含量标准化→增加乳固体→预热→均质→热处理→冷却（约4℃）→添加菌种→灌装（可同时添加已杀菌的果料）→在发酵库中升温并培养（42~44℃）→冷却→冷藏。凝固型酸奶生产线如图5.9所示。

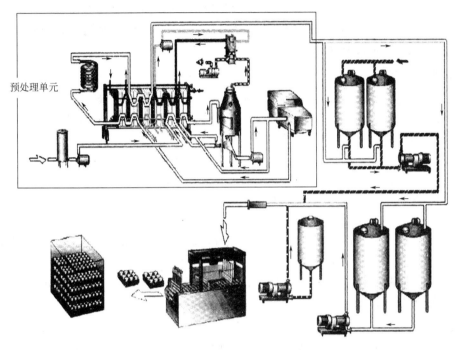

图 5.9　凝固型酸奶的生产线

━━ 牛奶/酸奶；▬▬ 热介质；▰▰▰▰ 发酵剂；▭▭▭▭ 冷介质；◨◨◨ 蒸汽；▭▭▭ 果料/香料

1. 原料乳

乳中总固体含量，尤其是蛋白质的增加能够改善酸乳风味、减轻酸味感、提高酸乳的硬度和黏度并防止乳清析出。原料乳总乳固体含量不低于 11.5%，其中非脂乳固体的含量不低于 8.5%，细菌总数≤50 万个/mL。原料乳可以用鲜乳浓缩而成，也可以用乳粉复水再制，但不能用初乳、末乳、乳房炎乳，不得有抗生素残留。

2. 热处理

酸乳原料的热处理条件是 85~90℃下加热 5~10min。乳清蛋白完全变性的条件是77.5℃，1h；80℃，30min；90℃，5min。乳清蛋白的变性，会对蛋白质亲水性产生良好影响，可明显提高酸乳的硬度。热处理条件不足，酸乳凝胶强度不够，而在 95℃，10min 以上条件加热，同样会影响蛋白质的亲水能力。此外，经 90℃，5min 热处理，酪蛋白虽然本质上没有变化，但其乳凝胶的弹性却获得很大改善。

3. 添加发酵剂（接种）

用于生产的发酵剂可以是纯菌株或工作发酵剂。纯菌株是由专业生产菌种企业生产的高活力菌种干粉或浓缩液，其中的菌体含量配比合理。以纯菌株为发酵剂生产的酸乳质量稳定，风味最佳，但生产成本较高。以少量纯菌株为菌种经第一次发酵成 0.5～1L 酸乳，称母发酵剂；以母发酵剂为菌种继代培养成 5～20L 的扩大菌种称中间发酵剂；进一步扩大培养后用于生产的菌种称生产发酵剂。生产发酵剂已经过数代培养，菌体量配比不可避免地发生偏差，因此，生产的酸乳风味较差，但生产成本较低。

发酵剂的加入量有一定要求，接种量过低，容易发生保加利亚杆菌生长不良现象，产酸可能受阻，酸生成极不稳定；菌种添加量过多，会给最终产品的组织结构带来缺陷。酸生成过快或酸度过高时，会给芳香物质的生成造成阻碍。一般纯菌株的添加量按其活力确定，而生产发酵剂产酸活力在 0.7%～1.0%，接种量为 2%～4%。接种时应根据培养温度、菌种的产酸能力、发酵后的冷却速度以及乳的质量加以调整。

4. 培养后的冷却

酸乳发酵到一定酸度后尽快冷却，以迅速抑制乳酸菌生长的酶的活力，防止产酸过度。冷却过程应分段进行。在正常发酵期，细菌处于对数增殖期，对生长环境的变化特别敏感，温度从 42～44℃ 骤降到 35～38℃，可以有效降低乳酸菌的生长繁殖速度，酸生成速度几乎与酸乳凝胶体温度平行下降；在第二阶段，温度下降到 19～20℃，可完全抑制乳酸菌的生长；当温度继续下降到 10～12℃，乳酸发酵被有效抑制；最后冷却到 0～5℃，即酸乳的贮藏温度，可将酶的活性控制在最低限度。酸乳的冻结点约在 −1℃，因此酸乳不能低于 0℃ 保藏。

冷却的强度也有一定的要求，冷却迟缓，会使酸乳过熟和添加的果肉脱色；冷却过快，会造成酸乳凝胶体收缩，造成乳清分离。对天然酸乳，要求冷却间隔的 pH 变化在 pH 0.2～0.25，间隔过小，酸乳将不能后熟；果味酸乳间隔为 pH 0.8。在任何场合下，冷却终点的 pH 都不能低于 pH 4.5。

5. 酸乳的成熟

酸乳在出厂前需在 2～7℃ 冷藏 12～24h，进行一定程度上的成熟，目的是促进酸乳芳香物质的产生和改善硬度，香味物质形成的高峰期一般是终止乳酸发酵后第 4h，也有研究认为时间更长；如能在 16～17℃ 进行 2h 的特别成熟则酸乳的风味最佳。

四、酸乳凝胶体的结构

酸乳的凝胶体主要是由酪蛋白的等电点沉淀，同时伴随着变性乳清蛋白的共沉，在沉淀中包含着脂肪球和乳清（可溶成分）组成的三相结构，外观呈白色、不透明的光滑、柔软的蛋奶羹状。

五、影响酸乳硬度和乳清分离的因素

酪蛋白以微细的颗粒或分子团状态存在于牛乳中，酪蛋白酸钙-磷酸钙粒子在正常组成的牛乳中处于非常稳定的状态，与牛奶的液相保持均衡。这是由于带电荷的粒子和以 3:1 比率存在的 αs-酪蛋白和 κ-酪蛋白的分子团之间相互作用的结果。随着乳酸菌的增殖，牛乳酸度增加，钙和磷逐渐地从酪蛋白粒子中游离出来，成溶解状态。pH 值一旦达到 5.2～5.3，酪蛋白粒子就变得不稳定，开始沉淀；在 pH 4.6～4.7 的等电点，酪蛋白粒子完全沉淀，此时结合在酪蛋白中的盐类完全游离。游离的钙大部分与乳酸结合，形成乳酸钙。在酸生成过程中，在 pH 6.6～5.3 范围内，酪蛋白粒子的平均大小比较稳定，当 pH 值在 5.3～4.6 或低于此值时，酪蛋白开始不稳定和发生粒子凝集，分子团变大。

乳清蛋白的变性，将会造成在酸性范围内的溶解性降低，在酸奶生产中当 pH 达到 4.6～4.7 时的凝固性减小。此外，乳清蛋白的变性将会导致巯基的活性化、氧化还原电位的下降（它会影响酸奶菌的生长）、变性乳清蛋白之间的相互反应以及 κ-酪蛋白和 β-乳球蛋白之间的相互特异反应等化学反应或相互作用。最后的反应将造成凝固物的结构和黏度发生变化，呈现出软凝块的性质。在酸性条件下酪蛋白粒子的凝聚与变性乳清蛋白质的共沉结果，在构造上出现不均匀的积聚，甚至呈纤维状。

酸乳凝胶体中有三种不同状态的水分，即结合水、毛细管水及自由水。结合水是和蛋白质结合的水。蛋白质的水合对酸奶的硬度有良好的影响，但是过剩的水合或者不充分的水合也会使凝胶体硬度减弱。毛细管水是呈纤维状分布在凝聚颗粒间的水。自由水非常微细地分布于凝胶体中，含量非常多。自由水的稳定性明显地受蛋白质水合性所支配，如果蛋白质不充分或其他不良状况发生，凝胶体中自由水的稳定性会明显地降低，从凝胶体中析出，上浮于酸乳表面形成乳清析出。

影响酸奶硬度，同时也影响黏度和乳清分离的因素中特别重要的是牛乳的总固体，尤其是蛋白质含量和牛乳的热处理条件。此外，还有乳清蛋白质的变性、均质处理、酸奶酸度、酸奶的冷却温度、牛乳中的盐类含量以及乳酸菌的蛋白质分解活力等。对加工条件的研究显示，影响凝固型酸奶硬度的因素依次为：发酵温度＞后熟时间＞发酵时间。在发酵时间为 4.5h，发酵温度为 44℃，后熟时间为 16h 所得产品质量最佳。

1. 牛乳中蛋白质含量

结合水随着牛乳中的蛋白质含量增加而增加，凝胶体的硬度也随之增加。如果添加 2% 左右的脱脂乳或将牛乳浓缩 10%～15%，酸奶的硬度就会显著提高。这时在增加蛋白质的同时，乳糖及盐类等其他成分也增加。因为乳糖也含有一定程度的结合水，所以调整乳固体，可使酸奶的硬度达到令人满意的状态。

2. 牛乳的加热处理

生产酸乳用牛乳的最佳处理条件是 90℃ 加热 5～15min，低于此温度时，酸奶的硬度就会变得较软。关于 UHT 乳制造酸奶，有人报道：用 130℃ 加热 15～45s 或 140℃ 加热 15s 的牛乳制造的酸奶比用 85℃ 加热 5min 牛乳制造的酸乳黏度低。但添加 2% 脱脂乳粉后的牛乳，以 135℃ 加热 15s 所制造的酸乳黏度与 85℃ 加热 5min 制造的酸乳黏度相同。

将预先调整乳固体的牛乳，在 95℃ 以上温度，特别是在 95℃ 加热 10min 以上时，与 80℃ 或低于 80℃ 加热 5～10min 的情况相同，均对蛋白质的亲水性有不良影响。

3. 乳清蛋白的变性

酸奶的细微结构也受牛乳的加热处理，特别受乳清蛋白变性的种类和其程度所影响。用 90℃ 加热的牛乳制造的酸奶与用 HTST 杀菌乳制造的酸奶比，其硬度大两倍。

4. 均质

将脂肪球破碎后，会使微小的脂肪球机械地分布于凝胶体中，而给酸乳的硬度和黏度带来很好的影响。而脂肪与蛋白质间的相互反应，使酪蛋白粒子的结构发生变化，因此能够形成软凝块的凝固状态，牛乳蛋白质的消化性得以提高。

5. 酸度

酸化之程度也将影响酸奶的结构和硬度及乳清分离。pH 4.6 以上的酸奶，因蛋白质水合不充分，结构形成不充分，硬度不好，以致发生乳清分离。pH 值 4.6 及 4.6 以下时，酸化使蛋白质的水合性增加。另外，高酸度也会促进凝乳收缩，由于蛋白质之亲水性降低而引起乳清分离。在正常的 pH 范围，即 pH 4.6～4.0 时，酸奶的结构正常，不会发生乳清分离。当混合不充分或者培养过程中的牛乳加热不均匀、牛乳中的菌株分布不均等场合，也会发生乳清分离。

6. 温度

酸乳在培养或贮藏中，当温度过高时会引起凝乳收缩，出现乳清分离。温度过低也会由于蛋白质的过剩水合造成乳清分离。酸乳培养结束后的冷却及贮藏、销售期间的温度对凝乳的硬度有很大影响。一般情况下，低温可改善酸奶的组织，温度升高易造成组织液化，使酸奶变软。冷却速度应该适当，过快的降温速度同样产生凝乳收缩。

7. 牛乳的盐类

牛乳的盐类含量，特别是盐类的平衡也影响蛋白质的水合性。不适当的盐类平衡会造成低硬度和乳清分离，通过添加氯化钙可防止这一缺陷。复合大量奶源一起生产加工，也能够防止盐类组成的不平衡。

8. 蛋白质分解酶

乳酸菌具有的蛋白质分解酶能将蛋白质缓慢水解，使蛋白质的结构和亲水性发生变化。保加利亚乳杆菌菌株间蛋白质分解活性的差异，能影响蛋白质的亲水性和酸乳的硬度。

9. 菌株和菌种组成

酸乳菌种中嗜热链球菌与保加利亚乳杆菌的最佳比例是 1∶1，培养结束后天然酸乳中两菌的比例应为 (1∶2)～(2∶1)。由于保加利亚乳杆菌的耐酸能力较强，因此，接种量大、培养时间长都会提高产品中杆菌的比例。这将影响后发酵的产酸量。

具有生成某种黏液能力的乳酸菌会影响产品的黏度，但过量添加产生黏液的菌株是不适合的。

10. 搅拌型酸奶中凝胶体的机械处理

由于冷却、加果料和灌装的需要，凝胶体结构要受到一定的破坏。机械处理方法对搅拌型酸奶的结构和黏度也有显著影响。在搅拌过程中一旦卷入气泡，就会在气泡内或其周围积聚分离的乳清，以致严重损害凝胶体的结构。在管道移送时速度和压力要低，阀门必须完全打开，管道表面清洁光滑，弯道要少，移送泵应使用容积泵。

为了使酸乳在贮藏中重新凝结完整，搅拌处理应在低于 40℃的温度下进行，在温度 0～7℃，pH 4.03～4.40 范围内进行搅拌可得到最佳结果。太高的温度，例如在培养结束时进行搅拌，就会使蛋白质的纤维结构凝聚不完全，凝乳的硬度不充分，产生凝乳粒和凝胶体结构的不可逆的损伤，引起乳清分离。

六、酸乳的风味物质

酸乳在制造过程中，其主要产物乳酸和少量的副产物是通过乳酸发酵形成的。后者有羰基化合物、挥发性脂肪酸和醇类。乳酸有助于酸奶的酸味和爽口，副产物会给酸奶带来独特的令人满意的芳香味。

酸奶的芳香味是由发酵过程与乳成分的加热分解产生的挥发性化合物混合的结果。这些化合物中的一部分成为酸奶的芳香味和风味的基础物，而另一部分参与芳香物质之间的平衡。

乙醛是酸奶必不可少的特征风味物质。乙醛最重要的前体物质是苏氨酸，但乳中游离苏氨酸含量很低，在发酵过程中杆菌水解乳蛋白质可以产生苏氨酸。酸奶中乙醛的含量约为10mg/kg（0.2mmol/L）。酸奶中球菌产生的丁二酮较少，主要是杆菌代谢产生丁二酮。酸奶中杆菌不分解柠檬酸，在糖代谢过程中产生的丙酮酸是丁二酮唯一的前体物质。酸奶中丁二酮含量为0.8～1.5mg/kg（0.01～0.02mmol/L）。

除乙醛和丁二酮以外，酸奶中还存在其他羰基化合物，如丙酮和3-羟基丁酮（表5.4）。酸奶中风味物质的含量随菌种构成比例、球菌和杆菌不同菌株而变化，同时也受乳类品质的影响。

表5.4　酸奶发酵剂菌种产生的风味物质

菌种	乙醛/(mg/kg)	丁二酮/(mg/kg)	丙酮/(mg/kg)	3-羟基丁酮/(mg/kg)
嗜热链球菌	1.0～8.3	0.1～13.0	0.3～5.3	1.5～7.0
保加利亚乳杆菌	1.4～12.2	0.5～13.0	0.3～3.3	痕量～0.2
混合菌种	2.0～41.0	0.4～0.9	1.3～4.0	2.2～5.7

七、酸乳质量控制

乳品厂在酸乳生产过程中会出现质量问题，表5.5列出了一些经常出现的问题和可能存在的原因。

表5.5　酸乳生产过程中可能出现的问题和解决办法

问　题	可　能　原　因	解　决　办　法
黏稠度偏低	乳中蛋白质含量太低	增加乳蛋白质含量
	热处理或均质不充分	调整工艺条件
	搅拌过于激烈	调整搅拌速度
	加工过程中机械处理过于激烈	用正位移泵,降低泵速
	搅拌时温度过低	提高夹套出水温度
	酸化期间凝块遭破坏	调整加工条件
	菌种	选用高黏度菌种
凝块中含有气体	管道泄漏从而使空气进入	检查管道,尤其连接口
	搅拌过于猛烈	调整搅拌速度
	酵母或大肠菌等产气菌污染	找出污染源
乳清析出	干物质、蛋白质含量低	调整成分比例
	脂肪含量太低	增加脂肪
	均质热处理不充分	调整工艺条件
	接种温度过高	降温至43℃
	酸化期间凝块遭破坏	调整加工条件
	乳中有氧气	真空脱气
	过度酸化	确保充分酸化
	菌种	选用高黏度菌种
	灌装温度过低(搅拌型)	提高温度至20～24℃

问 题		可 能 原 因	解 决 办 法
颗粒状结构		磷酸钙沉淀,白蛋白变性	调整热处理强度
		接种温度太低	提高温度大于 35℃
		接种温度过高	降低温度至 43℃
		菌种	选用高黏度菌种
口味缺陷	太酸	冷却时间太长	调整加工工艺
		储存温度过高	降低储存温度
		接种量过多	减少至 0.02%
		菌种	换用后酸化弱的菌种
	苦味	接种量过大	减少接种量至 0.02%
		菌种	更换菌种
	太甜	甜味剂用量大	减少甜味剂的用量
结构缺陷	呈黏丝状	高黏度菌种	减少蛋白质含量
			增加机械强度
			调整发酵温度
			改用低黏度菌种

第四节　乳粉生产工艺

乳粉是以乳或乳产品为原料，经浓缩、干燥工艺制成的固态乳产品，其中可以根据需要添加糖和其他营养素。以天然全乳为原料制成的是全脂乳粉，要求蛋白质不低于非脂乳固体的 34%，脂肪不低于 26%；以脱去乳脂肪的牛乳为原料，可添加营养强化剂的生产的是脱脂乳粉，蛋白质不低于非脂乳固体的 34%，脂肪不高于 2%；全脂加糖乳粉蛋白质不低于 18.5%，脂肪不低于 20%，蔗糖不超过 20%。配方乳粉、（脱盐）乳清粉、酪乳粉等也属于乳粉系列。乳粉干燥方法有冷冻干燥法、喷雾干燥法、滚筒干燥法，综合产品质量、生产能力和运行成本等因素，一般采用喷雾干燥工艺。

一、全脂乳粉生产工艺

全脂乳粉的生产工艺流程为：原料验收→净化→冷却→贮存→标准化→预热杀菌→真空浓缩→喷雾干燥→冷却→过筛→包装→检验→出厂。

1.原料

用于生产乳粉的牛乳必须在一级品以上，酸度超过 20°T 会严重影响乳粉的溶解度，在保藏过程中容易发生酸败。乳粉在复水后应还原到鲜乳状态，因此，原料乳需标准化到鲜乳国标要求。

2.预热杀菌

由于乳粉在常温下的保藏期长，脂肪酶、蛋白酶、过氧化物酶的残留会对产品的风味、色泽造成严重影响，必须加以钝化；此外，产品中不得有致病菌检出，大肠杆菌和杂菌数也有严格标准。对原料乳的杀菌可以达到以下目的。

① 杀灭存在于牛乳中的全部病原微生物和绝大部分其他微生物，使产品中微生物残存量达到国家卫生标准的要求，成为安全食品。

② 破坏牛乳中各种酶的活性，尤其要破坏脂酶和过氧化物酶的活性，以延长乳粉的保存期。

③ 提高牛乳的热稳定性。

④ 提高浓缩过程中牛乳的进料温度，使牛乳的进料温度超过浓缩锅内相应牛乳的沸点，杀菌乳进入浓缩锅后即自行蒸发，从而提高了浓缩设备的生产能力。牛乳的进料温度等于浓缩锅内牛乳的沸点，也同样可提高设备的生产能力，并可减少浓缩设备加热器表面的结垢现象。

⑤ 高温杀菌可提高乳粉的香味，同时因分解含硫氨基酸而产生活性巯基，提高乳粉的抗氧性，延长乳粉的保存期。

脱脂乳粉原料奶的热处理程度有低热（75℃，15s）、中热（75℃，1～3min）和高热（80℃，30min 或 120℃，1min），全脂乳一般不进行热分类，常用 85～95℃数分钟，以保证内源性酶的钝化。

3. 真空浓缩

牛乳中的 87% 以上都是水，未经浓缩直接干燥的乳粉有许多缺点，通过浓缩可达到如下目的。

① 提高产品的色、香、味、形　浓缩后干燥的乳粉色泽奶黄到淡黄，而直接干燥的乳粉灰白暗淡；经浓缩的乳粉乳香浓郁、滋味充足，未经浓缩的乳粉乳香淡薄，缺乏乳粉滋味；经过真空浓缩的乳粉分散性、冲调性好，反之则性能相反。

② 节约能源和设备　喷雾干燥时蒸发 1kg 水需耗用 2.8～3.2kg 蒸汽，真空浓缩只需 1～1.2kg；未浓缩乳喷干需要的干燥室体积比正常的大三分之一，设备投资高。

③ 便于包装　直接干燥乳粉因颗粒小，密度低，包装过程中容易发生粉尘飞扬和黏滞，包装材料也需多耗 10%。

一般全脂乳浓缩到 11.5～13°Bé，相当于含固形物 38%～42%；脱脂乳粉浓缩到 20～22°Bé，乳固体含量 35%～40%；全脂甜乳粉浓缩到 15～20°Bé，相当于干物质含量 45%～50%，乳温一般在 47～50℃。真空度是浓缩过程的关键之一，真空度过低，乳温必然上升，乳蛋白变性加剧；真空度过高，乳的沸点过低，沸腾面就低，将影响蒸发效率。除蒸发浓缩外，也可采用超滤、反渗透进行浓缩，但成本较高，使用不普遍；冷冻浓缩已经可以工业化。

4. 喷雾干燥

① 喷雾干燥的工艺过程　在喷雾干燥设备内，浓缩乳依靠机械力（高压或离心力）的作用，通过雾化器成为雾状微粒（其直径为 10～400μm），并与干燥介质接触，在接触瞬间进行强烈的热交换与质交换，使浓缩物料中的水分绝大部分在短时间内被干燥介质带走，完成干燥。雾化液滴的大小，特别是液滴大小的分布对乳粉的功能特性非常重要。

根据独立干燥段的数目，喷雾干燥设备有一级、二级及多级喷雾干燥。对于一级干燥，整个干燥过程是在圆锥形干燥室内进行的，决定最终产品质量和干燥效率的关键工艺参数是进风温度和排风温度。乳粉干燥过程中典型进风温度和排风温度分别为 160～220℃和 70～90℃，干燥过程中乳滴温度不会高于 70℃。经过恒速干燥阶段和降速干燥阶段，由于水分的蒸发，液滴表面形成一个干硬的壳，使蒸发速率降低。如果形成的硬壳太厚，导致表面硬化，阻止了进一步干燥，如果在干燥结束时暴露于较高的温度下，乳粉颗粒内部的水蒸气和空气发生膨胀，形成大的空泡，乳粉颗粒有可能破裂，导致细粉增加。因此，必须控制干燥速率，保证在降速干燥阶段结束时加热和干燥也能完成。

一级干燥需要较高的温度，导致产品的速溶性差，并容易产生焦粉。在二级或多级干燥系统中，经初级干燥的乳粉水分含量较高（10%~15%），可在后一级继续进行干燥（图5.10）。二级或多级干燥以改进乳粉的特性，提高干燥效率，并可用于较浓物料的加工。

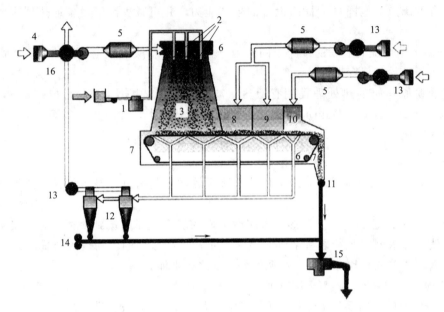

图5.10 具有完整运输、过滤器（三段干燥）的喷雾干燥器
1—高压泵；2—喷头装置；3—主干燥室；4—空气过滤器；5—加热器/冷却器；6—空气分配器；
7—传送带系统；8—保持干燥室；9—最终干燥室；10—冷却干燥室；11—乳粉排卸；
12—旋风分离器；13—鼓风机；14—细粉回收系统；15—过滤系统；16—热回收系统
━━━ 浓缩乳；━━━ 乳粉；════ 加热空气

② 喷雾干燥的工艺条件 不同的产品对物料的浓缩浓度及浓缩物料的进料量、废气的相对湿度均有不同的要求。浓缩物料的浓度一定程度上决定着喷雾干燥设备的产量和质量，雾化设备的选用对喷雾干燥的质量也有着相当的影响。在通常情况下，离心喷雾法生产的乳粉颗粒较压力喷雾法生产的乳粉为大。

在压力喷雾法生产过程中，高压泵的工作压力应控制在16~24MPa，不低于10MPa，喷孔的直径在1.0~1.4mm或更大。使用离心喷雾干燥时，离心机圆盘的转速根据不同的直径有所不同，一般在5000~15000r/min，乳品生产所采用的离心机圆盘的圆周速率一般在100~160m/s。进风温度控制在140~200℃，废气的排气温度在75~85℃，废气的相对湿度在10%~13%。进风机风量=干燥室内水分蒸发量×（110%~120%），排风机排出量=干燥室内水分蒸发量×（120%~140%），干燥室内形成2×10^3~3.33×10^3Pa的负压。产品水分含量不超过3.0%。

5. 冷却

干燥后乳粉的温度通常都在60~72℃，温度的高低是根据颗粒大小与在干燥室中滞留位置及工艺条件而定。如不及时对乳粉实施冷却，容易引起蛋白质变性；脂肪球因处于超熔点状态，容易破裂而使游离脂肪量增多，尤其在包装过程中，经撞击与摩擦，使乳粉中的脂肪渗出到表面，在保藏阶段容易发生氧化。

传统的冷却方法是将乳粉放入专用的不锈钢箱内，在室温下自然冷却数小时后筛粉，连续生产可通过干燥室内附带的冷却装置冷却，或使乳粉在卸粉过程中通过机械振动筛，并用符合食品卫生要求的冷风（5～8℃）进行冷却，使乳粉温度降至 25～30℃，低于脂肪熔点。新生产的乳粉经过 12～24h 的贮藏，其表观密度可提高 5% 左右，有利于包装。

6.包装

由于乳粉颗粒的多孔性，表面积大，吸潮性强，所以对称量包装操作和包装容器的种类都必须注意。尤其是全脂乳粉含 26% 以上的乳脂肪，易受光、氧气等作用而变化，因此包装室温度一般应控制在 18～20℃，空气相对湿度 50%～60% 为宜。

需要长期保藏的乳粉应采取真空包装或充氮密封包装。充氮包装是目前全脂乳粉密封包装最好的方法，能使乳粉保质期达 3～5 年，否则保质期仅为半年或更短。

二、乳粉的速溶方法

乳粉的速溶是增加乳粉的湿润性能与可沉降性，一般采用添加增溶剂以降低乳粉表面张力、提高乳粉颗粒体积以增加乳粉的沉降能力并减小乳粉过大的表面积以降低表面张力这两种方法。

1.脱脂乳粉的速溶

脱脂乳粉可通过附聚达到速溶效果。附聚过程可使乳粉颗粒形成直径为 250～750μm 多孔性的乳粉颗粒簇，提高乳粉的可湿性、沉降性和溶解性。一段法生产脱脂速溶乳粉是直接一次生产而成，有下列两种工艺。

① 干燥室内直接附聚法。在同一干燥室内完成雾化、附聚、干燥等操作，使产品达到质量标准要求。直接附聚法的工作原理是：浓缩乳通过上层雾化器分散成微细的液滴，与高温干燥介质接触，形成比较干燥的乳粉颗粒流；另一部分浓缩乳通过下层雾化器形成相当湿的乳粉颗粒流，并使其与上层形成的比较干燥的乳粉颗粒流保持良好的接触，湿颗粒包裹在干颗粒上。干颗粒因获得水分而吸潮，湿颗粒则失去水分，于是附聚及乳糖的结晶过程就此产生和形成。然后，附聚颗粒在热介质的推动及本身的重力作用下，在干燥室内继续干燥并持续地沉降于底部卸出，最终得到水分含量为 2%～5% 的产品。

对设备的要求是喷雾器采用上下两层结构，并增高干燥室的高度及增大其直径，以延长物料的受热时间，使物料在较低的干燥温度下，达到预期的干燥目的。对工艺的修改，一般采用提高浓缩乳的浓度，压力喷雾干燥采用大孔径喷头，并降低高压泵的使用压力，以得到颗粒较大的脱脂速溶乳粉。

这种生产方法简单经济，但必须保证产品有足够的干燥时间，而且二层雾化器的相对位置要求很严格，干乳粉颗粒流与湿乳粉颗粒流两者的水分含量应有一定的要求，否则有碍于附聚及乳糖的结晶，直接影响产品的质量。

② 流化床附聚法。浓缩乳经雾化器分散成微细的液滴，在干燥室内与热空气进行不完全的热、质交换，最终获得水分含量高达 10%～12% 的乳粉。乳粉在沉降过程中便开始产生附聚，沉降于干燥室底部时仍在继续附聚。已部分附聚的乳粉自干燥室中卸出，进入振动

流化床。潮粉在振动输送过程中，颗粒相互附聚成为疏松的大团粒。振动流化床分三个区段，第一区段用热风预热，使潮粉继续附聚成团粒。通过附聚使团粒强度增加，形成的团粒化乳粉能够经受干燥、运输、包装等过程的冲击。如果乳粉含水量过低，可通入蒸汽使乳粉团粒化。第二区段以热风进行二次干燥，使产品水分含量达到成品要求后进入第三区段，即冷却床，最后经过筛成为均匀的附聚颗粒（见图5.11）。

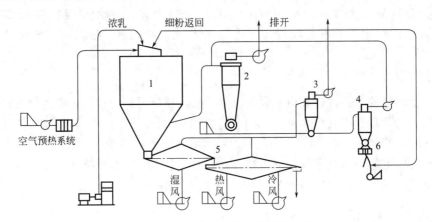

图 5.11　一段法生产速溶乳粉流程图

1—干燥室；2—主旋风分离器；3—流化床旋风分离器；4—旋风分离器；5—振动流化床；6—集粉器

除此之外，还有很多附聚方法，如多喷嘴交错冲喷，或采用曲面叶片旋转雾化器进行雾化，或在浓缩的物料中充入 CO_2 或 N_2，使乳粉颗粒在干燥结束时膨胀，以增加乳粉颗粒中的空泡。再湿润附聚可以过筛筛出所需大小的附聚颗粒，速溶性较其他方法好，但生产成本也相对较高。

2. 全脂乳粉的速溶

为了克服脂肪的疏水性，全脂乳粉的速溶需要喷涂卵磷脂附聚，其过程与脱脂乳粉一样，卵磷脂在喷雾干燥阶段和流化床干燥阶段之间或在再湿润阶段加入，加入量一般为0.2%左右，超过0.5%就会有卵磷脂味道。为使卵磷脂喷涂完全，需将混合物温度升高到50℃并保持5min（见图5.12）。

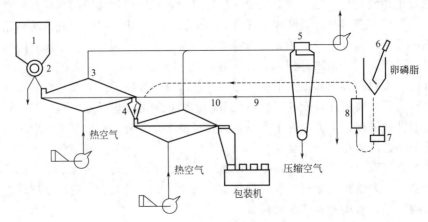

图 5.12　喷涂卵磷脂流程图

1—储仓；2—鼓形阀；3—第一流化床；4—喷涂装置；5—旋风分离器；6—槽；

7—泵；8—流量计；9—管道；10—第二流化床

附聚使乳粉颗粒内空气增加，容重降低，为 0.45～0.55g/mL。附聚不足或超附聚都影响乳粉的分散性。附聚良好的乳粉团粒直径为 250μm 左右，并很少有游离颗粒，表 5.6 是普通乳粉与速溶乳粉颗粒分布的数据。

表 5.6　普通乳粉与速溶乳粉颗粒分布的数据

颗粒大小/μm	标准全脂乳粉/%	速溶全脂乳粉/%
>500	0	2
250～500	4	43
125～250	22	41
<125	74	14

三、影响乳粉质量的因素

1. 浓缩乳的浓度和温度

浓缩达到要求可使产品颗粒大，色泽佳，但浓缩过度，浓缩乳的黏度过大，容易造成雾化角小，雾化时不易分散，而且因液滴大而使产品水分含量高而超标。浓缩比达到 2.7 时，乳糖达到饱和。柠檬酸钙、磷酸钙与酪蛋白的结合随着浓缩的进行而加强，但一般不会发生沉淀。浓缩时温度过高，而且在浓缩设备中停留时间过长也会影响乳粉的溶解度，甚至干燥操作中断。反之，物料温度偏低，促使物料黏度提高，影响高压泵的正常运行，或造成雾化不良，干燥效果不佳，同时降低了干燥设备的生产能力。

对于脱脂乳粉的加热影响可用乳清蛋白指数（WPI）表示，WPI 是每克脱脂粉中未变性乳清蛋白氮的质量（mg）。原乳的 WPI 为 10～12；低热处理脱脂粉 WPI 大于或等于 6，可用于生产液态乳、干酪、酸乳；中度热处理脱脂粉 WPI 为 1.5～5.9，用于生产冰淇淋等；高度热处理，用于焙烤产品的 WPI 小于或等于 1.5。

2. 干燥温度条件

加热过程中热、质交换的平衡非常重要，热空气温度过高，易使乳滴表面硬结，内部水分扩散困难，导致部分蛋白质变性及热敏性成分的损失，颗粒疏松，沉降性差，影响产品的复原性能；乳滴过大或浓度过高都易发生在干燥过程中，由于乳固体提高，水分扩散减慢而降低品质。反之，干燥温度太低，产品的含水量过高，会引起许多质量问题。

干燥时物料受热的均一性极为重要，要求雾化液滴与热介质接触良好，物料受热程度一致，否则造成产品水分含量不一致，还会导致热敏性组分变性或损失。一般情况下，压力较高、乳浓度较低、喷孔直径较小，则雾化性能好，喷雾角大。

3. 喷雾方式与压力

压力喷雾干燥中，高压泵压力的大小是影响乳粉颗粒直径大小因素之一。高压泵的使用压力高，雾化状况好，但雾化的液滴小，产品颗粒小，色泽差；使用压力低，则乳粉颗粒直径就大，但可能造成雾化液滴太大而不易干燥。喷头孔径大，干燥所得产品颗粒大，但孔径太大易造成潮粉。离心喷雾时，喷头的孔径大小及内孔表面的光洁度状况，也影响乳粉颗粒直径的大小及分布状况。喷头孔径大，内孔光洁度高，则得到颗粒直径大、颗粒大小较为均匀一致的乳粉。

乳粉颗粒的大小随干燥方法的不同而异。一般来说，压力喷雾干燥法生产的乳粉颗粒直

径为 $10\sim100\mu m$，平均为 $45\mu m$；而离心喷雾干燥法生产的乳粉颗粒直径则为 $30\sim200\mu m$，平均为 $100\mu m$。

4. 水分含量

水分含量对乳粉质量的影响有以下几方面。

① 对乳糖的影响：乳粉干燥后的 α-无水乳糖吸水后转化成 β-乳糖，晶型转化会使乳粉颗粒产生裂缝，脂肪容易氧化，保质期缩短。

② 乳粉的色泽：乳粉在保藏过程中颜色会逐渐变深，这与水分含量关系很大。水分在4%以下不易褐变，水分超过5%，即使抽真空充氮包装也易褐变。

③ 溶解度：水分含量在3%以下，在充氮密封包装后，在室温下保藏二年，溶解度不会下降；水分超过5%，溶解度易下降；水分含量达到6.5%以上，短时贮存就会不溶，气味陈腐。

④ 微生物：含水量在5%以下的乳粉经密封包装后一般不会有细菌繁殖，含水量在2%～3%细菌反而减少，含水量超过5%细菌就容易繁殖并容易产生陈腐味。但水分含量过低（<1.88%）时，也容易发生氧化臭味。

四、母乳化乳粉

母乳是婴幼儿的最佳食品，含有婴幼儿生长发育所需的全部营养物质，具有其他食品无法比拟的优点。初期的婴幼儿配方乳粉只是根据母乳和牛乳成分差异，宏观地模拟母乳的营养素构成，强化各种维生素、矿物质，调整乳清蛋白和酪蛋白比例、调整脂肪含量等，对其一些生物活性因素考虑较少。随着研究的深入，对免疫球蛋白、乳铁蛋白等活性物质的作用逐渐明了，婴幼儿配方乳粉的研发更关注与母乳具有等同的生理功能。一般常规的母乳化调整如下。

① 调整乳清蛋白和酪蛋白的比例至母乳中蛋白质的比例（如乳清蛋白：酪蛋白＝6：4）；同时根据母乳中蛋白质组成不同进行调整（如相应添加 α-乳白蛋白，降低 β-乳球蛋白）。根据母乳中蛋白质含量和婴幼儿营养学研究结果，一般蛋白质含量以12.8%～13.3%为宜，这样可以避免婴幼儿因为蛋白质含量不足而导致生长发育迟缓或者因为蛋白质含量过多而增加肾脏机能的负担。另外也有采用特殊的加工工艺，使原料乳中的酪蛋白软凝块化，有利于消化和吸收。

② 调整牛乳中饱和脂肪酸和不饱和脂肪酸的构成比例。在脂肪酸组成方面，牛乳中短链饱和脂肪酸（$C_{4:0}\sim C_{16:0}$）的质量分数高于母乳，母乳中不饱和脂肪酸（$C_{16:1}$，$C_{18:1}$，$C_{18:2}$ 和 $C_{18:3}$ 等）的质量分数高于牛乳，亚油酸在母乳中的含量为3.5%～5%，在牛乳中仅为1%。母乳中主要的长链多不饱和脂肪酸是花生四烯酸（ARA 或 AA）和二十二碳六烯酸（DHA），这些脂肪酸在牛乳中的质量分数很低。在脂肪酸结构方面，牛乳中的饱和脂肪酸主要酯化在甘油三酯的 sn-1 和 sn-3 位置，母乳中饱和的棕榈酸（$C_{16:0}$）主要酯化在 sn-2 位置。与母乳相比，牛乳的脂肪不容易被消化和利用，普通牛乳中只有66%脂肪能被消化吸收，因而也造成了钙、镁等矿物质和一些脂溶性维生素的损失。

脂肪的母乳化要达到脂肪酸分子结构的母乳化，要将甘油 sn-2 位上棕榈酸的结合比率提高到50%～70%，同时增加三不饱和甘油三酸酯的含量，减少三饱和甘油三酸酯含量，高度母乳化脂肪的消化吸收性能更佳。

③ 特殊长链多不饱和脂肪酸母乳化。DHA 和二十碳五烯酸（EPA）是比较重要的多不

饱和脂肪酸。DHA 容易通过大脑屏障进入脑细胞，存在于脑细胞及脑细胞突起中。人脑细胞脂质中有 10% 是 DHA，因此 DHA 对脑细胞的形成和生长起着重要的作用，对提高记忆力、延缓大脑衰老有积极的意义。婴儿从出生时 400g 的脑质量增加到成人时的 1400g，增加的是联结神经细胞的网络，而这些网络主要由脂质构成，其中 DHA 的量可达 10%。另外，DHA 是胎儿和婴幼儿视觉功能良好发育所必需的脂肪酸，也是维持正常视力的重要功能成分。

关于 DHA、EPA 和 AA 的母乳化原则，比较重要的是尽量减少 EPA 的含量，提高 DHA 和 AA 的纯度，并着重提高 AA 所占的比例，一般 AA：DHA 为 2：1 至 3：1。其他多不饱和脂肪酸的母乳化一般按照国家标准中亚油酸的规定或者营养学要求来强化。

④ 调整配方乳中碳水化合物的含量和比例。牛乳中的乳糖含量比母乳中的低，因此配方乳粉中需要添加乳糖，使乳糖含量接近于母乳。特别是要调整 α-乳糖和 β-乳糖的比例至 4：6，也可添加一些功能性低聚糖，调节婴儿肠道菌群。

⑤ 根据母乳和牛乳中维生素、矿物质的差异进行强化。婴幼儿的肾脏机能尚未健全，不能排泄体内蛋白质所分解的过剩电解质，容易引起发热、浮肿和厌恶牛乳的现象。牛乳中的无机盐类比母乳中的无机盐高三倍，需要脱掉牛乳中的一部分钠、钾盐类，保持 K/Na＝2.88、Ca/P＝1.22 的理想平衡状态。铜、镁、锰、铁等微量元素的存在对婴幼儿的造血机能发育极为重要，应该适当强化其比例和含量。

配方乳粉中也要强化添加维生素 A、维生素 B_1、维生素 B_2、维生素 B_6、维生素 B_{12}、维生素 C、维生素 D、生物素、泛酸、烟酸、维生素 K、维生素 E 和叶酸等。

⑥ 一些生理活性物质的添加。在哺乳动物的乳汁中比较常见的生物活性物质包括免疫球蛋白、乳铁蛋白、溶菌酶、乳过氧化物酶、转铁蛋白、维生素 B_{12} 结合蛋白、叶酸结合蛋白、胰蛋白酶抑制剂和各种生长刺激因子。母乳中的某些生物活性物质含量高于牛乳。

对牛磺酸母乳化研究中发现，牛乳喂养的婴儿发育不如母乳喂养的婴儿，其主要原因是牛乳中缺乏牛磺酸。牛磺酸对婴幼儿大脑发育、神经传导、视觉机能的完善，以及对钙的吸收有良好作用，是一种对婴幼儿生长发育至关重要的营养素。与成年人不同，婴幼儿体内半胱氨酸亚磺酸脱羧酶尚未成熟，不能自身合成牛磺酸，必须外源补充才能满足正常生长发育的需要，而牛乳中的牛磺酸含量极少，仅为母乳的 1/25，因此，牛磺酸是母乳化乳粉必须强化的营养素。

第五节　冰淇淋生产工艺

冰淇淋是以饮用水、乳品（乳蛋白的含量为原料的 2% 以上）、蛋品、甜味料、食用油脂等为主要原料，加入适量的香味料、稳定剂、着色剂、乳化剂等食品添加剂，经混合、灭菌、均质、老化、凝冻等工艺，或再经成形、硬化等工艺制成的体积膨胀的冷冻饮品。冰淇淋的物理构造很复杂，气泡包围着冰的结晶连续向液相中分散，在液相中含有固态的脂肪、蛋白质、不溶性盐类、乳糖结晶、稳定剂、溶液状的蔗糖、乳糖、盐类等，是由液相、气相、固相三相构成。

一、冰淇淋的分类和组成

1. 冰淇淋的分类

冰淇淋的种类很多，我国国家标准 GB/T 31114《冷冻饮品　冰淇淋》所述的分类如下。

① 全乳脂冰淇淋：主体部分乳脂质量分数8%以上（不含非乳脂）的冰淇淋。

② 半乳脂冰淇淋：主体部分乳脂质量分数不低于2.2%的冰淇淋。

③ 植脂冰淇淋：主体部分乳脂质量分数低于2.2%的冰淇淋。

其中，根据辅料的差别有清型冰淇淋和组合型冰淇淋的区别，清型冰淇淋是单一风味，不含颗粒或块状辅料的冰淇淋，如香草冰淇淋、奶油冰淇淋等；组合型冰淇淋是和其他冷饮品或巧克力等组合而成的制品，如脆皮冰淇淋、蛋卷冰淇淋、三明治冰淇淋等。

按照冰淇淋的硬度分类，有软质冰淇淋：供鲜食，含有大量的未冻结水，凝冻后不再速冻硬化，一般膨胀率为30%～60%；硬质冰淇淋：凝冻后经低温速冻而成，未冻结水的量低，因此质地很硬，硬质冰淇淋有较长的货架期，膨胀率为100%左右。

2. 冰淇淋的组成

冰淇淋以其细腻的组织、润滑的口感、多变的风味、丰富的营养和消夏清凉的作用而广受欢迎。一般冰淇淋的组成范围是：脂肪8%～16%，非脂乳固体8%～15%，糖13%～20%，稳定剂和乳化剂0～0.7%，总固形物36%～43%，质量不得少于0.53kg/L。我国的行业推荐标准SB/T 10013—1999对冰淇淋的产品分类、技术要求、试验方法、检验规则、标志、包装、运输及贮存作了详细规定，其中的感官和理化要求见表5.7和表5.8。

表5.7　冰淇淋的感官要求

项目	要　　求					
	全乳脂		半乳脂		植脂	
	清型	组合型	清型	组合型	清型	组合型
色泽	主体色泽均匀，具有品种应有的色泽					
形态	形态完整，大小一致，不变形，不软塌，不收缩					
组织	细腻润滑，无气孔，具有该品种应有的组织特征					
滋味、气味	柔和乳脂香味，无异味		柔和淡乳香味，无异味		柔和植脂香味，无异味	
杂质	无正常视力可见外来杂质					

表5.8　冰淇淋的理化要求

项目	指　　标					
	全乳脂		半乳脂		植脂	
	清型	组合型	清型	组合型	清型	组合型
非脂乳固体/(g/100g) ≥	6.0					
总固形物/(g/100g) ≥	30.0					
脂肪/(g/100g) ≥	8.0		6.0	5.0	6.0	5.0
蛋白质/(g/100g) ≥	2.5	2.2	2.5	2.2	2.5	2.2

砷、铅、铜、菌落总数、大肠菌群、致病菌的限量应符合GB 2759.1的规定。产品中食品添加剂和食品营养强化剂的添加限量应符合GB 2760和GB 14880的规定。

二、冰淇淋的主要原料

1. 乳制品与蛋制品

冰淇淋是冷冻乳制品，乳是冰淇淋最重要的原料，是决定风味的主要因素。以鲜乳为原料生产的冰淇淋风味最佳，其他乳产品也需达到一级品标准。蛋类产品可用鲜蛋、冰全蛋、冰蛋黄、全蛋粉、蛋黄粉等。蛋制品用于冰淇淋可增加蛋白质含量、提高料液黏度、提高营养价值和丰满风味的作用；蛋黄中的卵磷脂是性能良好的乳化剂，添加蛋制品后可少用甚至不用其他乳化剂。蛋黄固形物用量一般为 0.3%～1.5%，含量过高则有蛋腥味产生。

2. 甜味剂

冰淇淋使用的甜味剂有蔗糖、葡萄糖、果糖、转化糖、淀粉糖浆及化学合成或天然甜味剂等。添加甜味剂可调整冰淇淋中固形物的含量，赋予产品以甜味，还可降低溶液的冰点，有助于控制温度和硬度的关系。

蔗糖是冰淇淋中应用最普遍的甜味剂，其甜味是受公众接受的，而且价格较低，使用安全，一般用量为 14%～16%。然而工业上普遍采用果葡糖浆部分地代替蔗糖。果葡糖浆是淀粉的酶解转化产品，其风味优于蔗糖，而且有较高的渗透压，有助于提高冰淇淋的硬度和咀嚼性，使产品口感更丰润圆滑，提供更好的抗融特性，延长了成品的货架期。

随着现代人们对低糖、无糖乳品冷饮的需求以及改进风味的需要，很多甜味料也被配合使用，如蜂蜜、转化糖浆、阿斯巴甜、安赛蜜、罗汉果甜苷、糖醇类、葡聚糖等，但如超过蔗糖用量的一半，则风味将受影响。

3. 脂肪

脂肪是冰淇淋最重要的成分之一。由于脂肪在凝冻时形成网状结构，赋予了冰淇淋特有的细腻润滑的组织和良好的质构，而且油脂中含有许多风味物质，与乳蛋白质及其他原料一起赋予乳品冷饮独特的芳香风味。一般油脂熔点在 24～50℃，而冰的熔点为 0℃，因此，适当添加油脂可以增加冰淇淋的抗融性，延长冰淇淋的货架寿命。

冰淇淋中油脂含量在 6%～12% 最为适宜，用量低于此范围，则影响冰淇淋的风味，降低冰淇淋的发泡性；若高于此范围，就会使冰淇淋成品形体变得过软。乳脂肪的来源有稀奶油、奶油、鲜乳、全脂乳粉等，在所有的油脂中，稀奶油是冰淇淋的最佳原料，不但风味最好，而且完整的脂肪球膜具有良好的乳化能力。黄油是由稀奶油经压炼等工序制备而成，保藏期长、风味好，仅略次于稀奶油。但由于乳脂肪价格昂贵，目前普遍使用相当量的植物脂肪来取代乳脂肪，主要有起酥袖、人造奶油、棕榈油、椰子油等，其熔点性质应类似于乳脂肪，为 28～33℃。使用植物油导致冰淇淋在色泽和风味上品质降低，可添加食用色素和香味料弥补。

4. 非脂乳固体

非脂乳固体是指脱脂牛乳中的总固体，由蛋白质、乳糖和矿物质组成。其中蛋白质具有水合作用，在均质过程中与乳化剂一同在生成的小脂肪球表面形成稳定的薄膜，以确保油脂在水中的乳化稳定性，同时在凝冻过程中促使空气很好地混入，并能防止乳品冷饮制品中冰结晶的扩大，使质地润滑。乳糖的柔和甜味及矿物质的隐约盐味，将赋予制品显著的风味特征。非脂乳固体可以由鲜牛乳、脱脂乳、乳粉、酸乳、乳清粉等提供，以鲜牛乳及炼乳为最佳，若全部采用乳粉或其他乳制品配制，由于其蛋白质的稳定性较差，会影响组织的细致性与膨胀率，易导致产品收缩。特别是溶解度不良的乳粉，更易降低产品质量。

5. 稳定剂

冰淇淋稳定剂对产品的质构有非常大的影响，通过添加稳定剂，使混合料液的黏度增加，避免料液在冷却、老化工序中脂肪球上浮积聚，因脂肪上浮速度与脂肪球直径的平方成正比，与料液黏度成反比；稳定剂具有亲水性，能与料液中的游离水结合，在凝冻时抑制冰晶生成；提高料液的均匀性，在凝冻搅拌时促进空气混入，提高了膨胀率，从而使冰淇淋质地细腻、口感较好；由于稳定剂均匀分布到每个结晶体表面，从而保护了冰淇淋的形体，使冰淇淋在储藏期间能防止冰晶的成长，并保持良好的抗融性。

稳定剂有两种类型：蛋白型和碳水化合物型。较为常用的稳定剂有明胶、刺槐豆胶、瓜尔豆胶、黄原胶、卡拉胶、海藻酸钠果胶、CMC、变性淀粉等，淀粉一般用于等级较低的冰淇淋中。稳定剂的添加量一般占冰淇淋混合料的 0.1%～0.5%。无论哪一种稳定剂都有其优缺点，所以通常都使用复合稳定剂来提高冰淇淋的质量。选用稳定剂时应考虑以下几点：①在冷饮混合料中易于分散，并形成均匀的混合物；②能赋予混合料良好的黏性及起泡性；③能赋予冰淇淋良好的组织及质地；④能改善冰淇淋的保型性；⑤具有防止结晶扩大的效力；⑥成本相对较低。

6. 乳化剂

乳化剂具有亲水基和亲油基，可以介于水和油的中间，使一方很好地分散到另一方中间而形成稳定的乳化液。乳化剂在冰淇淋生产中具有多种功能，在不同的生产阶段，对乳化剂所起作用的要求都不相同。在配料、均质阶段，乳化剂起的是促进脂肪分散、稳定乳浊液的作用。在老化阶段起促进脂肪附聚作用。而到了凝冻阶段则是促进脂肪与蛋白质的相互作用，使乳状液失稳或破乳，从而控制脂肪的附聚，附聚的脂肪球排布在微小的空气泡上形成三维网状结构，从而形成冰淇淋的骨架，使气泡稳定，提高保型性和保藏稳定性，并赋予良好口感的组织结构。乳化剂在冰淇淋中所起的这些作用，单靠一种乳化剂是无法满足的，需根据各种乳化剂的特点配成复合乳化剂，才能满足冰淇淋生产的需要。

冰淇淋中常用的乳化剂有单硬脂酸甘油酯、蔗糖脂肪酸酯、聚山梨酸脂肪酸酯（吐温）、山梨醇酐脂肪酸酯（斯盘）、聚甘油脂肪酸酯、卵磷脂等。乳化剂的添加量与混合料中脂肪含量有关，一般随脂肪量增加而增加，其范围为 0.1%～0.5%，复合乳化剂的性能优于单一乳化剂。

单甘酯具有很强的乳化性，能牢固的吸附和结合在油/水界面上，并对油脂趋向 β-结构有较大影响。单甘酯还能与蛋白质及淀粉相互作用，这对抑制冰晶生长有非常好的影响。蔗糖酯在水溶液中富集于溶液表面，使表面张力迅速下降。蔗糖酯在食品体系中具有优良的充气作用，凝冻时的起泡力强，但所形成的气泡较粗，稳定性不足，制成的冰淇淋抗融性较差，一般与其他乳化剂配合使用。聚甘油酯有很高的热稳定性，因聚甘油碳链的长度、酯化程度、所用脂肪酸的不同可形成多种性能的产品。聚甘油酯单独使用或与其他乳化剂复配使用，都具有良好的充气作用，非常适合于冰淇淋的生产。卵磷脂是应用最广泛的天然乳化剂，可单独使用或复配使用，而且有很高的营养价值。

三、冰淇淋的生产工艺流程

冰淇淋的工艺流程为：配料→杀菌→均质→冷却→老化→凝冻→灌装成型→硬化→成品。

1. 配料

配料是将冰淇淋各种原辅材料分别溶解后混合并过滤的过程，不同冰淇淋原料的溶解温度要求不同，蔗糖可用沸水溶解，黄油或人造奶油的熔化温度无严格限制，乳粉要用温水（<70℃）溶解，明胶溶解温度不超过 80℃，海藻酸钠最佳溶解温度为 50～60℃，达到

80℃以上会降低溶液的黏度，CMC 只需用冷水化开，但需费些时间，而蛋品溶解温度应严格控制在 50℃以下，以免在混合前凝固变性。鸡蛋中蛋白质种类和凝固点见表 5.9。

表 5.9　鸡蛋中蛋白质种类和凝固点

项　目	卵白蛋白	卵类黏蛋白	卵伴白蛋白	卵环蛋白	卵黏蛋白
含量/%	69.7	12.7	9.0	6.7	1.9
凝固点/℃	64~67	58~60	55~60	57~58	58~60

各种原料混合前应先过滤，将甜味剂和其他原料中可能存在的固体杂质除去，然后搅拌、定容、混合均匀，进行杀菌。

2. 杀菌

冰淇淋混合料在杀菌前往往含有许多对人体有害的病原菌，如鲜乳中的多种菌、鸡蛋中也常含沙门氏菌等。对混合料的杀菌可采用低温间歇式杀菌、高温短时杀菌和超高温瞬时杀菌三种方式。低温间歇式杀菌条件是 68℃保温 30min 或 77℃保温 15min。冰淇淋混合料中使用淀粉材料时，杀菌温度还需提高，或者延长保温时间。应用最多的是高温短时杀菌，条件为 80℃保温 25s，这种方法比较适于大规模生产。超高温杀菌条件是 130~150℃，保持数秒，但因设备昂贵，一般很少使用。

由以上杀菌条件可知，冰淇淋混合料的杀菌条件比鲜乳激烈，但比乳粉和酸奶原料的杀菌条件温和，因为冰淇淋是在冷冻条件下保藏的，微生物的繁殖速度较慢，无需采用灭菌条件，而且冰淇淋作为清凉润口的食品，不宜有蒸煮味，否则将严重影响其可接受性；再则，温和的杀菌条件有利于尽可能地保留原料中的维生素。

3. 均质

均质是冰淇淋生产过程的关键之一，通过均质可以达到以下目的。

① 破碎脂肪球，避免脂肪上浮和奶油析出，增加黏度。

牛乳中脂肪球直径为 0.1~22μm，平均 5μm，每千克牛乳中含 20000 亿~50000 亿个脂肪球。乳脂肪的熔点在 28~36℃。由于预热配料过程和杀菌过程的温度远高于乳脂肪和其他脂肪的熔点，脂肪球和其他脂肪受热后开始熔化、膨胀，并在不断搅拌和剪切作用下发生游离，脂肪滴互相碰撞，逐渐聚合变大。经过杀菌后脂肪球会增大到 40~50μm，静置后迅速上浮。经过均质，脂肪球直径可降低到 1~2μm，防止了脂肪上浮。此外，脂肪球数量因均质大大增加，蛋白质表面吸附的脂肪数量随之上升，而小脂肪球互相间有丛集倾向，这些因素都能提高料液的黏度。

② 提高料液的乳化能力，使产品均匀一致。

未经均质的料液实际上存在着油水分离现象。人造奶油和硬化油自身没有乳化能力，在均质作用下，这些脂肪被破碎成微细液滴，同时在乳化剂帮助下形成乳化膜，从而稳定地存在于冰淇淋料液中，因此，均质可以达到促进油水乳化、促使料液中各种成分相互混溶的作用，使产品均匀一致，增加稳定性，提高保藏性，增加凝冻时的起泡能力。

③ 破碎变性蛋白。

蛋品中蛋白质及乳蛋白质在杀菌中不可避免地会发生部分变性，产生絮状凝结，使料液黏度降低，结构粗糙。经过均质，变性蛋白被破碎，与其他蛋白质结合在一起，不但无不良口感，而且提高了料液黏度，成品更加松软。均质还可以增加酪蛋白胶粒的细度，提高混合料的水合能力，减少游离水的数量，使成品更加细腻。

均质条件一般为 15～20MPa，65～70℃，具体条件应根据料液的含脂量加以调整（表5.10）。脂肪含量越高，均质后脂肪越容易发生丛集，因此需要降低均质温度，减小脂肪球运动能力和丛集变大的趋势。一般均质都采取二段压力，第二段压力为 3～4MPa，其作用是对经高压均质的物料进行冲击，促使脂肪分散，防止丛集。

表 5.10   不同脂肪含量冰淇淋料液的均质条件

物料含脂率/%	适宜的均质温度/℃	适宜的均质压力/MPa
>9	65～70	17～18
>10	61～65	16～17
>12	55～60	15.5～16
>14	55～60	13～14

生产条件较差的工厂有时采用杀菌与均质顺序互换的方式，即先均质后杀菌。这种方法可以保证微生物指标的达标，但产品质量有所下降。

4. 老化

均质后的物料被迅速冷却到 2～4℃，并保持 4～24h，此步骤称为老化，是冰淇淋料液的物理成熟过程。老化目的是使蛋白质和稳定剂充分水化；脂肪在乳化剂作用下形成液膜，增加了混合料的内聚力，而液膜的稳定和加强也需要经过老化。冰淇淋液经过老化可降低游离水的含量，防止凝冻时形成较大的冰晶体，改善冰淇淋的组织；可增加料液黏度，提高膨胀率；可缩短凝冻操作延续时间；可防止脂肪上浮，促使脂肪的乳化稳定。

老化所需时间随老化温度的降低而缩短，在 0～1℃只需老化 2h，在 2～4℃需老化 4h，温度在 6℃以上老化时间再长效果也不好。此外，总干物质含量高时，老化所需时间短；如果采用性能良好的乳化剂和稳定剂，可缩短老化时间，甚至可以不老化。

5. 凝冻

凝冻是冰淇淋生产中的主要工序，关系到冰淇淋的组织结构、商品得率、适口程度。凝冻不仅是物料中水的冰晶化过程，而且还有充气的程序。充气的方式有多种，空气混合泵是其中之一。

空气混合泵的结构和凝冻器工作原理见图 5.13 和图 5.14。混合泵工作时，通过偏心轮的转动，带动连杆，使柱塞上下往复运动。当柱塞下行时，吸引钢球下降，封闭住单向阀，在泵腔内形成真空；当继续下行到进料管处时，吸引冰淇淋和空气同时进入泵腔。当柱塞上行时，泵腔内压力上升，混有空气的物料顶开球阀，进入凝冻器。调节空气进入端的弹簧，便可调节空气开始进入泵腔的压力，也即控制了空气混入冰淇淋料液的比例。凝冻筒由三层套管组成，分别为凝冻管和内外冷却管。凝冻器中央是搅拌轴，上面柔性约束着两把刮刀，刮刀刃口与凝冻管壁的间隙不大于 0.3mm，工作时不断地将凝冻管壁上生成的冰晶刮铲下来，并在搅拌中均匀地混合在料液中。冰淇淋混合料在制冷剂的作用下温度逐渐下降，达到 −2～−1℃时成为半固体状态，物料黏度显著提高，空气开始分散于物料中；当温度降到 −6～−4℃，空气被物料层层包裹起来，约 30% 的水也凝结成冰结晶，与微小的气泡一起分布在冰淇淋料中，使混合料的容积增加（图 5.15）。

冰淇淋膨胀后，组织更加柔润与松软，又因空气微泡均匀分布在冰淇淋组织中，有阻止热传导的作用，可使冰淇淋液化后较持久地不融。冰淇淋凝冻时体积增加的百分率称冰淇淋的膨胀率，有体积计算法和重量计算法两种方法。

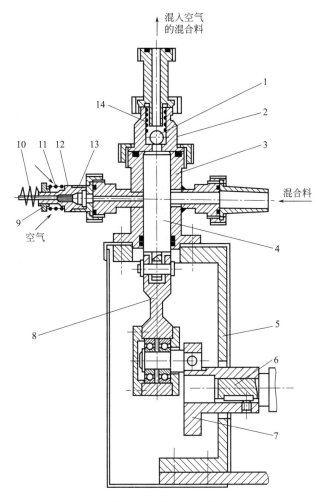

图 5.13　空气混合泵

1—钢球；2—单向阀体；3—泵体；4—柱塞；5—泵座；6—驱动轴；7—偏心轮；8—连杆；

9—螺母；10，11，14—弹簧；12—气阀体；13—气阀芯

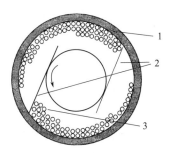

图 5.14　凝冻器工作原理图

1—制冷剂；2—凝冻刮刀；

3—冰晶被切削并与气体混合

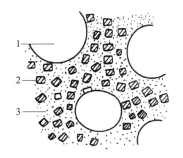

图 5.15　冰淇淋的组织模式图

1—气泡（30～150μm）；2—冰晶（20～70μm）；

3—脂肪球（0.04～3.0μm）

$$B = \frac{I_V - M_V}{M_V} \times 100\% = \frac{M_W - I_W}{I_W} \times 100\%$$

式中　B——冰淇淋的膨胀率，%；

I_V——冰淇淋的容积，L；

M_V——混合原料的容积，L；

I_W——1L 冰淇淋的质量，kg；

M_W——1L 混合料的质量，kg。

膨胀率过低，冰淇淋组织坚实，产生非常寒冷的口感，入口时刺激神经，甚至无法辨别风味；膨胀率过高，组织过于松软，缺乏持久性，融化时产生大量泡沫，影响口感，一般冰淇淋的最佳膨胀率在 90%～100%。

6. 硬化

凝冻后冰淇淋料中 20%～40% 的水分结成冰晶，成品为半流体状态，称软质冰淇淋，无法稳定外形，也很容易融化。硬化是将软质冰淇淋置于约 -46℃ 的速冻隧道内冷冻 20～60min，使其温度迅速降低到 -40～-25℃，冰淇淋中大多数剩余水分在短时间内迅速完成结晶过程，形成极细的冰晶，所含水分的 90%～95% 都形成结晶，成为具有一定硬度、细腻润滑的成品。

若不经硬化直接完成内、外包装过程，冰淇淋表面部分会融化，析出游离水，再经低温冻藏，游离水凝结成粗大的冰晶，从而使组织粗糙；若不经硬化直接入库冻藏，冰淇淋温度进一步下降，使气泡内压下降，气泡体积收缩，使整个冰淇淋体积收缩，形态破坏。

四、影响冰淇淋质量的因素

1. 影响冰淇淋膨胀率的因素

① 配料的影响。乳脂肪含量高，混合料的黏度高，搅拌时空气容易形成微泡进入物料。原料中乳脂肪一般不低于 10%。非脂乳固体含量高，有利于膨胀率的提高，但乳糖结晶，乳酸增高会影响膨胀率。料液中糖含量高，可使凝冻点降低，出料时有较多水结成冰，形态较干燥，容易成形，也不易发生游离水析出，但含糖量过高有碍膨胀率。非脂乳固体、稳定剂含量对凝冻温度均有影响，但糖对冻结点影响最大（见表 5.11）。凝冻温度如果低于 -6℃，出料会有困难。稳定剂用量适当，有利于提高膨胀率；如用量过多，料液黏度过大，空气不易混入，膨胀率反而下降，一般用量不大于 0.5%。适量的乳化剂可提高冰淇淋料液的稳定性和黏度，有利于提高膨胀率，但并不成线性正比，过多的乳化剂会带入不愉快的气味，一般用量不大于 0.3%。其他配料中，蛋品有利于提高膨胀率，可可粉、果料有碍于提高膨胀率。

表 5.11　含糖量与凝冻温度

含糖量/%	12	14	16	17.5	19	20
凝冻温度/℃	-2	-2.4	-2.7	-3	-3.4	-4.1

② 均质、老化的影响。如前所述，适当均质条件有利于物料混匀、乳化、增加黏度、提高膨胀率；过强或过弱的均质条件，会使料液黏度过高或过低，影响膨胀率。老化适当，料液水化充分，乳化膜稳定，产品疏松，膨胀率高。

③ 凝冻的影响。老化温度过高，凝冻需要的时间就长，产品的组织粗糙并有脂肪粒析出，膨胀率低；老化温度过低，制冷剂蒸发过多，凝冻时间过短，则空气不易包埋入冰淇淋组织，或者空气混合不均匀，组织不疏松，缺乏持久性。凝冻轴上刮刀与筒壁的间隙以 0.2～

0.3mm 为宜，间隙过大时刮下的冰晶粗大，组织粗糙，膨胀率低。

2. 影响组织结构因素

① 组织粗糙，冰晶粗大可能的原因有：总固体含量过低、稳定剂用量不足或质量太差、均质压力使用不当、搅拌轴上刮刀与筒壁间隙过大或刮刀口变钝、老化温度过高、贮藏气温波动太大等。

② 组织松软，呈雪片状是因为冰淇淋中含空气太多，可能原因有：总固体含量不足、稳定剂用量不足、均质压力过低和充气过多。

③ 组织坚硬是因为冰淇淋膨胀率过低，过高的总固体含量、过多的稳定剂、过高的均质压力、充气不足、老化温度过低和凝冻速度过快是其主要原因。

④ 砂状口感与冰晶粗大不同，原因是生成了乳糖结晶。因乳糖结晶坚硬，入口后不易溶解，因此有砂状感觉。产生乳糖结晶的原因可能是配料中非脂乳固体含量过多、贮藏期温度波动过大及贮藏期太长。

⑤ 奶油颗粒析出。乳化剂用量不足或配比使用不当、均质压力太低、老化温度过高都可能产生凝冻时的脂肪破乳、附聚成团、形成奶油颗粒混合于冰淇淋中，不但有砂砾口感，而且降低了冰淇淋原有风味。

第六节　干酪生产工艺

一、干酪的定义

图 5.16　干酪

干酪是指在乳中加入适量的乳酸菌发酵剂和凝乳酶，使乳蛋白质（主要是酪蛋白）凝固后，促使乳清析出并排出，凝块经压榨后形成的块状产品（图 5.16）。制成后未经后发酵成熟的产品称为新鲜干酪，经长时间后发酵成熟而制成的产品称为成熟干酪，国际上将这两种干酪统称为天然干酪。

FAO/WHO 对干酪的定义是："干酪是以乳、脱脂乳、部分脱脂乳、稀奶油、乳清奶油或酪乳为原料，或这些原料的任意组合，经凝乳酶或其他适宜的凝乳剂凝乳，并排除部分乳清而制成的新鲜或经发酵成熟的固态或半固态产品"。对这一定义，排乳清是必需的，仅通过浓缩去除水的产品不能称为干酪。

二、干酪的分类

世界上的干酪品种有 2000 种以上，较为著名的品种达 400 多种，但由于分类原则不同，目前尚未有统一且被普遍接受的干酪分类办法。传统上依据干酪中的水分含量将产品分为特硬质干酪、硬质干酪、半硬质（或半软质）干酪和软质干酪（见表 5.12）。这种分类方法应用虽较为广泛，但仍然存在很大的缺陷，如英国契达干酪和瑞士埃门塔尔干酪同属于硬质干酪，但是它们的风味和质地差异较大，加工过程中所采用的微生物种类和控制技术也大相径庭，成熟过程中的各种生物化学反应也存在很大的差异。目前主要是依据不同干酪间水分/蛋白质的比例及干酪成熟类型、发酵剂类型、二级微生物、成熟阶段的差别进行分类。

1. 荷兰型干酪

这一类干酪的特点是：由牛乳制成；脂肪占干物质的 $40\%\sim50\%$；使用嗜温性发酵剂；压榨后通过盐水浸泡加盐；干酪无脂部分中水分含量低于 63%；无须表面微生物进行成熟；成熟期 $2\sim15$ 个月。

2. 契达型干酪

与荷兰型干酪非常相似，但在加工工艺上有些不同，盐是在干凝块中添加。与荷兰型干酪相比水分略低，酸度略高，同时风味有所差异。

3. 新鲜干酪

水分含量高，不成熟。

4. 其他干酪

除上述干酪外还有大量其他品种的干酪，如丙酸菌发酵的干酪、具有白霉的软质干酪、青纹干酪等。

表 5.12 天然干酪的分类

干酪类型	水分含量	干酪品种	成熟的菌种
特硬质干酪	<25	帕尔梅散干酪(Parmesan Cheese)	细菌
		罗马诺干酪(Romano Cheese)	细菌
硬质干酪	25~36	荷兰干酪(Gouda Cheese)	细菌
		荷兰圆形干酪(Edam Cheese)	细菌
		瑞士干酪(有气孔)(Swiss Cheese)	细菌
		瑞士多孔干酪(有气孔)(Emmentaler Cheese)	细菌
半硬质干酪	36~40	砖状干酪(Brick Cheese)	细菌
		修道院干酪(Trappist Cheese)	细菌
		法国羊乳干酪(Roquefort Cheese)	霉菌
		青纹干酪(Blue Cheese)	霉菌
软质干酪	40~60	农家干酪(Cottage Cheese)	不发酵
		稀奶油干酪(Cream Cheese)	不发酵
		里科塔干酪(Ricotta Cheese)	不发酵
		比利时林堡干酪(Limburg Cheese)	细菌
		手工干酪(Hand Cheese)	细菌
		法国浓味干酪(Comembert Cheese)	霉菌
		布里干酪(Brie Cheese)	霉菌

此外，国际上常把干酪划分为天然干酪、再制干酪和干酪食品 3 大类，其主要规格、要求见表 5.13。

表 5.13 天然干酪、再制干酪和干酪食品的主要规格

名称	规格
天然干酪	以乳、稀奶油、部分脱脂乳、酪乳或混合乳为原料，经凝固后排出乳清而获得的新鲜或成熟的干酪产品，允许添加天然香辛料以增加香味和口感

名称	规　　格
再制干酪	用一种或一种以上的天然干酪,添加食品卫生标准所允许的添加剂(或不加添加剂),经粉碎、混合、加热融化、乳化后制成的产品,乳固体含量在40%以上。此外,还有下列两条规定: ①允许添加稀奶油、奶油或乳脂,以调整脂肪含量; ②在添加香料、调味料及其他食品时,必须控制在乳固体总量的1/6以内,但不得添加脱脂乳粉、全脂乳粉、乳糖、干酪素以及非乳源的脂肪、蛋白质及碳水化合物
干酪食品	用一种或一种以上的天然干酪或再制干酪,添加食品卫生标准所允许的添加剂(或不加添加剂),经粉碎、混合、加热融化、乳化后制成的产品。产品中干酪的质量须占总质量的50%以上。此外,还规定: ①添加香料、调味料及其他食品时,必须控制在产品干物质总量的1/6以内; ②可以添加非乳源的脂肪、蛋白质和碳水化合物,但不得超过产品总质量的10%

三、天然干酪一般加工工艺

各种天然干酪的生产工艺基本相同。天然干酪的生产工艺流程如下:原料乳→验收→净化→标准化→杀菌→冷却→添加发酵剂→调整酸度→加氯化钙→加色素→加凝乳酶→凝块切割→搅拌→加温→乳清排出→成形压榨→盐渍→成熟→上色挂蜡→成品。

1. 原料乳的要求

生产干酪的原料乳必须经过抗生素残留等指标的严格检验,而且必须新鲜,即使在4℃下贮存也会使乳中的蛋白质和盐类特性发生变化,对干酪生产特性产生破坏。

2. 原料乳的净化

净乳的目的是除去生乳中的机械杂质和乳中的一部分细菌,特别是对干酪质量影响较大的芽孢杆菌。采用网袋和普通净乳机可除去乳中的机械杂质,除去芽孢杆菌通常采用离心除菌或微滤除菌技术。

3. 标准化

检测原料乳中乳脂肪和酪蛋白含量,将酪蛋白/乳脂肪的比值调整为0.7。

4. 杀菌处理

杀菌温度的高低直接影响产品质量。温度过高、时间过长,则受热变性的蛋白质增多,用凝乳酶凝固时凝块松软,且收缩作用变弱,干酪的水分过多。杀菌方法多采用63℃、30min的保温杀菌或72~73℃、15s的高温短时间杀菌。在高温短时间杀菌下,大部分有害菌被杀死,但芽孢菌难以被杀灭,从而对干酪成熟过程造成危害,如丁酸梭状芽孢杆菌严重破坏干酪的质地结构并形成不良风味。为防止这类现象的发生,许多生产厂采用离心除菌技术和微滤技术来降低芽孢菌的危害。

5. 添加发酵剂和预酸化

将干酪槽中的牛乳冷却到30~32℃,然后加入原料乳量的1%~2%的工作发酵剂,充分搅拌3~5min。为了促进凝固和正常成熟,加入发酵剂后应进行短时间的发酵,以保证充足的乳酸菌增菌,此过程称为预酸化。经10~15min的预酸化后,取样测定酸度。

6. 加入添加剂与调整酸度

除了发酵剂之外,根据干酪品种和生产条件的需要,还可添加氯化钙、色素、防腐性盐类等添加剂，使凝乳硬度适宜，色泽一致，减少有害微生物的危害。添加发酵剂并经 $30\sim 60min$ 发酵后的酸度应为 $0.18\%\sim 0.22\%$ 乳酸度，但实际发酵酸度很难控制，为使干酪成品质量一致，可用 $1mol/L$ HCl 调整酸度至 0.21% 左右。

7. 添加凝乳酶

在干酪的生产中，添加凝乳酶形成凝乳是一个重要的工艺环节。凝乳酶的添加量通常按凝乳酶活力和原料乳的量计算。用 1% 的食盐水将酶配成 2% 溶液，在 $28\sim 32℃$ 下保温 $30min$，然后加入到乳中，充分搅拌 $2\sim 3min$ 后，在 $32℃$ 条件下静置 $30min$ 左右即可使乳凝固，达到凝乳的要求。

8. 凝块切割

当乳凝块达到适当硬度时要进行切割，以有利于乳清排出。正确判断恰当的切割时机非常重要，如果在尚未充分凝固时进行切割，酪蛋白或脂肪损失大，且生成柔软的干酪；反之，切割时间迟，凝乳变硬不易脱水。切割时机由下列方法判定：用消毒过的温度计以 $45°$ 插入凝块后挑开，如裂口如锐刀切痕，并呈现透明乳清，即可开始切割。切割是把凝块柔和地分裂成 $3\sim 15mm$ 大小的颗粒，其大小决定于干酪的类型，切块越小，最终干酪中的水分含量越低。

9. 凝块的搅拌及加温

凝块切割后若乳清酸度达到 $0.17\%\sim 0.18\%$ 时，开始用干酪耙或干酪搅拌器轻轻搅拌，与此同时，在干酪槽的夹层中通入热水，使温度逐渐升高，升温的速度应严格控制，开始时每 $3\sim 5min$ 升高 $1℃$，当温度升至 $35℃$ 时每 $3min$ 升高 $1℃$。当温度达到 $38\sim 42℃$ 时停止加热并维持此时的温度。在整个升温过程中应不停地搅拌，以促进凝块的收缩和乳清的渗出，防止凝块沉淀和相互粘连。

10. 乳清排放

乳清排放是指将乳清与凝乳颗粒分离的过程。排乳清的时机可通过所需酸度或凝乳颗粒的硬度来掌握。一般在搅拌升温的后期，乳清酸度达 $0.17\%\sim 0.18\%$ 时，凝块收缩至原来的一半，用手捏干酪粒感觉有适度弹性，或用手压出干酪粒水分后，干酪粒富有弹性，仍能重新分散时即可排出全部乳清。

11. 压榨成形

压榨是对装在模中的凝乳颗粒施加一定的压力。压榨可进一步排掉乳清，使凝乳颗粒成块并形成一定的形状，同时表面变硬。压榨可利用干酪自身的重量来完成，也可使用干酪压榨机来进行。在压榨初始阶段要逐渐加压，因为初始高压压紧的外表面会使水分封闭在干酪体内。

12. 加盐

加盐是为了改善干酪的风味、组织和外观，排出内部乳清或水分，增加干酪硬度，限制乳酸菌的活力，调节乳酸生成和干酪的成熟，防止和抑制杂菌的繁殖。一般情况下，干酪中加盐量为 $0.5\%\sim 2\%$，但一些霉菌成熟的干酪如蓝霉干酪或白霉干酪的一些类型，通常盐含量在 $3\%\sim 7\%$。

加盐引起的副酪蛋白上的钠和钙交换也给干酪的组织带来良好影响，使其变得更加光滑。一般来说，在乳中不含有任何抗菌物质的情况下，在添加原始发酵剂 $5\sim 6h$，pH $5.3\sim 5.6$ 时在凝块中加盐。加盐方法有干盐法和湿盐法之分，干盐法是将食盐撒布于干酪粒中，并在干酪槽中混合均匀，或者在干酪压榨成形后涂布于干酪表面。湿盐法是在干酪成形后将干酪浸渍在盐水池内，盐水浓度第一天为 $17\%\sim18\%$，以后为 $22\%\sim23\%$。盐水温度一般在 8℃左右，盐渍 4d。

13. 干酪的成熟与贮存

压榨并加盐后的干酪称新鲜干酪。将新鲜干酪置于一定温度（10～12℃）和湿度（相对湿度 $85\%\sim90\%$）条件下，经一定时期（3～6 个月），在乳酸菌等有益微生物和凝乳酶的作用下，使干酪发生一系列物理和生物化学变化的过程称为干酪的成熟。成熟的主要目的是改善干酪的组织状态和营养价值，增加干酪的特有风味。为了防止霉菌生长和增加美观，将前期成熟后的干酪清洗干净后，可用食用色素染色（或不染色），待色素完全干燥后，在 160℃的石蜡中进行挂蜡。为了食用方便和防止形成干酪皮，现多采用塑料真空及热缩密封。

在成熟过程中，水分因蒸发而减少，重量减轻；乳糖在乳酸菌作用下转化为乳酸，以及丙酸或乙酸等挥发酸；蛋白质分解形成小分子的胨、多肽、氨基酸等可溶性的含氮物，成熟良好的干酪中，水溶性蛋白从开始时占总蛋白 4% 上升到 33% 左右；部分乳脂肪被解脂酶分解产生多种水溶性挥发脂肪酸及其他高级挥发性酸等，与干酪风味的形成有密切关系；在微生物的作用下，干酪中产生各种气体，使干酪形成带孔眼的特殊组织结构；丁二酮、氨基酸、挥发酸及其盐类或酯类等共同构成成熟干酪的风味成分。

干酪的贮存是要创造一个尽可能控制干酪成熟循环的外部环境。每一类型的干酪都有特定的温度和相对湿度组合，在成熟的不同阶段必须在不同贮存室中加以保持。

四、再制干酪的加工工艺

再制干酪是以硬质、软质或半硬质干酪以及霉菌成熟干酪等多种类型的干酪为原料，经融化、杀菌所制成的产品。从质地上来看，再制干酪可分为块型和涂布型两大类型，块型再制干酪质地较硬，酸度高，水分含量低；涂布型则质地较软，酸度低，水分含量高。此外，在生产过程中还可添加多种调味成分，如胡椒、辣椒、火腿、虾仁等，使再制干酪具有多种不同的口味。

1. 工艺流程

原料干酪选择→原料预处理→切割→粉碎→加水→加乳化盐→加色素→加热溶化→浇灌包装→静置冷却→成熟→出厂。

2. 工艺要求

① 原料干酪的选择。一般选择细菌成熟的硬质干酪如荷兰干酪、契达干酪、荷兰圆形干酪等。为满足制品的风味及组织，成熟 7～8 个月风味浓的干酪应占 $20\%\sim30\%$；为了保持组织滑润，成熟 2～3 个月的干酪应占 $20\%\sim30\%$，搭配中间成熟度的干酪 50%，使平均成熟度在 4～5 个月之间，含水分 $35\%\sim38\%$，可溶性氮 0.6% 左右。

② 切碎与粉碎。用切碎机将原料干酪切成块状，用混合机混合，然后用粉碎机粉碎成 4～5cm 的条状，最后用磨碎机处理。

③ 溶化、乳化。在干酪溶化锅中加入适量的水，通常为原料干酪质量的 $5\%\sim10\%$，成品的含水量为 $40\%\sim55\%$。按配料要求加入适量的调味料、色素等添加物，然后加入预处理粉碎后的原料干酪并加热。当温度达到 50℃左右，加入 $1\%\sim3\%$ 的乳化盐，如磷酸钠、柠檬酸钠、偏磷酸钠和酒石酸钠等。最后将温度升至 60～70℃，保温 20～30min，使原料干酪完全溶化。加乳化盐后如果需要调整酸度，可以用乳酸、柠檬酸、醋酸等，或混合使用。

成品的 pH 为 5.6～5.8，不得低于 5.3。在此过程中应保证杀菌的温度，一般达到 80～95℃，10～15min。乳化完成时应检测水分、pH、风味等，然后抽真空进行脱气。

④ 充填、包装。经过乳化的干酪应趁热包装，包装材料可用铝箔、玻璃纸等。

⑤ 贮藏。包装后的干酪应静置在 10℃ 以下冷藏库中定型和贮藏。

第七节　褐色乳酸菌饮料生产工艺

褐色乳酸菌饮料是一类高糖、低酸、低黏度的活性乳酸菌饮料。由于较强的美拉德反应强度、较少的增稠剂添加量，形成了产品独特清爽清香的口感。褐色乳酸菌饮料一般以脱脂奶粉与葡萄糖为原料，经热处理发生美拉德反应，再通过干酪乳杆菌单株发酵调配而成。美拉德反应生成的羧酸类、酮类、吡喃、吡嗪、吡咯、吡啶等物质，除能提供给食品特殊的气味外，还具有抗氧化、抗诱变等特性，产品中蛋白质含量一般为 1.0%。

褐色乳酸菌饮料的发酵乳基料制备流程是：脱脂奶粉 12%、葡萄糖 6%、水→搅拌（40～45℃，20min）→95℃高温杀菌 30～150min→冷却至 37℃→添加菌种→37℃恒温培养 72h→冷却至 4～10℃。

褐色乳酸菌饮料的制备工艺流程：白砂糖用 70～80℃水溶解→高速搅拌 20～30min→95℃杀菌 5min→冷却至 20～30℃→添加发酵基料→搅拌 10～15min→柠檬酸调酸，pH 值 3.6～3.7→20～30℃、20MPa 条件下均质→10～20℃灌装→入库 4～6℃冷藏。

1000g 褐色乳酸菌饮料配方为：发酵基料 250g、白砂糖 90g、水 660g。与普通的发酵菌种相比，干酪乳杆菌生长速度相对缓慢，发酵 24h 时酸度才 60°T，发酵 18h 左右才凝乳，所以通常要经过长时间发酵来增加益生菌含量。某干酪乳杆菌菌株在接种量 1×10^6 cfu/mL 条件下的增殖如图 5.17 所示，在 24～96h，干酪乳杆菌数量随发酵时间的延长而明显增加，72h 时数量达到最高，继续延长发酵时间至 96h 数量反而出现下降。

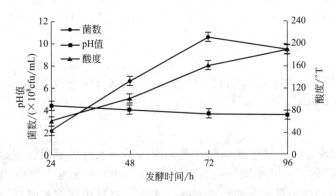

图 5.17　发酵时间对干酪乳杆菌数量、pH 值和酸度的影响

干酪乳杆菌对人体胃肠消化道环境具有较强的耐受能力，在进入人体后可以在肠道内大量存活，是一种具有调节肠道菌群、促进人体消化吸收以及增强免疫等多种保健作用的益生菌。据研究报道，每天摄入 10^8～10^9 个益生菌对人体有健康作用，根据消费者日常摄入 100g 计算，相应产品中益生菌含量必须大于 10^6 cfu/mL 才能发挥对人体的益生作用。

第六章 饮料生产工艺

根据 GB/T 10789—2015《饮料通则》的定义，饮料是经过定量包装的，供直接饮用或按一定比例用水冲调或冲泡饮用的，乙醇含量（质量分数）不超过 0.5％的制品。也可为饮料浓浆或固体形态。按照原料或产品性状的不同，饮料可以分为如下 11 个大类。

① 包装饮用水。以来自公共供水系统的水为生产用源水，或者非公共供水系统的地表水或地下水为生产用源水，水质应符合 GB 5749 的规定，经加工制成的密封于容器可直接饮用的水。

② 果蔬汁类及其饮料。以水果和（或）蔬菜（包括可食用的根、茎、叶、花、果实）等为原料，经加工或发酵制成的液体饮料。

③ 蛋白饮料。以乳或乳制品，或其他动物来源的可食用蛋白，或含有一定蛋白质的植物果实、种子或种仁等为原料，添加或不添加其他食品原辅料和（或）食品添加剂，经加工或发酵制成的液体饮料。

④ 碳酸饮料（汽水）。以食品原辅料和（或）食品添加剂为基础，经加工制成的，在一定条件下冲入一定量二氧化碳气体的液体饮料，不包括由发酵自身产生二氧化碳气体的饮料。

⑤ 特殊用途饮料。加入具有特定成分的适应所有或某些人群需要的液体饮料。包括运动饮料、营养素饮料、能量饮料、电解质饮料等。

⑥ 风味饮料。以糖和（或）甜味剂、酸度调节剂、食用香精（料）等的一种或多种为调整风味的主要手段，经加工或发酵制成的液体饮料。

⑦ 茶（类）饮料。以茶叶或茶叶的水提取液或其浓缩液、茶粉（包括速溶茶粉、研磨茶粉）或直接以茶的鲜叶为原料，添加或不添加食品原辅料和（或）食品添加剂，经加工制成的液体饮料。

⑧ 咖啡（类）饮料。以咖啡豆和（或）咖啡制品（研磨咖啡粉、咖啡的提取液或其浓缩液、速溶咖啡）等为原料，添加或不添加糖、乳和（或）乳制品、植脂末等食品原辅料和（或）食品添加剂，经加工制成的液体饮料。

⑨ 植物饮料。以植物或植物提取液为原料，添加或不添加食品原辅料和（或）食品添加剂，经加工或发酵制成的液体饮料。如可可饮料、谷物饮料等，不包括果蔬汁类及其饮料、茶（类）饮料和咖啡（类）饮料。

⑩ 固体饮料。用食品原辅料、食品添加剂等加工制成的粉末状、颗粒状或块状等，供冲调或冲泡饮用的固态制品。

⑪ 其他类饮料。上述品种之外，经国家相关部门批准，可声称具有特定保健功能的制品为功能饮料。

饮料按生产工艺也可以分为如下四类：

① 采集型，如天然矿泉水，只需简单加工。

② 萃取型，如天然果蔬材料、茶等，需经过破碎、压榨或浸提、萃取工艺生产。

③ 配制型，如果汁饮料，用天然原料和食品添加剂配制而成。

④ 发酵型，如乳酸菌饮料、醋饮料等需经发酵工艺生产。

第一节　饮料的主要原料

一、水和水处理

1. 水源和要求

水是饮料的主要原料，在瓶装水类产品中水就是饮料，水的质量直接影响饮料的质量，没有合格的水就不可能生产优质饮料。一般饮料用水除需符合饮用水要求外，其他项要求如表 6.1 所示。

表 6.1　一般饮料用水标准

指　标	要　求	指　标	要　求
总固形物/(mg/L)	<500	铁(以 Fe 计)/(mg/L)	<0.1
总硬度(以 CaCO₃ 计)/(mg/L)	<100	锰(以 Mn 计)/(mg/L)	<0.1
总碱度(以 CaCO₃ 计)/(mg/L)	<50	高锰酸钾消耗量/(mg/L)	<10
游离氯含量/(mg/L)	<0.1	菌落总数/(个/mL)	<100
色度	<5	大肠菌群/(个/L)	<3
浊度	<2	致病菌	不得检出

天然水可分为地表水和地下水，地表水包括河水、湖水、水库水、池塘水、浅井水等，其中的可溶性盐类较少，但黏土、砂、腐殖质、微生物含量较高，而且易受工业废水污染。地下水主要指深井水、泉水、自流井水，由于经过地层的过滤，其中的悬浮物和微生物较少，水质较清澄，但可溶性矿物盐较多。

(1) 天然水源中的杂质　天然水源中的杂质按其质点大小可分三类。

① 悬浮物质：粒径大于 $0.2\mu m$ 的杂质为悬浮物，这类杂质使水质呈混浊状态，静置后会自行沉淀，主要有泥土、砂粒、藻类、昆虫、微生物等。

② 胶体物质：粒径在 $0.001\sim0.2\mu m$，能依靠静电斥力稳定存在于水中不下沉的杂质为胶体，无机性胶体如硅酸胶体是造成水体混浊的主要原因，有机性胶体一般是动植物残骸腐蚀分解产生的蛋白质、腐殖质等，其中腐殖酸、腐殖质是造成水质带色的主要原因。

③ 溶解物质：粒度在 $0.001\mu m$ 以下，以分子或离子状态存在于水中的质点为溶解物质，主要有溶解性气体、溶解性盐类和其他有机化合物。

溶解性气体有 O_2、CO_2、N_2 及少量的 H_2S、Cl_2、CO 等，这些气体存在会影响碳酸饮料中 CO_2 的溶解量及产生异味。溶解性盐类有 K、Na、Ca、Mg、Fe、Mn、Al 的碳酸盐、硝酸盐、盐酸盐、硅酸盐、磷酸二氢盐等。不同地区水中溶解性盐类的种类和含量相差很大，这些盐类构成了水的硬度和碱度。

(2) 水的硬度和碱度　水的硬度是指水中离子沉淀肥皂的能力，其数值主要是由水中的钙镁离子含量决定的。暂时硬度又称碳酸盐硬度，主要由钙镁的碳酸氢盐构成，经加热煮沸可除去大部分。

$$Ca(HCO_3)_2 \longrightarrow CaCO_3 \downarrow + CO_2 + H_2O$$
$$Mg(HCO_3)_2 \longrightarrow MgCO_3 + CO_2 + H_2O$$
$$MgCO_3 + H_2O \longrightarrow Mg(OH)_2 \downarrow + CO_2$$

永久硬度又称非碳酸盐硬度，是钙镁的盐酸盐、硫酸盐、硝酸盐等，不会因煮沸而分解沉淀。总硬度是暂时硬度与永久硬度之和，计算公式如下：

$$总硬度 = \frac{[Ca^{2+}]}{40.08} + \frac{[Mg^{2+}]}{24.3}(mmol/L)$$

式中 Ca^{2+}、Mg^{2+} 的浓度单位都是 mg/L。1L 水中含有相当于 50mg $CaCO_3$ 的硬度为 1mmol/L 硬度。水的硬度表示方法还有：

德国度（°d）：1L 水中含有相当于 10mg CaO 的硬度为 1 德国度。

法国度（°f）：1L 水中含有相当于 10mg $CaCO_3$ 的硬度为 1 法国度。

英国度（°e）：1L 水中含有相当于 14.28mg $CaCO_3$ 的硬度为 1 英国度。

美国度（mg/L）：1L 水中含有相当于 1mg $CaCO_3$ 的硬度为 1 美国度。

以德国度表示比较方便直观，1mmol/L 换算为 2.804 德国度，通常以此将水质分为五类：很软水 0~4°d，软水 4~8°d，中硬水 8~16°d，硬水 16~30°d，很硬水 >30°d。饮料用水硬度要求小于 8.5°d，若硬度过大，会产生碳酸钙沉淀和有机酸钙盐沉淀。非碳酸盐硬度过高时还会使饮料出现盐味。

水的碱度是指水中能与 H^+ 发生中和反应的碱性物质总量，以 mmol/L 表示。水中 OH^-、CO_3^{2-}、HCO_3^- 的总含量称为水的总碱度，但天然水中一般不含 OH^-，在有 Ca^{2+}、Mg^{2+} 存在时，碳酸盐的溶解度很小，所以 CO_3^{2-} 的含量也很低，只有 Na_2CO_3、K_2CO_3 存在时才有 CO_3^{2-} 存在，而 OH^- 与 HCO_3^- 不能同时存在（$OH^- + HCO_3^- \longrightarrow CO_3^{2-} + H_2O$），因此，天然水中通常仅 HCO_3^- 存在。

由此可知，天然水的碱度与暂时硬度直接关联，当总碱度大于总硬度，说明水中存在 OH^-、CO_3^{2-}，属于碱性水；当总碱度小于总硬度，水中存在 Ca^{2+}、Mg^{2+} 的非碳酸氢盐，OH^-、CO_3^{2-} 基本上不存在，属于非碱性水；当总碱度等于总硬度，水中只含 Ca^{2+}、Mg^{2+} 的碳酸氢盐。

硬度过高会对饮料质量产生不利影响，如 Ca（HCO_3）$_2$ 等会与有机酸结合，产生沉淀；非碳酸盐浓度高还会产生盐味。碱度过高则水中的碱性物质会中和配料中的酸，改变产品风味，影响保藏期，影响 CO_2 溶入量，并易与金属离子形成水垢，产生不良气味，在生产果汁型碳酸饮料时与果汁中的某些成分产生沉淀。

水处理需要综合采用物理、化学和电化学的方法，去除水中的可溶和不可溶性物质，使水质达到饮用水技术标准。

2. 浮选

浮选法是采用适当的介质，吸附杂质或颗粒，利用浮力将其带出水面而达到分离的目的。浮选法被选为水处理的附加工序，在大部分情况下浮选工序采用的介质是压缩空气。溶气浮选法（DAF）是在待处理水中通入大量的微细气泡，使其与杂质、絮粒互相黏附，形成整体相对密度小于水的浮体，靠浮力上升至水面而完成固液、液液分离的净水方法。DAF 一般适用于去除水中的疏水性颗粒，因为它易与微细气泡结合在一起，上浮速度可提高很多倍，分离效率高；对于亲水性颗粒可以加入浮选剂改变颗粒的亲水性能和增大润湿角，再结合浮选法分离。

3. 混凝

悬浮物质可经静置去除，而胶体物质需经混凝，增加杂质颗粒的粒径，使其在水中失稳而下沉。胶体物质能稳定在水中的两个主要因素是电荷与水化膜。在水中添加混凝剂，能够中和胶体颗粒表面电荷，消除胶粒相互间的静电斥力，其水化膜也同时瓦解，胶体微粒相互聚集、碰撞，凝聚成大颗粒而下沉。

(1) 混凝剂　混凝剂在水中首先自身分散形成胶体，再与水中杂质反应，中和其电荷，吸附其一起下沉。常用的混凝剂如下。

① 明矾 $[KAl(SO_4)_2 \cdot 12H_2O]$　天然杂质胶粒和悬浮微粒通常都带负电，明矾在水中可生成带正电并具有吸附功能的 $Al(OH)_3$ 胶体，促使杂质絮凝下沉。明矾的使用量一般为 $0.001\% \sim 0.02\%$。

明矾是溶解度很小的化合物，水温低不利于其溶解，絮凝能力自然下降，但水温高于 40℃时作用太强，生成的絮凝物太小，不利于沉淀，适当的温度为 $25 \sim 35$℃。

原水 pH 值对明矾的混凝作用影响很大，在 pH $5.5 \sim 7.5$ 时生成 $Al(OH)_3$ 胶体的量最大。$Al(OH)_3$ 可两性电离，pH <5.5 时释出铝离子，失去胶体作用：$Al(OH)_3 + 3H^+ \longrightarrow Al^{3+} + 3H_2O$；在 pH >7.5 时，$Al(OH)_3 + OH^- \longrightarrow AlO_2^- + 2H_2O$。在这两种 pH 条件下，胶体的絮凝作用下降，水体中 Al^{3+} 的残留量上升。此外，在 pH <5 时 $Al(OH)_3$ 胶体电性转负，pH $=8$ 时保持电中性。

② 硫酸铝　硫酸铝的作用原理与明矾相似，在水中也是生成 $Al(OH)_3$ 而起作用。但硫酸铝是酸式盐，其水溶液 pH $4.0 \sim 5.0$，因此，使用硫酸铝时需要对水的 pH 值进行调节。硫酸铝的用量一般为 $0.002\% \sim 0.01\%$，同时需添加硫酸铝用量一半的 CaO。

③ 复合氯化铝（PAC）　$[Al_2(OH)_nCl_{(6-n)}]_m$，其中 $n = 1 \sim 5$，$m \leqslant 10$。PAC 在水中由于多核 Al^{3+} 的存在而带有大量正电荷，同时由于羟基桥联作用而形成大分子，因此能有效吸附负电荷胶粒，形成大凝聚体沉淀，并能去除悬浮物，包埋微生物。PAC 的用量为 $0.005\% \sim 0.01\%$，达到相同效果的用量为硫酸铝用量的 $1/2 \sim 1/4$。

PAC 对高浊度、高色度原水的混凝效果好，水温低时仍能保持良好的混凝效果，使用的 pH 范围广（pH $5 \sim 9$），反应迅速，沉淀快，用量少。

④ 绿矾（$FeSO_4 \cdot 7H_2O$）　$FeSO_4$ 在水中形成 $Fe(OH)_3$ 胶体。

$$FeSO_4 + Ca(HCO_3)_2 \longrightarrow Fe(OH)_2 + CaSO_2 + CO_2$$
$$Fe(OH)_2 + H_2O + O_2 \longrightarrow Fe(OH)_3$$

$Fe(OH)_3$ 胶体的作用原理与 $Al(OH)_3$ 相似。绿矾的用量一般为 $0.0014\% \sim 0.007\%$。绿矾作为混凝剂的特点是 $Fe(OH)_3$ 胶体比 $Al(OH)_3$ 胶体重 1.5 倍，沉降速度快，而且水温对 $Fe(OH)_3$ 的影响不大。$Fe(OH)_3$ 胶体在 pH >8 时才能生成，因此绿矾适宜处理碱性水质，在中性水质中需添加 CaO，$FeSO_4 : CaO = 1 : 0.37$（质量比）。在 pH >6 时，Fe^{3+} 会与水中腐殖酸反应生成不沉淀的有色化学物，同时，铁盐不适合处理有机物含量高的原水。

(2) 助凝剂　助凝剂自身不起凝聚作用，加入后可提高混凝效果，帮助絮凝形成，加速沉淀，如 pH 值调节剂、海藻酸钠、CMC、黏土、聚丙烯酰胺、碱淀粉等。海藻酸钠、聚丙烯酰胺等都是通过吸附混凝剂和杂质微粒形成的絮凝团，形成大颗粒聚合体而达到加速沉淀目的。

(3)电凝聚 电凝聚适宜于连续制水过程。使 pH 中性的水通过铝电极的电场,电极中的金属铝在电流作用下电解,释放出铝离子,在水中形成 $Al(OH)_3$ 胶体,从而达到混凝作用。

4. 过滤

(1)过滤原理 混凝产生的絮状沉淀需要过滤除去。过滤是使水通过滤料层,将水中杂质截留在滤料中,从而使水得到净化的过程。过滤过程中有三种作用方式。

① 阻力截留 原水流过滤料层时,直径较大的悬浮物首先被截留在孔隙间,使滤料表面滤层的孔隙变小,逐渐形成一层由被截留颗粒形成的滤层,起过滤作用。

② 重力沉降 滤料颗粒为原水提供了大量的沉降表面,如 $1m^3$ 粒径为 0.5mm 球形砂粒的有效沉降面积约为 $400m^2$,原水经过滤料时,只要流速适宜,悬浮物就会向这些表面沉淀。

③ 接触凝聚 滤料表面带有电荷,如砂在水中带负电,能吸附带正电的微粒,如铁、铝及硅酸胶体,形成带正电的薄膜。砂层通过这层薄膜的媒介接触而吸附带负电的杂质。

以上三种作用在同一过滤系统中是同时发生的,阻力截留主要发生在滤层表面,重力沉降和接触凝聚发生在滤层深处。

(2)过滤器 重力砂滤床广泛用于水处理中,其单位时间的饮用水处理量很大,主要的不足在于占地面积大,如果处于室外还可能受到天气和微生物污染的影响。采用机械过滤器可有效改善过滤条件。机械过滤器内如只装一种石英砂滤料则称为砂滤器,装有两种或以上过滤介质称多介质过滤器,其主要作用是去除粒度大于 $20\mu m$ 的机械杂质、经过混凝的小分子有机物和部分胶体,使出水浊度小于 0.5NTU。

机械过滤器的构造见图 6.1,直径 300~3200mm,处理水量 1~100m^3/h,小型反冲洗

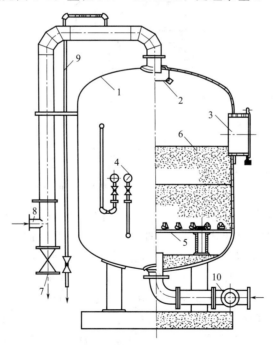

图 6.1 机械过滤器的构造

1—钢制筒体;2—挡板;3—人孔;4—压力表;5—滤头;6—滤料;
7—排水管;8—进水管;9—排气管;10—冲清水管

可只用水，大型的反冲洗可选用水或气水反冲洗。滤料分为单层、双层和多层。单层滤料通常有两种：一种是均匀滤料，由粒径 0.5～0.53mm 的石英砂组成，层厚 700mm；另一种是不均匀滤料，粒径为 0.3～0.63mm 的石英砂，厚度 600～700mm。双层滤料的上层为直径 0.65～0.77mm 的无烟煤，厚度 460mm；下层为直径 0.45～0.60mm 的石英砂，厚度为 230mm。多层滤料具有更大的截污能力和适应性，较常用的为三层滤料，最多的有五层滤料，总高度 1200mm。从上至下为：硬压胶粒（$d=5$mm，相对密度 1.25）；无烟煤（$d=2\sim$ 3mm，相对密度 1.75）；石英砂（$d=0.5\sim1$mm，相对密度 2.6）；石榴石（$d=0.3\sim$ 0.5mm，相对密度 4.5）；砾石（承托层，$d=10$mm，相对密度 2.66）。

精密过滤也称微孔过滤，它采用成型滤材，如滤布、滤片、烧结滤管、蜂房滤芯等，用以去除粒径 $100\mu m$ 以下的微细颗粒，进一步降低浊度，满足后续工序对进水的要求。有时也设置在整个水处理系统的末端，防止细小的微粒（如破碎成粉状的离子交换树脂等）进入成品水中。

精密过滤器的类型有多种，滤布过滤器是将尼龙网布包扎在多孔管上组成过滤单元，置于承压容器内成为过滤器。图 6.2 为聚氯乙烯套管式滤布过滤器剖面，这种滤布过滤器可去除大于 $80\mu m$ 的杂质。烧结管过滤器的烧结滤管是由粉末材料通过烧结形成的微孔滤元，其滤管材料有陶瓷、玻璃砂、塑料（聚乙烯或聚氯乙烯）等多种。上海医药工业研究院研制成功的 PE 和 PA 型微孔滤管是采用聚乙烯材料烧结制成，可去除 $0.5\mu m$ 的微粒，能耐酸、碱、盐及一般化学溶剂，机械强度高，使用寿命长。

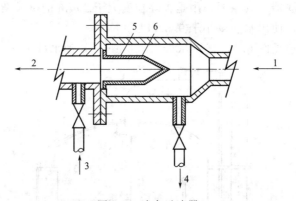

图 6.2　滤布过滤器

1—进水口；2—出水口；3—反冲洗进水口；4—反冲洗水排放口；
5—多孔管；6—包在多孔管外面的滤布（滤布内衬窗纱）

烧结陶瓷滤芯的微孔孔径一般小于 $2.5\mu m$，孔隙率为 47%～52%，图 6.3 显示了烧结陶瓷滤芯的结构，过滤器构造见图 6.4，处理水能力 600～1500L/h，一般工作压力 0.3MPa 以下。陶瓷烧结滤管因截留悬浮物增多而出水量减小时，可用水砂纸磨去已堵塞的表层，清洗干净后继续使用。当滤管的壁厚减薄到 2～3mm，滤出液将不合格，须更换滤芯。

蜂房过滤器（图 6.5）是一种效率高、阻力小的深层过滤单元，适用于含悬浮物较低（小于 3 度）的水进一步净化。蜂房滤芯（又称线绕滤芯）由纺织纤维粗纱精密缠绕在多孔骨架上而成，控制滤芯的缠绕密度就能制成不同精度的滤芯，滤芯的孔径外层大，愈往中心愈小，可承受较高的过滤压力，过滤精度为 $1\sim100\mu m$，具有体积小、过滤面积大、阻力小、滤除杂质负荷高、使用寿命长等优点。

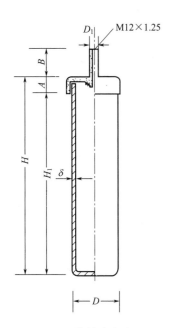

图 6.3　烧结陶瓷滤芯

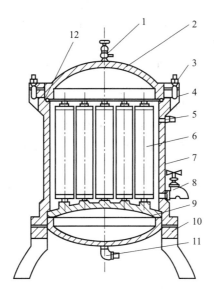

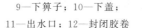

图 6.4　烧结管过滤器

1—放气阀门；2—上盖；3—紧固螺栓；

4—上算子；5—入水口；6—滤棒；

7—过滤器本体；8—排污嘴；

9—下算子；10—下盖；

11—出水口；12—封闭胶卷

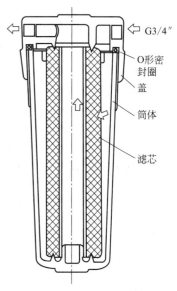

图 6.5　单个蜂房滤芯过滤器

5.活性炭吸附

吸附法是用含有多孔的固体物质使水中污染物被吸附在固体孔隙内而去除的方法，活性炭是最常用的吸附剂。活性炭过滤器用于去除经过滤未去除的有机物，吸附水中的余氯，使出水余氯$\leqslant 0.1mL/m^3$，$SDI\leqslant 4$，可起到保护 RO 膜的作用。此外，活性炭表面非结晶部位上的一些含氧官能团具有化学吸附和催化氧化、还原的性能，能有效去除水中一些金属离子。但是活性炭并非对所有的有机物都有吸附能力，对醇类、分子量很高的有机物或胶体有机物较难吸附。

6.水的软化

要去除水中可溶性盐类就必须采用其他方法，如离子交换、反渗透等，但最经济可行、效果良好的是石灰软化法。如前所述，将水加热到 100℃时，水中 Ca^{2+}、Mg^{2+} 的碳酸氢盐会以 $CaCO_3$ 和 $Mg(OH)_2$ 的形式沉淀析出［100℃时 $CaCO_3$ 和 $Mg(OH)_2$ 溶解度分别为 13mg/L 和 5mg/L］，但大规模地加热饮用水是很不经济的，而石灰软化可以在不加热的条件下去除 Ca^{2+}、Mg^{2+}，降低水的硬度，达到软化水质目的。

石灰软化的原理如下：

$$CaO + H_2O \longrightarrow Ca(OH)_2$$
$$Ca(OH)_2 + CO_2 \longrightarrow CaCO_3 \downarrow + H_2O$$
$$Ca(HCO_3)_2 + Ca(OH)_2 \longrightarrow 2CaCO_3 \downarrow + 2H_2O$$
$$Mg(HCO_3)_2 + Ca(OH)_2 \longrightarrow CaCO_3 \downarrow + MgCO_3 + 2H_2O$$
$$MgCO_3 + Ca(OH)_2 \longrightarrow Mg(OH)_2 \downarrow + CaCO_3 \downarrow$$

$$MgSO_4 + Ca(OH)_2 \longrightarrow Mg(OH)_2 \downarrow + CaSO_4$$

$$MgCl_2 + Ca(OH)_2 \longrightarrow Mg(OH)_2 \downarrow + CaCl_2$$

$$Ca(OH)_2 + 2NaHCO_3 \longrightarrow CaCO_3 \downarrow + Na_2CO_3 \downarrow + 2H_2O（碱度大于$$

硬度时发生）

在计算石灰用量时必须包括除去 CO_2 部分需要的用量，如果水中存在 CO_2 会发生如下反应而使沉淀复溶：

$$CaCO_3 + CO_2 + H_2O \longrightarrow Ca(HCO_3)_2$$

$$Mg(OH)_2 + CO_2 \longrightarrow MgCO_3 + H_2O$$

$$MgCO_3 + CO_2 + H_2O \longrightarrow Mg(HCO_3)_2$$

石灰添加量的经验公式为：

$$G = \frac{56D \times (H_{Ca} + H_{Mg} + M_{CO_2} + 0.175)}{K \times 10^3}$$

式中　G——石灰消耗量，kg/h；

　　　D——软化水量，t/h；

　　　H_{Ca}——原水中的钙硬度，mol/L；

　　　H_{Mg}——原水中的镁硬度，mol/L；

　　　M_{CO_2}——原水中游离的 CO_2 量，mol/L；

　　　0.175——石灰的过剩量；

　　　K——工业石灰的纯度，一般为 $60\% \sim 85\%$。

石灰软化法不适宜于非碳酸盐硬度高的原水，对硬度大于碱度的水，可采用石灰-纯碱软化法：

$$CaSO_4 + Na_2CO_3 \longrightarrow CaCO_3 \downarrow + Na_2SO_4$$

$$CaCl_2 + Na_2CO_3 \longrightarrow CaCO_3 \downarrow + 2NaCl$$

石灰软化过程常结合混凝、消毒过程同时进行，如图 6.6 所示。图 6.6 中的反应槽有三层，在内层顶端注入原水和混凝剂、消毒剂。中间的搅拌器带动内层的水由下而上运动，石灰水从侧面进入内层后与注入的原水汇合，发生软化反应。在流动过程中混凝和消毒作用也同时充分展开，在经中间层进入外层后，由于箱体直径增大，流速下降，凝聚的颗粒聚集于箱体底部，形成一层疏松的过滤层，软化消毒水则由箱体上部溢流口流出。

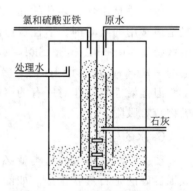

图 6.6　石灰软化处理水
的过程原理

7. 离子交换法

离子交换法也是常用的水处理方法，它是利用交换树脂的交换能力，吸附水中需除去的离子，释放出 H^+ 和 OH^-。

根据交换基团的不同，离子交换树脂可分为阳离子交换树脂和阴离子交换树脂。按照交换基团的酸碱性强弱，又可分为强型和弱型，如交换树脂官能团是—SO_3H，为强酸型，—$COOH$、—PO_3H_2 为弱酸型；季铵型—$N(CH_3)_3$ 为强碱型，伯、仲、叔胺型为弱碱型。两性交换树脂有强碱-弱酸型、弱碱-强酸型等。各种树脂的使用都有一定的 pH 范围要求，适用的对象也不相同。

在稀溶液中离子交换的基本选择性为：带电荷量高的离子容易被交换；在电荷量相同

时，原子序数大的离子容易被交换。但在高浓度溶液中，离子交换树脂的选择性消失，甚至出现相反的交换次序。

在一般情况下，弱型比强型交换容量大，但机械强度低。如果只需去除吸附性很强的离子可选用弱型，要去除吸附性小的单价离子最好用强型。在处理高离子浓度原水时，可先选弱型交换，再用强型交换，这样联用的交换效果好，而且比较经济。

离子交换处理的方式有固定床和连续床两大类。固定床的形式有单床，即一个交换器中使用一种树脂；多床是同一交换树脂，多床串联使用，以提高交换效果；复床是将两种不同树脂的交换器串联使用，可同时吸附阴阳离子；混合床是将阴阳离子交换树脂置于同一交换器内，相当于多级复床串联，处理的水质较高；双层床是在同一交换器内分层填充阴阳离子交换树脂，结构紧凑。连续式移动床的交换、树脂再生和清洗都是在连续进行中，其特点是水质稳定，交换剂利用率高，但能耗较大（图6.7、图6.8）。

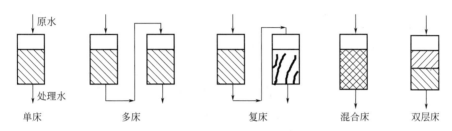

图 6.7　不同单元的离子交换器示意图

8. 电渗析和反渗透

电渗析属于膜分离技术，电渗析装置由若干个膜室并联组成，每个膜室都有一组阳离子交换膜（阳膜）和阴离子交换膜（阴膜）及隔板，阳膜只允许阳离子透过而阻挡阴离子通过，阴膜则相反。每个膜室中都充满了水，在加入电场后，水中的阴阳离子分别向正极和负极移动，但由于交换膜的选择透过性能，迁移的离子只能富集于相应的室中，形成浓室，而相邻室因离子移出而成为淡室（见图6.9），由此达到脱盐作用。

电渗析只能分离电解质，而且对 HCO_3^- 和 $HSiO_3^-$ 等弱电解质的去除率很低，也不能去除呈盐酸盐和二氧化硅形式存在的硅。此外，脱盐率越高的水，其导电率越低，电场的作用也越低，因此，电渗析法不能制备高纯度水。

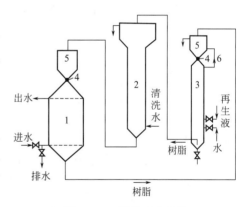

图 6.8　三塔移动床系统
1—交换塔；2—清洗塔；3—再生塔；
4—浮球阀；5—贮存斗；6—连通管

电渗析器在运行中会在离子交换膜表面形成水垢，使膜电阻上升，有效交换面积下降，膜的使用期缩短。消除水垢的方法如下。

① 倒换电极，改变电场方向，使原浓水室膜表面形成的沉淀溶解或脱落。倒换电极后，原浓室成为淡室，原淡室成为浓室，因此，新倒换电极5～10min后，淡室出口水质下降，需合格后方能投入使用。

② 定期酸洗或碱洗。采用1%～2%的盐酸定期酸洗，操作时间2～3h，使pH达到3～4；当水质中含有机杂质时，在阴膜的淡水室侧会析出沉淀，称为受污，需用0.1mol/L

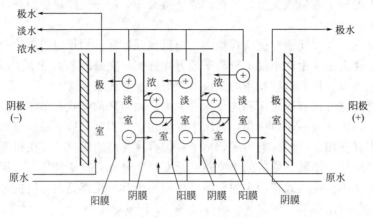

图 6.9 电渗析工作原理图

NaOH 溶液清洗。

如上所述，原水质量对电渗析有很大影响，一般要求原水水质达到如下指标：①有机物含量低，化学耗氧量不超过 3mg/L；②非电解杂质少；③游离性余氯不大于 0.3mg/L；④铁、锰总含量不大于 0.3mg/L；⑤水温在 4～40℃ 范围内；⑥浊度小于 2mg/L，色度小于 20 度。

反渗透是利用半渗透膜只允许溶剂透过而截留溶质的特点，在浓溶液一侧施加高于渗透压的压力，促使纯净水透过半透膜，其他的离子、有机物、细菌等都被阻隔在膜的另一侧。反渗透的脱盐率可达 99％ 左右，对膜的清洗、原水水质等也都有一定要求。

9.水的消毒

对经过前期净化的水还需进行消毒，以达到饮料用水的微生物指标（反渗透水一般不必再消毒），消毒的方式有氯消毒、紫外线消毒和臭氧消毒。

① 氯消毒 氯消毒作用的原理是氯在水中生成次氯酸。次氯酸是中性分子，可以扩散进入带负电表面的微生物体内（表 6.2）。由于氯原子的强氧化作用，破坏微生物体内的酶系，导致微生物死亡。次氯酸根因带有负电荷，很难扩散到菌体表面并进入菌体细胞，其杀菌作用很弱，据美国环境保护机构（EPA）研究报道，次氯酸在相同条件下的杀菌能力是次氯酸盐类的数十倍至上百倍。因此，氯消毒的环境 pH 应在 pH 7 以下。

表 6.2 不同 pH 条件下次氯酸的解离度（20℃）

pH 值	4	5	6	7	8	9	10	11
ClO^-/%	0.05	0.5	2.5	21	75	93	99.5	99.9
HClO/%	99.95	99.5	97.5	79	25	7	0.5	0.1

传统的氯消毒剂有氯气、次氯酸钠、漂白粉 [$Ca(ClO)_2$ 65％、$Ca(OH)_2$ 20％、水分 10％]，现在制备高浓度次氯酸消毒剂的工艺已经成熟，在食品生产企业直接使用次氯酸消毒剂。城市管网水的消毒用氯胺，因氯胺在水中分解缓慢，可逐步释放出次氯酸，既保证管网末端的氯含量，又避免了明显的氯味。二氧化氯的优点在于较高的贮藏稳定性，使用时需要用酸活化，释放出次氯酸。

② 臭氧消毒 臭氧的氧化力强，杀菌作用比氯快 15～30 倍，还可同时去除水中的臭味、色泽等。臭氧为不稳定气态物质，不能规模化生产后贮藏使用，只能在生产过程中现场

制取，经布气系统与待消毒水充分混合，达到一定浓度后起到消毒作用。

③ 紫外线消毒　紫外线波长范围为 $140\sim490nm$，其中 260nm 波长紫外线消毒效果最好，该波长位于核酸吸收峰值，紫外线促使细菌核酸中的嘧啶碱生成嘧啶二聚体而使菌体死亡。

紫外灯通常安装在套管中央，灯管外套接石英玻璃管，需要消毒的水以薄层形式流过石英管，充分吸收紫外线，达到消毒目的。

紫外线的穿透能力较弱，水的色泽和浊度都会影响其杀菌效果。适宜紫外线杀菌的原水水质应该符合如下条件：色度低于 15 度，浊度小于 5 度，总铁含量低于 $0.3mg/L$，细菌数小于 900 个/mL。

二、甜味剂和酸味剂

甜味剂的品种繁多，应用比较广泛的有蔗糖、果葡糖浆、淀粉糖浆、转化糖、蜂蜜、糖醇类、甘草苷；合成甜味剂如阿斯巴甜、安塞蜜、三氯蔗糖等。

从一般概念上说，蔗糖是最值得采用的甜味剂，因为其甜味柔和，符合所有人群的生活习惯，并可赋予饮料一定的触感，渗透压也较高，浓度高时保存性良好。糖醇类产品作为功能性甜味剂，不会引起人体血糖的波动，甜味清甜，甜度也较高，山梨糖醇甜度为 $60\sim70$，木糖醇甜度为 $70\sim80$，麦芽糖醇甜度为 $85\sim95$，但糖醇不能完全取代蔗糖，摄入量高时会引起肠道不良反应。许多人工甜味剂的后味不佳，用量因安全问题而受到限制。

酸味剂的酸感是由氢离子引起的，电离度越高，酸味越强，但阴离子构成也影响酸感。羟基多的有机酸酸味柔和、丰盈，无机酸酸味尖利。

常用有机酸的酸感强弱次序为：酒石酸、延胡索酸、柠檬酸、苹果酸、乳酸、抗坏血酸和醋酸。

甜味和酸味能互相抑制，在酸味剂中加少量食盐能降低酸感，加少量苦味或涩味物质则酸感增强，适当的苦味与酸味配合能提高风味的真实感。

三、食用香精

天然或合成的发香物质称香料。天然的香料来自动物的香囊，植物的花、叶、茎、树皮、根、种子、果实、树脂，其香味组成复杂，而人工合成的香料组成单一。从天然香料中分离出单一成分得到的单离香料也归类于人造香料。

香精是由香料加入适当的稀释剂配成的多成分的混合体。食用香精是由挥发性芳香物质、溶剂或载体以及食品添加剂调配而成的混合体。

食用香精的剂型有多种，水质香精的溶剂是 75% 乙醇，其香味清纯，适用于非高温加热的食品；油质香精的溶剂是丙二醇或色拉油，适用于焙烤制品等需高温加热的产品；乳化香精是 W/O 型乳化，产品不透明，香味较真实，与水质香精混用时，乳化层会受到一定影响；粉末香精是将香料包埋或吸附而成，香料浓度高，运输方便，在水中能迅速分散。

香精在食品生产中可起到五种作用：

① 辅助作用：产品原有香气不足或在加工中有香气损失，可用同香型香精补充。

② 稳定作用：食品原料所含香气因地区、季节、气候、加工条件不同而波动，需要添加香精使产品质量稳定。

③ 矫味作用：使用香精掩盖某些不受欢迎的气味，突出人们喜欢的香味。

④ 赋香作用：使用香精赋予果味汽水等自身没有香味的产品以特定的香味。

⑤ 替代作用：在模拟食品生产中使用香精以替代天然原料的香味。

四、二氧化碳

用于汽水生产的二氧化碳要求为：CO_2 含量≥99.9％，水分含量<0.002％，碳氢化合物含量<0.005％，标准参考 GB 10621—2006《食品添加剂　液体二氧化碳》。

二氧化碳的来源有：天然二氧化碳气井、发酵工厂的副产物、烟道气回收、用小苏打加酸释放 CO_2。天然气井中 CO_2 含量达 80％～99.5％，经脱硫净化就可使用。发酵工厂产生的 CO_2 含较多的有机物，烟道气含较多烟尘及硫，都需要经过高锰酸钾氧化、水洗涤、活性炭吸附、分子筛干燥才能使用。

五、其他原料

软饮料生产的其他原料还有色素、果蔬材料、乳化剂、增稠剂、抗氧化剂等。

第二节　包装饮用水

根据我国现行标准 GB 19298—2014《包装饮用水》的定义，包装饮用水是密封于符合食品安全标准和相关规定的包装容器中，可供直接饮用的水。包括饮用纯净水和其他饮用水。

① 饮用纯净水。以符合饮用水原料要求的水为生产用源水，采用蒸馏法、电渗析法、离子交换法、反渗透法或其他适当的水净化工艺，加工制成的包装饮用水。

② 其他饮用水。以符合饮用水原料要求的水为生产用源水，仅允许通过脱气、曝气、倾析、过滤、臭氧化作用或紫外线消毒杀菌过程等有限的处理方法，不改变水的基本物理化学特征的自然来源饮用水。以来自公共供水系统的水为生产用源水，经适当的加工处理，可适量添加食品添加剂，但不得添加糖、甜味剂、香精香料或者其他食品配料加工制成的包装饮用水。

除了天然矿泉水有另行的国家标准外，市场上的包装水只分为饮用纯净水和其他饮用水两类，类似活性水、冰川水、离子水、富氧水、弱碱性水、矿物质水等名称将被规范。

一、纯净水的生产工艺

根据我国《瓶装饮用纯净水标准》（GB 17323—1998）对纯净水定义，瓶装饮用纯净水是指以符合生活饮用水水质标准的水为原料，通过电渗析法、离子交换法、反渗析法、蒸馏法及其他适当的加工方法，去除水中的矿物质、有机成分、有害物质及微生物等加工制得的密封在容器中，并且不含任何添加物，可直接饮用的水。瓶装饮用纯净水的色度要求不超过5 度，浊度不超过 1 度；无臭无味，无肉眼可见物，pH5.0～7.0。

对于纯净水与健康的关系一直存在着两种不同的观点，持否定态度的观点认为纯净水不含矿物质，长期饮用会造成营养失衡和人体机能衰退；持支持态度的观点则认为水对人体不可缺少，人和动物都没有直接吸收无机矿物质的功能，绝大多数的营养是从食物或药物中摄取的，不一定必须从饮水中获得，而纯净活性水易被人体细胞吸收，有利于生津止渴，促进新陈代谢。

不论对纯净水的争论如何，瓶装饮用水的普及已经是不争的事实。纯净水的生产关键是除盐，可通过蒸馏、反渗透、离子交换等方法生产。蒸馏法由于能耗极高，去除低分子有机物能力不足，而膜分离技术近年发展迅速，因此，纯净水的生产一般采用反渗透工艺。纳滤是介于反渗透和超滤之间的分子级的膜分离技术，具有对高价离子与反渗透接近的去除效果，对一价离子也有一定的去除率，在纯净水处理工艺中可以利用纳滤代替一级反渗透，组成纳滤-反渗透纯净水系统，在运行压力和对原水的适应性方面优于二级反渗透系统。

纯净水生产线由水处理系统和灌装系统组成，其中水处理系统可分为预处理（多介质过滤、活性炭吸附、预软化）、中段处理（保安过滤、一级或二级反渗透）和终端处理（臭氧消毒、终端过滤）三大部分，一般流程如图 6.10 所示。

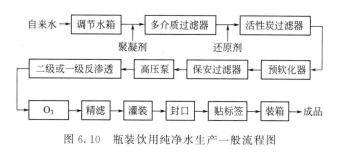

图 6.10　瓶装饮用纯净水生产一般流程图

二、矿泉水的生产工艺

1. 定义

世界各国对矿泉水的定义有不同描述，标准各不相同，一般是根据生产矿泉水的目的而从不同角度来定义的。我国在国标 GB 8537—2008 中对饮用天然矿泉水所作的定义是：饮用天然矿泉水是从地下深处自然涌出的或经钻井采集的，含有一定量的矿物盐、微量元素或其他成分，在一定区域未受污染并采取预防措施避免污染的水；在通常情况下，其化学成分、流量、水温等动态指标在天然波动范围内相对稳定。

矿泉水有别于一般饮用水的最大差异是矿物元素种类和矿化度，我国对饮用矿泉水的具体标准见表 6.3～表 6.7，其中明确了对锂、锶、偏硅酸盐、硒等对人体健康有益元素的含量要求，也即并非所有富含矿物质的水源都可称为矿泉水。

表 6.3　矿泉水的感官要求

项　　　目		要　　　求
色度/度	≤	15,并不得呈其他异色
混浊度/NTU	≤	5
臭和味		具有矿泉水的特征性口味,不得有异臭、异味
肉眼可见物		允许有极少量的天然矿物盐沉淀,但不得含有其他异物

表 6.4　矿泉水的理化要求之界限指标（必须有一项或一项以上符合下表要求）

项　　　目		指　　　标
锂/(mg/L)	≥	0.20
锶/(mg/L)	≥	0.20(含量在 0.20～0.40mg/L 范围时,水温必须在 25℃以上)
锌/(mg/L)	≥	0.20
碘化物/(mg/L)	≥	0.20

项　目		指　标
偏硅酸/(mg/L)	≥	25.0(含量在 25.0～30.0mg/L 范围时,水温必须在 25℃以上)
硒/(mg/L)	≥	0.01
游离二氧化碳/(mg/L)	≥	250
溶解性总固体/(mg/L)	≥	1000

表 6.5　矿泉水的理化要求之限量指标（各项指标必须符合下表要求）

项　目		指　标	项　目		指　标
锑/(mg/L)	<	0.005	汞/(mg/L)	<	0.001
锰/(mg/L)	<	0.4	银/(mg/L)	<	0.05
镍/(mg/L)	<	0.02	硒/(mg/L)	<	0.05
溴酸盐/(mg/L)	<	0.01	砷/(mg/L)	<	0.01
铜/(mg/L)	<	1.0	硼酸盐(以 B 计)/(mg/L)	<	5
钡/(mg/L)	<	0.7	氟化物(以 F^- 计)/(mg/L)	<	1.5
镉/(mg/L)	<	0.003	耗氧量(以 O_2 计)/(mg/L)	<	3.0
铬(Cr^{6+})/(mg/L)	<	0.05	硝酸盐(以 NO_3^- 计)/(mg/L)	<	45
铅/(mg/L)	<	0.01	^{226}Ra 放射性/(Bq/L)	<	1.1

表 6.6　矿泉水的理化要求之污染物指标（各项指标必须符合下表要求）

项　目		指　标	项　目		指　标
挥发性酚(以苯酚计)/(mg/L)	<	0.002	矿物油/(mg/L)	<	0.05
氰化物(以 CN^- 计)/(mg/L)	<	0.010	亚硝酸盐(以 NO_2^- 计)/(mg/L)	<	0.1
阴离子合成洗涤剂/(mg/L)	<	0.3	总 β 放射性/(Bq/L)	<	1.50

表 6.7　矿泉水的理化要求之微生物指标（各项指标必须符合下表要求）

项　目	指　标
肠菌群/(MPN/100mL)	0
粪链球菌/(cfu/250mL)	0
铜绿假单胞菌/(cfu/250mL)	0
产气荚膜梭菌/(cfu/50mL)	0

2. 分类

饮用天然矿泉水的分类和命名通常可以依据以下四个方面：

① 按矿泉水的酸碱性分类，可分为酸性（pH<6）、中性（pH6～7.5）、碱性（pH>7.5）。

② 按水质分类，首先以阴离子为主要成分进行分类，然后再根据阳离子划分亚类。

③ 按矿泉水的特殊化学成分分类，有碳酸矿泉水（游离 CO_2 含量大于 1000mg/L）、硅酸矿泉水（偏硅酸含量大于 50mg/L）、铁质矿泉水（铁含量大于 10mg/L）、放射性氡矿泉水（氡含量等于 5.5 马谢❶ L）。

---

❶ mache，马谢，量镭的单位，空气或液体所含氡的浓度单位。

④ 按饮用矿泉水的用途又可细分为直接饮用矿泉水、调料用饮用矿泉水、母液用饮用矿泉水（以天然矿泉水为母液，添加调料或加气，如用于汽水、果汁等饮料的制作以及啤酒的酿造）。

3. 矿泉水理化特征的表示方法

矿泉水的理化特征一般采用库尔洛夫式表示，其方法如下：

$$SP \cdot M \cdot \frac{阴离子（按质量分数大小顺序排列）}{阳离子（按质量分数大小顺序排列）} pH \cdot T \cdot Q$$

式中　SP——所含气体或微量元素；

M——总矿化度，g/L；

pH——矿泉水酸碱度；

T——矿泉水温度，℃；

Q——泉水涌出量，L/s 或 t/d。

4. 饮用矿泉水生产一般流程

① 不含气矿泉水生产流程　如果天然矿泉水含气体成分很低，又不要求生产含二氧化碳的产品，就不需要曝气、加气等工序，只需将原水从地下抽出，经沉淀、过滤、消毒等工序即可进行灌装，其工艺流程如图 6.11 所示。

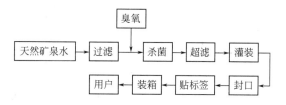

图 6.11　瓶装饮用矿泉水生产的一般流程

② 含气矿泉水生产流程　要生产含 CO_2 气体的矿泉水，必须经过活性炭吸附、高锰酸钾溶液水洗等预处理。如果矿泉水原水含有较高浓度的 CO_2 和 H_2S 气体，原水中的铁和锰含量也往往较高，就需要用曝气工艺脱出气体，除铁和锰，制成不含气矿泉水。生产含 CO_2 气体矿泉水时不采用曝气，而需进行水气分离，气体净化，然后把 CO_2 回加到矿泉水中。天然含气矿泉水处理流程如图 6.12 所示。

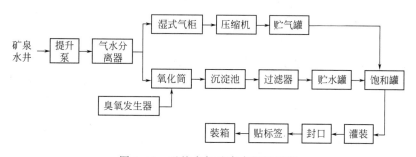

图 6.12　天然含气矿泉水处理流程

5. 矿泉水生产单元工艺

① 取水引水工艺　取水引水是将某一深度、符合矿泉水水质标准的原水引到生产车间，

在此过程中要保证水质不受污染。对于天然露出矿泉水的取水，主要需建筑水源保护构筑，把取水系统和泉口周围与外界隔离开，防止地表水的混入。对于地下取水引水，要对矿泉水挖掘面加以封闭，采水量不能对矿泉产生不可逆的破坏。对于碳酸型矿泉水，导水系统一定要密封，防止气体的逸失和水体的污染。

② 曝气工艺　矿泉水地层中因受压和不接触空气的原因，气体和盐类以饱和状态溶于水中，开采后压力下降，CO_2 大量逸出，已溶解的盐类会发生沉淀，水的 pH 值发生变化。此外，H_2S 等气体以及铁等金属盐类会产生不良口感。为了排除不愉快的气味，避免装瓶后缓慢出现的氧化物沉淀，在不改变矿泉水的特性和主要成分的条件下，可对瓶装矿泉水采取曝气工艺，使矿泉水和净化空气充分接触，脱去各种气体，并使铁离子迅速氧化沉淀，CO_2 则可在灌装前重新补充。对于含气很少、铁锰含量又不高的原水生产一般饮用矿泉水就不必曝气。

曝气的方法有自然曝气（跌水曝气）、喷淋曝气、叶轮表面曝气、穿孔管式压缩空气曝气、射流泵曝气等。跌水曝气是把待处理的

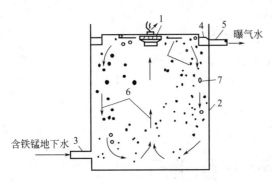

图 6.13　叶轮表面曝气
1—曝气叶轮；2—曝气池；3—进水管；4—溢流水槽；
5—出水管；6—循环水流；7—空气泡

水置于高处，让其通过管道自由落下，期间夹带一定量的空气进入，被带入的空气以气泡的形式与水接触，使水得以曝气。叶轮表面曝气是使叶轮中的水在离心力作用下高速洒向周围，表层的水与空气剧烈混合，大量的空气溶入水中，达到曝气的目的（图6.13）。喷淋曝气是将待处理水通过莲蓬头上的小孔喷洒于水池中，在水滴下降过程中使氧气溶入水中。穿孔管式压缩空气曝气是用穿孔管来分布空气，压缩空气通过穿孔管上的孔眼进入水中，形成大量气泡，由下而上运动，气水充分接触起到曝气充氧的作用。

当矿泉水中 CO_2 和 H_2S 含量较高时，水呈酸性，铁和锰分别以二价的重碳酸亚铁和碳酸亚锰的可溶性形态存在，曝气后 CO_2 和 H_2S 逸出，酸度下降，重碳酸亚铁先分解成氢氧化亚铁及二氧化碳，当水中 CO_2 被除尽后，碳酸氢亚铁则可以完全分解成氢氧化亚铁，并进一步与氧作用，生成氢氧化铁胶状沉淀，用过滤方法除去。

$$Fe(HCO_3)_2 \longrightarrow Fe(OH)_2 + CO_2$$
$$Fe(OH)_2 + O_2 + H_2O \longrightarrow Fe(OH)_3 \downarrow$$

锰和铁往往同时存在于矿泉水中，多数情况下铁的含量高于锰。当水中含铁量较高，锰含量较低时，可使原水先经过曝气，再用天然锰砂过滤除去少量的锰。天然锰砂除锰的化学反应如下：

$$MnO_2 + Mn^{2+} + H_2O \longrightarrow MnO_2 \cdot MnO \downarrow + H^+$$

锰砂（MnO_2）生成三氧化二锰（$MnO_2 \cdot MnO$）后失去除锰性能，可用氧化剂再生：

$$MnO_2 \cdot MnO + H_2O + Cl_2 \longrightarrow MnO_2 + H^+ + Cl^-$$

当矿泉水中铁和锰的含量都较高时，需要采用二次过滤法，即先用曝气-天然锰砂过滤法除去原水中的铁，然后在脱铁水中加强氧化剂，用天然锰砂第二次过滤除锰。

③ 过滤　矿泉水过滤是为了除去水中的不溶性杂质、细菌、霉菌、藻类等，以使水质

清澈透明，食用卫生。饮用矿泉水的过滤通常分为粗滤、精滤和超滤三级。过滤后需要消毒，碳酸型的还需要充 CO_2。

第三节　碳酸饮料

碳酸饮料是含二氧化碳的软饮料，有果汁型、果味型、可乐型、低热量型和其他型五种。原果汁含量在 2.5％ 以上的为果汁型，低于 2.5％ 的为果味型；可乐型分有色和无色，有色可乐的颜色来自于焦糖色素，可乐风味中也可含水果香味；低热量型饮料的热量为每 100mL 不高于 75J；其他型的风味不同，是以非果香型食用香精赋香，或含有其他香型的植物油抽提物。

碳酸饮料的生产工艺流程见图 6.14。

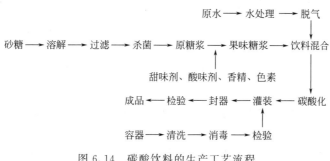

图 6.14　碳酸饮料的生产工艺流程

一、糖浆的制备

1.原糖浆的制备

将糖溶于水即得到原糖浆或单糖浆。配制糖浆的糖必须是优质砂糖，水质与装瓶用水的要求相同。溶糖方式有连续式和间歇式两种，间歇式溶糖方式的使用比较普遍。若糖浆配制后很快使用的，可用冷溶方法，省去了加热过程，糖浆清甜，成本也低，但溶糖时间长，微生物控制困难。热溶法有热水溶解和蒸汽加热之分，热水溶解法是在搅拌下将糖逐步加入到 50～55℃ 的热水中溶解，然后过滤除去化糖时出现的粗大杂质，滤液经 90℃ 杀菌后冷却至 20℃，经过精滤得到纯净的原糖浆。蒸汽加热法是将蒸汽直接通入溶糖罐内，在搅拌下使糖溶解，溶解速度快，并可起到杀菌效果，但会带入冷凝水，影响原糖浆浓度；以蒸汽加热夹层锅溶糖容易产生黏结。

连续式溶糖的过程为：计量→混合→热溶解→脱气、过滤→糖度调整→杀菌→冷却→原糖浆。整个流程都全自动连续式进行，糖浆质量控制精确，生产效率高。

原糖浆浓度一般配制成 45～65°Bx，若要存放一天再使用，则必须配成 65°Bx，以提高原糖浆的渗透压。对于冷配制的糖浆，如需要存放较长时间，可加入酸味剂以防止微生物腐败。

如果糖浆色度较高，或者是一些特殊饮料对色度要求很高，就需要用活性炭澄清脱色。活性炭添加量为糖重量的 0.5％～1％，在 80℃ 下搅拌 15min，然后以硅藻土为助滤剂进行压滤，以糖液纯净透明为度。

2.果味糖浆的配制

为了防止局部浓度过高而引起的反应，也为了使物料能尽快混合均匀，防止长时间搅拌而带入气泡，酸味剂等原料应先配制成水溶液并经过过滤，然后进行混合。酸味剂一般配成 50% 浓度，色素配成 5%，防腐剂配成 25%，糖精钠等甜味剂用适量热水溶解。

果味糖浆的配制顺序为：原糖浆→防腐剂→甜味剂→酸味剂→果汁→色素→香精→加水定容。山梨酸、苯甲酸、糖精的溶解度都远低于其钠盐，为了防止配料时被酸析出，糖精钠等都要在酸味剂之前加入，而挥发性的原料如香精要最后加入。

果味糖浆的调和工艺有热调和与冷调和之分，热调和通常是在热糖浆温度下配料，然后冷却，配料过程也是杀菌过程；冷调和是在常温下配料，然后经巴氏杀菌、冷却。配制完毕后应测定糖浆的浓度，一般糖浆与水混合的比例为 1:5 或 1:4。此外，应取少量糖浆配制成产品，分析其质量是否符合产品质量标准。

二、碳酸化

水吸收二氧化碳成为碳酸的过程称为水的碳酸化，该过程是可逆的。二氧化碳在碳酸饮料中的作用如下。

① 清凉作用。碳酸在人体内分解生成二氧化碳和水的过程是吸热过程，而且二氧化碳从体内溢出时也带走部分热量。

② 阻碍微生物生长。饮料中的二氧化碳溶解量达到 3.5~4 体积时，能致死需氧微生物。

③ 突出香味。二氧化碳从饮料中逸出时能带出香味，起到开盖闻香的效果，增加饮料风味。

④ 提高口感。饮料中的二氧化碳会产生略带麻辣的煞口感，提高饮料的清凉口感。

二氧化碳在饮料中的溶解单位是体积，即单位体积的溶液可以溶解二氧化碳的体积数，如 0.1MPa、15.56℃时，1 体积水可以溶解 1 体积的二氧化碳，此时二氧化碳溶解度为 1体积。

气体在水中的溶解度随溶液温度和气体压力而变化，混合气体的总压力为各气体分压之和。二氧化碳的溶解度在表压低于 0.49MPa 时符合亨利定律，即与压力成线性正比；在压力较高时发生偏离，低于理论溶解度，需要引入常数 α、β 进行修正。溶解度与压力的关系为：

$$S = 10.204(\alpha - \beta p_i)p_i$$

式中　S——二氧化碳溶解度，体积；

　　　p_i——二氧化碳绝对压力，等于表压加 0.098MPa。

α、β 见表 6.8。

表 6.8　CO_2 的亨利常数修正值

温度/℃	α	β	温度/℃	α	β
10	1.84	0.2551	75	0.308	0.00983
25	0.755	0.0428	100	0.231	0.00329
50	0.425	0.0159			

当二氧化碳不纯或者水、糖浆中溶解有空气时，饮料的碳酸化将受到严重影响。空气的溶解度远低于二氧化碳，溶液中溶解 1 体积空气将减少 50 体积二氧化碳的溶解量。含有空气的溶液在灌装时容易起沫，在灌装泄压阶段会激烈逸出，在饮料中产生搅动效果，带动溶解的二氧化碳一起溢出。为了避免发生这种情况，水与糖浆的混合液在碳酸化前应先经脱气处理，尽可能地降低其中所含空气，二氧化碳应纯净，气路无隙漏。

三、碳酸化方式和碳酸饮料的灌装

碳酸化是在一定的气体压力和液体温度下，在一定时间内进行的。降低液体温度、提高气体压力、增加气液接触面积、延长两相接触时间，都有利于提高碳酸化率。由于单纯提高气体压力受到设备能力的限制，单纯降低液体温度的能耗大、效率低，而过度延长接触时间影响生产效率，因此生产中一般采用冷却与加压相结合的方法。

1. 水冷却器

水或水与糖浆混合液的冷却有直接冷却和间接冷却两种方式，直接冷却是将冷却蒸发器直接浸入水或混合液中，通过制冷剂蒸发压力控制温度，如薄膜冷却器、排管或盘管冷却器。使用较多的是间接冷却器，通过冷溶剂（盐水）对水或混合液进行冷却，如板式或套管式热交换器。

2. 混合机

汽水混合机有定饱和机与可调饱和机两种，定饱和机中二氧化碳与水的接触面积、接触时间是不变的，可调饱和机可以根据饱和度需要调节接触时间和面积。常见的汽水混合机种类如下。

① 喷洒式碳酸化罐　碳酸化罐是一个受压容器，外层有绝热材料，罐内充以二氧化碳，有排空气孔，可以作为碳酸水或成品的储存罐。喷洒式碳酸化罐的顶部有可转动的喷头，水或混合液经过雾化与二氧化碳接触进行碳酸化。可调饱和型是将碳酸化罐上部分成几层，在层间分设喷头，通过调节喷头流量可控制饱和度（见图 6.15）。也有在碳酸化罐中增加薄膜式冷却器，水或混合液以薄膜形式流过冷却器表面，同时进行冷却和碳酸化作用（图 6.16）。

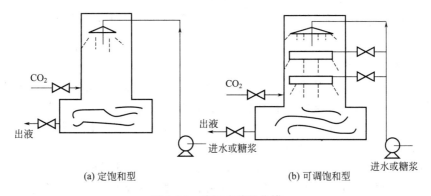

图 6.15　喷洒式碳酸化罐

② 填料塔式　填料塔式碳酸化罐内有数层塔板，每层塔板上都充填有玻璃珠或瓷环，提供了很大的表面积，混合液通过填料时与二氧化碳的接触面积很大，接触时间很长，有利于碳酸化的进行（图 6.17）。

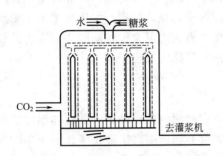

图 6.16　带冷却装置的碳酸化罐

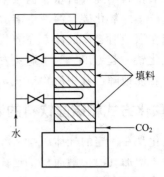

图 6.17　填料塔式碳酸化罐

3. 灌装方式

饮料的灌装有等压式灌装、负压式灌装、加压式灌装和启闭式灌装。等压式灌装是最广泛采用的方式（图 6.18），灌装时压力恒定，灌装平稳，二氧化碳损失少。如图 6.18 所示，与瓶口相连接的阀门中有三条通路，A 是通往料罐液面以上的气路，B 是加料管，C 是通往大气的排气管。当瓶子上升顶住阀门造成密闭时，A 管首先打开，料罐上部的加压二氧化碳或无菌空气通过瓶子反压顶开 B 管阀门，饮料因液位差而流入瓶内，瓶中气体通过 A 管回流到料罐上部，瓶中液面上升至 A 管口停止（通常是在 A 管中上升到料罐液面高度后停止）。接着，在凸轮作用下，A、B 管封闭，C 管打开，瓶口与大气相通，排出瓶口气体，泄去压力，A 管中汽水流入瓶中达到预期液面高度，瓶子脱离密闭状态，送往轧盖机封盖。

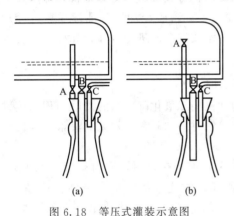

图 6.18　等压式灌装示意图
和气管阀的位置

料罐上部的压力往往是由无菌压缩空气提供的，因此，灌装后瓶口的气体是空气，需要通过泄压将其排出，瓶口空间由饮料中的二氧化碳置换，这样可以防止氧化，同时可以避免瓶内过压。

4. 混合灌装一体机

混合灌装一体机主要由板式换热器、真空脱气装置、糖浆-水文丘里混合装置、文丘里碳酸化装置、灌装装置、泵及控制系统等组成。饮料水经真空脱气和板式换热器冷却，按比例与糖浆混合后送入缓冲罐，然后经碳酸化并被泵输送到缓冲罐，缓冲罐液面上方充以 CO_2 以保证饮料含气量，经灌装阀灌装（见图 6.19）。

糖浆-水混合装置采用计量阀和文丘里管组成，饮料水经计量阀后从喷嘴喷出，糖浆经计量阀吸入，通过两个计量阀调节混合比。碳酸化装置采用文丘里汽水混合器，经混合、冷却后的饮料由高压泵送到文丘里碳酸化装置，与一定压力的 CO_2 接触进行碳酸化。文丘里管的喉部连接 CO_2 的进口，加压的饮料流经此喉部时流速加快，注入的 CO_2 和饮料通过喉部，压差使水爆裂成细滴，增加碳酸化效果（见图 6.20）。

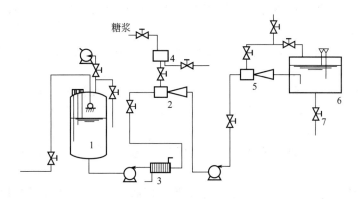

图 6.19　混合灌装一体机工艺流程图

1—真空脱气桶；2—糖浆-水文丘里混合器；3—板式热交换器；4—糖浆缓冲储罐；

5—文丘里碳酸化器；6—产品储存罐；7—灌装阀

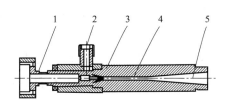

图 6.20　文丘里碳酸化装置

1—糖浆入口；2—CO_2 入口；3—喷嘴；4—混合管；5—导流尾管

第四节　果蔬汁饮料

　　果蔬汁饮料不但具有普通软饮料的基本功能，而且还具有一些特殊的生理作用。许多果蔬材料在中医理论中都属于药食同源范畴，对调节生理机能、延缓衰老、维持肠道生理平衡都有一定的作用。例如，除了人们已认识到的维生素 C 和 β-胡萝卜素的抗突变作用外，牛蒡、萝卜、荷兰芹等含有的儿茶素、绿原酸、大蒜素等对致癌物质有明显抑制作用，而且不受加热过程破坏；柑橘、菠菜、葱等能促进免疫球蛋白的生成；黑豆、大葱、黄瓜、大蒜、茄子、番茄等对过敏反应有平息作用；紫苏、菠菜、白菜等能抑制肥胖。

一、果蔬汁的分类和化学组成

1.果蔬汁的分类

　　果汁和蔬菜汁是由优质新鲜水果和蔬菜以压榨或浸提等方法制成的汁液。果汁和蔬菜汁的种类如下。

　　① 原果汁（fruit juice）：用机械方法从水果中获得的 100％ 水果原汁，以及用浸提方法提取水果中汁液后，以物理方法除去浸提时加入的水量而制成的汁液。以浓缩果汁加水还原制成的，与原果汁固形物含量相等的还原果汁也称原果汁。

　　② 原果浆（fruit pulp）：以水果可食部分为原料用打浆工艺制成的，没有去除汁液的浆状产品，或者是浓缩果浆的还原制品。

③ 果汁和浓缩果浆：以物理方法从原果汁或原果浆中除去部分天然水分，具有果汁或果浆应有特征的制品。

④ 果汁饮料（fruit drink）：在果汁或浓缩果汁中加入水、糖液、酸味剂等制成的果汁含量不低于 10g/100mL 的饮料。

⑤ 果肉果汁饮料（fruit nectar）：在果浆或浓缩果浆中加入水、糖液、酸味剂等制成的果浆含量不低于 30g/100mL 的制品。高酸、汁少肉多或风味强烈水果的果肉果汁饮料中，果浆含量不低于 20g/100mL。

⑥ 果粒果汁饮料：在果汁饮料中加入柑橘类囊胞或其他细小果粒的饮料，其中果粒含量不低于 5g/100mL。

⑦ 高糖果汁饮料：在原果汁（或浓缩果汁）中加入糖液、酸味剂等调制成的含糖较高的经稀释后方可饮用的制品。其中原果汁含量不少于 5g/100mL 乘以产品标签上标志的稀释倍数；含糖量不少于 8g/100mL 乘以产品标签上标志的稀释倍数。

⑧ 蔬菜汁：新鲜或冷藏蔬菜经加工制得的汁液，用食盐或糖类等配料调制而成的制品。

以上产品都未经发酵，可以互相复配，制成混合果汁、混合蔬菜汁或混合果蔬汁。

2. 果蔬汁的化学组成

果蔬汁饮料中不但维生素含量丰富，并且富含成碱矿物质，这对保持都市生活人群体液的酸碱平衡尤为重要，而黄酮类化合物的抗氧化、抗衰老功能已越来越受到重视。部分果蔬原汁的营养素见表 6.9～表 6.11。

表 6.9　果蔬原汁的营养素组成

果蔬原汁	固形物总量 /%	蛋白质含量 /%	脂肪含量 /%	总糖含量 /%	总酸含量 /%	矿物质含量 /%	热值 /(kJ/100g)
苹果汁	12.5	0.06	—	11.2	0.8	0.26	196.78
葡萄汁	19.7	0.12	—	17.8	0.7	0.4	309.82
甜橙汁	13.0	0.8	0.3	10.2	1.3	0.33	209.34
红醋栗汁	15.4	0.2	—	13.8	1.0	0.32	242.83
黑醋栗汁	14.7	0.4	—	13.0	1.1	0.27	234.46
番茄汁	6.3	1.0	0.2	3.9	0.4	1.0	92.11
胡萝卜汁	7.3	0.6	—	6.0	0.1	0.7	113.04

表 6.10　果蔬原汁的维生素含量

果蔬原汁	维生素含量/(mg/L)								
	维生素 C	维生素 B₁	维生素 B₂	维生素 B₆	β-胡萝卜素	烟酰胺	泛酸	生物素	叶酸
苹果汁	10～70	0.06～0.4	0.1～0.5	0.3～1.6	0.3～0.6	1～5	0.2～1.0	4～20	15～40
葡萄汁	10～70	0.2～0.5	0.1～0.5	0.2	0.07～1.1	1.6～2.0	0.4	10	—
甜橙汁	280～860	0.8～1.0	0.3	0.2～0.8	0.1～1.7	2.4～4.0	1.6～2.5	7～20	25～30
红醋栗汁	180～420	0.16	0.1～0.3	0.14	0.2～0.25	1.5	0.7	30	90
黑醋栗汁	1100～2500	0.2～0.4	0.05～0.1	0.2	0.5～0.7	2.6	0.1～0.9	30	130
番茄汁	110～260	0.16～1.0	0.2～0.5	2～3	4.0～7.7	2.0	0.5～0.8	—	60～80
胡萝卜汁	16～86	0.6～3.4	0.4～4.3	1.9	30～308	7.0～64	—	—	—

表 6.11　果蔬原汁的矿物质含量

果蔬原汁	灰分碱度 /(mmol NaOH/L)	矿物质含量/(mg/L)							
		钙	磷	铁	钾	钠	铜	锰	镁
苹果汁	30	70	60	1.0	1200	20	3.5	0.6	40
葡萄汁	40	130	160	17.0	1630	60	1.0	0.6	90
甜橙汁	58	20	160	2.8	1640	30	0.8	0.8	160
红醋栗汁	59	90	90	8.0	1100	—		2.0	50
黑醋栗汁	76	110	230	8.0	2600	20		3.0	100
番茄汁	—	430	410	9.0	3100	1200		—	500
胡萝卜汁	—	550	370	10.0	2100	1200		—	200

果蔬材料中最大量的组分是水，其他组分及性能如下。

(1) 糖类　果蔬中主要糖类有葡萄糖、果糖和蔗糖，单、双糖主要赋予果蔬一定的风味，在加工中参与变色反应，多糖类（淀粉、纤维素）在果汁中的含量很少。有些核果和仁果中还含有山梨糖醇。果胶是半乳糖醛酸部分酯化的大分子聚合体，对果汁生产的影响较大。果胶含量大，榨汁时汁液黏稠，出汁困难；生产澄清果汁要破坏果胶对悬浮物的稳定作用，生产混浊果汁则需添加果胶。

(2) 有机酸　果蔬中含有若干种有机酸，主要是柠檬酸和苹果酸，葡萄中主要是酒石酸，菠菜、甜菜叶、笋、甘薯中含量最大的是草酸。部分果蔬中的主要有机酸含量见表 6.12。

表 6.12　果蔬中柠檬酸和苹果酸的含量

果蔬种类	柠檬酸含量/%	苹果酸含量/%	果蔬种类	柠檬酸含量/%	苹果酸含量/%
苹果	0.03	1.02	番茄	0.47	0.05
葡萄	0.43	0.65	菠菜	0.08	0.09
草莓	0.91	0.10	洋葱	0.02	0.17
菠萝	0.84	0.12	南瓜	—	0.15
香蕉	0.32	0.37	甘蓝	0.14	0.10
柠檬	3.84	痕量	荚豌豆	0.03	0.13
橙	0.98	痕量	胡萝卜	0.09	0.24
桃	0.37	0.37	马铃薯	0.51	—
梨	0.24	0.12	花椰菜	0.21	0.39

酸在加工中会促使叶绿素脱镁，花色素变色，使单宁带色，酸的浓度是果胶形成凝胶的关键因素之一。

(3) 单宁　单宁是多羟酚的衍生物，具有收敛性涩味。在加工中单宁会发生酶促褐变，与酸共热生成红色，遇碱则生成黑色，不同的单宁遇三价铁离子会生成蓝黑色或绿黑色。单宁能与蛋白质生成大分子聚合物而沉淀，加工澄清果汁时可加入单宁与明胶，使之沉淀并吸附其他悬浮体共沉。

(4) 色素类

① 花色素　花色素是花、果实中呈红、蓝、绿色的水溶性色素的统称，有多种类型。

花色素随环境 pH 变化而变色，pH＜3 时呈红色，pH 4～5 为无色或黄色，pH 7～8 呈紫色，pH11 以上呈蓝色。遇强碱发生氧化分解。花色素与不同金属离子结合显示不同颜色：遇铁呈灰紫色，遇锡呈紫色。温度、光线对花色素的衰变有很大的影响，如草莓酱色素的半衰期 38℃时为 20℃时的 1/5。热处理时花色素遇抗坏血酸很容易分解褪色。花色素可因水洗而流失，因酚酶催化而氧化褪色，因二氧化硫而褪色，除去二氧化硫后又能恢复颜色。单宁在酸性环境中受热会生成花色素，使无色制品带上颜色。

② 类黄酮　类黄酮是在柑橘类水果和白色蔬菜中含量较丰富的色素，有黄酮、黄烷酮、黄烷酮醇、黄酮醇等。在自然状况下，类黄酮呈浅黄色至无色，遇碱变成明显的黄色，遇酸颜色又会消失。遇铁离子变成蓝绿色，遇铝离子螯合成暗颜色。

③ 类胡萝卜素　类胡萝卜素是不溶于水的黄色或红色色素，有很多种类，其中胡萝卜素和玉米黄质有 β-紫罗宁环。类胡萝卜素对 pH、热、金属离子稳定，但对光敏感，发生光敏氧化反应，双键过氧化后裂解，失去颜色。

④ 叶绿素　叶绿素在酸或热作用下脱镁，生成暗绿色；在碱或叶绿素酶作用下水解成脱叶醇基叶绿素、叶绿酸，具有绿色；受光作用裂解为无色产物；镁离子被铜代替转化为铜叶绿素，对热、光稳定，颜色鲜亮。

(5) 芳香物质　芳香物质是构成果蔬风味的重要基础。芳香物质在果蔬中含量稀少，但种类繁多，组成复杂，主要有各种酯类、醇类、酸类、酮类。加热处理会使芳香物质减少，甚至完全丧失，而呋喃醛、乙醛、二烯醛等醛类，甲硫醚、呋喃等生成，综合生成一种蒸煮味。

(6) 蛋白质和脂肪　果蔬汁中蛋白质含量较低，但含有多种游离氨基酸；脂类含量极低。

二、果蔬汁饮料的生产工艺

天然果蔬的品种很多，但只有部分品种适宜于制汁。一般风味良好、酸度适中、色泽稳定、汁液丰富、出汁率高、并在加工和贮存中无明显不良变化的品种适宜生产果蔬汁。

1. 原料的清洗和拣选

果蔬原料的清洗和拣选是生产优质果蔬汁的必要步骤，若有少量霉变烂果或杂质混入，果蔬汁的色泽、香气和风味就会受到直接影响，并可能引起果蔬汁发酵或霉变，影响果蔬汁保存期。

果蔬在生长、成熟、运输和贮存过程中受到外界环境的污染，表面存在着大量的微生物、残留的农药、黏附的泥土、夹杂的树叶等，必须清洗以尽可能地降低这些污染的残留。例如，正常的果蔬原料表面的微生物数量在 $10^4 \sim 10^8$ 个/g，叶菜类、根茎类蔬菜附着的微生物数量更多。采用正确的清洗工艺可使微生物数量降低 95％以上。

果蔬原料的清洗可采用浸泡、鼓风、摩擦、搅动、喷淋、刷洗、振动等物理方法，同时还可使用一些清洗剂、表面活性剂等。清洗效果受清洗时间、清洗液温度、机械作用方式以及清洗液的 pH 值、水硬度等因素的影响。残留农药的清洗效果取决于农药种类、残留量、果蔬种类和清洗工艺等因素，一般应首先在 0.5％～1％的盐酸或 0.05％的高锰酸钾或 600×10^{-6} 的漂白粉溶液中浸泡后再冲洗。果蔬原料的清洗工艺和设备选用应与自身特性相符，既能使果蔬原料表面上的污垢松动脱落，又要注意使果蔬原料免受机械损伤，特别是浆果类和核果类水果，尽可能保持较低的水压喷淋清洗。

对于霉烂、带有病虫害、破损和未成熟果蔬以及混杂于果蔬中的异物只能依靠拣选，在输送带上手工进行，对浆果类水果应增设磁选装置以除去铁渣，使破碎机免遭损坏。

2. 榨汁和浸提

制汁是果蔬汁生产的关键环节。绝大多数果蔬采用压榨法制汁，对一些难以用压榨方法获汁的果实如山楂等，可采用加水浸提方法。除柑橘类果汁和带果肉果汁外，一般榨汁前需经破碎。

① 破碎和打浆 榨汁前的破碎是为了提高出汁率，但破碎程度要适当，大小要均匀，在压榨过程中果浆内部产生的果蔬汁要有足够的排汁通道。破碎不足出汁率低，破碎过度易造成压榨时外层果汁很快榨出，形成一层厚皮，使内层果汁流出困难，同样造成出汁率下降，混浊物含量增大等。

果蔬的破碎除常用的机械破碎方法外，还有热力破碎法、冷冻破碎法、超声波破碎法等。不同的原料种类，不同的榨汁方法，要求不同的破碎粒度。苹果、梨、胡萝卜等质地较硬的原料要求果块粒度在 3～4mm 之间，草莓、葡萄等在 2～3mm，橘子、番茄则可用打浆机破碎。加工带果肉的果蔬汁时也广泛采用打浆机，但果皮和种子不可破碎。破碎时加入适量的维生素 C、异维生素 C 钠等抗氧化剂有利于改善果蔬汁的色泽。

② 榨汁前预处理 果蔬原料经破碎后，组织被破坏，各种酶从破碎的细胞组织中逸出与底物混合，催化反应活性大大增强，同时果蔬表面积急剧扩大，大量氧气溶入果浆，各种氧化反应速率迅速上升。而果浆又是微生物生长繁殖的良好培养基，极易腐败变质。因此，果蔬破碎后必须及时处理，钝化果蔬原料自身含有的酶，抑制微生物繁殖，保证果蔬汁的质量。

李、葡萄、山楂等水果破碎后采用热处理，可以使细胞原生质中的蛋白质凝固，增加细胞的通透性，提高色素溶解和风味物质的溶出，并使果肉软化，果胶物质水解，汁液黏度降低，提高出汁率，同时能杀死大部分微生物。一般热处理条件为 60～70℃ 保持 15～30min。但是，加热会提高果浆中水溶性果胶含量，使果浆出汁率下降。因此，制造澄清果蔬汁或采用果胶含量丰富的果蔬原料时一般不进行热处理。

对于果胶含量丰富的核果类和浆果类水果，在榨汁前添加一定量的果胶酶可以有效地分解果肉组织中的果胶物质，使果汁黏度降低，提高出汁率。但果胶分解过度，同样影响产品质量。

③ 榨汁和浸提 果蔬原料种类繁多，制汁性能各异，制造果蔬汁应依据果蔬的结构、汁液存在的部位和组织理化性状，以及成品的品质要求来选用相适应的制汁方法和设备。由于国际食品标准委员会（CAC）的国际标准和国际推荐标准及各主要果蔬汁饮料消费国都规定，必须用机械方法制汁，因此绝大多数果蔬汁生产企业都采用压榨取汁工艺。

果实的出汁率取决于果实的种类和品种、质地、成熟度和新鲜度、加工季节、榨汁方法和榨汁效能。榨汁过程中的压力、温度、速度、时间等都影响出汁率，其中破碎度和挤压层厚度对出汁率有重要影响，对浆料先进行薄层化处理可使果汁排放流畅。另外，进行预排汁能够显著提高榨汁机的出汁率和榨汁效率。使用榨汁助剂如硅藻土、珍珠岩等能够改善果浆的组织结构，提高出汁率或缩短榨汁时间。

出汁率的计算公式为：出汁率＝榨出的汁液重量/被加工的水果重量×100%

浸提是把果蔬细胞内的汁液转移到液态浸提介质中的过程，主要在多次取汁工艺中应用于浸提果浆渣中的残存汁液。在我国，对一些汁液含量较少，难以用压榨方法取汁的水果原料如山楂、梅、酸枣等采用浸提工艺。国外常用低温浸提，温度为40～65℃，时间为60min左右，浸提汁色泽明亮，易于澄清处理，氧化程度小，微生物含量低，芳香成分含量较高。但浸提液需进行浓缩处理，使果汁还原。

3.果汁澄清

制造澄清果蔬汁时必须通过物理化学或机械方法除去果蔬汁中含有的混浊的或易引起混浊的各种物质。这些混浊物主要来源于榨汁时直接进入汁中的细胞碎块、酚类物质和其他成分反应形成的悬浮物，在浓缩和贮存过程中产生混浊或沉淀的蛋白质、淀粉、金属离子。一些较大的固体颗粒可直接通过过滤和离心分离方法除去，非常细小却能够导致果蔬汁产生混浊的聚合物和固体颗粒如果胶物质等需要用酶法处理和澄清剂澄清。

（1）物理澄清法

① 吸附澄清法　通过加入表面积大、具有吸附能力的物质来吸附果汁中的一些蛋白质、多酚类等物质从而达到使果汁澄清的目的。吸附剂主要有活性炭、明胶、硅溶胶、膨润土、PVPP及树脂等。吸附剂可单独使用也可混合使用。有人在对龙眼果汁澄清的研究中发现，添加20mL/L 0.1% PVPP，在6℃条件下静置24h后透光率可达到87.9%。PVPP主要吸附果汁中分子量为500～1000的单宁，含单宁量多的果汁使用此方法效果较好。在澄清过程中由于吸附剂会部分残留在果汁中，所以要严格控制吸附剂的使用量。

② 超滤澄清法　超滤技术在果汁澄清中的研究与应用发展很快，可有效去除果汁中大量的果胶、淀粉、鞣质、纤维素等大分子，以及单宁、蛋白质、细菌等而达到澄清果汁的目的。超滤前果汁一般都要进行预处理，以提高超滤速度并能解决超滤后果汁的混浊问题。PVDF超滤膜可以较好地降低果汁的浊度，平均降低率为90%，其透过液在室温保存半年无沉淀生成。其对果汁的色度影响较小，平均去除率为20%。其对电导率和糖度基本没有影响。

③ 冷冻澄清法　利用交替冻融使果汁中的胶体浓缩与脱水，胶体在解冻时可聚沉，过滤后可得澄清果汁。此种方法特别适用于产生雾状混浊的果汁，如葡萄汁、草莓汁、苹果汁、柑橘汁等。

④ 加热凝聚澄清法　果汁中的胶体物质因加热而凝聚，迅速冷却后沉淀析出。方法是在80～90s内将果汁温度升高至80～85℃，然后在同样的时间内降至室温，使果汁中蛋白质和胶体物质变性而沉淀析出。加热凝聚法可结合巴氏杀菌同时进行加热处理。所以一般采用密闭管式热交换器或瞬时巴氏杀菌器进行加热与冷却。

（2）化学澄清法

① 明胶单宁澄清法　利用明胶与单宁可形成明胶单宁络合物，随着络合物的沉淀，果汁中的悬浮颗粒被缠绕而随之沉淀。另外，果汁中的果胶、纤维素、鞣质等带有负电荷，明胶等带有正电荷，因电凝聚沉淀也可使果汁澄清。明胶用量由于果汁种类、明胶与单宁种类的不同而不同，在使用前需进行澄清试验，以防止果汁发生二次混浊。

② 壳聚糖澄清法　壳聚糖主要是通过电荷中和澄清果汁，即在酸性条件下的壳聚糖带正电荷，可与果汁中带负电荷的果胶、纤维素、单宁等物质结合，使果汁中悬浮物吸附于壳聚糖表面而凝结沉淀。另外，壳聚糖具有防腐抑菌作用，能有效延长果汁贮藏期。壳聚糖添加量因果汁种类不同而不同，在使用前可进行澄清试验以确定最佳使用量。

③ 酶澄清法　利用果胶酶、淀粉酶等酶制剂进行水解果汁中能够引起混浊的果胶物质

以及多糖，使果汁中其他胶体失去果胶的保护作用而共同沉淀，从而达到澄清的目的，同时提高了生产效率与出汁率。

根据对果胶作用方式的不同，果胶酶被分为两类，即催化果胶解聚和催化果胶分子中甲酯水解。果胶裂解酶属于内切型酶类，只有与甲酯基相邻的糖苷键才能为果胶裂解酶裂解，它以随机方式裂解高酯化度的果胶，切断聚半乳糖分子间的糖苷键，使其黏度迅速下降。在果蔬汁加工中，特别是在含高酯化果胶的苹果汁中脱果胶时，果胶裂解酶起着重要作用。果胶酯酶催化果胶脱酯，转化成为低酯果胶和果胶酸。果胶酯酶对聚半乳糖醛酸中的甲酯具有高度的特异性，不能分解聚甘露糖醛酸甲酯。

工业生产的果胶酶制剂是多种酶的复合体。果蔬汁澄清用酶制剂主要含有内切聚半乳糖醛酸酶及果胶酯酶，其比例小于或等于 10：1，其主要是尽可能地使果蔬汁中可溶性果胶物质得到迅速、彻底分解，使果汁黏度降低。由于果胶的分解使混浊物颗粒失去胶体保护而相互絮凝，从而大大提高澄清效果。

④ 其他澄清法　利用蜂蜜中某些蛋白质（如果胶酶）作用于果汁中的胶体物质（果胶、鞣酸）使其沉淀而达到澄清的目的。一般将占果汁重量 1%～10% 的蜂蜜加入到果汁中搅拌均匀，静置若干小时，过滤后可获得纯净果汁。甘草中的甘草次酸和黄酮类物质共同作用使果汁内胶体与蛋白质变性而析出。甘草汁富含保健成分和甜味素，可改善果汁风味与颜色。

4. 均质和脱气

(1) 均质　均质是生产混浊果蔬汁的特有工序。均质目的是使果蔬汁中的不同粒度、不同相对密度的果肉颗粒进一步破碎并使之均匀，促进果胶渗出，增加果汁与果胶的亲和力，抑制果蔬汁分层并产生沉淀，使果蔬汁保持均一稳定。

(2) 脱气　脱气的主要目的是脱除果蔬汁中氧气，防止或减轻果蔬汁中由于色素、维生素 C、芳香成分和其他物质的氧化而导致饮料质量下降，同时去除附着于悬浮微粒上的气体，降低果肉颗粒与汁液的密度差值。为避免挥发性芳香物质的损失，必要时可进行芳香物质的回收。常用脱气方法有真空脱气法、气体置换法、酶法和抗氧化剂法等。

① 真空脱气法　真空脱气法是利用在真空下，溶解在果蔬汁中的气体因过饱和而不断逸出，从而达到脱除气体效果。达到平衡时所需要的时间，取决于溶解气体的逸出速度和气体排至大气的速度，因此，常采用离心喷雾、压力喷雾和薄膜流方法使果汁分散成薄膜或雾状，以增大果汁脱气面积。脱气时真空度维持在 0.0907～0.0933MPa，脱气温度保持在 50～70℃。脱气时间取决于果汁性状、温度和果汁在脱气罐内状态，对黏稠的果蔬原浆应适当延长脱气时间。

② 气体置换法　气体置换法是把惰性气体如氮气、二氧化碳充入含氧的饮料中，使果蔬汁在惰性气体的泡沫流强烈冲击下失去所附着的氧。气体交换法能减少挥发性芳香物质的损失，有利于防止加工过程中的氧化变色。

③ 酶法　在果蔬汁中加入葡萄糖氧化酶，使氧消耗在葡萄糖氧化生成葡萄糖酸的过程中。

5. 浓缩

浓缩可以把果蔬汁的固形物从 5%～20% 提高到 60%～75%，体积缩小至原体积的 1/6～1/7，既提高了糖度和酸度，可抑制微生物繁殖，又可节约贮存容器和包装运输费用，并可满足饮料加工多用途的需要。理想的果蔬汁浓缩工艺应保存新鲜水果的天然风味和营养价值，在稀释和复原时具备与原果蔬汁相似的品质。

① 真空浓缩法　真空浓缩是在减压条件下加热，既可降低果蔬汁沸点温度，缩短浓缩时间，又能较好地保持果蔬汁质量，是使用最为广泛的方法。

真空浓缩设备由蒸发器、分离器、冷凝器和附属设备等组成。根据加热蒸汽利用次数不同，可分为单效浓缩设备和多效浓缩设备；按蒸发器中加热器的结构特征来分，有各种管式蒸发器、板式蒸发器、薄膜式蒸发器和离心薄膜蒸发器等。为了减少芳香物质损失，浓缩前可先将芳香物质回收，先进的设备可做到边浓缩边回收。

② 冷冻浓缩法　冷冻浓缩是在缓冻条件下使果汁中的水形成冰晶，而固形物则形成不冻液，将冰晶分离，果蔬汁中的可溶性固形物即可得到浓缩。冷冻浓缩工艺避免了芳香物质因加热而造成的挥发损失，特别适用于热敏性果蔬汁的浓缩。在冷冻温度下，果蔬汁中的各种化学反应受到抑制，非酶褐变反应和维生素损失率很低。因水的液固相变热低于气液相变热，理论上冷冻浓缩工艺的能耗仅是三效热蒸发工艺的30%左右。冷冻浓缩可获得色泽正、风味好、品质优良的果蔬汁，是较好的汁浓缩工艺。但是，在浓缩过程中，细菌和酶的活性没有损失，浓缩汁还必须再经热处理或冷冻保藏；冷冻浓缩不能使果蔬汁浓缩到55%以上，而且在分离冰晶时不可避免地造成一部分浓缩汁损失。

冷冻浓缩的结果不仅取决于冰结晶的形成，更取决于冰结晶与母液能否良好分离。冻结方式不同，冰结晶与母液分离的方法也不同，层状冻结的冰结晶分离最简单，因为冻结过程中冰结晶与母液间会形成明显的固液两相。Grenco冷冻设备是利用奥斯特瓦尔德成熟效应，建立了冰晶生长数学模型的工业化设备。其浓缩过程是将物料泵入刮板式热交换器中，待溶液中长出部分细微冰结晶后送入再结晶罐。在奥斯特瓦尔德效应作用下，小的冰晶融化，沉积在大冰晶上，通过洗涤塔排出大的冰晶，再利用部分融冰液冲洗并回收冰结晶表面附带的浓缩液，清洗液回到进料口重新结晶，浓缩液则在浓缩罐中循环结晶和成长，直至达到要求（见图6.21）。

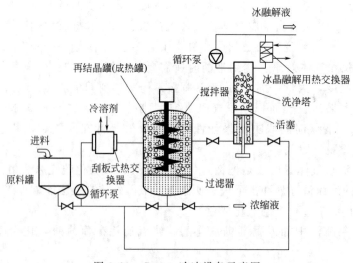

图 6.21　Grenco 冷冻设备示意图

③ 反渗透浓缩法　反渗透浓缩是利用膜分离技术从果蔬汁中选择性排出水的工艺。果蔬汁是糖、酸、芳香物质和果胶物质等复杂的化学成分组成的水溶液，果胶物质虽然对渗透压的影响不大，但会增加果汁的黏度，影响泵的性能、物料的流动和膜面沉淀物的排除等。

反渗透浓缩汁经济浓缩度在 25°Bx 左右，主要作为果蔬汁的预浓缩工艺。

6. 杀菌

果蔬汁的杀菌工艺不仅影响产品的保藏性，而且影响产品的质量。杀菌方法有加热杀菌和低温杀菌两大类。热杀菌因可靠简便，在现代果蔬汁加工中仍是应用最普遍的杀菌方法；而低温杀菌能更有效保护果蔬汁中热敏感的风味物质和维生素，所以高端产品已采用超高压杀菌。

果蔬汁的 pH 值大于 4.5 或小于 4.5，是决定果蔬汁采用巴氏杀菌工艺或高温杀菌工艺的关键。高酸的果蔬汁可采用高温短时巴氏杀菌工艺（HTST），杀菌条件为（93±2）℃保持 10~30s。为了防止微生物的二次污染，果蔬汁经灌装后常进行二次杀菌，杀菌温度取决于果蔬汁的 pH 值、微生物的数量和种类、容器的材料和大小等。

高温杀菌是指 100℃ 以上加热的杀菌方法，多用于低酸性蔬菜汁的杀菌，因一些蔬菜原浆和蔬菜汁中含有耐热的芽孢杆菌，必须进行高温灭菌，在 122~126℃ 下保持数分钟。随着超高温杀菌（UHT）工艺和无菌包装技术的普及，果蔬汁的杀菌和保藏得到了保障。

三、典型果蔬汁的生产工艺

不同果蔬材料的理化性能和生物化学性质区别很大，生产工艺各有差别，下面介绍一些常见果蔬汁的基本生产工艺。

1. 苹果汁

苹果汁有澄清汁、混浊汁、浓缩汁等，它们的生产工艺略有差别。

（1）澄清苹果汁

① 原料的选择　生产苹果汁应选用新鲜完好的苹果，严禁烂果混入。成熟度应恰当，过熟的苹果果胶易溶出，有碍榨汁和澄清；不熟的苹果风味寡薄，而且淀粉含量高，出汁率低。原料收购后最好能存放一段时间，待其成熟完好时投料加工。

② 清洗和拣选　在加工前，苹果原料必须清洗和挑选，以清除污垢、杂草、腐果和农药。苹果在水流输送过程中受喷射水流预清洗，同时安排专人清除杂草；然后苹果被送入消毒槽，消毒剂一般是漂白粉；消毒后的苹果进入洗果机，以清水洗去消毒液；最后，在拣果机上，残次果被剔除，腐烂较小部分受到修整。

③ 破碎和榨汁　苹果破碎度应符合所采用的榨汁工艺的要求，采用包裹式榨汁机，果浆粒度以 2~6mm 为佳，采用室式、带式或螺旋榨汁机时，果浆的颗粒应大些。苹果的压榨出汁率平均能够达到 78%~81%，使用酶处理和榨汁助剂可以提高出汁率；用浸提法可达到 90% 以上。苹果汁中较大的果肉颗粒通常用离心分离方法去除。

④ 澄清　苹果汁成品中很容易出现混浊和沉淀，澄清工艺应严格掌握。若采用贮藏过的苹果原料，以及采用液压榨汁机或螺旋榨汁机榨汁，苹果汁更易混浊。苹果汁的澄清剂的种类很多，如有机物质明胶、蛋清、单宁等；纤维素、高岭土；多糖类如琼脂、阿拉伯树胶等。壳聚糖是比较优质的澄清剂，用量一般为 0.24g/L，在 45℃ 下澄清时间 40min，苹果汁中可溶性固形物含量和 pH 值基本无变化，且苹果汁中的果胶物质能被完全除去。如壳聚糖的用量为 0.28g/L，苹果汁的透光率可达 97% 以上。

⑤ 成分调整　糖酸比是果汁最重要的感官指标之一，用一般果实制成的果汁糖酸比为（10~15）∶1，但在实际生产中由于采用的原料不同，糖酸比有差异，因此需要对果汁的糖

和酸含量进行调整。一般苹果汁成品含糖量为12%，酸度为0.35%，并可添加适量香料。果汁成分的调整必须符合食品法规。

⑥ 杀菌　果汁榨出后必须立即进行热处理，以杀菌和钝化氧化酶及果胶酶，促使热变性物质凝固。苹果汁的pH<4.5，为酸性食品，杀菌温度可低于100℃，因此一般采用高温短时杀菌，在管式或板式杀菌器中加热至95℃以上，维持15~30s，杀菌后趁热灌装。

(2) 混浊苹果汁　混浊苹果汁加工工艺与澄清苹果汁基本相同，区别在于混浊果汁不需澄清，但需进行脱气、均质。生产工艺流程为：原料→选果→洗涤→破碎→榨汁→杀菌→调配→均质→脱气→杀菌→灌装→成品。

① 脱气　脱气也称脱氧，可防止或减轻果汁中色素、维生素C、香气成分和其他物质的氧化，防止品质降低，减少或避免微粒上浮，增加果汁的稳定性。

真空脱气法一般是在0.08~0.093MPa的真空度和40℃左右条件下进行脱气，可以把混浊果汁的空气含量降低到1.5%~2.0%（体积分数），但同时会使1%~2%的水分蒸发，还会造成芳香物质损失。

② 均质　均质是混浊果汁生产中的特殊工序，是为了使果汁中含有的悬浮粒子进一步破碎，均匀而稳定地分散在果汁中，长期保持果汁的混浊度。均质设备有高压式、回转式和超声波式等，常用的高压均质机是在9.8~18.6MPa压力下，使果汁从均质阀极端狭小的间隙中通过，然后因急速低压作用而膨胀和冲击，使粒子微细化并均匀地分布在果汁中。

(3) 浓缩苹果汁　浓缩苹果汁可溶性固形物含量达到65%~68%，能使产品较长期保藏。一般加工工艺为：原料→选果→洗涤→破碎→榨汁→澄清→杀菌→浓缩→灌装→成品。

浓缩苹果汁有别于鲜果汁重要的工艺步骤是回收芳香物质和浓缩。

① 芳香物质回收　苹果汁经热交换器加热后泵入芳香物质回收装置中，芳香物质随水分蒸发一同逸出，经过三级蒸发器被浓缩100~150倍，最后回添到成品中。苹果芳香物质浓缩液的主要成分是羰基化合物，如乙烯醛和乙醛，在1:150的浓缩液中，其含量为$(520~1500)×10^{-6}$，游离酸含量仅$(70~620)×10^{-6}$，优质的芳香物质浓缩液中乙醇含量≤2.5%。

② 澄清　澄清是浓缩前最重要的预处理措施。果胶酶的最适温度为40~50℃，淀粉酶的最适温度在55~60℃，但果胶酶在温度高于55℃时活力迅速下降，因此，苹果汁酶法澄清工艺为50℃，1~2h，pH3.5左右。

③ 浓缩　苹果汁蒸发浓缩时间通常为几秒钟或几分钟，蒸发温度通常为55~60℃。离心式薄膜蒸发条件是真空度0.09MPa以上，温度50℃，时间1~3s，这样温和的条件不会使产品成分和感官质量出现不利的变化反应。如果浓缩设备的蒸发时间过长或蒸发温度过高，苹果浓缩汁会因为蔗糖的焦化和其他反应产物的出现而变色和变味。果蔬浓缩汁和果蔬汁的热处理效果可以用羟甲基糠醛含量来判断。

澄清果汁糖度可浓缩到65%~68%，水分蒸发4/5~6/7，混浊浓缩果汁因为果胶、糖和酸共存会形成一部分凝胶，所以混浊果汁浓缩极限为浓缩4倍。

④ 灌装　浓缩后的苹果汁应迅速冷却到10℃以下灌装，采用低温蒸发浓缩的苹果汁则需升温到80℃，保持几十秒杀菌后热灌装，封口后迅速冷却。

2. 柑橘汁

柑橘汁是产销量最大的果蔬汁，其中以甜橙汁和浓缩橙汁为主，在果蔬汁饮料中也占主导地位。以甜橙汁为例，其生产工艺如下。

① 原料的检验与清洗　原料按制汁质量要求进行检验，弃除病害果、未成熟果、枯果、过熟果和机械损伤果等。甜橙在流水输送过程中洗去泥沙，至清洗设备含有食用脂肪酸系列清洗剂的水中短时浸泡，用毛刷式或鼓风式清洗机清洗，然后用含氯 $(30\sim50)\times10^{-6}$ 的消毒水喷淋并用清洁水冲洗，最后重新拣选剔除不合格果实，经分级机送往榨汁机榨汁。

② 榨汁　柑橘的榨汁要防止大量果皮油的混入，必要时可先用除油机除去甜橙油，用针刺等方法使甜橙油从外皮中流出并被喷淋水带走；其次要防止白皮层和囊衣的混入，这些成分可增加橙汁苦味和产生蒸煮味；第三要避免种子在压榨时破碎，使苦味的柠檬碱进入果汁。柑橘果实有专用柑橘榨汁机，如 FMC 柑橘榨汁机、Brown 柑橘榨汁机、剖分式榨汁机等。柑橘出汁率一般为 $40\%\sim45\%$。

③ 过滤　榨出的橙汁中可能含有果皮碎片、囊衣、果肉块等，需经粗滤除去。过滤速度关系到橙汁的风味，因为碎果皮、中心维管束等在果汁中浸泡时间越长，苦味物质的溶出可能越多。一般榨汁机都附有粗滤设备，可迅速进行渣浆分离。经粗滤的果汁应立即送往精滤机进行精滤，筛孔直径为 0.3mm，或者用离心分离机分离细小的果肉颗粒。果汁中含 $3\%\sim5\%$ 果肉可使果汁具有良好的色泽、浊度和风味，过量则会使果汁黏度过高，在浓缩时容易焦煳，贮藏中发生沉淀。

④ 调配　与苹果汁一样，甜橙汁也要进行糖度、酸度和其他理化指标的调整，使产品标准化。

⑤ 脱气和杀菌　果汁在脱气前的含气量为 $30\sim58mL/L$，果汁的氧化是果汁品质劣化的重要因素，脱气可以改善风味，提高色泽稳定性，防止营养成分损失，提高灌装均匀度。

少量的甜橙油可使甜橙汁的香味丰满，过多则风味失真。甜橙油在贮藏中的氧化是甜橙汁变味的主要原因。含油量较高的甜橙汁可以在脱气同时完成脱油。用真空蒸发器在 $50\sim52℃$、真空度 $0.09065\sim0.09331MPa$ 下，果汁中 $3\%\sim6\%$ 的水分被蒸发，甜橙油可同时脱除 75% 左右。甜橙汁中甜橙油含量以 $0.015\%\sim0.025\%$（体积分数）为宜。

为钝化果胶酶，保证甜橙汁的胶体稳定性，果汁在被加热到 $93\sim95℃$，保持 $15\sim20s$，进行高温短时杀菌。

⑥ 灌装　杀菌后的果汁多采用热灌装，灌装时果汁温度约为 90℃，并尽量减少包装容器的顶隙。杀菌后的冷却速度一定要快，以防止果汁品质下降。对于纸质包装容器采用冷灌装，杀菌后迅速冷却至 5℃ 左右再灌装、密封，采用 UHT 杀菌的必须在无菌条件下灌装。

3. 番茄汁

番茄汁的生产工艺流程为：原料→清洗→拣选→去籽→破碎→热处理→打浆→榨汁→调制→均质→脱气→杀菌→灌装→封口→成品。

制汁原料番茄应成熟而无损伤，先用水流输送槽对原料进行预清洗，在输送带上拣选，再用清洗机清洗，后用破碎机破碎。为了钝化果胶裂解酶，必须将果浆迅速加热到 $85\sim87℃$。番茄的出汁率一般在 $80\%\sim85\%$。在混合罐中添加 $0.5\%\sim1.0\%$ 的食盐后进行真空脱气和高压均质。

引起番茄汁腐败的主要微生物是耐热性很强的凝结芽孢杆菌，因此番茄汁的杀菌条件必须大于其他水果汁。几种理论的番茄汁杀菌工艺见表 6.13。

表 6.13　几种理论的番茄汁杀菌工艺

杀菌温度/℃	100	115	118	121	124	127
保温时间	90min	3.3min	1.5min	42s	19.2s	9.2s

实际生产时，一般先将番茄汁加热到 122～125℃保持 1～1.5min，然后冷却到 93℃停留几分钟后再继续冷却。

第五节　谷物饮料

随着居民保健意识和购买能力的提高，饮料也由原始"解渴好喝"延伸为具有一定功能特性的产品，谷物饮料由于其特有的代餐功能而受到了消费者欢迎。谷物类食品富含各种营养成分，包括蛋白质、膳食纤维、碳水化合物、铁、锌、维生素 E、维生素 C、B 族维生素以及多种抗氧化活性成分等。谷物饮料产业已被列入中国饮料工业协会饮料行业的振兴规划纲要中，是国家鼓励发展的产业。

在谷物饮料的制备过程中，谷物原料的搭配、预处理以及均质等处理手段是影响饮料产品感官品质及稳定性的关键因素。特别是谷物原料中含有大量的谷物原淀粉，液态下的谷物原淀粉容易出现老化现象。不同品种的原淀粉老化表现出来的状态不尽相同，如玉米浆表现为颗粒变硬、凝胶、粗糙、反生；小麦浓浆老化程度较轻，颗粒轻微变硬成团，口感粗糙；红豆浓浆则出现凝胶结冻等。这些老化问题是制约液态谷物饮料产业化的瓶颈。

一、谷物饮料的主要原料

谷物饮料常用的原材料为大米、燕麦、玉米、血糯米、绿豆、红豆、大豆。每种谷物有其独特的生长环境、品性与营养健康价值，可以根据谷物杂粮的营养和保健功能特性进行复配，开发各种营养健康的谷物饮料。

大米作为我国两大主食原料之一，具有健脾养胃、益精强志、明目聪耳之功效，被誉为"五谷之首"。市场上大米饮料也比较多，如米乳饮料、大米乳酸饮料、米芽豆乳、糙米茶等饮料。燕麦营养丰富，粗蛋白、粗脂肪和可溶性纤维的含量居谷物之首，而且蛋白质中的白蛋白比例较高，氨基酸组成好，维生素 E 含量高。燕麦除了丰富的营养之外，还具有降低血脂、调节血糖和调整肠胃、预防结肠癌、美容美肤等保健功能。玉米中含谷胱甘肽、玉米黄质，有抗氧化、保护视力的作用，蛋白质、矿物质、维生素、水溶性多糖和膳食纤维等含量高，是谷物饮料的良好原料。

二、谷物饮料生产工艺

谷物饮料的生产工艺流程为：谷物→预处理→磨浆→调配→均质→杀菌→灌装。

根据是否有发酵工序，分为发酵型谷物饮料和非发酵型谷物饮料。

1.原料的预处理

为了增强饮料的感官品质，需要将挑选好的谷物原料进行烘烤，通过谷物主要成分间的美拉德反应，形成谷物特有的色泽及风味。烘烤温度一般在 100～200℃之间，烘烤时间则视物料质量及颗粒大小而定，一般在 30～90min。一般情况下，选用低温长时的烤制方法，达到谷物颗粒完全熟透，有烤香味为止，烘烤过程中要经常翻动，以免烤煳。此外，谷物饮料预处理过程还包括浸泡和预煮，主要是使谷物泡透、无硬心，以缩短磨浆时间，便于后续调配及均质操作，从而提高饮料稳定性。

为了控制谷物淀粉的老化，预处理阶段有酶解和非酶解之分，酶解工艺是应用淀粉酶把淀粉水解成小分子的过程，这类产品的黏度低，不会发生淀粉老化，口味清甜，但容易沉淀。

2. 调配

饮料的调配主要是指在磨浆所得谷物原汁中加入适量的糖、酸、增稠剂等，调节其口感、酸度及风味。

3. 均质

均质对防止谷物饮料中脂肪上浮、破碎细小颗粒、防止沉淀有至关重要的作用。一般采取二次均质，均质温度为 60℃，第一次均质压力 40MPa，第二次均质压力 30MPa，乳状液的平均粒径可达 $0.4\mu m$，达到胶体分散体系的要求。

4. 杀菌

谷物饮料中含糖量高，容易腐败变质，所以饮料的制备过程中必须有高温灭菌工艺，使产品达到商业灭菌的卫生标准。但灭菌强度过高，会引起蛋白质的严重变性和褐变，发生絮凝、沉淀、产品颜色加深，影响产品的稳定性和感官质量。

三、影响谷物饮料稳定性的主要因素

1. 谷物原料的搭配

由于各种谷物原料的营养成分及其含量各不相同，在制备谷物饮料过程中需要充分考虑各成分相对含量的变化对饮料营养价值及稳定性的影响。就营养价值而言，作为主食的大米和小麦等是人们获取蛋白质的主要来源之一，但其氨基酸组成中缺乏赖氨酸，复配一定量的燕麦、红薯、玉米等，能使氨基酸的构成更接近人体需要量模式。此外，各种杂粮中的脂肪均以不饱和脂肪酸为主，必需脂肪酸含量较高。杂粮如荞麦、燕麦的膳食纤维含量远高于大米和小麦，复配后可以提高谷物食品纤维含量。

就稳定性而言，需要重点考虑最终产品配方中淀粉和脂肪含量的平衡性，以使提高其稳定性和均一性，从而能制备具有良好感官品质和营养价值的谷物饮料产品。因为脂肪成分在饮料体系中易上浮，而淀粉则易在饮料贮藏过程中"老化"。因此，谷物原料搭配不合理，产品很容易出现分层、析水、沉淀、凝胶等质量问题。

2. 谷物原淀粉的老化

谷物原料中淀粉含量较高，原淀粉在水溶液中的性状很不稳定，会使饮料产品在贮藏过程中出现析水、黏度降低等现象，从而影响产品货架期。为了避免这些问题，一般会在谷物饮料制备过程中将淀粉进行糊化处理。因此，饮料制备过程中一般通过烘烤或膨化等办法进行预处理，使淀粉熟化后再进行后续处理，此法在提高淀粉糊化的同时也可促进谷物风味物质的形成。目前在谷物饮料制备过程中更多的是选择将谷物原料制备为浓浆后再进行糊化操作，糊化温度控制在 55～80℃。

在通常情况下，谷物饮料在制备过程中常采用酶解技术和复合稳定剂技术来防止淀粉的老化，延长产品的货架期。例如，采用淀粉酶加酶量 55U/mL，在 90℃下酶解 80min，淀粉的酶解率为 75.33%，在饮料保存期内无淀粉老化沉淀产生。

3. 食品添加剂的选用

食品添加剂的使用也是谷物饮料制备中关键工艺，常用的包括各种乳化剂（聚甘油酯类、蔗糖酯）、增稠剂（结冷胶、黄原胶、阿拉伯胶、羧甲基纤维素等）以及磷酸盐类等。实验结果表明，在谷物饮料的生产中，单一的稳定剂都无法使产品达到长期均匀，稳定悬浮，只有将稳定剂复合使用才有较好的效果。如以蔗糖脂肪酸酯、结冷胶、六偏磷酸钠、三聚磷酸钠为组分进行复配，青稞紫米谷物饮料的最佳添加量为蔗糖脂肪酸酯 1.1g/L、结冷胶 0.11g/L、六偏磷酸钠 0.13g/L、三聚磷酸钠 0.084g/L。产品货架期稳定性达 10 个月以上。

4. 均质对稳定性及口感的影响

由于谷物颗粒中粗纤维和淀粉含量比较高，且不易粉碎，同时淀粉颗粒很容易聚集，所以要通过多次均质来达到淀粉颗粒的破碎、分散和乳化。均质是进一步的微粒化处理，是使产品最终达到细腻圆润的口感和稳定分散的必要手段。

第七章　巧克力及其制品生产工艺

按照我国 GB 9678.2—2014《食品安全国家标准　巧克力、代可可脂巧克力及其制品》的定义，巧克力是以可可制品（可可脂、可可块或可可液块/巧克力浆、可可油饼、可可粉）和/或白砂糖为主要原料，添加或不添加乳制品、食品添加剂，经特定工艺制成的在常温下保持固体或半固体状态的食品。巧克力制品是巧克力与其他食品按一定比例（巧克力含量不低于 25%），经特定工艺制成的在常温下保持固体或半固体状态的食品。在基础配料表中，如果代可可脂用量超过 5%，应命名为代可可脂巧克力。

从物理体系观察，巧克力是多相分散体系，经过特定工艺加工后形成了以可可脂为分散介质，糖、可可粉和乳固体成分为分散相，产品特征主要表现为可可脂特性的结构。因此，巧克力具有可可脂的光亮色泽，富有可可香味和细腻润滑口感，脆而易融，常温下为固态。

第一节　巧克力的分类与组成

一、巧克力的分类

巧克力的种类繁多，按照 GB/T 19343—2003《巧克力及巧克力制品》的产品分类，巧克力品种有黑巧克力、牛奶巧克力、白巧克力，巧克力制品有混合型、涂层型、糖衣型和其他型。

1. 巧克力

这类产品的特点是任何一个剖面组成均匀一致，都是由巧克力原料组成。除了规定巧克力中代可可脂用量不得超过 5% 以外，不同品种巧克力中可可脂含量等都有具体要求。

① 黑巧克力：呈棕褐色或棕黑色，具有可可苦味的巧克力。味纯，仅由可可制品、砂糖、香料和表面活性剂组成。

② 牛奶巧克力：添加乳制品，呈棕色或浅棕色，具有可可和乳香风味的巧克力。口味香甜，营养组成较为合理。

③ 白巧克力：不添加非脂可可物质的巧克力。

2. 巧克力制品

① 混合型巧克力制品：巧克力与其他食品混合而成，如榛仁巧克力、杏仁巧克力。

② 涂层型巧克力制品：巧克力作为涂层，如威化巧克力、蜜饯水果巧克力。

③ 糖衣型巧克力制品：在巧克力外层涂布糖衣，如巧克力豆。

④ 其他型巧克力制品：以上未包括的巧克力制品。

巧克力的组成见表 7.1。

表 7.1　巧克力的组成

项　目	品　　种		
	黑巧克力	白巧克力	牛奶巧克力
可可脂(以干物质计)/%	≥18	≥20	—
非脂可可固形物(以干物质计)/%	≥12		≥2.5
总可可固形物(以干物质计)/%	≥30	—	≥25
乳脂肪(以干物质计)/%	—	≥2.5	≥2.5
总乳固体(以干物质计)/%	—	≥14	≥12
细度/μm	≤35		
食品添加剂	添加量应符合 GB 2760 的规定		
营养强化剂	添加量应符合 GB 14881 的规定		

二、巧克力的基础原料

巧克力制品类型、品种和等级很多，不同巧克力制品的组成各异，但基础原料相同，包括如下几种。

1. 可可制品

可可豆是生产可可制品的原料。生可可豆经过发酵、干燥和焙炒，得到具有浓郁而优美香气的熟可可豆。可可豆的品质优劣对于巧克力的色泽、香气、滋味、组织结构、营养成分和食用价值具有至关重要的影响。可可豆的主要品种有：克里奥罗（criollo），这是可可中的佳品，香味独特，但产量稀少；佛拉斯特罗（forastero）的产量约占总量的 80%，气味辛辣，苦且酸，需要剧烈的焙炒来弥补风味的不足；特立尼达（trinitario）是上述两种的杂交品种，质量优良，产量约占 15%。除了品种的影响，可可豆的成熟度、发酵程度和焙炒条件对可可制品的风味等影响巨大。

① 可可液块和可可饼块。可可液块也称可可苦料。可可豆经过焙炒去壳分离出来的碎仁，经研磨成的酱体称为可可液块。因可可液块在温热状态下具有流体的特性，冷却后即凝固成块，而且坚硬而带脆性，故称为液块。可可液块呈（深）棕红色，香气浓郁并有苦涩味。可可饼块是以可可仁或可可液块为原料，经机榨脱脂后的产品，色泽棕黄至浅棕，有正常的可可香气。

根据我国 GB/T 20705—2006《可可液块及可可饼块》的规定，可可液块和可可饼块的理化指标见表 7.2。

表 7.2　可可液块和可可饼块的理化指标

项目	品种			
	可可液块	可可饼块		
		高脂	中脂	低脂
可可脂(以干物质计)/%	≥52.0	≥20	14.0～19.9	10.0～13.9
水分及挥发物/%	≤2.0	≤5.0		
细度(200 目)/%	≥98.0	—		
灰分(以干物质计)/%	—	≤8.0		
pH 值	—	5.0～5.8		

可可液块不宜做长久的贮存,如果长时间库存液块,香气将会流失,也易吸附周围的气味,从而严重影响巧克力应有的香味特征和糖果饮料的口味,可可液块的贮藏温度以 10℃ 为宜。

② 可可脂。可可脂是从可可液块中提取出的一类植物硬脂,液态呈淡金黄色,固态时呈浅黄色或乳黄色,有光泽,具脆性,熔点低,冷固时有较大的收缩性。根据我国 GB/T 20707—2006《可可脂》的规定,可可脂的理化指标见表 7.3。

表 7.3　可可脂的理化指标

项　目	指　标
色价	$\leqslant 0.15$
折射率	$1.4560 \sim 1.4590$
水分及挥发物/%	$\leqslant 0.20$
游离脂肪酸(以油酸计)/%	$\leqslant 1.75$
碘价(以碘计)/(g/100g)	$33 \sim 42$
皂化价(以 KOH 计)/(mg/g)	$188 \sim 198$
不皂化物/%	$\leqslant 0.35$
滑动熔点/℃	$30 \sim 34$

天然可可脂有多种晶型,β_2 型是主要晶型,其他晶型过多时巧克力会发生起霜现象,多晶型是巧克力加工过程中调温和凝固成型过程的工艺基础,也影响巧克力在贮藏过程中品质的变化。

③ 可可粉。可可粉是可可饼块粉碎后的粉体。可可粉呈棕黄色至浅棕色,有正常的可可香气,既可直接冲饮,也可作为食品生产原料。根据我国 GB/T 20706—2006《可可粉》的规定,可可粉的理化指标见表 7.4。

表 7.4　可可粉的理化指标

项　目	指　标		
	高脂	中脂	低脂
可可脂(以干物质计)/%	$\geqslant 20$	$14.0 \sim 19.9$	$10.0 \sim 13.9$
水分/%	$\leqslant 5.0$		
灰分(以干物质计)/%	$\leqslant 8.0$		
细度(200 目)/%	$\geqslant 99.0$		
pH 值	$5.0 \sim 5.8$		

2. 类可可脂和代可可脂

类可可脂(CBE)是一些结构与可可脂非常接近的天然油脂,与天然可可脂的熔点、凝固点、膨胀值、固体脂肪指数、硬度等比较接近,可以部分代替天然可可脂。代可可脂(CBS)是动植物油脂经过精炼、氢化、分馏等加工后制成的,熔点与可可脂接近,但相溶性不太好。

类可可脂除了香味以外,在化学组成和物理特性方面均和天然可可脂相似或一致,主要特性如碘价、皂化价、固体脂肪指数、冷却曲线也和可可脂极为接近,所以二者互溶性好。在制作巧克力时,类可可脂需要进行调温,常用的有婆罗洲牛脂、牛油树果脂、双罗果脂、芒果脂和沙罗脂等。婆罗洲牛脂、沙罗脂与可可脂的组成非常相似，可直接作为代用品；我国特产的乌桕脂在经过脂交换反应后，才能使三酰甘油结构与可可脂相似。

代可可脂是一类能迅速熔化的人造硬脂。其三酰甘油的组成与天然可可脂完全不同，而在物理性能上接近于天然可可脂。它们的熔化曲线没有显著的差别，在20℃时都很硬，到25～35℃之间都能迅速熔化。由于制作巧克力时无需进行调温，因此，也称为非调温型硬脂。由于脂肪酸组成不同于可可脂，所以相容性很差。代可可脂可采用不同类型的原料油脂进行加工制造，如硬化棕榈仁油和椰子油。它们的脂肪酸是以月桂酸为主，含量可达45%～52%，不饱和脂肪含量低，由较短碳链的脂肪酸组成甘油酯，饱和程度高，其碘值为2～6，所以称为月桂酸型代可可脂。作为代可可脂，这类月桂酸系油脂必须经选择性氢化，再分别提出其中接近于天然可可脂物理性能的部分才能使用。制成的巧克力在高温下易变形，用量过高容易造成巧克力发白发花，有蜡状感。

另一类非月桂酸型代可可脂是采用非月桂酸系油脂如大豆油、棉籽油、米糠油或动物油脂，通过氢化或选择性氢化成硬脂，再用溶剂结晶，提取其物理性能近似天然可可脂部分，经脱臭处理制得。制作巧克力时无需调温，口熔性较慢，有蜡状感。

可可脂与替代物的比较见表7.5。

表 7.5 可可脂与替代物的比较

品种	熔点范围/℃	碘价	皂化价	固体脂肪指数		
				20℃	30℃	35℃
可可脂	30～34	33～42	188～198			
月桂酸型代可可脂	33～35	2～6	240～250	72～78	44～51	1～3.6
非月桂酸型代可可脂	35～37	53～60	190～200	52～59	38～40	17～19
类可可脂	32～35	32～35	195～200	64～68	32～36	3～6

3. 糖

糖在巧克力制品中，主要起到稳定基体和调节风味两大作用，一般含量为40%～50%。蔗糖是巧克力的主要用糖，在巧克力配方中的用量应与可可液块和可可粉比例相平衡，砂糖添加量过高会使巧克力过于甜腻。

4. 乳固体和香料

牛奶巧克力中乳固体含量一般可达15%～25%。乳固体的存在，赋予巧克力以细腻的组织结构和优美的风味。一般直接添加含水量低于3%的乳粉，不但使用方便，而且能满足巧克力产品最终含水量低于1%的要求。代可可脂为基本组成的巧克力，工艺要求添加脱脂乳粉。比脱脂乳粉价格更低的是乳清粉，在低价格的巧克力涂层制品中使用。

巧克力具有独特的香气和滋味，其主要来源于可可液块、可可脂、可可粉和乳固体。添加的香料应能与巧克力原有的香味互相融合，起到衬托、完善和丰满的作用。巧克力通常添加香料类型有香兰素和麦芽酚等。

5. 乳化剂

在巧克力生产中，添加乳化剂可使巧克力形成稳定的乳化状态，有效降低巧克力料黏度，提高流散性，有些还可延缓巧克力晶型衍变和阻抑油脂迁移，抑制巧克力起霜。巧克力中使用的乳化剂品种有卵磷脂、蔗糖酯、聚甘油蓖麻醇酯（PGPR）、辛癸酸甘油酯等，使用最普遍的是卵磷脂。

三、巧克力的营养价值

巧克力的营养成分比较全面，但因糖和脂肪含量很高，所以是高脂高热量食品（表7.6）。

表7.6 巧克力与部分食品的营养成分比较

食品种类	营养成分					
	蛋白质含量/%	总脂肪含量/%	总糖含量/%	矿物质含量/%	水分含量/%	热量/(kJ/100g)
香草巧克力	5.6	35	58	0.64	0.6	2378.4
奶油巧克力	8.7	37	53.5	1.12	0.8	2424.2
牛肉	20.1	10.2	—	0.9	69	719.8
猪肉	16.9	29.2	1.1	0.9	52	1396.1
鸡肉	23.3	1.2	—	1.1	74	434.7
鱼	16.8	2.1	0.12	1.3	79.2	359.9
牛奶	3.5	3.7	4.9	0.7	87	279.6

除表7.6中所示外，巧克力还含有维生素A、维生素D、维生素B_1、维生素B_2和维生素E。

第二节　巧克力生产工艺

一、混合

混合是巧克力生产的基础。为了适应生产的工艺需要，一般需对原料进行预处理。可可液块、可可脂在常温下呈固态，所以精磨之前必须先将其熔化，熔化可在夹层锅、保温槽等加热熔化设备中进行，熔化后温度为60℃。蔗糖通常采用干燥纯净的结晶砂糖，经锤式粉碎机将砂糖锤磨撞击成糖粉，或在齿盘式粉碎机中，经旋转圆盘与相对应的齿状凸起的固定圆盘的冲击和摩擦成为细小颗粒。物料混合条件是在40～50℃混合12～15min。

二、巧克力料的精磨

精磨过程是将可可料、糖粉、乳粉、乳化剂、香料等组成一个颗粒细度在30μm以下，高度均一的分散体系的过程。巧克力精磨过程属于物理分散过程，采用机械挤压和摩擦使物料质粒变小，直至物料质粒平均细度符合技术。

1.精磨的作用

人的味觉器官可以辨别出细度25μm以上的颗粒，精磨可使物料细度平均不超过30μm，而大部分物料细度可达到15～20μm，因此，经精磨的巧克力基本无砂粒感，只有细腻润滑的享受。

巧克力的各种固体原料即可可液块、可可粉、砂糖、奶粉、香料等经过精磨以后，使颗粒在形态上由大到小，在数量上由少到多，并均匀地分散于油脂中，从而使巧克力物料充分混合，构成高度均一的分散体系，并具有良好的流动性。

在精磨过程中，由于物料细度的增加，黏度会上升，如果物料的温度一定，精磨得越细，物料越黏稠，流动性就越低，因此，在精磨的后期就需要添加乳化剂来降低黏度。

2.精磨的工艺要求

一般巧克力物料，在精磨前的细度范围 $30\sim100\mu m$，经巧克力精磨设备的破碎、磨压、剪切等综合作用，最终将物料大部分质粒减小到 $15\sim30\mu m$ 的细度。

精磨的工艺要求如下。

① 颗粒的细度：固体颗粒小于 $10\mu m$ 的占 $10\%\sim15\%$，$20\mu m$ 的占 $50\%\sim60\%$，$30\mu m$ 的占 $20\%\sim30\%$，大于 $30\mu m$ 的占 $5\%\sim10\%$。

② 酱料的水分：精炼后香草巧克力酱料的水分为 $0.6\%\sim0.8\%$，奶油巧克力酱料的水分为 $0.8\%\sim1.0\%$。水分含量高会影响巧克力的保存期。

③ 酱料温度：精磨温度控制在 $40\sim42℃$，不得超过 $50℃$。

巧克力酱料在精磨时由于摩擦作用温度会升高，过高的温度会影响巧克力香味品质，甚至造成油脂氧化、黏度升高，并使蛋白质与糖生成坚硬的块状焦化物。

④ 精磨时间：三辊机和五辊机的精磨时间较短，圆筒式精磨机的精磨时间为 $16\sim22h$，球磨机为 $15h$ 左右，精磨时间过长，会使产品中重金属含量增加。

⑤ 空气相对湿度应尽量低，重金属含量的增加也有一定指标。

3.精磨设备

巧克力精磨有多种方式和相应设备。常用的有：辊磨、球磨、筒式精磨等。它们的设备与性能也不相同。

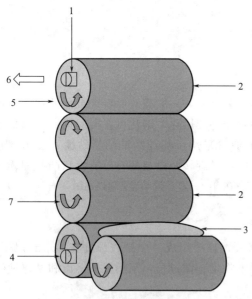

图 7.1　五辊精磨机

1—辊筒叠压轴；2—巧克力薄层；3—巧克力送料；4—送料辊压力轴；5—定辊；6—巧克力刮刀卸料；7—滚动方向

① 五辊精磨机是巧克力酱料精磨方式中最常见的一类设备。五辊精磨机见图 7.1，五个辊筒由特殊钢铸成，辊筒表面异常坚硬光洁。经过充分混合的巧克力物料在下部辊筒之间均匀地喂入，通过机械挤压和摩擦作用，物料依次被转速较快地带入，最后在上部辊筒表面由刮刀刮下收集卸出。各辊筒的转速递增分别为：$0.42m/s$、$1.00m/s$、$2.00m/s$、$3.20m/s$、$4.30m/s$。同时每一对辊筒之间距离也不相同，是依次递减的，辊筒之间距离是按照巧克力物料细度要求和精磨速率进行调控的。一般五辊精磨机辊筒间距控制如下：1 间距 $44\sim45\mu m$，2 间距 $26\sim27\mu m$，3 间距 $19\sim20\mu m$，4 间距 $13\sim14\mu m$。

五辊精磨机的温度控制是依靠辊筒内部通入的 $13\sim15℃$ 冷却水进行调控的。其各辊筒间距和辊筒与刮刀的间距都采用液压系统自动调节。

② 三辊精磨机的精磨方式与五辊精磨机相似，只是由三个辊筒构成。将三辊精磨机和五辊精磨机串联使用，效果更佳。

③ 球磨机一般为直立式的不锈钢圆筒体，筒体夹套通入温水控制操作温度，筒体中心装有搅拌器，由变速电机带动，速度为 $100\sim400r/min$，筒体内装有直径为 $0.3\sim1.0cm$ 的

特殊钢球，钢球装入量约占混合容积的 80％，物料质粒经过钢球不断碰撞和摩擦由大变小，磨细的物料经筛网卸出。

三、巧克力料的精炼

精炼过程是巧克力物料在光滑机械的作用下，长时间进行摩擦、充气、混匀和乳化，使酱料中各种粗细不一的颗粒体，在形态、细度上发生最显著变化的过程。在这一过程中，巧克力物料的物理、化学特性均有不同程度的变化，对巧克力物料的质构和香味产生极其重要的影响。

1. 精炼的作用

巧克力物料精炼具有以下主要作用：

① 使巧克力质构更加细腻。巧克力酱料经过精磨后，虽然平均细度已达 $20\mu m$ 左右，但粗细比例上仍有一定差别，颗粒形态也不规则，在显微镜下观察，边缘锋利而多棱角，缺乏光滑感。巧克力物料精炼后，可将这种多角体质粒磨平磨光，从而使巧克力物料有良好的光滑口感。

巧克力物料的精炼不仅使质粒变小变光滑，同时在精炼过程中，巧克力料物态发生变化和重组。物料质粒在变小的过程中，物料的界面增加，在不断的推撞和摩擦作用及表面活性剂的参与下，物料质粒更均匀地分散在液态脂肪的介质内。同时，由于颗粒间界面张力的降低，脂肪延伸形成膜层，均匀地把糖、可可粉及乳固体包围起来，形成一种高度均匀的分散体系，这种乳浊体系在进一步调温和冷却凝固后具有极高的稳定性。

② 降低了酱料的水分和黏度。巧克力物料的最终含水量是重要的质量指标，含水量的多少直接影响巧克力的品质和它的货架寿命。其次巧克力物料的含水量对巧克力操作特性也有极大的影响。

影响巧克力酱料黏度的因素有多种，如物料的组成、细度、含脂量、含水量、乳化剂用量和物料温度等，其中含水量是一个重要因素。精炼过程也是一个加热过程。在搅拌翻动与外界空气做广泛交换时，大部分自由水得到挥发，留下的少量结合水又被均匀地分散乳化，从而降低了酱料的水分含量（表7.7）。

表 7.7　巧克力精炼过程中的水分变化

巧克力物料构成	精炼后含水量/%			
	0h	24h	48h	72h
50%可可料,47%蔗糖,3%可可脂	0.78	0.57	0.42	0.38
50%可可料,50%蔗糖	0.82	0.61	0.50	0.42
50%可可料,45%蔗糖,5%可可脂	0.88	0.70	0.55	0.44
42%可可料,47%蔗糖,10.5%可可脂,0.5%磷脂	0.78	0.61	0.50	0.41

③ 促进巧克力物料中呈味物质和色泽的变化。巧克力的颜色和光泽构成了巧克力制品的外观品质。巧克力的光泽是因可可脂和蔗糖晶体形成细小的稳定晶体混合物产生的散射现象，巧克力外表的光亮度反映了巧克力生产工艺技术达到的水平。表面活性剂可以降低物料的界面张力，使巧克力物料的稠厚状态变得稀薄。通过精炼巧克力物料质粒与脂肪充分乳化，同时质粒大小和形态的变化，导致物体外观光学性质的变化，精炼后的巧克力色泽变得更为柔和。可可料中的单宁物质在精炼时氧化聚合，呈红褐色；美拉德反应的作用也使巧克力产生应有的褐色。这些因素使巧克力色泽更加明快流畅。

巧克力的基本香味来源于可可经过发酵和焙炒产生的浓郁而优美的香气，可可中的可可碱、咖啡因、多元酚和有机酸也影响巧克力的风味。精炼对巧克力物料香味的改善基于两方面的原因。第一，排除物料中存在的一部分不需要的挥发性化合物。可可豆由于发酵处理都含有带刺激性的气味。物料经过精炼，在受热和特殊的运动状态下，这种挥发性化合物如挥发性酸、醛和酮类化合物得以有效地排除。第二，使物料中的氨基酸游离，并与物料中的还原糖进行美拉德反应形成新的芳香化合物。精炼过程中巧克力料的含酸量变化见表7.8。

表 7.8 精炼过程中巧克力料的含酸量变化

精炼时间/h	挥发酸含量/%	总酸含量/%	精炼时间/h	挥发酸含量/%	总酸含量/%
0	0.089	0.67	48	0.071	0.51
24	0.079	0.61	72	0.058	0.42

2. 精炼的工艺要求

① 精炼条件：精炼的时间和温度随巧克力品种而变化，牛奶巧克力在49~52℃精炼10~16h；添加奶粉的品种在60℃精炼16~24h，用脱脂奶粉代替全脂奶粉时，精炼温度上升到70℃；黑巧克力精炼温度从70℃逐步上升到82℃。

② 精炼阶段：为了使巧克力具有适当的黏度，在精炼末段需要添加可可脂和卵磷脂。精炼中物料形态发生变化，经历三个阶段，即固体精炼阶段、塑性精炼阶段和液状精炼阶段（见图7.2），此时巧克力酱由精磨后的混合多相转变为精炼后包含固体的均一可可脂相，为调温做好了准备。

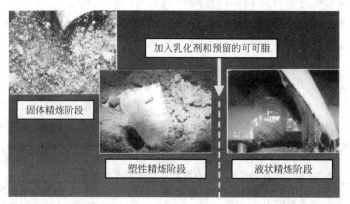

图 7.2 巧克力精炼的三个阶段

精炼的方法因设备而有所不同，Friss精炼机的内部结构如图7.3所示。

图 7.3 Friss精炼机的内部结构

四、巧克力料的调温

1.调温的作用

可可脂是同质多晶三酰甘油的混合物，共有 6 种晶型，各具熔点（见图 7.4）。多数物料的晶型是 α、β、β′。β₂ 晶型因具有最适中的熔点、光泽的外观、良好的脆性、适度的收缩性以及抗发花的性能，是人们希望获得的晶型。调温是通过有规律的温度波动调节，控制物料中可可脂的晶型变化，促使可可脂中的脂肪各种晶型都转化成希望获得的晶型。

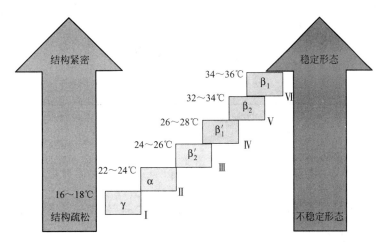

图 7.4　可可脂晶型和熔点

在巧克力物料中，可可脂作为一种均匀连续相，当外界温度超过可可脂平均熔点，巧克力呈液态；当外界温度低于可可脂熔点，可可脂凝固而使巧克力转变为固态。调温是保持巧克力在常温下保持坚脆的固体状态的必经工艺。

γ 晶型的熔点只有 17℃，会很快转化成 α 晶型，并进而缓慢地向 β₂ 和 β′₁ 转化；β₂ 和 β′₁ 晶型也是不稳定晶型，做成的巧克力产品不光泽、质地柔软、脱模困难。β₂ 和 β₁ 晶型是稳定晶型，但 β₁ 晶型经长时间调温也较难获得，而且容易发花、熔点太高（36℃），有蜡质感。

如果调温不当，β₂ 晶型会很快转化为 β′₁ 晶型。未经调温或调温不当的巧克力，最终成品的外观晦暗，缺少巧克力应有的光泽，产品表面较快出现"花白"现象，随之而形成脂斑；产品组织结构不紧密，口感粗糙，缺少巧克力应有的坚实性和脆性；在冷却时缺少应有的收缩性，成品不能从模板上脱落下来；贮存过程中耐热性差，易变形，25℃以上便开始软化，30℃以上失去固有的形态；在加工过程中黏度高、流散性差，注模、脱模和涂布加工困难。

2.巧克力物料调温的方法

巧克力物料的调温是对可可脂晶型进行正确选择，最大限度地除去调温过程中出现的不稳定晶型，保存稳定晶型。巧克力调温前先对少量可可脂做预结晶，在其中保留下 β₂ 型的晶体作为晶核（总量的 1%～3%）。调温过程分为以下 4 步：①酱料升温到 50℃使三酰甘油完全熔化；②冷却到 β₂ 晶型的结晶温度（32℃）；③冷却到 β′₁ 晶型的结晶温度（27℃）；④升温到 30℃，使熔点在 29℃以下的不稳定晶体熔化后转化晶型，保留下熔点高于 29℃的 β₂ 晶型（图 7.5）。

调温过程的温度控制需要精确，搅拌则提高了结晶的速度。在 27℃ 左右，脂肪结晶大

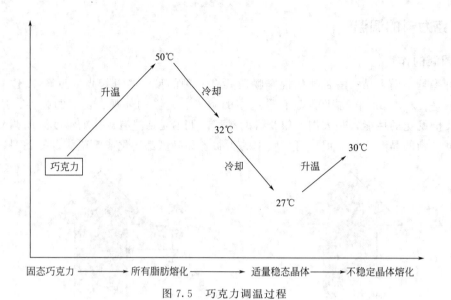

图 7.5　巧克力调温过程

量形成，物料黏度增大，变得稠厚。当黏度增加时，巧克力温度回升可使黏度下降，进入第四阶段，晶体形成和稳定。

经过调温的巧克力应具有以下特性：形态美丽，色泽光亮，易收缩脱模，品质稳定，有更好的硬度和热稳定性。

不同的巧克力原料和配方，需要不同的调温温度、时间和操作过程。在牛奶巧克力调温工艺中，必须考虑乳脂及乳脂分级物对可可脂多晶型及巧克力流散性、抗霜性等方面的影响。在巧克力中添加 20％ 质量无水乳脂、中熔点乳脂、低熔点乳脂，可延缓巧克力结晶，降低可可脂多晶型熔点，需要更低的结晶温度和更长的结晶时间；而添加高熔点乳脂会使巧克力黏度提高，需要较高的结晶温度。从抗霜性角度分析，高熔点乳脂抗霜作用最强，其次为无水乳脂，低熔点乳脂最弱，甚至会促进起霜。乌桕类可可脂巧克力在 27℃ 黏度远比28℃时大，故往往按 40℃→28℃→32℃ 的工艺进行调温。

3.调温效果评价

调温效果评价方法很多，传统方法是通过观察流散性、脱模性、光泽、脆性、口熔性、耐热性、抗霜性，对调温效果进行综合评价，也用于调温工艺优化。其他方法包括用 DSC 测定调温中稳定晶种，通过 DSC 和 X 射线衍射测定巧克力产品的不稳定晶型与稳定晶型的含量与比例等。

五、巧克力注模成型

注模成型是将经过调温的巧克力酱料定量浇注到具有一定形状的模型中，经过合理的冷却，使巧克力形成具有良好光泽、坚脆组织、一定形状和重量的固体半成品。

巧克力物料经过精磨、精炼和调温，物料中的固形物已被高度分散于脂肪介质中。在流体状态下熔融的脂肪是一种连续相的膜状组织，其中一部分已形成细小的稳定晶体。而分散在此系统中的各种质粒处于相对稳定状态，不稳定趋势依然存在。注模成型的主要作用就在于较快地中止这种不稳定趋势，同时成为品质稳定、便于携带的固体巧克力。

巧克力物料在加工过程中会混入空气，如不及时排除，巧克力凝固后会出现气泡或空穴。因此，物料在注入模盘后的前 2min 应采用机械振动将气体排出，并使酱料在模板内分配均匀，底部平服。

巧克力物料注入模盘后，必须得到有效的冷却才能凝固成形而脱模。巧克力物料的冷却速度主要取决于冷却空气温度、冷却方式和模盘形状。冷却时需要吸收物料的显热和相变热。在 18℃时，巧克力物料的比热容为 1.59～1.67kJ/(kg·K)，巧克力物料凝固时的相变热为 125.61kJ/kg。每千克巧克力在冷却凝固过程中，总热量降低 167.44～209.35kJ。

巧克力的冷却不宜采用低温急冷方式，因为过低的温度将使巧克力表面物料迅速固化，降低了整体的散热速度，内部热量不能及时除去，在以后缓慢的热量释放中造成晶型转换，使巧克力外观花白，组织松散，影响巧克力成形的最终品质。急冷迅速固化巧克力同时也无助于脂肪晶格的排列，晶体没有充分收缩，从而造成脱模困难。即使脱模成功，巧克力表面温度太低，在进入大气环境后会形成蒸汽冷凝，破坏表面糖和油脂的结晶，使成品晦暗无光。模板在注酱之前需要烘模和恒温，其原理也在于此。过低的模板温度会使接触模板部分的巧克力冷却过快，因此，模板温度一般仅略低于巧克力酱料温度。

巧克力物料以保持 8～10℃固化为宜，固化时间一般为 25～30min，物料由 27℃降至 20℃约需分钟，再下降至 12℃约需 21min，直至全部固化。图 7.6 所示为块重 100g 巧克力从液态转变为固态的温度变化。在冷却过程中温度略有回升是物料释放凝固热造成的。

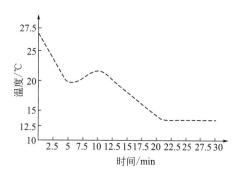

图 7.6　巧克力凝固温度与时间关系

巧克力物料从液态变为固态，脂肪的相对密度增加，而体积缩小 2%～2.5%，这一收缩特性使巧克力固化后能顺利地从模中脱落。现代化的巧克力注模成形是采用连续注模成形线完成的，这是一个完整的循环的自动系统。包括以下程序。

① 调温后的巧克力物料喂入注模机料斗并由夹套加热装置保持物料的温度，通过活塞和球阀将物料准确定量注入下端的模盘内。

② 模盘进入由一组振动装置组成的振动区，模盘在可调频率和振幅的振动器上脱除物料中的气泡，并使物料均匀分布在模盘内。

③ 模盘进入多层运行的冷却隧道，由冷风循环冷却物料。冷风温度和流速是可调节的，可保持各区段的不同冷却度。

④ 巧克力固化并产生收缩后，模盘进入脱模区。脱模前再经一次振动，然后模盘翻转，巧克力和模盘分离，巧克力由传送带送往包装系统。

⑤ 空模盘复位后运行至烘模加热区，模盘加热干燥，温度控制在略低于注模温度，再运行至注模机下方进行下一循环的注模成形过程。

六、原料对产品质量的影响

1.脂肪含量的影响

巧克力中脂肪的含量一般在 25%～35%。脂肪对巧克力加工性能的影响是最大的。在含脂 28%的物料中增加 1%的脂肪，会对物料的流动性和黏度产生显著影响，因为增加的是可流动部分的脂肪。如果巧克力含脂量 32%，再增加脂肪的效果就很小，而脂肪含量低于下限，加工时会呈"酱"状而不是流态。

2. 糖类的影响

糖类对巧克力的风味有贡献，但是1%～2%含量的改变会对成品的价格产生影响，5%以上的含量变化才会对产品风味产生明显影响，在巧克力甜点中蔗糖的用量可以高达50%。牛奶中结晶性和无定形的乳糖晶体会对巧克力的风味和流动性产生影响，增加美拉德反应褐变的强度，在巧克力精炼过程中是产生焦香风味反应的重要参与物质。葡萄糖和果糖很少用于巧克力生产，因为单糖类很难干燥。增加蔗糖用量也会提高巧克力的水分含量，在牛奶巧克力中可以用葡萄糖和乳糖替代蔗糖。麦芽糖的甜度只有蔗糖的1/3，使用结晶麦芽糖为巧克力主要用糖可以生产低甜度巧克力。

因对无糖巧克力的需求，糖醇类材料如木糖醇、山梨糖醇、甘露糖醇、赤藓糖醇、麦芽糖醇等被用于巧克力的生产。由于流变性能和生产条件及质量变化所限，发现麦芽糖醇在巧克力生产中显示的流变性能与蔗糖最为接近，因此推荐使用。

3. 乳制品的影响

由于水分含量的因素，乳粉在巧克力中应用比鲜奶更多。乳制品在巧克力中的组分一般在12%～25%，乳粉中乳脂肪含量不低于26%，而乳脂肪的结晶性能与可可脂有很大差别，在常温下一般呈液态，使巧克力的质构变软，成形缓慢。乳粉含量在巧克力中达30%时能抑制脂肪发花。乳脂肪易氧化，缩短了巧克力的货架期。乳蛋白中的80%是酪蛋白，具有表面活性剂功能，可降低巧克力的黏度；而乳清蛋白则相反，会提高巧克力黏度。此外，乳成分对产品美拉德反应的影响也较大。

4. 乳化剂的影响

脂肪在巧克力中是连续相，而糖是亲水性的，所以需要乳化剂来帮助将其覆盖。卵磷脂是巧克力生产中最常用的乳化剂，用量在0.1%～0.3%，可以降低巧克力的黏度，提高在潮湿环境中的耐受性。当卵磷脂用量超过0.5%以后，脂肪包裹着蔗糖形成胶束，黏度会持续下落。聚甘油蓖麻醇酯的乳化效果相当，但价格更低。有研究显示，大豆磷脂和聚甘油蓖麻醇酯复配使用（大豆磷脂：聚甘油蓖麻醇酯=1：3）时，巧克力的流散操作性最好。添加乳化剂有利于改善巧克力体系油脂结晶性质，提高产品热力学及晶体稳定性，延缓巧克力表面起霜。

第三节 巧克力制品生产工艺

一、夹心巧克力

夹心巧克力的生产有涂层和注模成形两种方法。吊排成形工艺是先制成夹心芯，然后在外覆盖一层巧克力外衣，这种方法也称涂衣成形或挂皮成形。注模成形工艺是与心子在同一模具内完成的。首先，利用巧克力物料在模内形成一层坚实壳体，随后将心体料定量注入壳体内，再将巧克力底覆盖其上，密封凝固后从模内脱出，即成为形态精美的夹心巧克力。为了与纯巧克力注模工艺加以区别，这种工艺过程被称为完模成形。

连续自动壳模成形过程一般分为：巧克力壳层制作和形成、心体加注和凝固、巧克力底的覆盖、定型和脱模。

将经连续调温的巧克力物料注入25℃左右的模盘内，经过振动将物料中的气泡脱去，随后由反转装置将模盘做180°反转倾倒，除去模型内多余的物料，模型边缘黏附物料由清理辊刮拭干净，随后经反转装置做180°复位模盘进入冷却隧道，冷却凝固的物料在模型内形成一层薄的巧克力壳层。模盘由传送带送至心体注模机下方，定量地将心体注入壳层内，经振动机将心料分散均匀，模盘再次进入冷却隧道，待心料凝结后又被送回巧克力物料注模机下方。在进入注模机下方前，配置一电加热器将物料表面加热，使物料轻度熔化，然后定量注入巧克力物料，经振动机振动后刮去多余的物料，模盘最后被送入一多层立式冷柜，进行冷却和脱模，再进入包装系统。

夹心巧克力的壳模成形过程中物料冷热变化反复多次，每次都由液态转变为固态或凝固状态。因此，夹心巧克力成形浇注，控制温度极为重要，尤其是心体料温度，若控制不当，将影响全过程的平衡操作和最终产品的品质。

二、果仁巧克力

果仁巧克力是将部分果仁与巧克力浆混合后，按照纯巧克力的调温工艺要求正确调温，然后注模。果仁巧克力的特点是组织坚脆，形态多样，风味独特。常用的果仁有坚果类如杏仁、核桃等，果仁类如花生仁、瓜子仁等，以及蜜饯类如葡萄干等。

三、抛光巧克力

抛光巧克力由抛光心、巧克力外衣和上光层三部分组成，品种有纯巧克力抛光心如蛋形巧克力、纽扣形抛光巧克力如聪明豆和米面制品抛光巧克力。

抛光巧克力的制作，首先是制作好抛光心，然后在荸荠式糖衣机中用喷枪将巧克力酱料喷涂到心子上，经10~13℃的冷风冷却，并利用抛圆的方法使表面光洁平整，制成的半成品在12℃左右贮放一天，使巧克力结晶更趋稳定，提高巧克力硬度。

抛光工序首先是在荸荠式糖衣机中用高糊精糖浆对半成品进行涂布，干燥成薄膜层后，经滚动、摩擦，表面逐渐产生光亮；随后加入适量阿拉伯胶液，在表面再添一薄膜层，最后加入一定浓度的虫胶酒精溶液进行上光，这样的制品对环境不良条件的抵御能力强，光泽优良，而且不会在短时期内退化。

第八章　焙烤制品生产工艺

　　焙烤制品是泛指采用焙烤工艺的一个大类产品，其范围广泛，品种繁多，形态不一，风味各异，难以精确地定义，因此，一般以所用原料和工艺来确定归属，其特征如下：

　　① 以谷类为主要原料；

　　② 以油、糖、蛋、乳等为主要辅料；

　　③ 产品的成熟或定型需采用焙烤工艺；

　　④ 产品为无需调理即可食用的固态食品。

　　与其他谷类制品相比，焙烤制品的水分含量低，货架寿命长，而且消化率高，糖类的消化率为97%，蛋白质为85%，脂肪为93%。焙烤所用热源可以是电或燃气，前者采用远红外辐射、微波加热等方式加热。远红外辐射加热的特点是热力穿透能力强，加热速度快；微波加热时微波可迅速穿透物料，无需热传导。因为焙烤制品特殊香味生成的需要，至今最广泛使用的还是电加热方式。

第一节　焙烤制品的原材料

一、小麦粉

　　小麦粉是生产焙烤制品的基础原料，所以对产品质量的影响是最大的，不同品质的面粉适用于不同的产品。小麦粉质量因产地、品种、季节和加工条件的不同而有明显差别。小麦粉质量的差别体现在蛋白质和淀粉的质和量，其中蛋白质对产品质量的影响最大。我国生产的小麦粉分为通用小麦粉和专用小麦粉两大类，根据 GB1355—1986《小麦粉》的分类，小麦粉按加工精度4个等级，其中特制一等粉的湿面筋含量≥26%，特制二等粉≥25%，标准粉≥24%，普通粉≥22%。

　　专用小麦粉的标准是 SB/T 10186～10145—93，分为面包用粉、面条用粉、馒头用粉、饺子用粉、酥性饼干用粉、发酵饼干用粉、蛋糕用粉、糕点用粉，主要质量指标是水分、灰分、粗细度、湿面筋含量、粉质曲线稳定时间和降落数值。还有一类是预混粉，是根据某种焙烤食品的需要，按配方预先混合好的制品，常用的有面包预混粉、蛋糕预混粉、糕点预混粉等。小麦粉的各组分及对产品质量的影响描述如下。

1. 蛋白质和面筋

　　小麦加工性能有别于其他谷类作物的主要原因是小麦蛋白质中含有能形成面筋的蛋白质——麦胶蛋白和麦谷蛋白。麦胶蛋白和麦谷蛋白为不溶性蛋白，占小麦蛋白质总量的80%以上，主要存在于胚乳外层。麦清蛋白和麦球蛋白的营养价值高于面筋蛋白，但对加工性能的贡献不大。糊粉层和外皮的蛋白质含量虽高，但不含面筋质，因此，含糊粉率高的面粉蛋白质含量高，但面筋含量低。

麦胶蛋白（醇溶）平均分子量 4 万，水合时胶黏性极大，这类蛋白质具有良好的延伸性，但缺乏弹性，使面团具有黏性；麦谷蛋白（碱溶）平均分子量 300 万，具有良好的弹性而无黏性，使面团具有抗延伸性，二者结合形成网络状组织结构即为面筋（图 8.1）。面筋具有很强的持水能力，外形柔软，色泽灰白，黏弹性能和延伸性能优良。

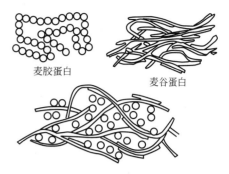

图 8.1　面筋的结构

干面筋的化学组成为：麦胶蛋白 43%，麦谷蛋白 39%，其他蛋白 4.4%，寡糖 2.1%，淀粉 6.5%，脂肪 2.8%，水余量。由于面筋突出的工艺作用，国际上根据湿面筋含量及工艺性能把小麦粉分为四等：高筋粉的湿面筋含量＞30%，弹性好，延伸性大或适中；中筋粉的湿面筋含量 26%～30%，弹性好或中等，延伸性小；中下筋粉中湿面筋含量 20%～25%，弹性小，韧性差，会因自身重量而自然延伸和断裂；低筋粉中湿面筋含量＜20%，弹性差，易流散。

不同小麦品种的麦胶蛋白和麦谷蛋白含量比差异很大，所以形成的面筋强度有很大的差异。评价面筋质量和工艺性能的指标有延伸性、可塑性、弹性、韧性和比延伸性。延伸性是湿面筋被拉伸而不断裂的能力，测定时用一定量的面筋搓成条，固定一端，拉伸另一端至断裂，该长度即为面筋的延伸性，以 cm 或 mm 表示。可塑性是湿面筋在强外力作用下被塑成形后保持形态的能力。弹性是指湿面筋受力变形后恢复原状的能力。韧性是指面筋对拉伸所表现的抵抗力，弹性好的面筋通常韧性也好。比延伸性是以面筋每分钟能自动延伸的厘米来表示的，强力粉每分钟仅自动延伸几厘米，弱力粉每分钟可自动延伸 100 多厘米。

湿面筋弹性的简单测试可采用手捏压，弹性强的面筋按压后能迅速恢复原状，不粘手，无手指痕迹残留，用手拉伸时有很大的抵抗力；弹性弱的面筋按压后不能恢复原状、粘手并留下较深的指纹，用手拉伸时抵抗力很小，下垂时会因本身重力自行断裂，放平时会流散成扁平状。弹性中等的面筋介于以上二者之间。

不同制品要求有不同的面筋品质，面包制品通常要求面筋含量高、强度大，饼干通常要求筋力较低（表 8.1）。

表 8.1　不同面筋含量面粉适用产品

产品种类	面包			蛋糕		饼干					蛋卷、威化饼干	面条、水饺、馒头
	大方包	软餐包	法国包	海绵蛋糕	戚风蛋糕	韧性饼干	酥性饼干	苏打饼干/第一次发酵	苏打饼干/第二次发酵	半发酵饼干		
湿面筋含量/%	≥36	33～34	32～33	22～24	20～22	24～28	22～26	30	24～26	24～30	23～24	30～32

2.淀粉和可溶性糖

淀粉是面粉中的最大成分，占 65%～70%，糊化温度在 55～65℃，其工艺性能对制品质量的影响是不可低估的。在面团的发酵阶段，面筋是面团的骨架，当进入烘烤阶段，面筋蛋白逐渐变性，不再构成骨架，淀粉开始糊化，淀粉颗粒吸水膨胀，淀粉粒体积逐渐增加，固定在面筋的网状结构中；淀粉糊化所需水分是面筋蛋白变性所释放的，在面筋逐步失水的过程中，网状结构变得富有黏性和弹性。

面团的发酵除了依赖酵母的数量与质量外，面团中可发酵糖量也很关键，这主要取决于淀粉酶和麦芽糖酶降解淀粉的能力，所以面团的产气能力与面粉中淀粉酶活性、破损淀粉含量等密切相关。

在天然淀粉晶体中，支链淀粉成树状连续的网络结构，直链淀粉包裹于网格中，在热水中直链淀粉的螺旋线形分子伸展成直线，从网络中逸出，分散于水中，而支链淀粉仍保持淀粉粒形态，需继续加热克服能障后才能糊化。研究人员对国内外 40 个面包小麦品种（系）进行了淀粉性状与面包烘烤品质性状的相关性分析，样品的直链淀粉含量从 11.1% 至 19.7%，支链淀粉含量从 47.2% 至 54.2%，淀粉总量从 62.9% 至 68.1%。结果表明，直链淀粉含量与面包品质性状（Zeleny 沉淀值、面团形成时间和稳定时间）呈极显著负相关；淀粉总量与面包品质性状呈负相关，但相关不显著；支链/直链淀粉含量的比值越大，对强筋食品加工品质越有利。

小麦中的可溶性糖主要有蔗糖、麦芽糖、葡萄糖、果糖等，含量为 2.0%～5.0%，其中的绝大部分为蔗糖。可溶性糖在发酵中可作为酵母的碳源，促进酵母的生长，在烘烤时参与美拉德反应，产生香味和着色。

3. 脂肪和灰分

小麦粉中脂肪含量很低，仅 1%～2%，但不饱和度高，脂肪酸碘价在 105～140，容易耗败，因此，微量的脂肪也能使面粉在贮藏中产生陈宿味和苦味。另外，贮藏中游离出的不饱和脂肪酸能够增加面筋强度，使面筋弹性加大，延伸形变小。

小麦粉的矿物质存在于麦籽粒的皮层和糊粉层中，主要成分是钙、钠、钾、镁、磷和铁等，它们大多以硅酸盐的形式存在。矿物质含量高的小麦粉稳定性较差，特别是铁盐的存在对饼干的保存最为不利。

4. 酶类

小麦中有淀粉酶、蛋白酶、脂肪酶和氧化酶等，其中淀粉酶和蛋白酶的影响最大。淀粉酶的活力要适当，适量的 α-淀粉酶活力可改善焙烤制品的皮色、风味，过弱不利于酵母发酵，过强则形成大量糊精，使面团力量变弱，面包瓢过黏。

正常小麦粉中含有足够的 β-淀粉酶，α-淀粉酶不足，可在面团中补充添加。β-淀粉酶在加热到 70℃ 时活力即降低 50%，数分钟后即钝化，其主要作用于面包生产的基本发酵、中间醒发和最后醒发等入炉烘烤前的阶段。α-淀粉酶在加热到 70℃ 时仍能对淀粉起水解作用，当温度超过 95℃ 时才钝化。在面团发酵温度范围内，温度每升高 1℃，其活力约增长 1%。在面包烘烤阶段，α-淀粉酶在烤炉内的作用对于面包品质的改善有很大的帮助。若 α-淀粉酶活性不足，面团发酵能力差，淀粉胶体硬，面包体积小而干硬，结构粗，气泡小而壁厚；反之，α-淀粉酶活性过大，降低了淀粉胶体的性质，难以承受气体膨胀的压力，小气泡破裂成大气泡，面包质地不匀而且发黏。

小麦粉中淀粉酶活力可以用降落指数表示（降落指数表达了淀粉糊的黏度和凝胶化能力），面包面粉要求的降落数值为 250～300s，低于 200s 的小麦粉淀粉酶活性太高，高于 400s 的小麦粉淀粉酶活性太低。

小麦粉中的蛋白酶含量极少，且通常处于抑制状态，但能被谷胱甘肽、半胱氨酸所活化。发芽的小麦中蛋白酶活性较强。活化后的蛋白酶能够使面筋蛋白质水解，使面团软化，降低面筋强度，过强则影响焙烤产品质量。

5. 维生素

面粉中 B 族维生素含量很高，主要存在于麦胚和糊粉层，麦麸中含量最高，在磨粉时大量损耗；维生素 E 含量也很丰富，主要存在于麦胚中，但维生素 C 和维生素 D 缺乏。在经过焙烤后，维生素的损失很大。

面团的流变性质常用布拉班德粉质仪测定，参数包括吸水率、面团形成时间、面团稳定时间、弱化度等（详见相关专业书籍），不同筋力面团的测定曲线如图 8.2 所示。

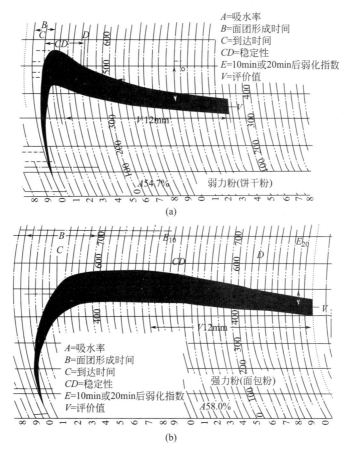

图 8.2　弱力粉的粉质曲线（a）和强力粉的粉质曲线（b）

二、水

水在焙烤制品生产中的作用非常重大，首先水要溶解盐、糖等可溶性原料，更重要的是水量关系到面筋的形成、淀粉的膨胀和糊化、酵母的生长、酶的活力发挥等，此外，在烘烤时水还是传热介质。

水的硬度过高会降低蛋白质的溶解性，过度增强面筋的韧性，使面筋硬化，推迟发酵时间，产品口感粗糙干硬。硬度过低的水会使面筋变得过度柔软，缩短了正常发酵时间；面团黏性过强，面团难以膨胀定型，容易塌陷。水的硬度以 8～18°d 的中等硬度的水为佳。

碱性水会中和面团的酸度，抑制酶的活性，影响面筋的成熟，延缓发酵，使面团变软。如碱性过大，还会使面筋被部分溶解，面团缺乏弹性，储气性降低。pH 5.0～5.8 的微酸性水有助于面团发酵。

三、糖

焙烤制品中使用的糖可以是蔗糖、饴糖、淀粉糖浆、果葡糖浆等。糖在焙烤制品中的作用如下。

1.改进产品表面色泽，增加香味

溶化的糖在 $120\sim140℃$ 便开始脱水发生焦糖化作用，同时不可避免地发生美拉德反应，其结果是在产品中形成黄褐色，带有特殊焙烤香味的表面层，冷却后能保持产品外形，增加脆感。

2.抗氧化作用

糖的化学结构决定了其化学性质比脂类活泼，因此糖能延缓油脂的氧化，甜饼干的保存性能好于苏打饼干即是一例。

3.供酵母发酵的碳源

面粉中可溶性糖含量很低，在第一次发酵时，酵母无迅速可动用的碳源，需待淀粉酶解后才能大量繁殖，发酵周期因而延长。加入 $1\%\sim2\%$ 的可溶性糖，便能有效缩短发酵周期，但加入过量会因高渗透压而抑制酵母生长。

4.调节面粉中面筋的胀润度

在面团调制时加入糖浆（粉）后，由于糖的吸湿性，糖分子与面筋蛋白争夺水分子，因糖的水化能力大于蛋白质，能使蛋白质分子内的水分渗透到分子外，从而降低蛋白质胶粒的胀润度，造成面筋形成率降低，弹性减弱，这种现象称为糖对面筋的反水化作用。蔗糖量每增加 1%，面团的吸水率便降低 0.2%，适量的糖可以部分降低面筋形成度，控制调粉时面团的弹性，但过量则会导致面筋形成过少，面团黏性过大，操作困难。加糖量在 6% 以内对面团吸水率的影响很小，以后随着糖量增加，面团吸水率逐渐下降，成熟时间逐渐延长。

四、油脂

油脂在焙烤制品中起美味、起酥、稳定结构和增加光泽的作用。油脂加入量和加入方式的不同，可使产品的性质完全不同。理想的油脂应有优良的起酥能力、较高的氧化稳定性、愉快的风味和适当的熔点。

起酥性是指焙烤产品因油脂作用而表现的酥脆易碎的性质。起酥油在面团调制过程和约 $30℃$ 的条件下，在面团中成薄膜状分布在小麦粉颗粒的表面，阻碍面筋质相互黏结，并在调制时拌入大量空气，使产品在烘烤过程中因空气膨胀而酥松。

起酥油是根据油脂对焙烤制品的作用而派生出来的专用名称，具有能加固乳化性能、润滑性结构充气、水分壁垒、香味，能影响成品的稳定性、贮存品质、口感及外观。不同焙烤制品对起酥油特性的要求各有侧重，其中可塑性是其最基本的特性。起酥油一般不直接食用，而是用来加工糕点、面包或煎炸食品等。

焙烤产品中常用的油脂有动植物来源的豆油、花生油、芝麻油、猪脂、奶油、人造奶油等。植物油脂的不饱和度高，熔点低；猪脂是用板油熔炼制成，色泽洁白，品质细腻，风味良好，起酥性强。黄油（白脱）由稀奶油精制而成，乳脂肪的含量不得低于 80%（质量分数）。黄油具有天然香浓的奶香味，多用于制造高级西点及面包，如法式烤面包片、大理石蛋糕等。人造奶油是在精制食用油脂中添加水及其他辅料，经乳化、急冷后捏合成具有天然奶油特色的可塑性制品。

氢化油脂中反式脂肪酸的安全性问题已经受到关注，丹麦政府于 2003 年 5 月率先做出严格规定，禁止销售任何含反式脂肪酸超过 2% 的油脂，同年 12 月这个规定拓展到油脂食品中；美国 FDA 公布要求食品营养标签中必须标注产品的饱和脂肪酸含量及反式脂肪酸的含量，加拿大、荷兰、瑞典、巴西、韩国等也都通过了类似的新规定，我国对反式脂肪酸尚无统一的限量标准。用酶法酯交换可以生产不含反式脂肪酸的人造奶油。

五、蛋和乳

蛋和乳的加入都能提高产品的营养价值，赋予产品优良的风味并改善产品色泽；此外，能延迟老化，使产品保持柔软。蛋品有良好的起酥性，能显著提高面团的含气力，在烘烤中因气体逸出，蛋白凝固而使产品内部形成海绵状酥松结构。但是，若用鲜乳代替水调制面团，会因乳清蛋白中的巯基活化蛋白酶而使面团弹性和稳定性下降，持气能力不足，产品外形过小；酪蛋白的缓冲能力可使面团发酵时酸度上升缓慢，淀粉酶活力受到限制，造成发酵迟缓，产品外形小。

六、食盐

食盐在焙烤产品中主要有以下作用：

① 提高产品风味。在糖液中添加适量食盐，能使产品风味更佳。

② 改善面筋的物理性质。在面粉中加入 1%～1.5% 的食盐。可促进面筋的吸水能力，增强面筋的弹性和强度，提高面团保持气体的能力，因此，食盐对筋力较弱的面粉作用更明显。

③ 盐能抑制多酚氧化酶活性，稳定产品的颜色；通过改变面筋的性质，使面团组织细密，色泽洁白而具有光泽。

④ 调节面团的发酵速度。食盐与糖一样具有较高的渗透压，可以调节酵母的生理机能，适量的食盐可以加速酵母的生长繁殖，但高于 3% 的加盐量会抑制酵母的生长。

食盐加入量对面团吸水率有一定影响，2% 的食盐能降低 3% 的面团吸水量，并使面团延伸性得到提高；用量达到 3% 以后面团成熟时间大大增加，弹性上升而延伸性下降。

七、疏松剂

1. 酵母

酵母是生物疏松剂，利用在面团发酵时产生的二氧化碳和酒精可使面包生成大量蜂窝而使之体积膨松。此外，酵母能够改善面包的风味，因为发酵中生成的酒精与产生的酸，在高温烘烤时可形成酯类，使面包具有特殊香味。除了发酵作用外，酵母自身具有很高的营养价值。酵母干物质中蛋白质含量达 30%～40%，在其含氮物中，大约含有 63.8% 的蛋白质，26.1% 的核酸和 10.1% 的蛋白胨，都是富含营养的含氮物质。酵母中的 B 族维生素以干物质计，每克约含 20～40μg 硫胺素，60～85μg 核黄素和 280μg 尼克酸。

2. 化学疏松剂

化学疏松剂有酸性和碱性两种，酸性疏松剂有酒石酸及其盐类等，碱性疏松剂有碳酸氢钠、碳酸氢铵，泡打粉主要由二种疏松剂复配组成，在烘烤时发生中和、释放二氧化碳使产品疏松，同时不残留酸性或碱性物质。

八、小麦粉品质改良剂

小麦粉的筋力大小由面筋蛋白的数量和质量决定，不同的产品对小麦粉筋力有不同的要求，如面包、面条需要高筋粉，饼干、馒头、饺子需要中筋粉，曲奇、月饼、蛋糕需要低筋粉。要生产合格的产品，不但需要小麦粉面筋的数量达到一定水平，而且要求面筋蛋白比例协调。改良剂有增筋和降筋两种需要，必须使用符合现行 GB 2760 规定的品种。

第二节　面包生产工艺

面包的品种和口味很多，分类方法也不同，按加工和配料特点，可以把面包分为听型面包、软式面包、硬式面包、果子面包、快餐面包和其他面包。听型面包（吐司面包，bread）的特点有：①需要模具烘烤，制作时水分较多；②使用高筋面粉，组织柔软，以咸味为主，多用作主食。软式面包（soft roll）的点是：①表皮比较薄，组织细腻、柔软；②有形态丰富美观；③比听型面包含糖、奶油、蛋、奶酪等多；④整型制作工艺多用滚圆、辊压后卷成柱状，因此多称为 Roll；⑤使用面粉的面筋听型面包低，较柔软。硬式面包（hard roll）的特点是：①配方都比较"贫"，几乎只有面粉、水、酵母和盐四种；②制作程序稍有不同，使用面粉筋度较低、水分较少，与老面团一起搅拌成质地较硬的面坯，调制后不需要基本发酵，可直接分割、整形，然后经过很短时间的最后发酵，进行烘焙，如法国式面包、维也纳面包等。果子面包配方中糖量很多（15%～35%），表皮薄而柔软，味道比较甜。中式的一般都包馅，表面装饰有奶油糖面、起酥皮，欧美式的如牛角酥和各式水果油酥面包等。快餐面包（fast food bread）主要品种有便餐面包火腿面包等，都是在烘烤前加上馅，成形，再烘烤。三明治、汉堡包、热狗等先成型面包也属于快餐面包。其他面包主要品种有油炸面包类、速制面包、蒸面包等，多用化学疏松剂膨胀，面团很柔软，一般配料较丰富，气孔结构粗大。

面包生产工艺有直接发酵法、中种发酵法等。直接发酵法（一次发酵法）是将全部原辅料在面团调制时加入，适用于辅料配比较低的主食面包、法式面包等，其特点是工艺简单、得率高、但瓤心的气孔膜较厚，缺乏发酵香味，易受原料和生产条件的影响，而且易老化。中种发酵法（二次发酵法）先将面粉的一部分、全部或者大部分的酵母、品质改良剂、酶制剂、全部或部分的起酥油、全部或大部分的水先调制成"中种面团"发酵，然后再加入其余原辅材料进行主面团发酵，其操作较复杂，有部分发酵损失，但产品瓤心气孔膜较薄，纹理均匀，细密绵软，发酵香味丰富。三次发酵已很少采用，其发酵温度低，周期长，操作复杂，但产品口味非常好，适用于高档面包的生产。液种面团法是在糖、水、酵母食料、食盐、脱脂奶粉中加入酵母，于 30℃下发酵 3～6h 形成发酵液，在第二次调粉时加入全部原辅料，该方法生产的面包面粉发酵次数少，产品质量远不如二次发酵法生产的产品。冷冻面团法是在工厂集中进行面团调制、发酵、分割、整形等工作。然后把面团急速冷冻，再分运到各零售点的冷库中，各面包店也配有相应的冷库、解冻、烤炉等设备，按销售情况随时烤出新鲜面包。

主要介绍面包生产的中种发酵法，其特点是在第一次发酵时辅料加入很少，酵母能在适宜条件下生长繁殖，面筋能在无反水化原料的影响下充分吸水膨润，形成弹性和贮气性良好的面团，并在发酵中得到充分膨胀。经过发酵的面团弹性下降，延伸性增加，能够形成很薄的面膜，面包瓤因而松软膨大，结构均匀；又因第一次发酵时间较长，淀粉 α 化程度高，不易老化。在第二次发酵时因酵母已形成很强的发酵能力，能很快完成发酵，其他不利条件对发酵的影响也不再很明显。中种发酵法的工艺流程为：原辅材料的预处理→第一次面团调制→酵头发酵→第二次面团调制→加油脂→再次面团调制→静置→分割→搓圆→中间醒发→做型→成形（最后醒发）→烘烤→冷却→包装→入库。

一、原辅材料的处理

1. 小麦粉的预处理

运用气流输送的方法处理过的面粉，其体积将比原来增加15％。面粉中空气含量的增加有利于面团中的空气容量的提高，可提高酵母的呼吸作用。运用气流输送面粉的增氧效果最好，使用气流式筛粉机的增氧效果较弱，但能去除面粉中小的结块。

2. 酵母的预处理

鲜酵母需在使用前4～5h从冷藏取出升温，使酵母逐步恢复活力，然后以5倍以上的25～28℃温水使成悬浊液，5min后投料，亦可同时加入少量葡萄糖、饴糖、脱脂奶粉等。干酵母则需要进行活化处理，用培养液或温水将干酵母化开（水量为酵母量的4～5倍）保温静置，待酵母活化后再使用。酵母不得与油脂、食盐、砂糖直接混合。

3. 砂糖、油脂等的预处理

颗粒状砂糖若直接加入面粉中将很难在调粉时溶解，不但会对面团的面筋网络结构产生破坏作用，而且会对酵母细胞产生高渗抑制，因此需化成糖浆后使用。

焙烤制品一般都使用固体起酥油或人造奶油，国际上多数工厂均采用在调粉的间隙中加入油脂的操作方法，需将油脂分割成块，然后投入已成形的面团中继续搅拌，使其在调粉中逐渐分散到面团中去，以减少其对面团结构的影响。

对于水要调节pH值为5～6，中硬度；非精制盐要溶化过滤后使用；奶粉使用前用适量的水调成乳状液后使用，也可与面粉先拌均匀再加水，以防止奶粉结块。

二、面团的调制

面包制作最重要的两个工序就是面团的调制和发酵。面团调制的主要作用是使各种配料调和均匀，面团形成良好的物理性质和组织结构。面粉遇水后会在表面形成一层胶韧的膜，阻止水的扩散。调粉时机械的作用使面粉表面韧膜破坏，使水分向更多的面粉粒浸润。面筋蛋白通过吸水水化、搅拌揉捏，发生氧化和其他复杂的生化反应，形成面筋网络，具备弹性和伸展性能。调粉时面团状况可分为五个阶段：

① 初期阶段。从湿润至面粉全部水合，颗粒形态完全消失，面团的内聚力增大，黏性降低，外形上面团变得很干，手拉起时无良好弹性，容易断裂。

② 扩展阶段。面粉中的麦谷蛋白充分水化，表现出非常坚韧的性状，产生弹性，麦胶蛋白水化后显示出很强的黏性和延伸性，面筋网络结构完全形成。外形上面团干燥不黏，表面较为光滑且有光泽，用手拉取面团时具有伸展性但仍易断裂（如图8.3所示），硬式面包及一般不需要烤模、流性强的面团皆搅拌到此阶段。

③ 完成阶段。面团到达最佳的弹性及伸展性，搅拌时因机械的转动，面团会又再黏附于缸边并随搅拌钩的带动而离开。外形上面团光滑柔软，用手拉开面团时可形成玻璃纸般的薄膜（图8.4），甜面包及各种软式甜土司等应该搅拌到此阶段。

④ 过渡阶段。面筋结构在机械的拉伸下，逐渐延伸并最终超越弹性极限开始断裂，面

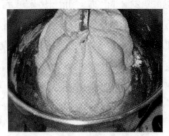

进行高速搅拌，此时是面团　　　此时面筋刚刚形成，延伸时还易断裂
形成的第二阶段

图 8.3　扩展阶段

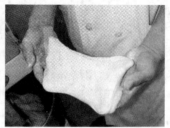

转入高速搅拌，此时为　　　此时面团经延伸可以形成非常薄的面膜
面团成熟阶段

图 8.4　完成阶段

筋分子间的水分开始泄漏，面团开始还软，黏性上升。外观上面团再度地出现含水的光泽，并开始黏附在缸边，不随搅拌钩的转动而离缸，面筋用手拉起时面团无弹性但有非常强的伸展性。

⑤ 断裂阶段。如果继续搅拌，面团结构完全破坏，面筋蛋白严重解聚，弹性完全丧失，面团开始水化，黏性极大，无面筋可洗出。

面团调制的另一作用是包容适量的空气。在面团吸水变黏时空气便开始掺入，在面团中形成气泡，这一作用在焙烤食品生产中十分重要。如果没有面团中预先形成的气泡，酵母发酵时产生的二氧化碳无法克服面筋的韧性形成均匀细小的气泡，在烘烤后大量气体释出时仅能形成少数粗大的气孔，产品将很粗糙。若面团中预先存在有小气泡，酵母发酵所产生的二氧化碳首先在液相中溶解达到饱和，过多的气体进入小气泡，使气泡压力增大，而面团则以扩大体积加以平衡。在发酵一段时间后进行翻揉，或在半真空条件下混合，使面团中气泡分裂成更多的小气泡有利于形成细软组织。

调制时面团的吸水能力主要取决于蛋白质，在 30℃左右蛋白质能吸收相当于它自身重量 1.5～2 倍的水，占面粉吸水总量的 60%～80%，其中约四分之一的水被吸附，约四分之三的水渗透到蛋白质分子内部。淀粉在此温度下不能糊化，只能吸附它本身重量 30%～35% 的水。淀粉粒吸水后体积增长不大，能使面团具有可塑性。

三、面团发酵

面包面团的发酵是以酵母为主体的生物变化过程，在此过程中酵母数量迅速增加，酵母的代谢产物逐渐积累。酵母的生长和代谢状况决定了面团发酵的程度和进程。面团发酵时发生的生物化学变化如下。

1.糖类的变化

糖类是酵母的碳源，每发酵 1g 葡萄糖，可产生 0.49g 二氧化碳，常温常压下为 270mL。酵母对葡萄糖的利用速度最快，蔗糖被转化生成葡萄糖和果糖后利用，因而面团中果糖含量在发酵初期因蔗糖分解而有所增加，然后随发酵过程的延续而被消耗。麦芽糖主要来源于β-淀粉酶的水解，该酶可来源于酵母或外加的品质改良剂，但活力相对较弱。乳糖基本上不受酵母利用，存留在面团中起上色作用。淀粉在淀粉酶作用下水解。面粉中α-淀粉酶的活力很低，所需时间较长，这是无糖主食面包发酵时间长的主要原因。作为改良剂补充的α-淀粉酶活力高，能使淀粉结构松弛，面团因而变得柔软和延伸性增加；同时，α-淀粉酶使面团含糖量增加，产气力上升，更适宜酵母发酵，并能延缓淀粉老化。

2.蛋白质的变化

面筋性蛋白质是面团结构的主体，决定了面团的流变性能和贮气能力。在发酵初期，面筋蛋白在调粉时溶入面团的氧和氧化剂作用下，分子中的巯基继续向二硫键转化，蛋白质网络结构强化，坚韧而紧缩（图 8.5）。随着发酵的进程，氧逐步被消耗，还原性物质使二硫键向巯基方向逆转，并激活蛋白酶，使蛋白质部分受到水解；二氧化碳的逐步积累，使面筋蛋白在气压下渐渐伸展，最终可超过网络结构的延伸极限而断裂；醇溶性的麦胶蛋白在发酵积累的乙醇作用下，部分被溶解或产生结构松弛，麦谷蛋白则在有机酸作用下发生类似变化。综上所述，面筋蛋白在发酵进行到一定程度后会受到损伤，强度减弱，需要进入第二次调粉程序。

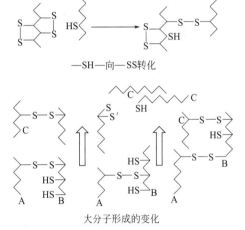

—SH—向—SS转化

大分子形成的变化

图 8.5　—SS—与—SH—的交换反应

3.代谢产物的变化

随着发酵的进程，酵母的代谢产物也逐渐积累，使面团的理化性能发生变化。酒精发酵是面团发酵中的主要生化过程。这种变化在回团发酵后期尤为旺盛。有机酸是酵母的正常代谢产物，其中乳酸最多，约占产酸总量的60%，其次是乙酸。三羧酸循环中的其他有机酸，如柠檬酸、苹果酸、琥珀酸、丙酮酸等，以及脂肪水解产生的脂肪酸都会在发酵中生成，但数量较少，适量的有机酸参与面包风味的形成。

面包的特征香味基础也是通过发酵产生的，醛、酮、酰类物质和脂肪转化生成的芳香物质是面包香味的主体，烘烤时羰氨褐变产生的香味是面包香味的另一重要组分，发酵产生的醇类和酸类以及它们在高温条件下形成的酯类是面包香味的又一来源。

面团发酵的条件为：酵头面粉用量占总数的30%~70%（一般50%），加水量约为面粉量的57%，面团起始温度24~25℃，起始酸度pH5.5~6，发酵室温度25~28℃，相对湿度75%~85%，发酵时间4~4.5h，发酵过程中面团温升达到平均每小时1℃，发酵结束时酸度为 pH4.8~5.3，外形可看到面团膨胀后逐渐塌陷。第二次发酵用面粉30%，加水量20%~30%，面团温度27~28℃，酸度下降到pH5.2~5.3，发酵时间根据产品种类、工艺要求、酵头发酵程度等因素而灵活调节。

发酵不成熟面团制成的面包体积小，皮色深，香味寡薄，瓤心蜂窝状结构不均匀；发酵过度，则面包皮色灰白无光泽，表面易起皱纹，内部气孔不匀，有大泡，酸味过大。判断面团是否成熟的方法如下。

① 回落法。面团自然发酵到一定时间后，在面团正中央部位开始往下回落，即为发酵成熟，如果回落太大表示面团发酵过度。

② 手触法　用手指轻轻按下面团，手指离开后，面团既不弹回也不下落，表示发酵成熟。如果很快恢复原状，表示发酵不足，如果面团很快凹落下去，表示发酵过度。

③ 拉丝法　将面团用手拉开，如内部呈丝瓜瓤子状，表示发酵成熟。如果无丝状表示发酵不足。如果面丝又细、又易断，表示发酵过度。

④ 温度法　面团发酵成熟后，一般温度上升 4～6℃。

⑤ pH 值法　面团发酵前 pH6.0 左右，发酵成熟后下降到 pH5.0 左右，低于 pH5.0 表示发酵过度。

翻揉是面团发酵的辅助工序，是将面团前后左右依次翻压，混合均匀，其作用如下。

① 使面团温度均匀。面团发酵时内部温度较高，表层由于散热较快而温度较低，翻揉可以调节面团内外的位置和温度。

② 逐出过剩的二氧化碳气，补充新鲜空气。酵母是兼性厌氧菌，在无氧条间下作无氧呼吸，积累大量乳酸，使面团变酸，翻揉可供给面团新鲜空气，促进酵母生长。

③ 增加面筋的形成量并增强其延伸性。

四、整形

面团经过二次发酵成熟至做成一定形状的面包坯，中间需经过分割、滚圆、中间醒发、做型和装盘五道工序，称为整形。面团在此阶段被分割成小块，与外界交换的面积突然增大，对环境变得非常敏感，如果环境与面团的温差过大，将使酵母正常生长代谢受到影响，因此，要求环境温度保持在 25～28℃，相对湿度 65%～70%，以防止面团表面干燥硬结。

分割是根据成品的重量要求，把发酵好的大块面团分割成若干小块，并进行称重。由于面包坯在烘烤后将有 10%～12% 的重量损耗，因此在分割和称量时，要把这部分损耗计算在内。由于面团已经发酵成熟，因此，要求分割时间尽可能控制在 20min 之内，以避免在此阶段发酵引起的同一面团质量差别。

滚圆是将切割后的不规则的小面块搓成圆球形，使面团内部组织结实，外形规则，表面光洁，以利于做型，同时可促使面块切口黏结度下降，恢复正常表面结构。

中间醒发是面块的静置过程，在 26～29℃ 和 70%～75% 相对湿度条件下醒发 12～18min，在面团膨大到原体积 1.7～2 倍时结束。中间醒发能够舒缓搓圆时产生的应力，使面包坯塑性增加，易于加工。

做型是将静置后的圆形面团按照面包品种要求，做成不同的形状，是决定面包形状的一个重要工序。

装盘是将面团做型后装入特制的面包盘，其方法随面包品种和盘的大小而定，但必须保证面包在成型和烘烤时不粘边。

五、成型（最后醒发）

做型后的面包坯经最后一次发酵而达到应有体积和形状的过程称为成形，也称为醒发；由于是做型后的发酵，故又称后发酵。成型的作用是使面包坯发酵膨大到适当体积和形状，符合烘烤要求，并使面包坯内部组织疏松，烘烤后富有弹性，有均匀蜂窝结构。

成型常用条件是温度 35～38℃，相对湿度 80%～85%，成型时间随温度、面团流变性能、面包坯大小等因素而变。在一定范围内提高成型温度可缩短成型时间（图 8.6），而且不致以使面团酸度明显上升，但成型温度过高，较短时间内面包体积即膨大，易造成面包内部蜂窝不匀，后醛过度，酸度大；温度过低，则不易达到后醛目的，醒发费时太久。成型时相对湿度过大，水蒸气易在面包坯表面凝集成水滴，使面包成品结斑；湿度过小，面包坯表面易因水分散失过多而干硬，使面包皮加厚。成型的时间要适应烤炉的烘烤能力，一般以 40min 到 1h 为宜。

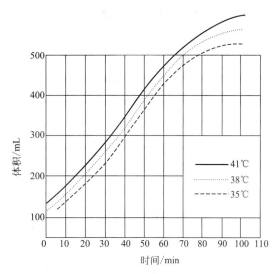

图 8.6　成型室温度与面团膨松状态

醒发程度可根据面粉的性能和对成品的质量要求确定，后醛不足，面包体积太小，内部组织也达不到要求；后醛过度，则体积增长超过面筋弹性的最大限度，面包坯内部的气体会冲破表面而逸出，造成面包塌陷或内部蜂窝太大，烘烤时还易造成面包皮破裂或面包空心。一般成型后面包坯的体积约为成品面包体积的 80%，并结合面粉筋力和烘烤条件加以调整。面粉筋力强，面包坯入炉后不易胀发，醒发可充分一些，反之，醒发体积应小些。炉温高，定型快，面包坯不易胀发，醒发体积应大些；炉温低，面包坯在炉内还有一段胀发时间，醒发程度可低些。

六、面包烘烤

烘烤是对面包加热的过程。在加热过程中，面包的理化、胶体化学和生物化学性能都发生了变化。

1. 面包烘烤过程中的温度变化

面包在烘烤中的温度变化特点如下。

① 面包皮的温度上升迅速，很快达到 100℃ 以上，但瓢内任何一层的温度直到烘烤结束时都不会超过 100℃，其中面包瓢中心部分的温度最低。

② 在烘烤过程中，面包皮外层与内层的温度差不断增长，直至烘烤结束，而面包瓢的温度始终低于面包皮内层温度，表明面包皮的热阻较大。面包皮最内层的温度在烘烤近结束时达到 100℃，且一直保持到烘烤结束。

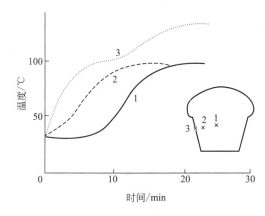

图 8.7　面包各部位的烘烤曲线

面包的烘烤曲线参见图 8.7。面包在烘烤中温度分布原因是：面包坯的透水性差，水分向外传导的速度小于外层水分的蒸发速度，在 200℃ 以上的高温下，面包坯的表层水分剧烈蒸发，仅在数分钟就几乎丧失了所有的水分，因而很快地被加热到 100℃ 以上。此后蒸发层逐渐向内转移，蒸发区域慢慢加厚，形成了干燥的面包皮。因为蒸发面的温度总是保持在

100℃，因此无论面包皮外层温度多高，蒸发层内的面包瓤的温度始终不会超过 100℃。

2. 面包烘烤中的胶体性质变化

面筋在面包生坯中是重要的骨架元素，在 60～70℃时，面筋蛋白质便开始凝固变性，并析出部分水分。面包坯中的淀粉在温度上升到 50℃左右便剧烈膨胀，到 60℃以上开始糊化破裂。淀粉糊化的动能超过了淀粉胶束间分子的引力，使胶束破裂，并依附于面筋网络形成一个网状的含水胶体。当温度达到 60～70℃，面包内同时发生蛋白质凝固和淀粉糊化作用，变性蛋白释放出大量水分供淀粉糊化所需，而糊化后的淀粉在面筋网络基础上固化，成为面包的支架（图 8.8）。与此同时，在前一阶段发酵中积累的二氧化碳或部分其他气体，遇热膨胀而产生了较大的气压，冲破面筋网络的包裹而形成一条条孔道，成为面包中的蜂窝。

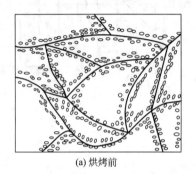 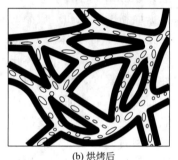

(a) 烘烤前　　　　　　　　　　　　　　(b) 烘烤后

图 8.8　烘烤前、后面团构造

3. 面包烘烤中的微生物变化

面包中的微生物主要是酵母和部分酸化微生物。当面包坯刚入烤炉时，酵母的生命活动比以前更旺盛，使面包继续发酵并产生大量气体；当面包温度达到 35℃左右时，酵母的发酵活动达到了最高峰，到 40℃时的生命力仍很强，到 45℃时产气能力立刻下降，到 50℃左右时酵母开始死亡。面包中的乳酸菌与酵母类似，开始时它们的生命活动随加温而加速，当超过最适温度后。其生命力就逐渐减退，大约到 60℃时就全部死亡。

4. 面包烘烤中的理化变化

面包在烘烤中的体积变化有两个阶段，即增长和不变阶段。面团温度达到 40℃时，面团内部所溶解的二氧化碳逸出，使面包的体积增大；达到 79℃时，酒精变为蒸气，也成为促进面包体积增大的一个因素；面包内的所有其他气体也都发生热膨胀，通过气孔和面包壳扩散至炉内。随着温度的增高，面包外层受热固化，体积增长逐渐减慢，直至停止。当表层温度达到 150℃以上，美拉德反应生成，达到 190～220℃，发生焦糖化褐变反应，这些反应可增加面包风味。

在烘烤中面包的重量损耗主要是水分，以及少量的酒精、二氧化碳、挥发酸和乙醛等。损耗物的组成如下：水 94.88%，酒精 1.46%，二氧化碳 3.27%，挥发酸 0.31%，乙醛 0.08%。不同种类的面包在烘烤中的重量损耗也不同，槽型、小面包、咸面包的损耗大。比表面积越大，面包皮越厚，损耗率也越大。面包的损耗量一般为自身重量的 10%～12%。

5. 面包的烘烤工艺

根据面包重量、形态等的不同，面包的烘烤方法有：①始终保持一定的温度；②初期低温，中期、后期用标准温度；③初期高温，中、后期采用基准温度烘烤等多种方法。方法②

的初期温度较低，可使面团在炉内更多膨胀，但由于烘烤时间长，水分蒸发较多；方法③初期温度高，使外皮迅速形成壳层结构，水分蒸发较少；方法①的水分蒸发居中。

目前生产 900g 和 1350g 的大方面包时，烘烤方法有：①保持炉内 210℃，35～40min；②180℃烘烤 10～15min，再以 210～220℃烘烤 30～35min；③以 260℃烘烤 10～15min，再以 210℃烘烤 15min。甜面包（60g）：上火 160℃/下火 180℃，10min；普通软式面包：上火 200℃/下火 170℃，8～10min；法国棍式面包（300～350g）：235℃左右，25～30min；甜软餐包：190℃，12～15min；起酥类：220℃，12～15min。

七、面包的冷却

新出炉的面包，皮硬瓤软没有弹性，易受损害，如果立即包装，面包会变形或破裂，而且热蒸气不易散发，冷凝水吸附于包装纸上，面包容易产生霉变。随着冷却进程，面包皮温迅速冷却到瓤温以下，水分开始从中心向外传递，面包皮由脆性变成有韧性和弹性。面包中心温度接近室温后才可以进行包装。面包冷却场所的适宜条件为：温度 22～26℃，相对湿度 75%，空气流速 3～4m/s。

第三节　冷冻预制面团面包生产工艺

冷冻面团是 20 世纪 50 年代以来发展起来的面包生产工艺，是将面团制作和烘焙分成两个独立的环节，面包厂生产面团并冷冻，通过冷链运输后，在面包连锁店冷藏、解冻并烘烤。

一、冷冻预制面团面包生产工艺流程

冷冻预制面团面包有不同的工艺处理，成型面包冷冻法是将面团制作成型后，连同烤盘一起急冻冷藏，解冻后醒发、焙烤，制成产品。未经成型面团冷冻法是将过发酵的面团按照所需分割，滚圆后急冻冷藏，需要继续操作时取出，解冻，再经过成型、醒发、烘烤，制成产品。预醒发面团冷冻法是将发酵面团按所需分割、成型、醒发后急冻冷藏，经解冻后入炉烘烤，得到成品。预烘烤制品冷冻法是将产品烘烤至七成熟（即体积膨胀定型、表皮尚未出现颜色或颜色极少），取出冷却后急冻冷藏，需要继续操作时取出，烘烤至完全成熟，制成产品。烘烤制品冷冻法是将已烘烤完成的产品，冷却至室温后急冻冷藏，需用时解冻，加热。即烤冷冻面团冷冻法由法国卡里夫公司研制，发酵后冷冻，冷冻面团无需解冻直接入炉烘烤，该方法在面团发酵至完全成熟的 60% 后冷冻，因烘焙时间、烘焙温度变化和排除水蒸气的速度与量相当特殊，因此需要特别的设备才能完成制作。在我国，冷冻面团的应用不仅可以用于面包，更可以拓展应用到馒头、包子等传统的发酵食品中。

二、影响冷冻面团品质的因素

1.酵母的选择与使用

选择冷冻面团所用酵母，除了需考虑酵母品种的安全性，对食品质量及风味的影响，还须关注酵母在低温下的成活率，应选用耐冻性能高的酵母。生产面团可选用的酵母类型有鲜酵母、干酵母和散装液态酵母，其中鲜酵母是最为常见的类型。研究发现。干酵母与鲜酵母同样高效，并可以减少冷冻前的发酵而提高冷冻冷藏过程中的抗冻性。生产冷冻面团酵母的添加量一般为标准面团的 1.5 倍左右，以弥补在冷冻过程中所受到的损伤。

2.冷冻前醒发时间（前发酵工艺）的影响

前发酵工艺能使冷冻面团产生足够的风味物质，并形成面包良好的内部结构。发酵时间和温度很大程度上影响着酵母的存活率和产气能力，发酵温度过高将大量激活酵母，过早产气而不易整型，保鲜期也缩短。发酵时间过长，冷冻收缩后导致表皮出现皱缩的程度越大，但若发酵时间过短，面团出现冻裂的情况则较严重。一般前发酵 20min 的面包在比容、皮色、质地疏松柔软和蜂窝组织均匀性方面较好。未经前发酵的面包皮色较淡，表面粗糙，内部质地和口感较差。

3.冷冻速率的影响

冻结速度是影响微生物存活率的重要因素，不同微生物最佳冷冻速度不同，因为冻结速度必须与微生物细胞对水分的渗透率相平衡。当冷冻速度过慢时，细胞严重脱水，超过一定程度时将失去活性。冷冻速度过快时，细胞内的水分来不及外渗，会形成较大冰晶，使细胞膜及细胞器遭到破坏，造成细胞内冰晶机械损伤。有人认为真核微生物菌种适宜慢速冻结，酵母的慢速冻结存活率明显高于快速。此外，过高的冷冻速率对冷冻面团的面筋结构是不利的，因为面团中的水分在高速冷冻率形成大量小冰晶，小冰晶在面团解冻过程中会迅速长大，破坏面筋网络结构。

4.冻藏温度的影响

冷冻面团在冻藏过程中，酵母数量和产气能力不断降低；由于温度波动而发生的冰晶再结晶对面团组织的机械损伤作用也增大，从而使面筋网络受到破坏，冷冻面团会出现冻裂和萎缩的现象。由于面团的持气能力降低，使得解冻后醒发时间长，醒发后的面包坯体积小；在冷冻期间冻制品出现变色问题，既影响熟品的外观色泽又降低了其内在质量。一定程度的温度波动是不可避免的，冻藏期的温度波动应尽量控制在 3℃ 以内。面团冻藏温度低于冷冻温度，比冷冻储存在同一温度更有害。酵母细胞在 −35℃ 左右冻结，低于此温度会造成酵母的伤害和死亡。在胞内冻结期形成的小冰晶可能在温度波动时再结晶为更大的冰晶，造成更多的伤害和死亡。

5.解冻过程的影响

由于冷藏导致酵母活力的下降，直接解冻不作再成型操作的面团比容更大。此外，解冻面团再成型时极易粘手，面筋破坏严重。解冻过程伴随着发酵的进行，解冻时间过长会引起发酵过度乃至产酸，后续醒发时间缩短，使酵母产气不足，产品比容小，表皮有皱缩现象。

6.解冻后醒发过程的影响

该过程与普通面包制作过程中分割成型后的醒发相似。温度控制在 $30 \sim 38℃$ 湿度在 $80\% \sim 85\%$。如果温度超过 40℃ 面包发酵过快，将使酵母过早老化，产品往往味道变酸，并且易于老化。若湿度过大，面包发酵虽快，但烤出的面包表面容易出现气泡和皱缩现象；湿度过小，面包表皮韧性大，影响感官。

三、食品添加剂在冷冻面团中的应用

1.抗冻剂的作用

抗冻剂原理主要是减少产品中自由水含量，降低冷冻点，降低较大晶体生长速度，以及能在超低温物质中诱导晶核作用。抗冻剂的主要来源为水解胶体和抗冻蛋白质。海藻糖是一种安全、可靠的天然糖类，自身性质非常稳定，对多种生物活性物质、生物体具有保护作用，在冷冻面包中可以保护酵母，抑制乙醇对细胞膜的伤害，减少冻伤造成的酵母死亡、活性降低等。

2. 乳化剂的作用

乳化剂在焙烤食品加工中，通过与蛋白质的结合强化面筋网络结构，防止油水分离造成的硬化，增加韧性和抗拉力。对于冷冻面团，乳化剂能够降低冷冻储藏对于面团流体性能的伤害，形成蛋白质脂肪链而起到增筋持气能力，提高烘焙时的膨胀性能，增加面包弹性，提高冷冻面包的柔软度；与淀粉化合，抑制成品老化的速度，也能对面包中的酵母起到一定保护作用。例如，在 0.1%~0.6% 水平添加硬脂酰乳酸钠、单甘酯、大豆磷脂、双乙酰酒石酸单甘酯，冷冻面团的流变性有很好的改善，蔗糖酯、单甘酯和双乙酰酒石酸单甘酯在保持冷冻面团酵母菌活性方面的作用优于其他乳化剂。

3. 增稠剂的作用

增稠剂的作用是利用保水作用来提高面制品的黏弹性、适口性，间接起到提高面团强度作用，以提高面团持气和膨胀能力，增大产品比容和体积。对于冷冻面团，增稠剂能改变质构，提高持水率，控制水分的迁移，缩短面团的醒发时间，对淀粉的老化也有一定的延迟作用。例如，黄原胶、瓜尔豆胶、卡拉胶、阿拉伯胶等均可明显增强面团的抗拉伸性，黄原胶和阿拉伯胶的添加使面团酵母发酵力提高了近 1 倍。

4. 酶制剂的作用

研究显示，添加真菌 α-淀粉酶、真菌木聚糖酶、半纤维素酶、脂肪酶、葡萄糖氧化酶，冷冻面团的拉伸特性、湿面筋含量、失水率及色泽都能得到显著提高。

第四节 饼干生产工艺

饼干是焙烤制品的重要组成部分，与面包不同的是，饼干的口感酥松、水分含量少、重量轻、耐贮存，而且便于包装携带。饼干的营养丰富，口味多样，是居家生活和旅行等野外生活的重要食品。

一、饼干的分类

饼干的品种很多，分类方法有按口味、配方、消费对象、饼干外形等，我国国标把饼干分类如下。

1. 酥性饼干

以小麦粉、糖、油脂为主要原料，加入疏松剂和其他辅料，经冷粉工艺调粉、辊印或辊切、烘烤制成的造型多为凸花、断面结构呈多孔状组织、口感酥松的焙烤食品。

2. 韧性饼干

以小麦粉、糖、油脂为主要原料，加入疏松剂、改良剂与其他辅料，经热粉工艺调粉、辊压或辊切、冲印、烘烤制成的造型多为凹花、外观光滑、表面平整、一般有针眼、断面结构有层次、口感松脆的焙烤食品。

3. 发酵饼干

以小麦粉、油脂为主要原料，酵母为疏松剂，加入各种辅料，经调粉、发酵、辊压、烘烤制成的松脆、具有发酵制品特有香味的焙烤食品。

4. 薄脆饼干

以小麦粉、油脂为主要原料，加入调味品等辅料，经调粉、成型、烘烤制成的薄脆食品。

5. 曲奇饼干

以小麦粉、油脂、糖、乳制品为主要原料，加入其他辅料，经调粉，采用挤注、挤条、钢丝切割方法中一种形式成型、烘烤制成的具有立体花纹或表面有规则波纹的酥化食品。

6. 夹心饼干

在两块饼干之间夹以糖、油脂或果酱为主要原料的各种夹心料的多层夹心食品。

7. 威化饼干

以小麦粉（或糯米粉）、淀粉为主要原料，加入乳化剂、疏松剂等辅料，经调浆、浇注、烘烤制成多孔松脆片子，在片子之间夹以糖、油脂为主要原料的各种夹心料的多层夹心食品。

8. 蛋圆饼干

以小麦粉、糖、鸡蛋为主要原料，加入疏松剂、香精等辅料，经搅打、调浆、浇注、烘烤而制成的松脆食品。

9. 粘花饼干

以小麦粉、白砂糖或绵白糖、油脂为主要原料，加入乳制品、蛋制品、疏松剂、香料等辅料，经调粉、成型、烘烤、冷却、表面裱粘糖花、干燥制成的松脆食品。

10. 水泡饼干

以小麦粉、鲜鸡蛋为主要原料，加入疏松剂，经调粉、多次辊压、成型、沸水烫漂、冷水浸泡、烘烤制成的具有浓郁蛋香味的疏松食品。

11. 蛋卷

以小麦粉、白砂糖或绵白糖、鸡蛋为主要原料，加入疏松剂、香精等辅料，经搅打、调浆、浇注、烘烤卷制而成的松脆食品。

二、饼干生产工艺流程

各类饼干生产的基本工艺类似，基本过程为：原辅料的预处理→面团调制→面团辊轧→成形→烘烤→冷却→包装→成品。但不同类型饼干的工艺配方、投料顺序与操作方法有所不同。

酥性饼干属于中档配料的甜饼干，油糖比率较高，质地酥松，其生产工艺流程为：原辅材料→预处理→混合→面团调制→面团输送→辊印成形→烘烤→冷却→整理→包装。

韧性饼干在国际上被称为硬质饼干，油糖比率较低，质地较硬且松脆，饼干横断面层次比较清晰，其生产工艺流程为：原辅材→预处理→混合→面团调制→静置→多道辊轧→辊切成形→烘烤→喷油上色→冷却→整理→包装。

梳打饼干（发酵饼干）是采用酵母发酵与化学疏松剂相结合的发酵性饼干，具有酵母发酵食品的固有香味，含糖量极少，层次结构分明，口感松脆，其生产工艺流程为：部分面粉、酵母、温水→预处理→第一次调粉→第一次发酵→加面粉和辅料→第二次调粉→第二次发酵→多道辊轧→辊切成形→烘烤→冷却→整理→包装。

半发酵饼干是综合了传统的韧性饼干、酥性饼干、梳打饼干的工艺优点进行改进的一种混合型饼干生产技术，采用生物疏松剂与化学疏松剂相结合，与苏打饼干相比，简化了生产流程，缩短了生产周期；与韧性饼干相比产品层次分明，口感松脆爽口；与酥性饼干相比，油糖用量大幅降低，适应饼干向低糖、低油方向发展的趋势，其生产工艺流程为：部分面粉、酵母、温水→预处理→第一次调粉→面团发酵→加其余面粉和辅料→第二次调粉→静置→多道辊轧→辊切成形→烘烤→油上色→冷却→整理→包装。

威化饼干具有多孔性结构，饼片之间夹有馅料，具有松脆、入口易化的特点，属于高档饼干，工艺流程上由皮子的制作与馅料制作两部分组成：面粉、淀粉、色素、水→打浆料→烘烤→威化单片→整理→制馅、夹馅→切块→包装。

蛋卷是以小麦粉和淀粉为主体原料，配入一定比例的鸡蛋、油、糖、疏松剂和香料等，经焙烤而成的薄片卷筒形松脆特种饼干，其生产工艺流程为：鸡蛋、糖、油、香科、疏松剂、水、面粉、淀粉→打浆→上浆成皮片→烘烤→弯制成形→灌芯→切割→冷却→包装。

三、饼干面团的调制

面团调制是饼干生产中至关重要的工序，直接关系到调制后的面团能否顺利成形以及成品的结构性能，也关系到产品的外形、花纹、酥松度、表面光滑程度。在面团调制前，各种原材料必须首先作适当的处理才能投入生产。

1. 韧性面团的调制

① 调制过程。韧性面团调制完成后温度相对较高，一般为 $38\sim40℃$，俗称"热粉"。韧性面团由于糖油用量少，在调制的过程中首先使面粉在适宜的条件下充分胀润，形成面筋，然后使已形成的面筋在机浆不断搅拌、撕拉、切割下，逐渐超越其弹性限度而使弹性降低，面团变得较为柔软，达到合适的物理特性（弹性、软硬度、可塑性）。

② 配料顺序。先将面粉、水、糖等一起投入和面机中混合，然后再加入油脂进行搅拌，以利于面筋蛋白充分吸水胀润和面筋的形成。

③ 面团温度。韧性面团的温度控制在 $38\sim40℃$ 有利于降低其弹性、韧性、黏性和柔软性，便于后序操作。温度过高面团易发生韧缩和走油现象，使饼干变形，温度过低油脂易凝固，改良剂反应缓慢，面团干燥，成形困难。

④ 面团的软硬度与加水量。韧性面团要求柔软，使延伸性增大、弹性减弱，面皮压延时光洁而不易断裂。面团的柔软性主要依靠加水量来调节，但受加油量、加糖浆量、调粉时间、面团温度等因素的影响，一般控制在 $18\%\sim24\%$。

⑤ 调粉时间。调粉时间在不加改良剂时一般在 $50\sim60min$，添加改良剂后可缩短为 $30\sim40min$ 之间，与搅拌量的多少也有关系。

⑥ 面团的静置。面团经搅拌浆长时间的拉伸和翻揉，内部产生一定的张力，需要静置 $15\sim20min$，使拉伸的面团恢复松弛状态，达到消除张力和降低黏性的目的。

⑦ 调粉的终点标志。面团调制好后，面筋的网状结构被破坏，面筋中的部分水分向外渗出，使面团明显柔软、弹性显著减弱。当面团表面光滑、颜色均匀，手感柔软而有适度的弹性和塑性，拉断时有较强的延伸力，且断面有适度回缩的弹性现象时，可以判断面团调制已达到了终点。

2. 酥性面团的调制

酥性面团因其温度接近或略低于常温，比韧性面团温度低得多而被称作"冷粉"。酥性面团要求具有较大的可塑性和有限的黏弹性。在操作中面皮具有足够结合力而不断裂，不粘辊筒和模型，成形后饼坯不收缩变形，烘烤时具有一定的胀发力，成品有清晰的花纹。

酥性面团调制的关键是控制面筋的形成率，使面团获得有限的弹性。调制面团时应控制如下因素。

① 配料次序。酥性面团中糖的用量达面粉重量的 32%～34%，甜酥性面团达 40% 左右；酥性面团中油脂用量为面粉重量的 14%～16%，甜酥性面团达 30%～40% 或更高。调制酥性面团时，应先将油、糖、水、蛋、乳、膨松剂等辅料在调粉机中预混均匀，形成油包水型乳化状态，然后再投入面粉、淀粉等原料，这样的配料顺序使面粉只能在一定浓度的糖浆及油脂中吸水胀润，从而限制面筋蛋白质的吸水，控制面筋的形成。局部形成的面筋，由于油膜的阻隔而成为细小的片断分散在面团中，不能形成坚固的网络结构，从而使产品口感酥松。

头子（余料）是饼干成形工序中在冲印或辊切成形时分下来的面带部分，因经多次辊轧和较长时间放置，面筋的形成量较大，弹性也较大，如果大比例加入正在调制的面团中，必然会增加面团的筋力，所以头子的加入量必须控制，一般不超过面团量的 1/8～1/10。

② 加水量和面团的软硬度。酥性面团不能太软，否则易形成大量的面筋；过硬的面团无结合力而影响成形，所以要严格控制面团的含水量。面团调制的加水量控制在 3%～5% 以内，最终酥性面团水分 16%～18%，甜酥性面团的水分 13%～15%。

③ 面团温度。酥性和甜酥性面团应具有较低的温度，温度高会提高面筋蛋白质的吸水率，增加出筋率，同时温度过高还会使面团中的油脂外溢，面团流散，但温度过低时面团黏度大，二者都会使操作非常困难。酥性面团温度以保持 26～30℃ 为好，甜酥性饼干面团温度应保持在 19～25℃。

④ 调粉时间。面筋的水化作用在调制过程中得到加强，调制时间过长，就会使面团的筋性增大，面团韧缩，花纹不清，成品不酥；调制不足，面团结合力差，形不成面皮，饼坯粘辊、粘帆布，成品松塌。调粉时间一般是在原辅料混合均匀的条件下，根据面团的软硬度继续搅拌 3～5min，总时间控制在 10min 左右。

⑤ 静置。调制完毕后的静置是对调制过程的修正，若面团的弹性、结合力、塑性等均已达到要求，就无需静置；若面团调制完毕出现黏性过大、胀润度不足及筋力较差等调粉不足状况，可以通过静置来补偿，在静置工序中蛋白质仍会继续吸水膨润而形成较大的弹性，通常静置时间为 5～10min。

3.梳打饼干面团的调制

梳打饼干是发酵饼干，要求有清晰的层次结构和松脆的口感，因此面团要求与韧性面团相似，但梳打饼干面团是利用酵母的发酵作用来降低面团弹性。面团的调制与发酵一般采用两次发酵法，第一次调粉通常使用面粉总量的 40%～50%，面粉量 40%～50% 的水，酵母用量为 1%～1.5%，在卧式调粉机中调制 4min。面团温度在冬天控制在 28～32℃，夏天 25～28℃，调粉完毕经 4～6h 完成第一次发酵。面团在发酵产生的二氧化碳压力下膨胀，面筋网络结构逐渐延伸，一直到超出延伸极限，面筋断裂而使面团塌架为止，面团弹性因此得到降低。第二次调粉时将面粉余量，部分油和盐，全部的糖与奶等与第一次发酵面团混合，加入适量的水，冬天面团温度应保持 30～33℃，夏天 28～30℃。第二次发酵到面团发起一定高度，成熟而不过熟时结束，其判断方式与面包面团相同。第一次发酵时应选用面筋量高的面粉，第二次发酵应选用弱质粉，这样有助于产品疏松。

梳打饼干由于对酥松度的要求，配料中需使用较多的油脂；食盐是咸梳打饼干调节口味的主料，也是淀粉酶的活化剂，而且还可以增强面筋的弹性和筋力，提高面团保气能力。食盐的加入量为面粉总量的 1.8%～2.0%。由于高油、高盐含量会抑制酵母的生长，特别是使用液态油脂时影响更大。为了解决这些问题，一般将一部分油脂与少量面粉、70%的食盐拌成油酥，在辊轧面团时加入面片中。

4.半发酵饼干面团的调制

半发酵饼干面团第一次调制及发酵的工艺过程与发酵饼干面团的发酵工艺基本相同，在第二次调制面团时采用韧性饼干的制作工艺，选择 25～40min 的中等搅拌时间，并添加蛋白酶和酸式焦亚硫酸钠切断面筋蛋白质结构中的二硫键，使之转化成巯基，以降低面筋强度，降低烘烤时的抗胀力，提高饼干的松脆度。半发酵面团中有相当数量的酵母菌，在面团静置过程中将继续发酵，一般静置时间以 15～20min 为宜。

四、面团的辊轧

辊轧（压面）工序可以使疏松的面团形成具有一定黏结力的面片，不易在运转过程中断裂，同时也可提高产品表面光洁度；其次，辊轧可以排除面团中的部分气泡，防止饼干坯在烘烤后产生大孔洞，改善制品内部组织；更重要的是辊轧可将面团辊压成形状规则、厚度符合成形要求的面片，便于成形操作。不同类型面团的辊轧要求各不相同，现分述如下。

1.韧性饼干面团的辊轧

韧性面团具有较强的延伸性和适度的弹性，需要经过多次的辊轧工序才能成形。通常采用的辊轧次数为 9～13 次，如果仅用 1～2 次就将面团压成面带，虽然在机械设计上能够办到，但形成的面带结构不均匀，内部应力太强，烘烤时饼坯会明显变形。在经过数次辊轧后，面团受机械作用内部产生张力，应将面片旋转 90°，使面带内应力在纵向与横向上保持一致，防止因张力分布不均而导致成形后的饼干收缩变形。图 8.9 是韧性面团辊轧示意图。

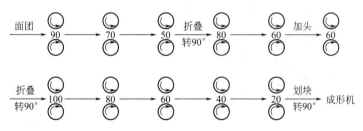

图 8.9 韧性面团辊轧示意图

压片机能把物料压成一定厚度和宽度的坯料，是面团形成面带的最佳设备。图 8.10 为一台四辊压片机工作情况示意图。物料在进料斗中被旋转的压辊挤压入辊子缝隙，经过"计量"而被压出，形成一条厚面片，面带速度通常通过调速电机或其他变速机构加以调节，面带的厚度一般在 15～45mm 之间，每个压辊上都装有刮料器，用来清洁辊子表面。压片机有二辊至四辊，四辊压片机也充当预压成形机，其产品更光滑、更细致，轧制的面带精度更高。

2.酥性面团的辊轧

酥性面团辊轧是为了获得表面光滑、形态平整、厚度均匀、质地细腻的面片。由于酥性

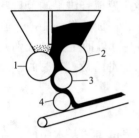

图 8.10　四辊预压
成形机构

1,2—成型辊；3,4—压辊

面团中油、糖比较高，面团质地较软，容易断裂，长时间辊轧会使面片韧缩。因此，酥性面团只需在成形机上经 2～3 对辊筒将面团压成面片即可。如采用辊印成形，面团无需辊轧。

3.梳打饼干面团的辊轧

梳打饼干有含油酥和无油酥两种，无油酥梳打饼干面团的辊轧与韧性面团类似，需经过多次辊轧，并多次 90°转向。含油酥梳打饼干要求在辊轧中将油酥均匀地包在面片中，经过数次折叠、辊轧包酥，形成均匀的层次结构。

连续卧式辊压机是梳打饼干面团的最佳辊压设备，面带经过该辊压机的连续辊压后，面层可达 120 层以上，而且层次分明、酥脆可口。夹酥过程示意图见图 8.11。面团经水平输面绞龙 2、输面竖绞龙 4 输送，由复合嘴 5 外腔挤出而成型为空心面管。与此同时，奶油酥经垂直输面绞龙内孔，由复合嘴内腔挤出并黏附在面管内壁上，形成了内壁夹酥的中空面管 6，其优点主要是面皮与奶油酥的环面连续、厚度均匀一致。然后面管再经过初级压延、折叠即成为多层叠起的中间产品 8，然后在连续卧式辊压机上再一次进行压延操作。由于压辊组中运动辊的特殊设计，使饼坯在变形过程中平稳、均匀，不会引起油、面层次混淆。

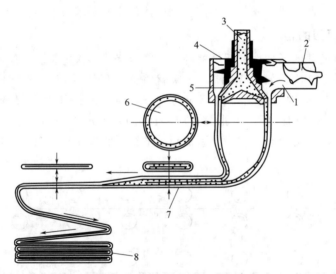

图 8.11　起酥线的夹酥过程示意图

1—面团；2—水平输面绞龙；3—奶油酥；4—输面竖绞龙；5—复合嘴；
6—夹酥中空面管；7—压延中的夹酥面带；8—中间产品

五、饼干的成形

1.冲印成形

冲印成形是在面带上用印模将面带冲切成饼干坯的方法。冲印步骤可分为：印模→切断→推头子→落饼坯。摆动式成形机上的冲头先垂直冲印帆布运输带上的面片，冲成饼坯后，冲头外沿的机械将饼坯以外的面带（头子）推离冲头，然后冲头中心的机械使饼坯脱离冲头，下落到帆布运输带上。在此过程中，冲头随着帆布和面带的前进而向前摆动，然后再成弧线运动摇回来，完成一次冲印。

2. 辊印成形

辊印成形的印花、成形、脱坯等操作是通过辊筒转动而一次完成的，工作平稳、无冲击、振动噪声小，并且不产生边角余料，其工作原理如图 8.12 所示，调制好的面团被置于成形机的加料斗中，在喂料槽辊和花纹辊的相对运转中，面团首先在喂料槽辊表面形成一层结实的薄层，然后将面团压入花纹辊的凹模中，经刮刀去除模底多余的面团，花纹辊转到包着帆布的橡胶辊上，橡胶脱模辊依靠变形将粗糙的帆布脱模带紧压在饼坯底面上，使其接触面间产生的吸附力大于凹模光滑内表面与饼坯间的接触结合力，饼干生坯因而顺利地从凹模中脱出，并由帆布脱模带传送到生坯输送带上。

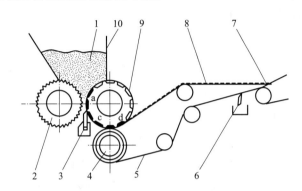

图 8.12　辊印饼干机成形原理

1—面料；2—喂料槽辊；3—分离刮刀；4—橡胶脱模辊；5—帆布脱模带；

6—帆布带刮刀；7—帆布带楔铁；8—饼干生坯；9—印模辊；10—面斗

辊印成形要求面团的弹性小，硬度大，太软的面团被压入凹模后形成结实的团块，造成压缩性喂料不足，脱模困难；过硬的面团结合力差，同样会产生压模不够结实，脱模零乱现象。辊印成形只适宜于产油脂量多的酥性饼干，以及面团中加入椰丝、小颗粒果仁（芝麻、花生、杏仁）及粗砂糖的品种，这些品种的冲印成形比较困难。

3. 辊切成形

辊切成形综合了冲印与辊印的优点，机身前半部分与冲印成形机相同，是多道压延辊，成形部分由一个扎针孔、压花纹的花纹辊和一个截切饼坯的刀口辊组成。经压延后的面带，先经花纹辊压出花纹（若是韧性、苏打饼干同时扎上针孔），再在前进中经刀口辊切出饼坯，然后由斜帆布输送带分离头子。在花纹辊和刀口辊的下方有一个橡胶辊，作为压花和作为切断时的垫模（见图 8.13）。辊切成形不仅适宜于韧性、苏打饼干，也适应酥性、甜酥性耕干。

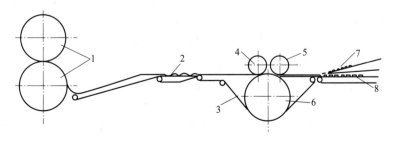

图 8.13　辊切成形原理示意图

1—定量辊；2—波纹状面带；3—帆布脱模带；4—印花辊；

5—切块辊；6—脱模辊；7—余料；8—饼干生坯

面片经压片机压延成光滑、平整的面带后，为消除面带内的残余应力，避免成形后的饼干生坯收缩变形，通常在成形机前设置一段缓冲输送带。通过适当的过量输送可使面带形成一些均匀的波纹，在短时的滞留过程中使面带内应力得到部分恢复。

4.其他成形

钢丝切割成形是利用挤压机械将面团从型孔挤出，型孔有花瓣形和圆形多种，每挤出一定厚度用钢丝切割成饼坯。挤条成形机与钢丝切割机类似，主要不同是挤出后不是立即用钢丝切下，而是挤成条状后，再用切割机切成一定长度的饼坯。挤浆成形机多用黏稠液体泵将糊状面团间断挤出，直接落在烤盘或钢带上。由于面糊是半流体，所以在一定程度上能因挤出型孔的形状不同而形成各种外形。

六、饼干的烘烤

饼干的烘烤是食物向食品转化的过程，伴随着水分含量、体积的变化及色泽与风味的生成。饼干坯在烤炉中经历的过程为：胀发→定型→脱水→上色→缓冷五个过程。

1.饼干焙烤的一般过程

① 胀发。饼干坯在烘烤过程中的胀发主要表现为厚度的明显增加。与生坯相比，酥性饼干成品厚度一般增加160%~250%，韧性饼子增长200%~300%。当饼干坯温度达35℃时，配料中的碳酸氢铵即开始分解，产生二氧化碳和氨气；温度达65℃时碳酸氢钠也开始分解。随着温度升高，疏松剂的分解加速，这些气体使饼坯的体积膨胀，厚度迅速增加。梳打饼干中除化学疏松剂外，还有酵母发酵产生的二氧化碳也一起膨胀，使梳打饼干体积显著增大。当温度升高到能使饼坯内部水分汽化时，蒸汽亦是饼坯体积胀发的因素之一。

② 定型。饼干坯的厚度变化过程如图8.14所示，在烘烤开始阶段，随着疏松剂的受热分解，饼坯厚度逐步增加，当疏松剂大量分解、水分剧烈蒸发时，厚度达到最大值。在饼干坯温度升高到80℃以上，伴随淀粉糊化、蛋白质变性凝固过程，疏松剂分解完毕，饼坯厚度略有回落。糊化的淀粉、变性的蛋白质与蔗糖及其他物料一起，形成了固定的饼体，内部多孔性结构也逐步固定，至此完成了定型过程。此后一直到烘烤结束，厚度不再发生多大变化。

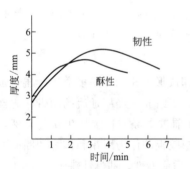

图8.14 饼体在焙烤过程中厚度的变化

定型需要足够的温度，如果炉温分布不当，饼体在恰当的时间段内不能定型，胀发起来的饼体便会过度回落，出现饼体外观不丰满，内部不疏松，严重时口感僵硬的现象。饼干定型温度随饼干品种、块形大小、饼坯厚度及在网带上的排列分布情况而不同，一般需炉温在200~250℃。

③ 脱水。饼坯的水分含量与配方、饼干类别、面粉的吸水能力有关，饼干成品含水量为2%~3%，约为生坯总水量的10%左右，烘烤过程失水量约为生坯总水量的65%~75%，另有20%~25%的水分在冷却过程中蒸发，图8.15为烘烤中水分变化图。烘烤过程中水分的变化基本上有三个过程，即饼坯表面冷凝到缓慢汽化阶段、快速脱水阶段和恒速蒸发阶段。在a~b段，由于饼坯温度较低，只有25~40℃，炉内温热空气中的水蒸气便在饼干坯表面冷凝成细小的水珠，即为"露滴"作用，饼坯内的水分不减反增；在b~c段曲线

下降，饼体表面开始脱水而中心温度较低；在 c～d 段，饼坯表面温度达到 $100～120℃$，中心温度还不到 $100℃$，饼坯中心水分扩散至表层蒸发，此阶段水分下降量最大，约占烘烤总失水量的 50%，韧性饼干的水分下降还更大些；在 d～e 段，经过大量失水以后，饼体脱水速度逐步减缓，剩余水分继续恒速蒸发直到烘烤结束。

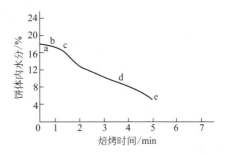

图 8.15　焙烤过程中饼体内水分的变化

饼坯入炉后的温升很快，所以表面吸湿现象是很短暂的，表面层增水量极微，但它对饼干成品的质量却有较大影响，这是因为表面层升温迅速，脱水剧烈，不能依靠自身的水分再分配满足淀粉糊化的需要，若无适量的水分补充，烘烤后的饼干表面无光泽，上色差。因此，在烤炉入口处增设喷蒸汽的装置或在饼坯表面刷浆液，以增加饼坯表面水分，可使烘烤后的成品形成良好光泽。

许多因素影响饼干的烘烤条件。饼坯内的水分以三种状态存在，即游离水、胶粒吸附水和蛋白质结合水。酥性面团水分含量较低，而且糖、油等用量高，面团内结合水较少，因此水分容易蒸发，烘烤时间相对较短；韧性面团由于面筋吸水充分，以三种形式存在的水分蒸发较困难，因此烘烤时间较长；形态厚和块形大的饼坯，内部水分蒸发较慢，烘烤时间需适当延长；其他因素如烤炉温度、原料配比、面团持水能力等都会影响饼干的脱水。

④ 上色。在饼坯烘烤后期，饼体中水分蒸发逐步减弱，表面温度逐步上升，饼坯表面颜色转变为金黄色或棕黄色，即饼干的上色，这主要是由美拉德反应和焦糖化作用形成的。饼干上色反应的最佳条件为：水分 $13\%～15\%$，温度 $150℃$，pH 8。加热温度超过糖的熔点时，糖即焦化成为焦糖，其反应过程极复杂。某些酸和碱对焦糖化反应有催化作用，pH 8 时焦糖化反应速率比 pH 5.9 时快 10 倍，碳酸氢钠分解后残留的碱性物质可促进饼干表面的焦糖化。

2. 饼干烘烤的温度

隧道式平炉的加热都是在饼坯的上方和下方排列加热源，称为面火和底火。炉内温度分布要适合饼坯烘烤的需要，受饼坯中配料高低、块形大小、饼坯厚薄、抗张力大小等因素支配。每种不同形态和配料的饼干，都需要不同温度分布。

① 韧性饼干的烘烤。韧性面团面筋形成充分，生坯柔韧性强，结合水量多，焙烤时较难脱除，宜采用"低温长时间，底、面火温度逆向设置"，底火温度由高到低，面火温度由低到高。焙烤温度曲线基本如图 8.16 所示。第一阶段采用较高的底火温度（$250～280℃$），较低的面火温度（$200℃$）。底火强能促使热量传递到饼体内层，使疏松剂分解，饼体胀发；

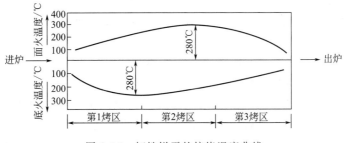

图 8.16　韧性饼干的焙烤温度曲线

面火弱能使饼面保持柔韧状态，饼体有充足时间胀发。在第二阶段前期，底火保持不变而面火逐步提高到250～280℃，以提供足够热量加速饼体定型和脱水。在第三阶段，底、面火逐步降低到200℃左右，保持上色需要，焙烤时间约6min。

②酥性饼干的烘烤。酥性面团中辅料比例高，并在严格控制湿面筋形成条件下调制面团，生坯结构疏松，宜采用"高温短时间"焙烤工艺。生坯入炉后迅速升温，使表面迅速定型，底部凝固，防止饼体发生油摊，此后底、面火温度逐步降低。一般炉温为：第一阶段250～300℃，第二阶段200～250℃，第三阶段180～200℃，焙烤时间5～6min（图8.17）。

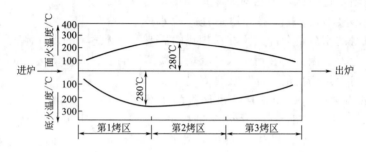

图8.17　酥性饼干的焙烤温度曲线

③梳打饼干焙烤技术。梳打饼干面团中有大量湿面筋，因发酵而呈多孔性结构，含水量较高，宜采用"底、面火温度逆向设置"，第一阶段底火温度350℃，面火温度逐步升高到200℃，第二阶段面火升温到250℃，底火降温到280℃，第三阶段为上色阶段，底、面火温度降至200℃以下，焙烤时间6～7min（图8.18）。

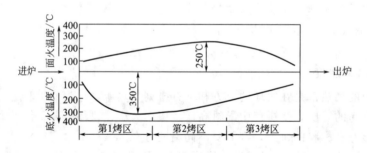

图8.18　梳打饼干的焙烤温度曲线

七、饼干的冷却

刚出炉的饼干表面温度约为180℃，中心层温度约110℃左右，含水量8％～10％，质地非常柔软，必须通过冷却，使水分下降，温度回落，质地由柔软过渡到口感酥松的固定形态。冷却终点为38～40℃。在冷却初始阶段，水分蒸发量达出炉总蒸发量的80％～90％，5～6min时含水量降至最低点，在6～10min内相对稳定，10min后重新吸潮。

冷却运输带长度一般为炉长的150％，以保证获得理想的产品，必要时需在冷却带上加装罩子，以免冷却速度过快。刚出炉的饼坯若立即置于低温、低湿的环境中，或用鼓风机吹，会使饼干产生内应力，饼干就会出现裂缝。饼干的自然破裂率随冷却温度的降低而明显提高，并且在很短时间内发生破裂。过大的温差促使饼干急剧冷却，表面水分迅速蒸发，内部水分在热力推动下急剧向外层移动，强烈的热交换和水分蒸发使饼干内部产生强大的应力，饼干内固体微粒相对位置发生位移，并随时间延长而增加。当这种变形达到一定程度，饼干自身结合力不足以与之抗衡时，饼体上就产生了裂缝。因此，饼干的冷却速度不能太快，较长的烤炉在炉体后段就停止加热，开始降温。冷却的合适条件是 30～40℃，室内相对湿度 70%～80%。

第三部分　食品加工技术

第九章　食品超微粉碎和微胶囊技术

第一节　食品超微粉碎技术

一、食品超微粉碎的定义及分类

超微粉碎是在 20 世纪 70 年代以后诞生的一种物料加工新技术，通常是将物料粉碎到 $10\mu m$ 以下，而一般的粉碎技术只能使物料粒径达到 $45\mu m$ 左右。当物料被加工到 $10\mu m$ 以下后，微粉体就具有巨大的比表面、空隙率和表面能，从而使物料具有高溶解性、高吸附性、高流动性等多方面的活性和物理化学方面的新特性。经超微粉碎后，绝大多数细胞的细胞壁破裂，细胞内的有效成分消除了细胞壁屏障，而且由于微粉粒径小，比表面积大，极大提高了有效成分的吸收速度和吸收量。天然原料的属性和功能也得以保留。

物料粉碎是用物理的方法克服物料内部的结合力使其达到一定粒度的过程。根据原料和成品颗粒的大小，粉碎可分为粗粉碎、细粉碎、微粉碎（超细粉碎）和超微粉碎 4 种类型（见表 9.1）。超微粉碎技术分化学法和机械法 2 种。化学粉碎法能够制得微米级、亚微米级甚至纳米级的粉体，但产量低，加工成本高。机械粉碎法产量大，成本低，是制备超微粒粉体的主要手段，根据粉碎过程中颗粒的机械运动形式及受力情况，机械粉碎法可分为冲击粉碎、气流粉碎和媒体搅拌粉碎 3 种方法。

表 9.1　粉碎的类型

粉碎类型	原料粒度	成品粒度
粗粉碎	$10\sim100mm$	$5\sim10mm$
细粉碎	$5\sim50mm$	$0.1\sim5mm$
微粉碎	$5\sim10mm$	$<100\mu m$
超微粉碎	$0.5\sim5mm$	$<10\sim25\mu m$

超微粒粉碎设备按其作用原理可分为气流式和机械式两大类。图9.1和图9.2分别为扁平式气流磨的工作原理示意图和结构示意图。待粉碎物料由文丘里喷嘴1加速至超音速导入粉碎室3内，高压气流经入口进入气流分配室，分配室与粉碎室相通，气流在自身压力推动下通过喷嘴2时产生超音速甚至每秒上千米的气流速度。由于喷嘴与粉碎室成一锐角，故以喷射旋流带动物料做循环运动，颗粒与机体及颗粒之间产生相互冲击、碰撞、摩擦而粉碎。粗粉在离心力作用下被抛向粉碎室四壁做循环粉碎，微粉在向心气流带动下被导入粉碎机中心出口管进入旋风分离器进行捕集。与普通机械式超微粉碎相比，气流粉碎可将产品粉碎得很细，粒度分布范围很窄，即粒度更均匀。又因为气体在喷嘴处膨胀可降温，粉碎过程不产生热量，所以粉碎温升很低。这一特性对于低熔点和热敏性物料的超微粉碎特别重要。其缺点是能耗大，一般认为要高出其他粉碎方法数倍。

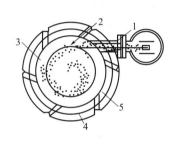 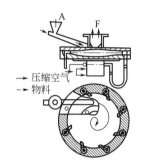

图9.1　扁平式气流磨工作原理图　　　　　　图9.2　扁平式气流磨结构示意图
1—文丘里喷嘴；2—喷嘴；3—粉碎室；　　　　A—原料；F—成品
4—外壳；5—内衬

机械式又分为球磨机、冲击式微粉碎机、胶体磨和超声波粉碎机等。高能球磨机有搅拌式、振动式、卧滚式和行星轮式四种，其中搅拌磨的能量利用率高，由研磨筒、搅拌装置和循环卸料装置等三部分组成，工作原理主要是研磨介质在搅拌装置的驱动下做不规则圆周运动，搅拌叶片与介质之间、介质与介质之间、介质与筒壁之间不但产生很强的摩擦剪切力，而且存在冲击力，物料不断被粉碎，粒度不断减小。搅拌磨的形式见图9.3。

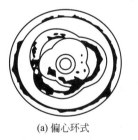 

(a) 偏心环式　　　　　　(b) 销棒式

图9.3　搅拌磨的形式

高速机械冲击式粉碎机是利用围绕水平或垂直轴高速旋转的回转体（棒、锤、板等）对物料以猛烈的冲击，使其与固定体碰撞或颗粒之间冲击碰撞，从而使物料粉碎的一种超微粉碎设备（见图9.4）。高速冲击式粉碎机与其他类别粉碎机相比，具有单位功率粉碎比大、易于调节粉碎粒度、应用范围广、可连续闭路粉碎等优点。

超声波在待处理的物料中引起超声空化效应，由于超声波传播时产生疏密区，而负压可在介质中产生许多空腔，这些空腔随振动的高频压力变化而膨胀、爆炸，真空腔爆炸时能将物料震碎。同时由于超声波在液体中传播时产生剧烈的扰动作用，使颗粒产生很大的速度，从而相互碰撞或与容器碰撞而击碎液体中的固体颗粒或生物组织。超声粉碎后颗粒在 $4\mu m$ 以下，而且粒度分布均匀。

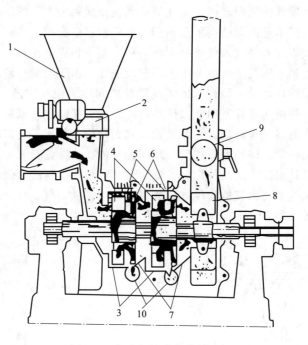

图 9.4　高速机械冲击式粉碎机

1—料斗；2—加料机；3—机壳；4—第二级转子；5—分级器；
6—第二级转子；7—接管；8—风机；9—阀；10—排渣管

二、食品超微粉碎技术的优点

　　超微粉碎可以用冷浆粉碎的方法，物料在粉碎过程中不产生局部过热现象，在低温状态下也能达到粉碎的目的，避免了在高温对营养素的损害。此外，经过超微粉碎后的食品，尤其是保健食品，更容易被机体所吸收。食物细胞破壁后，细胞内的有效成分的释放速度及释放量会大幅提高，容易被人体吸收。超微食品进入胃后，可溶性成分在胃液的作用下溶解，进入小肠后可溶成分会很快通过肠壁被吸收。由于物料为超细粒子，其不溶性成分易附着在肠壁上，排出体外所需时间较长，提高了有效成分的吸收率。图 9.5 不同粒度贝壳粉在水中的溶解情况，由图可知，随着温度的升高，不同粒度粉体的溶解度都在升高，但是，粒度 $5\mu m$ 的超微粉体溶解度明显高于其他两种粒度粉体的溶解度，这是因为超微粉体比表面积很大，表面能较高，单个颗粒的性质十分活跃。图 9.6 是借鉴胃模拟吸收试验，配制人工胃液，并且在人体温下模拟胃的蠕动的环境下，牡蛎壳超微粉体的吸收情况，由图可知，牡蛎壳粉体主要为碳酸钙不溶物，以吸收时间基本为 5h、粒度为 $5\mu m$ 的超微粉体被吸收得更多，一部分超微粉体还可以附着在胃壁上，增加了吸收率。

三、超微粉碎技术在食品工业中的应用

　　畜、禽鲜骨具有营养很高的价值，其中的钙、磷、铁、锌、铜及 B 族维生素含量丰富，胶原含量高于一般其他食品。一般的鲜骨熬煮不能有效利用鲜骨中的营养素，造成巨大的资源浪费。利用气吸式超微粉碎技术将鲜骨多级粉碎加工成超细骨泥，经脱水制成骨粉，不但口感润滑鲜美，而且能保留 95% 以上的营养素，吸收率还高达 90% 以上。

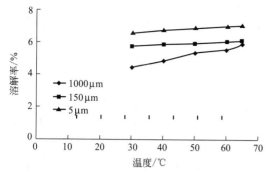

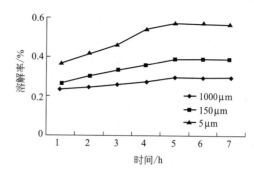

图 9.5 不同粒度粉体溶解率的比较　　　图 9.6 不同粒度粉体在模拟胃环境下溶解率的变化

农产品加工后的副产品如小麦麸皮、燕麦皮、苹果皮等含有丰富的维生素和微量元素，由于常规粉碎的纤维粒度大，影响食品的口感，消费者难于接受。采用超微粉碎技术，通过对纤维的微粒化，能显著地改善纤维食品的口感和吸收性，从而使食物资源得到了充分的利用，而且增加了食品的营养。蔬菜在低温下经超微粉碎后，既保存全部的营养素，纤维素也因微细化而增加了水溶性，口感更佳；将茶叶进行粉碎后，更利于茶叶中蛋白质、碳水化合物、胡萝卜素以及部分矿物质的吸收。

由于超微粉碎的应用，解决了许多生产中的问题，超微粉碎技术使食品素材加工的范围扩大，果蔬的干制品已采用超微粉碎设备和技术，如板栗粉、苹果粉、马铃薯粉、南瓜粉、胡萝卜粉、大蒜粉、香菇粉、海带粉等，部分蛋制品的加工也应用了超微粉碎技术，如全蛋粉、蛋壳粉等。调味料的超微粉碎提高了食品的色、香、味以及加工特性。在固体饮料的加工中，超微粉碎技术将不溶性的茶粉和其他植物原料变成不易沉淀的悬浮微粉。

第二节　食品微胶囊技术

一、微胶囊的基本组成和作用

微胶囊是一种具有聚合物壁壳的微型包覆体，制备时先将被包覆内容物分散成微粒，然后使成膜材料在微粒上沉积聚合或干燥固化，形成外层包衣而制成，被包覆的物料称为芯材，微胶囊外部的包覆膜称为壁材。

微胶囊粒子的大小和形状因制备工艺不同而在很大差异，通常制备的微胶囊粒子大小一般在 $2 \sim 1000 \mu m$ 范围，有时甚至扩大到数毫米，但多数分布在 $5 \sim 200 \mu m$ 范围。微胶囊可以包埋一种或多种物质芯材，可形成单核、多核、多核无定形微胶囊；囊壁可以是单层、多层和不同壁层，可形成微胶囊簇和复合微胶囊。

微胶囊能够以微细状态保存物质，而在需要时可以方便地释放，对食品工业的贡献主要如下。

① 将液体、气体转变为容易处理的固体，使液态反应物变得"易于操作"，可以在任何指定的时间使微胶囊破裂，发生预期的化学反应。

② 保护敏感成分，免受由环境中的氧化、紫外辐射和温度、湿度等因素的影响，有利于保持物料特性和营养。例如大蒜所含挥发性油中的大蒜辣素和大蒜新素在光线、温度的影响下易于氧化，并对消化道黏膜有刺激性。将大蒜挥发油制成大蒜素微胶囊后可提高其抗氧

化能力，增加贮藏稳定性，并掩盖强烈的刺激性辣味，而其生理活性不变。

③ 隔离活性成分，使易于反应的物质处于同一物系而相互稳定。由于微较囊化后隔离了各成分，故能阻止两种活性成分之间的化学反应。两种能发生反应的活性成分只要其中之一被微胶囊化，即便与另一种成分相混合也是稳定的。在要求它们发生反应时将微胶囊破碎，两种活性成分相互接触，反应即可发生。

④ 降低挥发性，保存易挥发物质，减少食品香气成分损失，并掩盖不良气味的释放。例如对食品香料、香精进行微胶囊化，制成的粉末香精的香料不易挥发，可防止因光化学反应和氧化反应而形成的食品变质，并能控制香味的释放速率。

⑤ 控制物质的释放时机，包括风味物质的释放，减少其在加工过程中的损失，降低生产成本，如焙烤制品和糖果用香精经微胶囊化处理，在生产加工过程中的香气损失可减少一半以上。

二、微胶囊化方法和材料

微胶囊化的基本步骤是先将芯材分散成微粒，后以壁材包敷其上，最后固化定型（图9.7）。芯材为固态时，可用磨细后过筛的方法控制其粒度，或者制备成溶液，按液态芯材包埋；液态芯材可用均质、搅拌、超声震动等方法分散成小液滴，均匀分布在分散相中。微胶囊芯材和壁材的种类繁多，性能各异，在材料和工艺选择上必须正确合理，才可能制备成功。食品工业的芯材主要是：油脂类、调味品类、香精类、色素类、酸味剂类、营养强化剂类和生物活性材料类，可以是固体，也可以是液体；可能是亲油性的，也可能是亲水性的。

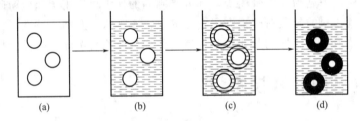

图 9.7　微胶囊化的基本步骤

（a）芯材料在介质中分散；（b）加入壳材料；（c）含水壳材料的沉积；（d）微胶囊壳的固化

食品微胶囊的壁材首先要求安全无毒，可降解，因此常用天然高分子化合物做壁材。C. A. Finch 对众多壁材进行了分析，总结出具有食用价值的微胶囊壁材有：谷蛋白、清蛋白、明胶、骨胶原、阿拉伯树胶、黄蓍胶、角叉胶、黄原胶、琼脂、海藻酸盐、淀粉、壳聚糖、甲基纤维素、乙基纤维素、单、双棕榈酸甘油酯、硬脂酸、单硬脂酸铝、单、双、三硬脂酸甘油酯、十四醇、十六醇、1,2-二羟基十八醇、氢化牛脂、石蜡、蜂蜡等。

三、部分壁材的性能

1. 碳水化合物类

（1）环糊精　环糊精（CD）是最常用的食品微胶囊壁材之一，其结构是 α-1,4 连接的 D-吡喃葡萄糖环状聚糖，聚合度为 6、7、8 个葡萄糖单元的依次称为 α-CD、β-CD 和 γ-CD。β-环糊精的立体结构示意见图 9.8，其分子结构形成一个无还原基的闭合环形分子，中心部分为疏水基，而葡萄糖单体的氢原子朝向环糊精的空腔，形成疏水性，能与有机分子形成包结络合物。α-、β-和 γ-环糊精的空腔直径分别是 47～53nm、60～65nm 和 75～83nm，要形成良好的络合物，必须使环糊精空腔壁与客体分子相互匹配，因此不同大小的芯材分子应选择不同的环糊精。普通的环糊精在有机溶剂中几乎不能溶解，在水中的溶解度也很有限，而在环状结构体上引入甲基或羟脯氨基等，生成歧化环糊精，对提高溶解度很有帮助。

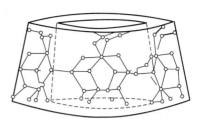

图9.8 β-环糊精结构图

（2）麦芽糊精 麦芽糊精的物化指标中最重要的是DE值，DE值小表明该麦芽糊精中所含大分子多糖的比重高，其疏水性比较强，DE值大则亲水性较强，但吸水性也大，易结块。通常DE值为15～20的麦芽糊精不易潮解，而且制备的微胶囊化乳状液具有较低的黏度，便于操作和保证微胶囊化效果。当溶液中存在蛋白质和麦芽糊精时，蛋白质分子吸附在疏水物料表面，麦芽糊精分子则分散在连续相中，在喷雾干燥时，水分的蒸发使麦芽糊精覆盖在蛋白质膜的表面，能增加微胶囊膜的厚度、强度和致密度。DE值小的麦芽糊精因含有较大分子多糖，这些大分子对蛋白质分子在疏水物料表面上的扩散阻力较大，所以产品的微胶囊化效率低。DE为12的麦芽糊精微胶囊化效率就最低，DE值上升，小分子的糖不断增多，对蛋白质分子的扩散阻力不断减少，微胶囊化效率也不断上升。但必须注意，当DE值太大、糖分子过小时，虽然蛋白质界面膜可形成得很好，但该微胶囊膜的强度不够，在喷雾干燥时会产生很多裂缝，影响产品的微胶囊化效率。据研究，DE值为20的麦芽糊精的包埋效率最高（见图9.9）。

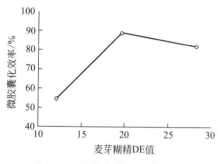

图9.9 麦芽糊精DE值对微胶囊化效率的影响

麦芽糊精用作微胶囊壁材的优缺点为：①麦芽糊精不易吸水，包埋的粉状产品不结块，可自由流动；②麦芽糊精水溶性好，遇水即可释放出所包埋的芯材物料；③麦芽糊精价格低廉；④麦芽糊精的成膜能力和保香效果随DE值的增加而提高；⑤麦芽糊精的乳化稳定性差，需与阿拉伯胶等混合使用。

（3）变性淀粉 变性淀粉是以植物淀粉经化学修饰而得到的具有不同理化性能的产品，如用环状双羧酸酐或辛烯基琥珀酸酐等烷基、烷烯基酸酐进行酯化反应，可得到的具有亲油性的变性淀粉，有良好的包埋性质，对易挥发成分的保留性很好。与阿拉伯胶相比，变性淀粉黏度要低得多，制备的乳状液更稳定，进料时的固形物浓度可以更高。如用阿拉伯胶的固形物一般限制在35%，而用变形淀粉时固形物可达50%，这可使香料的损失显著减少。

（4）糖类 蔗糖、麦芽糖和乳糖均可作为油脂的微胶囊化壁材，但是它们必须与其他的壁材成分复合使用。O/W型乳状液中，界面膜上的蛋白质是完全水化的，在喷雾干燥时水分的蒸发会导致蛋白膜的收缩；当乳状液中含有乳糖时，乳糖会部分与蛋白质结合，在干燥时减少蛋白膜的收缩、增加产品表面稳定性。

2.植物胶类

（1）阿拉伯胶 阿拉伯胶分子中含有自由的羧基，在pH 3以上的水溶液中都带负电荷，易溶于水，溶解度可达50%，而且其水溶液黏度低。阿拉伯胶具有良好的附着力和成膜性，并具有乳化性能，而且耐酸性强，在pH值为3时仍很稳定，是一种性能良好呈弱酸性天然阴离子高分子电解质，因此很适于用作微胶囊壁材。

（2）琼脂　琼脂是红海藻多糖，其水溶液可形成具有一定强度的稳定凝胶。琼脂溶液在32～39℃之间可以冻结，而生成的凝胶在85℃以下不熔化。添加糊精和蔗糖可使琼脂的凝胶强度提高，而添加海藻酸钠和淀粉可使生成的凝胶强度下降。其他如添加0.15％的刺槐豆胶可使生成的凝胶强度增加50％～200％，因此，琼脂在用作微胶囊壁材时，可根据不同需要选择添加剂。

（3）海藻酸钠　海藻酸钠易溶于冷水，在低浓度下也具有较高的黏度，而且易形成透明、高韧性的薄膜。当海藻酸钠在凝固浴中遇到Ca^{2+}、Mg^{2+}、Fe^{2+}、Zn^{2+}以及其他金属离子时会转变成海藻酸盐沉淀，从水中析出；当遇到聚赖氨酸、聚精氨酸等阳离子高聚物时也会从水中凝聚。海藻酸钠的这一特性经常被用于锐孔-凝固浴法微胶囊制备，形成的包囊无毒、有足够韧性强度并具有半透性。

（4）黄原胶　黄原胶与其他胶体具有协同作用，能稳定悬浮液和乳状液，具有良好的冻融稳定性。在粉末油脂微胶囊制备时，壁材中添加黄原胶，无论是对微胶囊化的产率及效率、产品抗氧化性、芯材的保留率及乳状液稳定性，还是对产品的微观结构，都起到了非常有利的作用。

（5）卡拉胶　卡拉胶能与酪蛋白、大豆蛋白、乳清蛋白、明胶等发生协同作用，有利于提高微胶囊壁材的稳定性和致密性。

3. 蛋白质类

在大多数油脂的微胶囊化工艺中都要用蛋白质做壁材。蛋白质分子带有许多双亲基团，当蛋白质分子与油滴接触时能强烈地吸附在油滴上，疏水基吸附于油滴表面，而亲水基则深入水相。由于有些蛋白质分子如大豆蛋白分子呈棒状，其疏水基团不能完全暴露，只有在进行加热时，随着蛋白质分子轻度变性作用，蛋白分子才能逐渐展开。在吸附阶段，部分伸展开的蛋白质分子以卧式、环式和尾式吸附在油滴表面，随着蛋白质分子的逐渐展开，油滴表面形成了具有一定黏弹性的界面膜，在降低的同时，也有利于乳状液的形成与稳定。用蛋白质做壁材时，一般要考虑到蛋白质的等电点，如果乳液的pH值接近蛋白质的等电点，必然发生蛋白溶解度降低、蛋白乳化性能下降，以及蛋白质之间的作用力增加，最终降低蛋白质的成膜性。用于壁材的常用蛋白质有明胶、酪蛋白及其盐类等。

四、微胶囊的主要制备方法

微胶囊的制备方法有多种，图9.10的分类方法比较清晰合理。微胶囊产品的命名方式有根据芯材命名的，如维生素C微胶囊；有根据壁材命名的，如阿拉伯胶微胶囊；更恰当的是结合芯材和壁材的命名，如卵磷脂-明胶微胶囊。在此介绍几种在食品工业中常用的微胶囊方法。

1. 喷雾干燥法

喷雾干燥是最常用的微胶囊制备方法，其基本过程可分为三个阶段，即囊壁材料的溶解、囊芯在囊壁溶液中的乳化和喷雾干制。在喷雾干燥过程中，芯材物质便被包理在壁材之内，在喷雾干燥过程中，由芯材和壁材组成的均匀物料被雾化成微小液滴，在干燥室热交换途中，液滴表面形成一层网状结构的半透膜，其筛网作用可将分子体积大的芯材滞留在网内，小分子物质（溶剂）由于体积小，可顺利逸出网膜，从而完成包埋，成为粉末状的微胶囊颗粒。这种包埋可以是单核的，也可能是多核的。喷雾干燥过程的连续摄影显示，溶剂先从雾滴表面蒸发，在表面形成固相，逐步扩展形成固体壁膜，壁膜内包含的壁材溶液再进一

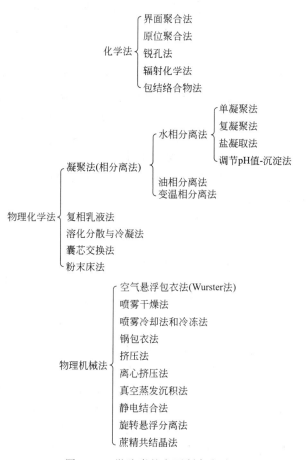

图 9.10　微胶囊的主要制备方法

步干燥。溶剂在透过壁膜蒸发时可使壁膜形成孔洞。溶剂的透过扩散速度对形成孔洞有很大影响。因此，囊壁的硬度、多孔性等性能不仅与使用的壁材性质有关，也与干燥温度有关。囊壁网径的大小的控制可以采用选择不同物质或几种物质混合来实现，因此喷雾干燥可对不同分子大小的芯材物质进行微胶囊化。

　　根据芯材和壁材的组成可分为三种情况：①把脂溶性囊芯或固体分散在水溶性壁材溶液中形成水包油型乳液，为水溶液型；②把水溶性囊芯分散在疏水性有机溶液壁材中形成油包水型乳液，为有机溶液型；③以其他方法制成的湿微胶囊浓浆液为囊芯，为囊浆型。水溶液型喷雾干燥法制备微胶囊要求壁材溶液黏度也较低，因此溶液浓度也较低，而且囊芯所占比例也较低，一般很少超过 50％。有机溶液型由于有机溶剂沸点一般比水低，因此干燥温度相对较低。有些制备方法得到的微胶囊转变成完全干燥的粉末却是非常困难的，将这些固化前的微胶囊浓浆液经过喷雾干燥则很容易得到粉末状的微胶囊。

　　影响喷雾干燥法微胶囊化的主要因素有：①物料的浓度和黏度。物料的浓度指喷雾干燥用液的固形物含量，一般为 30％～60％。浓度过高，黏度太大，液滴雾化困难；浓度过低，芯材的某些成分易挥发，而且干燥效率不高。通常只要不出现严重的黏结现象，物料浓度愈高、黏度愈大，愈有利于形成稳定的微胶囊体。②乳化结构。芯材和壁材必须制成稳定的乳状液，才能使非连续相的芯材均匀分布于由壁材构成的连续相内，才能形成稳定的微胶囊结构。③干燥温度和速率。虽然干燥室温度较高，但液滴内部的湿球温度远低于热空气温度。

较高的进风温度能使液滴表面迅速形成一层半透性膜，防止芯材中挥发性成分损失，但温度过高会使物料呈流体状态，造成黏滞。另外，干燥速度也影响到囊壁上孔径大小。

2. 喷雾冷却法

喷雾冷却法的工艺与喷雾干燥法相似，首先都是将芯材均匀地分散于液化的壁材中，用喷雾方法使液滴雾化，在设定条件下使壁膜较快地固化。与喷雾干燥法的不同之处是，喷雾冷却法是通过加热手段使壁材呈熔融的液体状，而喷雾干燥法是将壁材溶解在某种溶剂中形成溶液；喷雾冷却法是通过在干燥室内通入循环冷风，使原来熔融状态的壁材（油脂类或蜡类）冷凝成微胶囊，或利用冷的有机溶剂脱溶剂作用而干燥来完成的。对于香料等易挥发或对热特别敏感的囊芯适合采用低温下脱除溶剂，使壁材凝聚形成微胶囊的方法。例如，把香料等油性囊芯均匀分散在阿拉伯树胶水溶液中形成水包油乳液后，再通过喷雾装置形成微小雾滴进入到冷的酒精、甘油、丙二醇等有机溶剂中，由于阿拉伯树胶不溶于这些溶剂，而水与这些溶剂相溶，所以水从阿拉伯树胶乳液中逸出，阿拉伯树胶则沉积在囊芯周围形成微胶囊。经过过滤、洗涤、干燥，即得到粉末微胶囊。整个过程可在常温下进行。在喷雾冷却法中所使用的典型壁材是熔点为 $32\sim42℃$ 的氢化油脂、脂肪酸酯、脂肪醇、低熔点蜡等蜡状材料，也可使用其他壁材，如熔点在 $45\sim67℃$ 的甘油单、二酸酯。

3. 水相分离法

相分离法又称凝聚法，水相分离法是其中的方法之一，其基本原理如图 9.11 所示，是在分散有囊芯材料的连续相（a）中，利用改变温度、在溶液中加入无机盐、成膜材料的凝聚剂，或其他诱导两种成膜材料间相互结合的方法，使壁材溶液产生相分离，形成两个新相，使原来的两相体系转变成三相体系（b），含壁材浓度很高的新相称凝聚胶体相，含壁材很少的称稀释胶体相。凝聚胶体可以自由流动，并能够稳定地逐步环绕在囊芯微粒周围（c），最后形成微胶囊的壁膜（d）。壁膜形成后还需要通过加热、交联或去除溶剂来进一步固化（e），收集的产品用适当的溶剂洗涤，再通过喷雾干燥或流化床等干燥方法，使之成为可以自由流动的颗粒状产品。

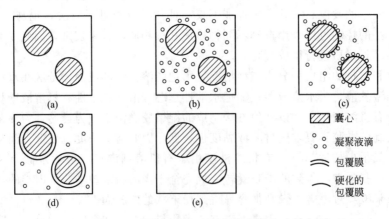

图 9.11　凝聚相分离法制备微胶囊的过程

水相分离法有复凝聚法和单凝聚法，前者是由两种带相反电荷的胶体彼此中和而引起的相分离，后者是由非电解质引起的相分离。

（1）复合凝聚法　复合凝聚法是使用两种带有相反电荷的水溶性高分子物质为成膜材料，两种胶体溶液混合时，由于电荷互相中和而从溶胶状态转变为凝胶状态，即产生了相分离，分离出的两相分别为凝聚胶体相和稀释胶体相，凝聚胶体相即成为微胶囊的囊壁。明胶-阿拉伯树胶凝聚法（G-A 法）是最典型例子，碱制明胶的等电点在 pH 4.7～5.3，阿拉伯树胶分子中仅含有羧基，因此其水溶液仅带有负电荷，不受 pH 值的影响。在稀的明胶与阿拉伯树胶的水溶液中，当 pH 值高于明胶的等电点，明胶和阿拉伯树胶均为聚阴离子，彼此不发生反应，若 pH 值低于明胶等电点，明胶变成聚阳离子，会与聚阴离子的阿拉伯树胶发生相互作用，结果导致凝聚相的形成。

一定浓度的明胶水溶液体系在改变环境条件会发生溶胶、凝胶之间的状态转换。当溶液浓度高于 1%，温度为 0～5℃时，体系呈高黏度的凝胶，温度高于 35℃时，体系为低黏度的溶胶；当溶液中浓度低于 1%时，即使较大程度改变条件也未见到凝胶化作用。正是这些特性使明胶成为微胶囊的良好壁材。

制备凝聚相的一般方法是：配制溶液时将三个因素中的两个设定在适宜范围，第三个因素为不适宜条件，在与囊芯形成均匀分散的两相后改变第三个因素，使其达到适宜而引发相凝聚。根据改变的第三个条件不同，可把明胶-阿拉伯树胶复合凝聚法分为三种不同的操作，即稀释法、调节 pH 值法和调节温度法。

① 稀释法。稀释法微胶囊化是在 G-A 水溶液中固定温度在 35～55℃，pH 值 4.0，起始胶体浓度高于 6%，用温水稀释法体系，然后在混合胶体系中缓缓加入温水，以稀释体系浓度，调节胶体的浓度进入图 9.12 相图中虚线包围的凝聚区，形成凝聚相。在此期间应不断搅拌以保证形成的凝聚相环绕囊芯沉积。凝聚物颗粒大小可以通过加水量控制，一般用水量少，形成的颗粒也小。当凝聚相形成后，混合物体系离开水浴自然冷却至室温，再用冰水浴使体系降温至 10℃并保持，然后进行固化处理。固化处理是在悬浮液体系中加入 NaOH 或 Na_2CO_3，调节溶液 pH 至 9～11。将体系冷却到 0～5℃后，加入 37%的甲醛水溶液搅拌 10～30min，再以每分钟升高 1℃的速度升温至 50℃，使凝聚相完成固化，然后过滤、离心、烘干或经喷雾干燥，得到粉末状微胶囊颗粒。

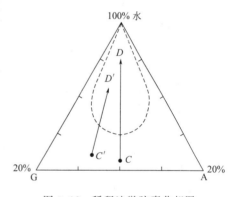

图 9.12　稀释法微胶囊化相图

② 调节 pH 值法。该法的操作工艺是将 4%以下浓度的明胶水溶液与同浓度的阿拉伯树胶水溶液以 1∶1 质量比例混合，保持溶液温度为 40℃，pH＝7，形成均匀的单相溶胶，然后把囊芯加入并形成所需颗粒大小的水包油分散体系，在保温、搅拌下滴加 10%浓度的乙酸溶液至 pH4.0，此时可见溶胶黏度因凝聚而逐渐增加，并最终由水包油两相体系转变成囊芯油相、凝聚相和溶剂连续相组成三相体系，凝聚相中明胶—阿拉伯树胶浓度为 20%左右，连续相中胶体浓度低于 0.5%，凝聚相在油性囊芯周围聚集形成包覆。另一种工艺为先把油性囊芯分散到明胶水溶液中形成水包油乳化体系，再加入阿拉伯胶溶液，在 40℃温度下调节 pH 值至 4.0 发生相分离。

图 9.13 是调节 pH 值法相图，椭圆形区域是凝聚区，当 pH 值从 N 点〔明胶∶阿拉伯胶＝1∶1（质量比）〕或 N′点（明胶∶阿拉伯胶＝2∶1）分别降至 L 或 L′时即产生复凝聚。

调节 pH 值法制得的凝聚相在固化处理之前的凝胶与溶胶的互相转化过程是可逆的，在发生凝聚相分离之后，如果得到的微胶囊颗粒大小不符合要求，还可以加碱使 pH 值升高，

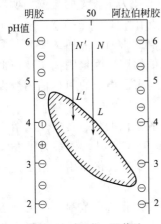

图 9.13 调节 pH 值法
微胶囊化相图

凝胶会重新溶解。通过搅拌使油性囊芯再次分散，直至达到所需粒子大小，再加入醋酸使 pH 降低至 4.0 左右，再次引发凝聚相分离。这种反复可调是 pH 值调节法的优点。

③ 调节温度法。该法是把明胶和阿拉伯溶胶溶液的浓度和 pH 值都调至凝聚产生的适宜条件，而将温度保持在 10℃以下。在将两种胶体溶液及囊芯液体混合均匀后缓慢升温至 35～40℃，此时凝聚相产生并包覆形成微胶囊。

除阿拉伯树胶外，其他可以凝聚形成微胶囊的聚阴离子物质有：褐藻酸钠、琼脂、羧甲基纤维素、果胶等。能使胶囊壁固化的试剂有醛类如甲醛、戊二醛等、鞣酸及盐类、二价铜盐等。

④ 多组分 G-A 体系的复合凝聚法。在明胶-阿拉伯树胶复合凝聚法体系中加入其他作为壁材组分，可得到多层囊壁的微胶囊，并且形成在一个大微胶囊中含有多个小微胶囊的微波囊簇的结构。例如，明胶-血红蛋白-阿拉伯树胶体系是在明胶、血红蛋白的胶体溶液中加入油性囊芯，搅拌分散成水包油乳化体系后，再往体系中加入阿拉伯树胶的胶体溶液并保持 pH=7。在温度 40℃条件下逐滴加入醋酸以降低体系 pH 值，由于血红蛋白的等电点比明胶高，因此 pH 值调节到 5 时，血红蛋白阳离子与阿拉伯树胶阴离子首先形成凝聚相，沉积在囊芯周围形成第一层壁膜；当 pH 值进一步降低到 4.3 以下时，明胶阳离子与阿拉伯树胶阴离子发生凝胶，并在原先已形成的壁膜外形成第二层壁膜；如果再降低 pH 值，则可能在原来的微胶囊壁膜外边以及微胶囊之间凝聚形成一个把多个小微胶囊包覆在内的，共由两层或三层壁膜组成的大微胶囊，小微胶囊既可以是液体囊芯，也可能是含有固体的液体囊芯。

(2) 单凝聚法 单凝聚法与复合凝聚法的差异在于单凝聚法的水相中只含有一种可凝聚的高分子材料，这种高分子既可以是高分子电解质，也可能是高分子非电解质。单凝聚的方法是向高分子溶液中投入凝聚剂，破坏高分子与水的结合，使高分子在水中失去稳定，发生浓缩而聚沉。能使水溶性高分子发生凝聚的作用有盐析作用、等电点沉淀、凝聚剂非水化等。由于使用单凝聚体系时控制微胶囊颗粒大小较为困难，因此应用不如复合凝聚法普遍。

4. 锅包法

糖衣锅是广泛使用的片剂、微丸的包衣设备。锅包法是利用糖衣锅在恒速翻动的情况下用壁材雾滴均匀润湿囊芯，干燥成衣后形成微胶囊的方法。具体操作是：糖衣锅在电机驱动下做旋转运动，而且方向可以变动，颗粒随糖衣锅旋而上升，然后在重力作用下降落和分散，与雾状的壁材均匀混合，并在干燥气流（热空气或冷空气）作用下成形（图 9.14）。锅包法制备的微胶囊固体颗粒一般大于 500μm，多为球形、易流动的粉末，囊芯很少用纯物质，往往含有糖和淀粉等惰性基质，壁材可用硬脂酸单甘油酯、白蜂蜡等蜡质物质，或者聚乙烯吡咯烷酮、明胶等高分子溶液。

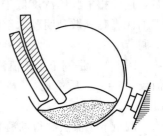

图 9.14 锅包法生产装置图

5. 空气悬浮成膜法

空气悬浮成膜法是由美国威斯康星大学药物学教授沃斯特（D. E. Wurster）发明的，因此常称为沃斯特法，又称为流化床法或喷雾包埋法。该方法是应用流化床技术把囊芯粉末悬浮在空气中，壁材以溶液或熔融状态喷雾到流化床上的固体颗粒上，在悬浮滚动的状态下重复对囊芯进行包覆、干燥或冷凝操作，直至得到一定壁厚的微胶囊。

Wurster装置由气流室、包衣室、扩大室、集尘室四部分组成，上升到集尘室的粉末被收集，包覆过程与外界隔绝，终止了粉尘的外扬（图9.15）。包衣室由中央室、外室、喷嘴、气流分配板组成（图9.16），囊芯在包衣室中被壁材溶液润湿后由热气流上推并同时获得干燥，经过中央室上部的小孔进入外室后，由于外室上升气流速度比中央室慢，囊芯在外室下降到底部，然后又循环回到中央室，再一次被壁材溶液润湿和被热气流加速推动上升，如此反复进行几百次，直到囊芯表面包覆上一定厚度的膜层，达到一定的重量，被上升气流从包衣室带入扩大室，经过滤器去除粗大颗粒后连续输出。

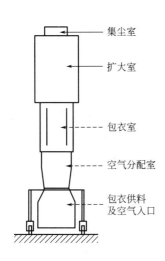

图 9.15 Wurster 装置

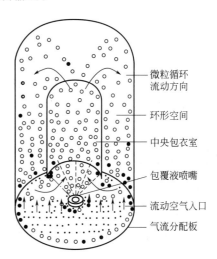

图 9.16 包衣室放大的内部结构图

要获得质量良好的 Wurster 微胶囊产品，在工艺中关键要控制包衣室中气流的速度，使囊芯颗粒能够在流化床中悬浮并形成循环，与壁材溶液充分接触，还要防止颗粒的横向运动；对芯材要求是球形、立方形或柱形等规则形态构成的光滑晶体，使包囊膜能均匀形成，更重要的是要求芯材在流化碰撞中不易破碎，否则破损产生的粉末会增大囊壁的渗透性；对壁材溶液要求控制好用量和喷雾间隔，以保证壁膜的厚度和均匀度。

6.粉末床法

粉末床法是利用细小的固体粉末可以黏附在液滴周围，形成一定厚度的壁膜的原理来制备微胶囊，用这种方法制得的微胶囊颗粒在毫米级范围。根据形成微胶囊时的情况，具体使用的粉末床法可分为以下几种：如囊芯液滴落入壁材粉末床中、溶剂液滴落入由壁材和芯材细粉组成的粉末床、在壁材溶液中分散乳化的芯材液滴落入壁材细粉末的粉末床、芯材受热熔化形成的液滴加入到惰性粉末的粉末床。

该法中使用的成膜材料有硬脂酸钙、明胶、酪蛋白、糊精、葡萄糖等，都是可以呈细粉末状态存在，惰性粉末包括二氧化硅、高岭土、淀粉等，它们一般不溶于壁材溶剂，而是作为填料机械地嵌入壁壳中起到增强壁膜的作用，有时也有吸收溶剂加速液滴干燥的作用。改进的流化气床法是在流化床底部通入压缩空气，使粉末呈悬浮状态而与下落的液滴更好地混合包覆，如图 9.17 所示。

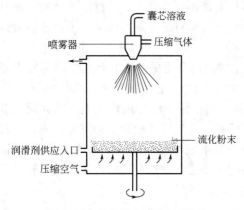

囊芯溶液
压缩气体
喷雾器
流化粉末
润滑剂供应入口
压缩空气

图 9.17　流化粉末床法示意图

7. 包结络合法

包结络合法是用 β-环糊精作微胶囊包覆材料的、在分子水平上形成的微胶囊。β-环糊精有疏水性内腔，可利用其疏水作用以及空间体积匹配效应，与具有适当大小、形状和疏水性的分子通过非共价键的相互作用形成稳定的包合物，对于香料、色素及维生素等，在分子大小适合时都可与环糊精形成包合物。形成包含物的反应一般只能在水存在时进行，当 β-环糊精溶于水时，其环形中心空洞部分也被水分子占据，当加入非极性外来分子时，由于疏水性的空洞更易与非极性的外来分子结合，这些水分子很快被外来分子置换，形成比较稳定的包合物。

利用 β-环糊精为壁材包结络合形成微胶囊的方法比较简便，通常有三种方式：①在 β-环糊精水溶液中反应。一般在 70℃ 温度下配制 15% 浓度的 β-环糊精水溶液，然后把囊芯加入到水溶液中，在搅拌过程中逐渐降温冷却，使包结形成的微胶囊慢慢从溶液中沉淀析出，经过滤、干燥，得到微胶囊粉末。②直接与 β-环糊精浆液混合。把囊芯材料加入到团体 β-环糊精中，加水调成糊状，搅拌均匀后干燥粉碎。③将囊芯蒸气通入 β-环糊精水溶液中使之反应，也可形成微胶囊。

8. 锐孔-凝固浴法

锐孔-凝固浴法是用可溶性高聚物包覆囊芯材料，然后通过注射器等具有锐孔的器具形成微小液滴，进入另一液相池，并在池中发生反应，使高分子材料凝结成固态囊壁，完成微胶囊包埋。与界面聚合法和原位聚合法不同的是，锐孔-凝固浴法不是通过单体聚合反应生成膜材料的，而是在凝固浴中固化形成微胶囊的，固化过程可能是化学反应，也可能是物理变化。

锐孔-凝固浴法把包覆囊芯与壁材固化的过程分开进行，有利于控制微胶囊的大小、壁膜的厚度。常用的壁材有褐藻酸钠、聚乙烯醇、明胶、酪蛋白、琼脂、蜡和硬化油脂等。

褐藻酸钠易溶于冷水，而且易形成透明而有很强韧性的薄膜，在凝固俗中遇到钙、镁、亚铁、锌等金属阳盐时，会迅速转变成褐藻酸盐沉淀，从水中析出。当遇到聚赖氨酸、聚精氨酸等阳离子高聚物时，也会从水中凝固。最常使用的凝固浴是氯化钙，形成的囊壁有足够的韧性强度，并具有半透性，是食品、医药微胶囊的首选。

琼脂在水中加热到 90℃ 以上可以形成溶胶，冷却到 40℃ 就形成凝胶，把琼脂液滴加到乙酸乙酯等冷的有机溶液中就会发生凝固。蜡和硬化油脂也是利用它们的熔化-冷却固化反应来形成微胶囊壁材的。

锐孔装置是利用离心力的作用使囊芯溶液沿水平方向甩出，在锐孔处与成膜材料液相遇形成包覆。锐孔装置由圆形的内盘和与内盘在同一水平方向上镶嵌有许多锐孔的外套管组成、内盘和外套管固定在同心轴上，在旋转器驱动下沿相反方向旋转。当囊芯在内盘旋转产生的离心力作用下，沿水平方向射向外套管上的锐孔，壁材溶液则沿外套管壁流到锐孔上并将囊芯包覆，包覆后的液滴被外套管的离心力甩出，进入倾斜向下放置的凝固浴中，被固化的微胶囊在下端与凝固浴过滤分离（图9.18）。

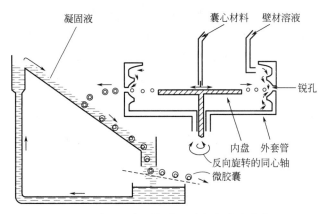

图 9.18　美国西南研究院设计的微胶囊化装置

9. 熔化分散冷凝法

该方法和锐孔-凝固浴法的原理相似，是利用蜡状物质在常温下为固态，具有较低的熔点的性质，使囊芯分散在其中形成微粒，冷却后蜡状物质围绕囊芯形成固态壁膜而实现微胶囊化。将锐孔装置应用于熔化分散冷凝法制备微胶囊，可以使囊芯在加热熔化的壁材中形成的分散液迅速、高效地完成包覆成型的工作，实现连续化的大规模生产。图9.19是美国西南研究院使用的可连续操作的锐孔装置。该装置使用同轴双层锐孔或双流动喷嘴。囊芯在气动压力下进入同轴双层锐孔的内管，加热熔化的石蜡或硬化油脂则进入双层锐孔的外管，在出口处相遇形成包覆，然后在载体介质液的带动下进入热交换器被冷却并形成微胶囊。由于囊芯从锐孔中喷射的速率比流动载体介质的流动速率低，因此液滴能在载体介质中很好地分开，通过热交换器逐步降温、冷却、凝固形成微胶囊，经过滤而筛分得到微胶囊成品，载体介质经过加热器被加热到80℃，再送入微孔装置循环使用。

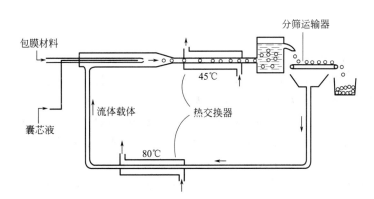

图 9.19　美国西南研究院的熔化-分散冷凝法连续生产装置

五、微胶囊技术在食品工业中的应用

微胶囊在食品工业中的有广泛的应用前景，将把食品及原料微胶囊化可以把液态食品固体化，使用更方便，质量更可靠；食品添加剂和营养素的微胶囊化可使添加剂和营养素免受环境影响而变质，而且微胶囊的缓释功能使添加剂和营养素的效能发挥更充分。

1. 食品及原料的微胶囊

(1) 粉末油脂　微胶囊化能够对油脂进行有效的保护，降低在保存过程中的氧化耗败，而且极大地提高了油脂的使用方便性，最广泛应用的粉末油脂是人们熟悉的咖啡伴侣，产品的保质期可达一年。此外，深海鱼油、小麦胚芽油、γ-亚麻酸、DHA、EPA 等含高度不饱和脂肪酸的油脂极易氧化变质，而且带有特殊腥味或异味。通过微胶囊化使其成为固体粉末，不但能有效降低其氧化变质的可能，而且异味也得以掩蔽。

① 核桃油的微胶囊（锐孔-凝固浴法）　壁材为海藻酸钠，浓度为 1.5%，芯材为核桃油，与壁材的配比为 3.6∶1，乳化剂为单甘酯，浓度为 0.2%，乳化温度为 60～70℃，凝固浴 $CaCl_2$ 的浓度为 2%，包埋率为 86.3%。

② 棕榈油的微胶囊（喷雾干燥法）　壁材为麦芽糊精和酪蛋白酸钠，芯材∶壁材=35∶65，加水量（相对于固形物倍数）1.2 倍，乳化剂用量（以固形物计）1.25%，单甘酯∶蔗糖酯=4.5∶1，酪蛋白酸钠最佳用量（以固形物计）4%，乳化温度 70～80℃，包埋率 98.05%，产品含水量 2.0%，溶解性和流动性能良好。

(2) 粉末酒类　将酒类微胶囊化，去除酒中最大的组分——水，保留酒中有效成分——醇和酯，制成粉末状微胶囊形式，可以极大地降低酒类产品的贮藏和运输成本，只需在饮用前加水溶解复原即可，非常适合于作为旅行食品等。粉末酒类除了饮用作用外，也可用作食品以及化妆品、饲料的原料，起到着香、矫味、防腐等作用。如酒心巧克力的含酒量仅为 1% 左右，而且巧克力表面容易起霜，降低了产品品质。使用粉末酒类不仅可使巧克力含酒量达到 5%，而且不起霜。在点心及面包中加入 1%～5% 的粉末酒，不仅能使烘烤后的蛋糕组织细腻，没有鸡蛋腥味，而且有较好的防腐性能。

利用喷雾冻凝法生产粉末酒的工艺过程是：在 18kg 原料酒中添加 5.7kg 明胶和 5.9kg 麦芽糊精，升温至 35～40℃ 促使壁材均匀溶解，形成胶囊化初始溶液；在 -40℃ 以下喷雾冻结，并于冻结状态下进行真空干燥。原酒的酒精含量为 51.3%，成品的酒精含量为 44%。

(3) 固体饮料　饮料中总固体的含量一般不超过 10%，饮料中的水占据了产品包装、运输的绝大部分，固体饮料则能克服这一缺点，而且可以长期保存。市场上常见的果珍、雀巢柠檬茶、菊花晶、高乐高等都属于固体饮料。

2. 食品添加剂的微胶囊

(1) 粉末香精　粉末香精已广泛用于固体饮料、固体汤料、快餐食品和休闲食品中，能起到减少香味损失，延长留香时间的作用。如焙烤制品在高温焙烤时香料易被破坏或蒸发，形成微胶囊后香料的损失大为减少，如果制成多层壁膜的微胶囊，而且外层为非水溶性壁材，那么在烘烤的前期香料会受到保护，仅在到达高温时才破裂释放出香料，因而可减少香料的分解损失。糖果食品，特别是口香糖需要耐咀嚼，常使用含溶剂少的高浓度香料微胶囊。固体汤粉调味品中，使用微胶囊形式的固体香辛料可以把葱、蒜等的强刺激气味掩盖起来。

肉桂醛微胶囊（喷雾干燥法）的壁材为阿拉伯胶和麦芽糊精，两者的最佳质量配比为 1∶1，乳化剂为单甘酯，最佳用量为 0.4%，最佳固形物质量分数为 40%；芯材与壁材的配比为 1mL∶10g。最佳喷雾干燥条件为：进风温度 225℃，出风温度 82℃。

(2) 番茄红素微胶囊（喷雾干燥法）　蔗糖和食用明胶为壁材，质量比为 9∶1，芯材∶壁材=1∶14。壁材以 400mL 蒸馏水溶解，番茄红素用氯仿溶解，氯仿用量为 1g 番茄红素溶于 10mL 氯仿；均质 30min，在均质的同时将氯仿挥发掉，再将此乳化液溶于水，使其固

形物含量为 $10\%\sim15\%$。喷雾干燥进风温度为 $120\sim140℃$，出风温度为 $80\sim100℃$。

（3）抗氧化剂的微胶囊

① 尼泊金丙酯微胶囊（喷雾干燥法） 壁材的最佳组合为：阿拉伯胶 25%，微孔淀粉 25%，玉米糖浆 50%；芯材与壁材比例为 55:45，均质压力 30MPa；微胶囊喷雾干燥工艺条件为：进料温度 $55\sim60℃$，进风温度 $180\sim190℃$，出风温度 90℃ 左右，包埋率 74%。

② BHT 微胶囊（包接络合法） 以 β-环糊精为壁材，以抗氧化剂 BHT 为芯材，芯材与壁材的最佳比例为 12:88；在 β-环糊精中加入少量水，使 β-环糊精形成均匀的糊状物，然后将溶于有机溶剂的 BHT 加入，进行超声波处理，最适处理时间为 30min，最后干燥得到产品。β-环糊精微胶囊 BHT 对提高油脂抗氧化能力有明显作用。

（4）甜味剂微胶囊（粉末床法） 甜味剂微胶囊化后的吸湿性大为降低，而且微胶囊的缓释作用能使甜味持久。此外，阿斯巴甜是天冬氨酸与苯丙氨酸甲酯的二肽酯类化合物，在可乐等酸性饮料中不稳定，易于水解，在烘烤食品中应用也会因羰胺反应损失而使甜味减弱，制成微胶囊后稳定性可显著提高。将粒度为 $20\mu m$ 的 500g 阿斯巴甜与 150g 聚乙烯吡咯烷酮混合，在 30℃ 的粉末床中流化，并在 10min 内喷入 250mL 水造粒，然后干燥 40min，将其中粒度在 $50\sim350\mu m$ 部分颗粒进行涂层包埋，涂层材料是熔点为 85℃ 的氢化蓖麻油，用量为 500g 颗粒喷涂 1400g 熔融的氢化蓖麻油。

（5）酸味剂微胶囊 酸味剂有增加风味、延长保质期的作用，但有时酸味剂会与食品中的某些成分发生化学作用，使食品的风味损失，色素分解，淀粉食品的货架期缩短。茶叶中加入酸味剂后会与茶叶中的单宁起反应，并使茶叶褪色。将酸味剂制成微胶囊，使其与食品中其他成分隔离，对酸敏感的成分便可不受其影响。酸味剂的微胶囊通常使用氢化油脂、脂肪酸等蜡质材料为壁材，在食品加工的后期加入食品中，微胶囊受热熔化时才释放。

（6）防腐剂微胶囊 食品防腐剂微胶囊化可以达到缓释、延长防腐作用时间、减少对人毒性的目的。如山梨酸的酸性对食品性能会有影响，而且长期暴露在空气中易于氧化变色。采用硬化油脂为壁材形成微胶囊后，既可避免山梨酸与食品直接接触，又可利用微胶囊的缓释作用，缓慢释放出防腐剂起到杀菌作用。又如乙醇在低 pH 值条件下，即使量很低也有很好的防腐效果。例如 6% 浓度的乙醇配合乳酸、磷酸等和一种天然物质，相互间的协同作用可以起到与 70% 浓度乙醇或 3% 浓度过氧化氢相同的防腐杀菌效果。将这些物质微胶囊化，附在食品包装内，其缓慢释放的蒸气有很好的杀菌作用，而且对人体无任何毒害作用。

3.营养强化剂的微胶囊

（1）大豆磷脂微胶囊（喷雾干燥法） 称取 100g 粉末状大豆磷脂，加入 1000mL 温水搅拌乳化后，在 40℃ 水浴恒温下加入 100g 微孔淀粉在搅拌下进行吸附，然后缓慢加入 10% 明胶溶液 400mL，定容至 1500mL，充分混合均匀。喷雾干燥工艺条件为：进料温度 $50\sim60℃$，进风温度 160℃ 左右，出风温度 90℃ 左右。

（2）薏苡仁酯微胶囊（锐孔-凝固浴法） 壁材：海藻酸钠，初始溶液的质量浓度为 10g/L。芯材：薏苡仁酯。芯材与壁材的质量之比为 0.6:1；乳化剂在壁材与芯材乳化分散液中的质量浓度为单甘酯 1g/L，蔗糖酯 0.5g/L。固化液：质量浓度为 10g/L 的 $CaCl_2$。芯材和壁材乳化液保持在 $50\sim60℃$，分散注入冷却的 $CaCl_2$ 固化液中形成微胶囊，并在 4℃ 左右的低温下固化 10min，筛分分离后用清水洗去胶囊表面的 $CaCl_2$ 残留，脱水后的微胶囊置于 45℃ 恒温箱中干燥至质量恒定。用该工艺条件制得的微胶囊产品，薏苡仁酯的包埋率达 81.8%。

(3) 生产天然维生素 E 微胶囊（喷雾干燥法） 原料配比为：天然维生素 E 30%～40%，壁材 55%～65%，乳化剂 4%～5%，稳定剂 0.5%～1.2%，芯材与壁材之比为 0.6∶1；最佳均质压力为 35～40MPa，最佳喷雾干燥条件为进料温度 50～60℃，进风温度 190℃，出风温度 75℃。壁材的配比为：明胶 32%，酪蛋白钠 16%，糊精 35%，乳糖 17%，产品包埋率为 95.4%。

(4) 肠溶性双歧杆菌的微胶囊（空气悬浮干燥法） 与双歧杆菌具有生物相容性及肠溶性的壁材有丙烯酸聚合物，这类材料中甲基丙烯酸和甲基丙烯酸甲酯或乙酯的共聚物在改变聚合比例时，可得到不同溶解性能的囊衣材料。由于双歧杆菌微胶囊释放的部位在小肠，其pH 值在 6.5～8.0，这两个材料以 1∶1 为好。将菌粉悬浮于由流化床产生的承载气流中，在包衣室中呈沸腾状，压缩空气通过气流环隙时造成的真空将囊液压出喷嘴，雾化形成的微液滴使菌粉润湿，待溶剂挥发后聚合物在菌粉表面形成囊衣，被包埋的颗粒随气流在干燥室反复循环，同时完成包囊和固化的过程。进气温度的控制以有机溶剂尽快挥发又不至于使菌体失活为原则，制得的双歧杆菌微胶囊具有肠溶性，可免胃酸破坏。

(5) 植物甾醇酯微胶囊（喷雾干燥法） 壁材的配比为：明胶 30%，酪蛋白酸钠18%，糊精 35.5%，黄原胶 1%，乳糖 15.5%。原料配比为：植物甾醇酯 30%～40%，乳化剂 1%～2%，稳定剂 0.5%～1.2%，壁材 58%～68%，芯材与壁材之比为 0.6∶1；最佳均质压力为 35～40MPa；喷雾干燥工艺条件为：进风温度 195℃，出风温度 75℃，进料温度 55～65℃。性状分析表明，微胶囊型植物甾醇酯的水溶性、流动性、分散性及稳定性等性能指标良好。

(6) 微量元素微胶囊 铁盐是重要的营养强化剂，主要使用硫酸亚铁、柠檬酸亚铁和富马酸亚铁。但是亚铁盐特别是硫酸亚铁异味非常严重，难以直接入口，而且硫酸亚铁对胃壁有较强的刺激作用，一般需要用硬化油脂包埋成微胶囊后食用。锌元素有提高味觉灵敏度，促进体内酶反应进行，帮助伤口愈合的作用，也有促进儿童生长发育、提高智力等作用，但锌盐有苦味和收敛作用，而且锌盐容易潮解，因此也需要包埋成微胶囊。

微胶囊在食品中还有很多其他应用，例如，微胶囊化对稳定维生素 C 有极佳的作用，如在食品含水量为 15%、温度 85～95℃条件下，维生素 C 微胶囊的保存率在 95% 以上，而在同样条件下对照组维生素 C 保存率仅 42%～49%。维生素 A、维生素 D 有令人不愉快的气味和味道，并在消化过程中易被胃液破坏，通常使用乙基纤维素或邻苯二甲酸乙酸纤维素酯这类不溶于酸的壁材制成肠溶微胶囊，以利人体对维生素 A、维生素 D 和钙质的吸收。在乳品产品中，把果汁等调味剂进行微胶囊化后再与奶粉等成分混合调配，可以避免蛋白质与有机酸等物质的接触，克服因为蛋白质的变性使奶粉结块等现象的发生；将维生素 C 和亚铁盐等先进行微胶囊化处理，制成维生素 C 亚铁补血奶粉，解决了维生素 C 和亚铁盐在贮存的过程中极易被氧化变色等技术难题；将干酪生产中所用的微生物和酶制剂等微胶囊化，可以促进干酪的早熟，促使干酪风味化合物的形成。

第十章 食品分离技术

第一节 膜分离技术

一、膜技术概述

1.膜的定义和分类

膜分离是以分离膜为介质，以外界能量或化学位差为推动力，对双组分或多组分溶质和溶剂进行分离、提纯或富集的过程。由于分离膜的多样性，很难下一个精确、完整的定义，一般认为"膜"是两相之间的一个不连续区间。"区间"表明了膜是有一定厚度的物质，用以区别相界面的概念。因此，可以认为膜是分隔开两种流体的一个阻挡层，阻止了这两种流体间的自由流动，并以特定的形式限制和传递各种化学物质。膜按形态和结构的分类见图10.1。

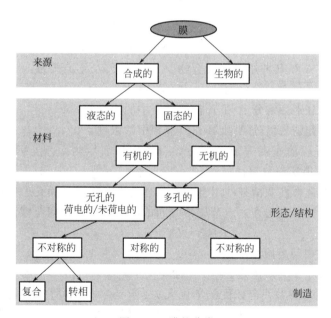

图 10.1 膜的分类

膜分离已经在食品工业中广泛应用，由于膜分离过程在常温下进行，因此对于热敏性物质的处理，如果汁等的分离、浓缩、富集，在经过膜处理前后，色泽、香气和风味均无变化，营养物质损失也极少。同时，由于分离过程一般是在闭合的回路中运转，减少了氧气对食品成分的氧化作用，有利于食品成分和品质的保护。

2. 膜分离的基本参数

由于膜与渗透组分之间的物理性质或化学性质的不同，膜可以使某一特定组分更容易通过。膜的传递过程必须存在某种推动力，推动力可以是压力梯度、浓度梯度、电位梯度或温度梯度，在许多情况下通过膜的渗透速率正比于推动力。工业化的膜分离方法及基本特征见表 10.1。

表 10.1　已工业应用膜过程的分类及其基本特性

过程	分离目的	透过组分	截留组分	透过组分在料液中含量	推动力	传递机理	膜类型	进料和透过物的物态	简图
微滤（MF）	溶液脱粒子，气体脱粒子	溶液、气体	$0.02 \sim 10\mu m$ 粒子	大量溶剂及少量小分子溶质和大分子溶质	压力差约100kPa	筛分	多孔膜	液体或气体	
超滤（UF）	溶液脱大分子、大分子溶液脱小分子、大分子分级	小分子溶液	$1 \sim 20nm$ 大分子溶质	大量溶剂，少量小分子溶质	压力差$100 \sim 1000$kPa	筛分	非对称膜	液体	
纳滤	溶剂脱有机组分，脱高价离子，软化，脱色，浓缩，分离	溶剂、低价小分子溶质	1mm 以上溶质	大量溶剂，低价小分子溶质	压力差$500 \sim 1500$kPa	溶解扩散，Donna效应	非对称膜或复合膜	液体	

① 分离因子和截流率　膜分离需要从混合组分中把有效成分单离出来，因此分离效果是首要的。对于含有 A 和 B 两组分的混合物，分离因子 $\alpha_{A/B}$ 定义为：

$$\alpha_{A/B} = (y_A/y_B) \div (x_A/x_B)$$

式中　y_A 和 y_B——分别为组分 A 和 B 在透过液中的浓度；

x_A 和 x_B——分别为组分 A 和 B 在料液相中的浓度。

如果 A 组分通过膜的速度大于 B 组分，分离因子表示为 $\alpha_{A/B}$，反之则为 $\alpha_{B/A}$，如果 $\alpha_{A/B} = \alpha_{B/A} = 1$，则不能实现分离。

混合物分离需要选择性截留某些组分，虽然理论上可以通过膜孔径的选择来完全拦截某些组分，但实际上膜孔径也是在一定范围内分布的，不可能实现完全截流。截留率定义为：

$$R_{obs} = (C_f - C_p)/C_f$$

式中　C_f——料液相中某溶质浓度；

C_p——透过液中某溶质浓度。

截留率 R 为无量纲参数，与浓度的单位无关。$R = 100$，溶质完全截留，为理想的半渗透膜；$R = 0$，溶质与溶剂一样可自由通过膜，无分离效果。R_{obs} 称为表观截流率，因为膜分离过程不可避免会在膜面发生浓差极化，真实截流率是膜面上溶质浓度（以 C_m 表示）和透过液中溶质浓度比值表示：

$$R_{real} = (C_m - C_p)/C_m$$

全蒸发是唯一有相变的过程，其原料为液体而渗透物为蒸汽。分离过程应向体系提供渗透物汽化所需热量。全蒸发主要用于有机混合物脱水。膜蒸馏过程发生两次补偿相变，该过程是利用疏水多孔膜将不同温度的两个水溶液分开，由于分压差，在高温侧液体发生汽化，蒸汽通过膜孔从热侧传向冷侧，在低温侧蒸汽被冷凝。膜蒸馏用于水（无机）溶液的浓缩和净化。

② 膜通量　膜分离的效率是制约其在工业化应用的重要因素，该因素的表示参数为膜通量，即在一定压力下单位内单位膜面积可以透过的料液体积。

$$J_v = V_p/(A_m \times t)$$

式中　J_v——膜通量，$L/(m^2 \cdot h)$；

V_p——测定时间内透过液体积，L；

A_m——测定时的有效膜面积，m^2；

t——测定时间，h。

由于膜通量随处理的物料量增加而下降，所以需要注明处理的物料量和浓缩倍数。

③ 跨膜压差和压降　由于膜的阻隔，膜的两侧存在压力差，即跨膜压差，表示为：

$$\Delta P = (P_{in} + P_{out})/2$$

式中　ΔP——跨膜压差，Pa；

P_{in}——膜进口端压力，Pa；

P_{out}——膜出口端压力，Pa。

压降（ΔP_d）是进出膜组件后的压力降，与膜串联的长度有关。

$$\Delta P_d = P_{in} - P_{out}$$

3. 膜的性能表征

对膜基本性能的评价通常包括分离、透过特性、物化稳定性及经济性这4个最基本的条件。膜的物化稳定性取决于构成膜的材料，高分子材料膜由于多孔结构和水溶胀性，膜的抗氧化性、抗水解性、耐热性和机械强度等应为这类膜的物化稳定性质指标。

分离膜必须对被分离的混合物具有选择透过能力，主要取决于膜材料的化学特性和分离膜的形态结构，而且与膜分离过程的一些操作条件有关。透过性能是其处理能力的主要标志，取决于膜材料的化学特性和分离膜的形态结构，以及分离过程的势位差（如压力差、浓度差、电位差等）。膜的物理、化学稳定性包括机械强度、耐热性、耐酸碱性、抗氧化性、生物稳定性、表面性质（荷电性或表面吸附性等）、亲水性等，主要由膜材料的化学特性决定。膜的经济性，要求膜材料和制造工艺两个方面的成本适当。

4. 膜材料概述

制备模的材料主要有高分子分离膜材料和无机材料，两种材料各有千秋。

① 纤维素衍生物类　纤维素类膜材料是研究最早、应用最多的膜材料。尽管纤维素类聚合物膜性能良好，但纤维素酯耐热性差，且易于发生化学及生物降解。为避免降解，在室温下使用时 pH 值应在 4～6.5 之间，在碱性介质中纤维素会快速水解。另外，这类聚合物对生物降解也很敏感。

② 聚酰胺类　聚酰胺类聚合物有聚芳香酰胺和聚哌嗪酰胺，聚芳香酰胺因为其耐压稳定性、耐强碱稳定性、耐油和热稳定性、水解稳定性均很好，且有良好的选择渗透性，特别适于做反渗透膜材料，不耐酸，抗氧化性能差。聚哌嗪酰胺耐高温、耐溶剂，是纳滤膜的良好材料。

③ 聚砜类　聚砜具有很好的化学和抗氧化稳定性，抗压密性好，是超滤和微滤膜的良好材料。

此外还有聚丙烯、聚丙烯腈、聚氯乙烯等膜材料。

无机膜材料由金属、金属氧化物、陶瓷、多孔玻璃、沸石、无机高分子材料等制成，与有机聚合物分离膜相比具有化学稳定性好，能耐酸、耐碱、耐高温、耐有机溶剂，机械强度大，抗微生物分解，孔径分布窄，分离效率高等优点。如陶瓷膜的使用温度最高可达4000℃，其他材料的熔点也都在1600℃以上。无机膜的另一优点是便于清洗。无机膜材料的不足之处是造价较高，陶瓷膜不耐强碱，一般无机材料脆性大、弹性小，给膜的成形加工及组件装配带来一定的困难。

金属膜主要是通过金属粉末的烧结而制成，如不锈钢、钨和钼。陶瓷膜是将金属（铝、钛或锆）与非金属氧化物、氮化物或碳化物结合而构成，其中以使用氧化铝和氧化锆制成的膜最为重要。这些膜一般采用烧结法或溶胶-凝胶法制备。玻璃也可看成是陶瓷，玻璃膜（SiO_2）主要通过分层玻璃浸提而制成。沸石膜具有非常小的孔，用于气体分离和全蒸发。

二、膜分离装置和工艺流程

1. 膜分离装置

膜分离装置主要部件为膜组件和泵，所谓膜组件是将膜组装在某种形式的基本单元设备内，由泵提供外界压力，在循环下实现溶质和溶剂的分离。工业规模上的该单元设备为膜组件或简称组件。在膜分离工业装置中，可根据生产需要设置数个至数十个膜组件。工业上常用的反渗透膜组件形式主要有板框式、管式、螺旋卷式及中空纤维式等四种类型。

① 板框式膜组件 板框式是最早开发的反渗透膜组件，由板框式压滤机衍生而来的。与其他组件形式相比，板框式的最大特点是装置的体积比较紧凑，当需要增大处理量时，只需简单地增加膜的层数即可。膜的更换、清洗、维护比较容易。

组件中原液流道和透过液流道相互交替重叠压紧，原液流道截面积较大，压力损失较小，原液的流速可以高达1～5m/s，原液中即使含有一些杂质也不易堵塞流道，使用的适应面较广，预处理的要求较低，如将原液流道隔板设计成各种形状的凹凸波纹，使流体易于实现湍流，便可提高过滤效率，减少浓差极化。

但是由于板框中膜的面积大，而且液体湍流时造成波动，因此要求膜有足够的强度。此外，密封边界线长也是这种形式的主要缺点之一。由于板框式组件的流程较短，单程的回收率较低，需要进行的循环次数比较多，因此要求泵的容量大，相应的能耗便增加，同时容易造成温度上升。由于平板膜组件的阻力损失较小，实际操作中可采用多段操作以增大回收率。

板框式反渗透膜组件的结构形式各有不同，耐压容器式组件是把多层脱盐板堆积组装后放入耐压容器中制成的，原水由容器的一端进入，浓水从容器的另一端排出，容器内的大量脱盐板根据设计要求进行串、并联联结，板数从进口到出口依次递减，从而减轻浓差极化现象并保持原水流速基本平稳（图10.2）。为了改善膜表面上原水的流动状态，降低浓差极化，膜组件上可设置导流板。图10.3所示板框式结构可以"模块"形式组装和更换，使用更方便。图10.4为DDS的板框式组件形式。

② 管式膜组件 管式膜组件有内压式、外压式、单管式和管束式等多种。内压单管式膜组件是在管状膜上裹以尼龙布或滤纸一类的支撑材料，装在多孔的不锈钢管中，膜管的末端做成喇叭形，以橡皮垫密封。加压下的料液从管内流过，透过液在管外侧收集。为了提高膜的装填密度，也可采用同心套管组装方式，将若干根膜管组装成管束（见图10.5）。外压型管式膜组件的结构与内压型相反，是将膜装在耐压多孔管外，水从管外透过膜进入管内。由于外压式需要耐高压的外壳，而且进水的流动状况较差，一般较少使用。

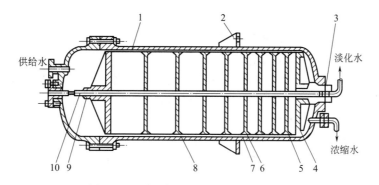

图 10.2　耐压容器式板框反渗透膜组件

1—膜支撑板；2—安装支架；3—支撑座；4—基板；5—周边密封；6—封闭；

7—水套隔板；8—开口隔板；9—淡水管螺母；10—淡化水顶轴

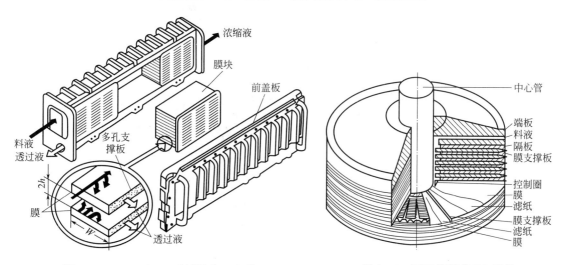

图 10.3　Dorr-Oliver 型板框式 U 组件　　　　图 10.4　DDS 板框式 RO 组件

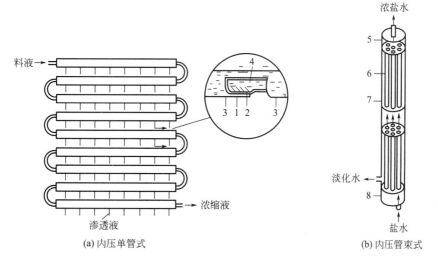

图 10.5　管式膜组件

1—孔外衬管；2—膜管；3—渗透液；4—料液；5—耐压端套；

6—玻璃钢管；7—淡化水收集外壳；8—耐压端套

管式组件的优点是流动状态好，流速易控制，安装、拆卸、维修较方便，能够处理含有悬浮固体的溶液，在合适的流动状态还可以防止浓差极化和污染。但是管膜的制备较困难，单位体积内有效膜面积较少，管口的密封也比较困难。

③ 中空纤维式膜组件　中空纤维的直径较细，一般外径为 $50\sim100\mu m$，内径为 $15\sim45\mu m$，具有在高压下不变形的强度。中空纤维膜组件是把几十万（或更多）根中空纤维弯成 U 形，装入圆柱形耐压容器内，纤维束的开口端密封在环氧树脂的管板中。在纤维束的中心轴处安置一个原水分配管，原水以经向流过纤维束，透过纤维管壁的淡水沿纤维的中空内腔经管板被引出，浓原水则在容器的另一端排出（见图 10.6）。

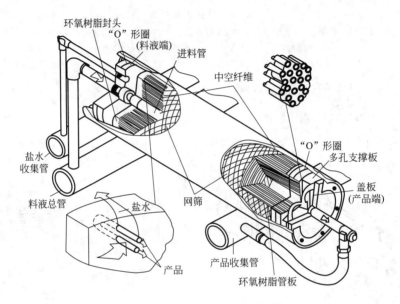

图 10.6　中空纤维反渗透膜组件

中空纤维之所以采用外压式是因为纤维壁承受内向压力的能力要比外向张力大，而且即使部分纤维强度不够，也只会被压瘪，中空部分被压实、堵塞，而不会破裂，从而防止了产品被原水污染的可能。膜组件的壳体采用一种缠绕玻璃纤维的环氧增强塑料材料，具有安全、重量轻、不腐蚀的优点。中空纤维式装置的主要优点是单位体积内有效膜表面积比率高，尼龙中空纤维的物化稳定性好的，不需要支撑材料，寿命可达 5 年，因此效率高、成本低、体积小、重量轻。但是中空纤维膜的制作技术复杂，管板制作也较困难，而且不能处理含悬浮固体的原水。

④ 螺旋卷式膜组件　螺旋卷式膜组件充填密度高，使用和维护方便。这种膜为双层结构，中间为多孔支撑材料，两边是膜，三条边被密封而黏结形成膜袋，另一边与一根多孔中心产品收集管密封连接，在膜袋外部的原水侧再垫一层网眼型间隔材料，形成膜-多孔支撑体-膜-原水侧间隔材料排列，然后绕中心产品水收集管紧密地卷成一个膜卷，装入圆柱形压力容器，成为一个螺旋卷组件（见图 10.7）。

工作时原水及浓缩液在网眼间隔层中流动，浓缩后由压力容器的另一端引出，产品则沿着螺旋方向在两层膜间的膜袋多孔支撑材料中流动，最后进入中心产品水收集管而被导出。增加膜的长度可以提高过滤面积，但膜长度的增加有一定的限制，因为膜长度的增加必然会提高产品流入中心收集管的阻力。改良的方法是在膜组件内增设叶膜以增加膜的面积，同时

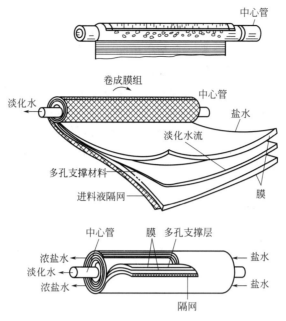

图 10.7　螺旋卷式反渗透膜组件

不会增加产品流动的阻力（图 10.8）。在实际应用中一般把几个膜组件的中心管密封串联起来构成一个组件，再安装到压力容器中组成一个单元后使用（图 10.9）。

　　⑤ 毛细管式　毛细管式膜组件由许多直径为 0.5～1.5mm 的毛细管组成，与中空纤维组件不同的是，毛细管式采用内压式，料液从每根毛细管的中心通过，透过液从毛细管壁渗出。毛细管由纺丝法制得，无支撑。

　　⑥ 槽式　这种膜组件由聚丙烯或其他塑料挤压成槽条，直径为 3mm 左右，上有 3～4 条槽沟作为产品的导流沟，槽条表面铸上膜层，并将槽条的一

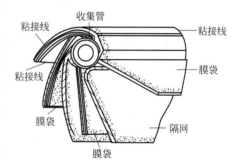

图 10.8　四叶卷式组件结构示意

端密封，将几十根至几百根槽条组装成一束装入耐压管中形成一个单元。工作时原水从耐压管一端进入，透过液通过槽沟流向槽条的密封端被引出，浓水则从耐压管另一端流出。

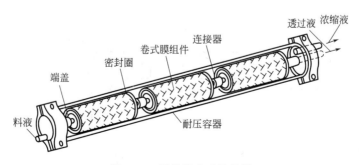

图 10.9　螺旋卷式反渗透器

2. 膜分离工艺流程

膜分离操作的分离目的各不相同，此需要以不同方式配置组件来满足不同要求。在膜分离工艺流程中常以"段"与"级"为一个基本单元。所谓段，是指膜组件的浓缩液不经泵自动流到下一膜组件，每经一组膜组件为一段；所谓级，是指膜组件的产品经泵进入下一组膜组件处理。透过液产品经 n 次膜组件处理，称为 n 级。

① 一级一段连续式和一级一段循环式 这两种方式的示意图见图 10.10、图 10.11，一级一段连续式的回收率不高，实际较少采用。一级一段循环式将部分浓缩液返回进料液储槽，与原有的进料液混合后再次通过组件进行分离，这样可以提高水的回收率，但因为浓缩液中溶质浓度比原进料液要高，所以透过的水质有所下降。

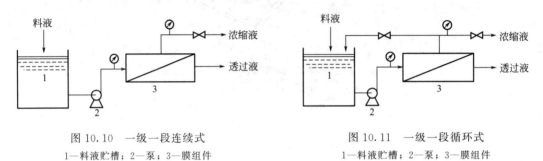

图 10.10 一级一段连续式　　　　　　　图 10.11 一级一段循环式
1—料液贮槽；2—泵；3—膜组件　　　　　1—料液贮槽；2—泵；3—膜组件

② 一级多段连续式 简单的一级多段连续式如图 10.12 所示，它是把第一段的浓缩液作为第二段的进料液，再把第二段的浓缩液作为第三段的进料液，各段的透过水连续排出。这种方式的回收率高，浓缩液的量少，浓缩液中的溶质浓度较高，适合于处理量大的场合。

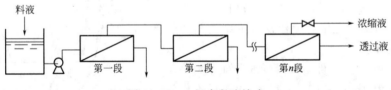

图 10.12 一级多段连续式

③ 一级多段循环式 这种方式将第二段的透过液返回第一段作进料液，重新进行分离，浓缩液作为第三段的进料液，这样后一段的进料液浓度较前一段高，后一段透过水溶质的含量较前一段高。浓缩液经多段分离后，浓度得到很大提高，能获得很高浓度，因此一级多段循环式适用于以浓缩为主要目的的分离（图 10.13）。

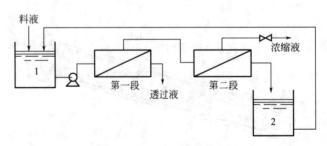

图 10.13 一级多段循环式
1—料液贮槽；2—贮槽

④ 多段锥形排列　为了保持原料在装置内每个组件中的流量和状态大致相同，以减少浓差极化，并达到给定的回收率，装置内的组件必须分为多段锥形排列（见图 10.14），段内并联，段间串联。由于锥形排列方式中浓缩液经过多段流动，压力损失较大，需要增设高压泵以防止效率下降。

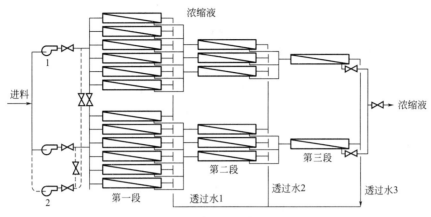

图 10.14　一级多段连续式的锥形排列
1—高压泵；2—备用泵

⑤ 多级多段配置　膜分离装置也可以设成多级多段，也有连续式与循环式之分，图 10.15 和图 10.16 分别为二级五段连续式和多级多段循环式的流程图，后一方式是将前一级的透过液作为下一级的进料液再次进行分离，经多级分离后将最后一级的透过水引出系统，浓缩液从后一级返回到前一级的进料液中，这种方式既提高了水的回收率，又提高了透过水的水质，但是泵的能耗将增大。对于海水淡化之类的分离来说，由于一级脱盐淡化需要有很高的操作压力和高脱盐性能的膜，在技术上有很高的要求，而采用多级多段循环式分离，既可以降低操作压力和对设备的要求，又可以降低对膜脱盐性能的要求，因此有较高的实用价值。

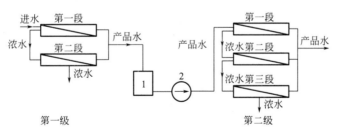

图 10.15　二级五段连续式（第一级二段，第二级三段）
1—水箱；2—水泵

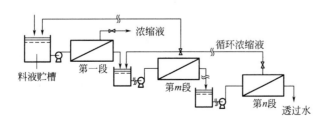

图 10.16　多级多段循环式

三、反渗透和纳滤

1. 反渗透的基本原理

若在一选择性膜的两边分别放入纯溶剂 A 和含溶质的稀溶液 B，在等温、等压的起始条件下，因纯溶剂 A 的化学位 $\mu_{AL}=\mu^*(P、T)$，稀溶液中溶剂的化学位 $\mu_{AR}=\mu^*(P、T)+RT\ln x_A$，因此 $\mu_{AL}>\mu_{AR}$，溶剂向稀溶液侧渗透，此过程便为浓度差作用下的渗透。随着溶剂的渗透，稀溶液侧液面升高，静压力增大，化学位上升，当达到渗透平衡时，稀溶液侧液面上升位能即为稀溶液的渗透压，用 π 表示。若在稀溶液侧施加一大于 π 的静压，使 $\mu_{AR}>\mu_{AL}$，溶剂便向纯溶液侧渗透，该过程称为反渗透（图 10.17）。因此，反渗透操作必须符合两个条件，即一个选择性透过膜和一个大于渗透压的静压差，实际操作中还需克服膜的阻力。

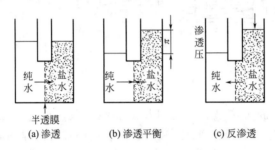

图 10.17 渗透和反渗透

渗透压与溶质的浓度、温度、离子类型有关，稀溶液渗透压的计算近似 Van't Hoff 方程：$\pi=RT\sum C_B$，实际溶液经过校正并简化为：$\pi=B\sum x_B$，其中 x_B 为溶液中溶质的摩尔分数，部分溶质-水体系的 B 值见表 10.2。

表 10.2 某些溶质-水体系的 B 值

溶质	$B\times10^{-2}/(MPa/mol)$	溶质	$B\times10^{-2}/(MPa/mol)$
LiCl	2.61	Na_2SO_4	3.11
NaCl	2.58	K_2SO_4 [①]	3.10
KCl	2.54	$CuSO_4$ [①]	1.43
NH_4Cl	2.51	$MgSO_4$ [①]	1.58
$CaCl_2$	3.73	$LiNO_3$	2.61
$MgCl_2$	3.75	$NaNO_3$	2.50
$BaCl_2$	3.58	KNO_3	2.40
尿素	1.37	$Ca(NO_3)_2$	3.45
甘油	1.43	$Mg(NO_3)_2$	3.70
砂糖	1.44		

① 硫酸盐与其他盐不同，B 值随浓度上升而下降。

反渗透膜的传质分离机理有多种模型，如溶解-扩散理论、优先吸附-毛细孔流理论、氢键理论、道南（Donnan）平衡模型等。除了质点的分子大小外，质点的荷电大小也是一个重要因素。反渗透的操作压力高，达到 $10^6\sim10^7$ Pa，脱盐率在 99% 以上。

2. 纳滤技术（NF）

反渗透膜可以将摩尔质量在 150 以上的有机组分完全截留，而纳滤膜适宜于分离分子量在 200 以上、分子大小约为 1nm 的溶解组分。纳滤的操作压力的范围在 $10^5 \sim 10^6$ Pa。有时也将纳滤称为"低压反渗透"或"疏松反渗透"。

NF 膜与反渗透膜相类似,绝大多数是多层结构的,即使在高盐浓度和低压条件下也具有高渗透通量。很多纳滤膜上有带电基团,具有离子选择性,一价阴离子可以大量地渗过膜,而多价阴离子(例如硫酸盐和碳酸盐)的截留率要高得多,对 NaCl 的截留率在 $40\% \sim 90\%$,对二价离子,特别是阴离子的截流率在 99% 以上,因此盐的渗透性主要由阴离子的价态决定。德国亚琛工业大学对 NF 膜进行的大量系列研究显示,对于阴离子的截留率按下列顺序递增 $NO_3^- < Cl^- < OH^- < SO_4^{2-} < CO_3^{2-}$;对于阳离子的截留率递增顺序为 $H^+ < Na^+ < K^+ < Ca^{2+} < Mg^{2+} < Cu^{2+}$。

3.反渗透技术的应用

① 海水淡化(SWRO)和苦咸水脱盐 我国长岛苦咸水反渗透淡化站工艺流程见图 10.18,原水取自长山岛地下 17m 的井水,浊度 $0.7 \sim 0.9$ 度,pH 值 7.1,总硬度(CaCO$_3$ 计)1098.9mg/L,总溶解固体 $2900 \sim 4300$mg/L,水温 $18 \sim 20℃$。原水经双层滤料过滤器(上层为 $1.0 \sim 1.6$mm 粒径的无烟煤,下层为 $0.42 \sim 0.85$mm 的石英砂)过滤,滤液中加入 $0.5 \sim 0.7$mg/L 的次氯酸钠和 5mg/L 的六偏磷酸钠,然后经 $10\mu m$ 聚丙烯蜂房式管状滤芯精密过滤器进入不锈钢贮水罐贮存。预处理水用反渗透高压泵加压到 2.5MPa,经过一不锈钢缓冲器和高压滤器后进入反渗透组件。该组件为国产 SRC-0414 卷式反渗透组件,以 3∶2∶1 排列,共六根。该装置脱盐率为 $84\% \sim 90\%$,余氯 $0.2 \sim 0.4$mg/L,符合饮用水标准,水回收率 $66.7\% \sim 72.7\%$,日产水 60t。经过三段脱盐的浓缩水排入浓水池,定期排放入海。

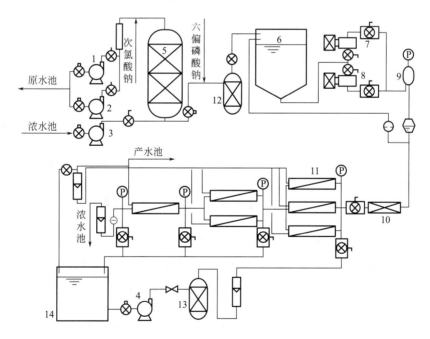

图 10.18 长岛苦咸水反渗透淡化站工艺流程

1—预处理主泵;2—预处理备用泵;3—反冲泵;4—清洗泵;5—双层滤料过滤器;
6—过滤水箱;7—反渗透主泵;8—反渗透备用泵;9—不锈钢缓冲器;10—高压
滤器;11—SRC-0414 组件(6 根);12,13—精密滤器;14—清水箱

② 饮用纯净水的生产 饮用纯净水水质要求高于生活饮用水,必须将生活饮用水经预

处理、除盐、灭菌、消毒后才能制得合格的饮用纯净水。图 10.19 是针对现行国家纯净水标准，以我国多数城市自来水为原料制取纯净水的二级反渗透工艺方块图，该工艺技术被许多著名的纯净水制造企业采用。流程中砂滤器内多填充无烟煤、石英砂、锰砂三种过滤介质，以除去水中悬浊物及铁；活性炭过滤用以除去水中的有机物及胶体；由于饮用水中不可加酸和阻垢剂，因此用软化器来防止成垢盐在 RO 膜面的结垢。软化器是以 Na^+ 取代原来水中的 Ca^{2+}、Mg^{2+} 等离子，水中总的含盐量并未减少；用电渗析软化可以脱盐，但设备投资高，且有浓水排放，在自来水含盐量较高时使用比较可靠。保安过滤器内装 $5\mu m$ 熔喷式聚丙烯纤维滤芯，用以去除水中的悬浊物及活性炭粉末；反渗透（RO）采用复合膜组件，可以去除水中 98％以上的无机盐、有机物、细菌、病毒等，因此，RO 是去除水中有毒有害杂质的关键步骤。然而 RO 出水并不能保证绝对无菌，因此还需采用臭氧杀菌，并用 $0.2\mu m$ 微滤或超滤来滤除细菌尸体。采用超滤既能滤除细菌及悬浊物微粒，还可进一步去除水中的有机物、热源、病毒等。

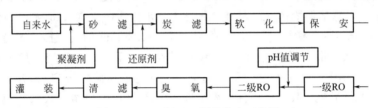

图 10.19　二级 RO 制纯净水工艺图

③ 果汁和蔬菜汁加工　果蔬汁浓缩多用醋酸纤维素反渗透膜，它对醇和有机酸的分离率较低，与蒸发法相比，反渗透浓缩的果汁可使浓缩果汁有更好的芳香感与清凉感。蒸发法浓缩果汁中的芳香成分几乎全部消失，速冻法浓缩的果汁芳香成分只保留 8％，反渗透法芳香成分可保留 30％～60％，而且脂溶性部分比水溶性部分保留更多，维生素 C、氨基酸的损失均比真空蒸馏浓缩要小得多。

果汁浓缩时膜的透水速率随果汁种类、操作条件以及预处理条件而异，透过膜的液体成分因膜种类而异，一般都含有一定量的无机盐和果酸，透过液可作为矿泉水或天然饮料的用水。

采用反渗透浓缩的主要问题是浓缩倍数的限制，其浓缩倍数取决于果汁的渗透压。为了使膜分离过程具有较高的效率，膜分离的使用压力通常为数倍原果汁的渗透压。如果采用二级浓缩，第一级先用对糖截留率高的膜浓缩至 2～3 倍，第二级再用糖截留率低的膜，最终可以浓缩到 4～5 倍。由于经济成本因素，一般果汁的浓缩限度为 25～30°Bx。

④ 茶汁浓缩　传统的茶浓缩汁生产采用蒸发浓缩技术，产品的香味损失较大，滋味迟钝，有效成分及营养成分也有损失，稀释配制成茶饮料后易产生混浊和沉淀。采用平板 RO 装置（二醋酸纤维膜）在 3.5MPa、35～50℃条件下进行绿茶的 RO 浓缩，并与蒸发浓缩进行对照的结果表明，RO 浓缩不仅保留了茶汁中的主要成分，而且芳香成分也得到较好的保留，如 1-戊烯-3-醇、2,5-二甲基吡嗪、顺-3-己烯醇等香气成分得到保留；有人对绿茶鲜汁做 RO 浓缩试验，其浓缩倍数可达 2.55，茶多酚、氨基酸、咖啡因的截留率分别达 95.7％、98.7％和 99.0％，并且茶汁色香味保持完好，证明反渗透用于茶汁浓缩是可行的。

⑤ 乳清脱盐　膜分离技术很早就在乳品工业中得到应用，其中反渗透（纳滤）主要用于乳清脱盐。纳滤膜能够截留较大分子量的物质，透过分子量较小的物质（如盐类）。用纳滤法对乳清浓缩脱盐时，乳糖等被截留并返回系统中，稀释后继续浓缩脱盐，盐类在透过液

中被排掉，如此循环直至乳清中含盐量降到要求。实践证明，纳滤法对乳清中乳糖的截留率达 99.8%，能将乳糖从 4.2% 浓缩到 29.5%，而盐类的脱除率达 60%～90%。

四、超滤（UF）

超滤的操作压差一般为 $1 \times 10^5 \sim 1 \times 10^6 Pa$，能截留 3～100nm、分子量 500～100 万的大分子化合物（如蛋白质、核酸、淀粉等）、胶体物质（颜料、黏土、微生物等）、微粒等。

1. 超滤的基本原理

超滤通常被认为是一种筛孔分离过程，在静压差推动下，原料溶液中的溶剂和小溶质粒子从高压侧透过膜进入低压侧，成为一般概念上的滤液，而大分子和粗粒组分别被膜阻拦，逐渐被浓缩而后以浓缩液排出。在这种分离过程中，要求超滤膜的选择性表面层具有大量的一定大小和形状的孔，其分离机理主要是物理筛分作用，而膜的化学性质对分离特性影响不大。通常认为可以用微孔模型表示超滤的传递过程，但是有时膜孔径要比溶剂分子大和溶质分子都大，应该不具有截留功能，然而它却仍具有明显的分离效果。因此，超滤作用并不是简单的筛分过滤，超滤膜的孔径大小和膜表面的化学特性分别起着不同的截留作用，孔结构是重要因素，但不是唯一因素（图10.20）。超滤对溶质的分离过程主要有三种方式，即溶

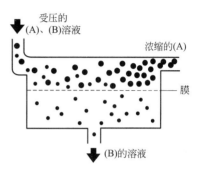

图 10.20　超滤工作原理示意图

质在膜表面的机械截留（筛分）、在膜表面及微孔内吸附（一次吸附）和在孔内停留而被去除（阻塞）。

2. 超滤技术的应用

① 蔬汁澄清　超滤法澄清果蔬汁的条件温和、速度快，能改善果汁口感，保持果蔬汁原有风味和营养成分，果蔬汁的回收率可以提高 5%～10%，能够去除所有细菌，做到无菌过滤，可直接与无菌包装机连接，澄清效果好，不仅可以除去果胶、蛋白质、淀粉等大分子物质和微小的果蔬组织碎屑，而且可除去部分褐变色素及苦味前体，从而改善产品外观和口感。例如，苹果压榨后获得的苹果汁中含有 12% 的固体，其中包括糖、苹果酸、淀粉、果胶和酚类化合物。常规苹果汁澄清工序多，得率低，风味物质损失较多，澄清时间长达 36h。采用超滤法，在果汁部分脱酸之后就可用超滤法进行澄清，而且超滤后果汁中的细菌、霉菌、酵母和果胶被去除，因此超滤的果汁具有较长的货架期，得率达到 96%～98%，甚至 99%，加工时间低于 2h。两种方法的比较见图 10.21。

② 马铃薯淀粉废水处理　马铃薯淀粉生产过程中需用大量的水，而马铃薯所含的部分有机物、无机物都会转移到废水中，这种废水的 COD 值通常在 10000mg/L 左右，会造成大面积环境污染，使水生动物窒息死亡。应用超滤技术去除马铃薯淀粉排放废水，回收可溶性蛋白质，COD 可降低为 50% 以上。

③ 在制糖业中应用　膜分离技术在制糖业中的糖汁净化、浓缩、脱盐、废糖蜜处理、废水处理等各方面都有应用。制糖工业的碳酸法澄清工艺复杂、设备繁多，费用很高，蒸发浓缩糖汁不但要消耗大量能源，而且会发生糖的热分解现象。应用膜分离工艺后，工艺得到简化，能源消耗和运行成本得到降低，而且产品得率也能提高。

甜菜或甘蔗的糖渗出汁中含有大量杂质如多糖、木质素、蛋白质、淀粉、胶质以及其他

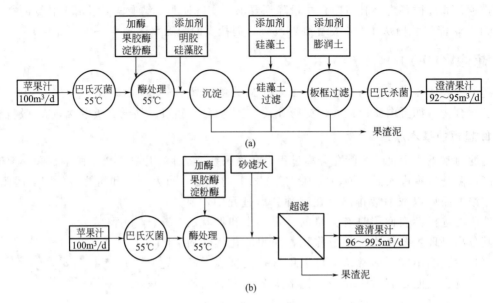

图 10.21 苹果汁澄清常规方法 (a) 与膜处理法 (b) 的比较

黏性杂质，在结晶过程中产生色素或气味，降低了产品品质。运用超滤膜分离法可去除渗出汁中的灰分等杂质，但膜特性、处理温度和压强及渗出汁的预处理等诸多因素均会影响澄清效果。生产实践表明，截留分子量在 10000～30000 之间的超滤膜最适用于糖汁澄清；操作温度在 60℃ 的透过速率比 30℃ 时提高 1 倍；操作的平均压强在 0.4～0.6MPa 之间为好。

④ 对茶汁的过滤澄清　茶提取液中含有蛋白质、果胶、淀粉等大分子物质和茶多酚类及其氧化产物，容易产生混浊和沉淀现象。消除混浊和沉淀是茶饮料生产中的关键技术之一，传统的工艺技术是采用低温沉淀后离心去除，或采用添加碱性物质、酶、吸附剂等方法进行转溶或吸附去除，不仅损失了茶汁中的许多有效成分，而且造成风味的严重损失。而采用 UF 技术可有效地去除茶汁中的大部分蛋白质、果胶、淀粉等大分子物质，而茶多酚、氨基酸、儿茶素、咖啡因含量损失较少，而且醇不溶性物质可去除 38%～70%，澄清效果明显。采用 UF 技术澄清过滤茶汁，无论是绿茶、乌龙茶还是红茶，均具有明显的消除混浊和沉淀的效果，而且能基本保持茶汁中主要的有效成分及茶汁的风味品质，而且茶饮料在贮藏期间不产生沉淀。

五、微滤（MF）

微孔过滤也是以压差为推动力，利用膜的筛分作用进行分离的压力驱动膜过程。微孔滤膜具有比较整齐、均匀的多孔结构，其操作压差小于 $2 \times 10^5 Pa$，能截留 $0.08～10 \mu m$ 的微粒、悬浮物、细菌和部分病毒不能透过，也称精密过滤。由于每平方厘米滤膜中包含 $10^7～10^8$ 个小孔，孔隙率占总体积的 70%～80%，故阻力很小，过滤速度很快。微孔过滤是开发应用最早、使用最广泛的膜过程。

1. 微滤的分离机理

一般认为微滤分离机理为筛分原理，膜的物理结构起决定性作用，吸附和电性能等因素对截留也有影响。微滤膜的截留机理因其结构上的差异而不尽相同，通过电镜观察，人们认为微滤的截留作用基本有以下几种（图 10.22）。

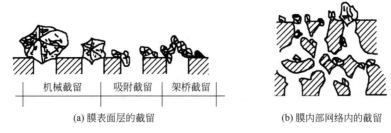

图 10.22　微滤膜各种截留作用的示意图

① 机械截留作用。微滤膜具有截留大于或相当于膜孔径的微粒等杂质的作用，即筛分作用。

② 吸附截留作用。除了孔径的因素外，还需考虑其他因素如吸附、电性能的影响，这样才能更好地解释微滤作用。

③ 架桥作用。根据电镜的观察，在膜孔的入口处微粒具有架桥截留作用。

④ 网络内部截留作用。这种截留是将微粒截留在膜的网络内部的作用。

2. 微滤技术的应用

① 牛乳微滤除菌　采用孔径范围为 $1\sim1.5\mu m$ 的微滤器，以错流方式处理脱脂乳，结果显示能截留 99.6% 以上的细菌，而且无明显的渗透通量下降。微滤的效能和产品渗透液的性质受操作参数如膜性能、错流速度、孔径、温度及浓缩因子平均值的影响。

② 生啤酒微滤除菌　采用 $0.5\mu m$ 的陶瓷微滤器对生啤酒进行过滤，结果显示能达到完全除菌的要求。经过陶瓷膜微滤后的生啤酒，其酒精度、原麦汁浓度和实际发酵度均保持不变，而总酸、色度、浊度和双乙酰含量均有所下降。因此，滤酒比原酒更清亮、透明。双乙酰含量根据我国国标 GB 4927—91 规定，优级淡色啤酒的双乙酰标准为 $\leqslant0.13mg/L$，世界先进国家啤酒双乙酰控制标准为 $\leqslant0.1mg/L$，微滤生啤酒的双乙酰值从 0.034mg/L 下降到 0.002mg/L。

③ 果汁加工　以 $0.2\mu m$ 陶瓷膜微滤器对红莓子果汁做澄清作用的研究，结果显示，在膜压差 0.3MPa 处，在最大再循环速率下出现最高渗透通量；$1.0\mu m$ 陶瓷膜微滤器的试验结果基本与 $0.2\mu m$ 陶瓷膜一致，但渗透液质量则不如 $0.2\mu m$ 陶瓷膜微滤器好。错流速度对该两种孔径陶瓷膜微滤器渗透通量的影响几乎相同。在膜压差 0.3MPa 下，固体浓度对渗透通量的影响结果显示，固体浓度在 5%～8% 范围内渗透通量下降非常迅速，随后逐渐趋于平缓。以错流速度和膜压差为参数，对于 $0.45\mu m$ 膜的微滤证明，在膜压差值超过 0.35MPa 后，渗透通量已不随压差增大而提高。综合这些结果和其他测定结果，确定红莓子果汁做澄清的最佳孔径为 $0.45\mu m$，膜组件压差 0.35MPa，温度为 45℃，错流速度为 7m/s。

④ 发酵产品的澄清　酒类生产过程需要经过多次澄清处理，采用膜过滤技术使酒类澄清既简单经济，又能保持酒的醇香风味。白酒、啤酒、醋的生产都已经采用了膜技术。在大多数发酵产品中经常发现能引起浑浊的各种胶体如蛋白质、肽、多糖、单宁、果胶、糊精等，以及其他非胶体粒子，采用微滤方法可以除去酵母、细菌、胶体、机械微粒等，料液的回收率达 98%～99%。使用的膜孔直径一般为 $0.2\mu m$，为防止微生物的渗透，压差限制在 0.1MPa 以下，错流速度对滤液质量没有不利影响，可提高到约 5m/s，温度则需控制在 20℃ 以下。

六、电渗析

电渗析是在直流电场的作用下，以电位差为推动力，利用离子交换膜的选择透过性将电解质从溶液中分离而实现溶液的淡化、浓缩、精制或纯化的膜分离技术。电渗析技术的特点是：①能量消耗低。电渗析过程的电能仅迁移水中的盐分，大量的水并不发生相的变化。②环境污染小。而电渗析法处理不必像离子交换处理一样以大量酸、碱再生，仅酸洗时需要少量的酸。③对原水含盐量变化适应性强。电渗析除盐可按需要进行调节电渗析器中的段数、级数或多台电渗析器的串联、并联，以及不同除盐方式（直流式、循环式或部分循环式）。④操作简单，易实现机械化、自动化。⑤水的利用率较高。电渗析器运行时，浓水和极水可以循环使用，水的利用率可高达到 $70\% \sim 80\%$，废弃的水量少，再利用和后处理都比较简单。

电渗析的缺点是只能除去水中的盐分，对水中有机物不能去除，某些高价离子和有机物还会污染膜，在运行过程中易发生浓差极化而产生结垢。电渗析只能分离电解质，而且对 HCO_3^- 和 $HSiO_3^-$ 等弱电解质的去除率很低，也不能去除呈盐酸盐和二氧化硅形式存在的硅。此外，脱盐率越高的水，其导电率越低，电场的作用也越低，因此，电渗析法不能制备高纯度水。

1.电渗析原理

电渗析过程的原理如图 10.23 所示，在阴极和阳极之间交替排列着一系列阴离子交换膜和阳离子交换膜。阴离子交换膜只允许阴离子通过而阻止阳离子通过，阳离子交换膜则只允许阳离子通过而阻隔阴离子。以处理含 NaCl 的废液为例，当接通电源后，在直流电场的作用下，中间隔室中的阳离子不断穿过阳膜迁移到阴极室，并受到阴膜阻隔而不能继续向阴极室迁移；阴离子则不断穿过阴膜迁移到阳极室，并受到阳膜阻挡，结果中间隔室内溶液中离子的含量越来越少，最后成为符合要求的淡水，一般称该室为脱盐室（或淡室），而在相邻室中，由于离子的迁入，浓度逐渐升高为浓水，一般称该室为浓缩室（或浓室）。在实际的电渗析系统中一般使用 $200 \sim 400$ 块阴、阳离子交换膜与特制的隔板等部件形成具有 $100 \sim 200$ 对隔室的电渗析装置。从浓缩室引出浓缩的盐水，从脱盐室引出淡水。

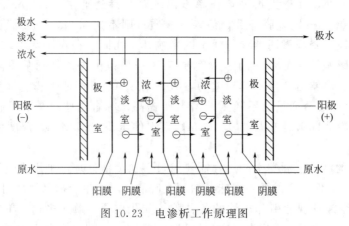

图 10.23　电渗析工作原理图

2.电渗析运行工艺参数

① 极限电流。电渗析器运行时，由于膜的选择透过性，反离子在离子交换膜中电迁移速率大于在主体溶液中的电迁移速率，该离子在溶液中的迁移不足以补充它在膜中的迁移，

在离子交换膜淡室一侧出现了反离子的浓度降低，浓度差值随电流的增高而增大。当电流继续升高到某一极限值时，膜面上离子浓度降低到趋于零，浓度差达到最大，界面上形成耗竭层，电阻急剧升高，此时的电流密度称为极限电流密度。

② 流速与压力。电渗析器都有自身的额定流量，流量过大，压力过高，设备容易产生漏水和变形；流量过小，达不到正常流速，没有形成紊流状态，会造成滞留层过厚，容易产生极化结垢，而使电渗析脱盐率下降。因此电渗析器不但要有流量的上限，也要有流量的下限，一般隔室中的流速以控制在 $5\sim25\text{cm/s}$，进水压力一般不超过 0.3MPa 为宜。

③ 对进、出水水质的要求。电渗析以除盐为目的，一般除盐水可分为以下几类：初级除盐水含盐量在 $5\sim50\text{mg/L}$；除盐水（普通蒸馏水）含盐量在 $1\sim5\text{mg/L}$，电阻率为 $(0.1\sim1.0)\times10^6\Omega\cdot\text{cm}$；纯水（去离子水）含盐量在 $0.1\sim1.0\text{mg/L}$，电阻率为 $(1\sim10)\times10^6\Omega\cdot\text{cm}$；高纯水含盐量在 0.1mg/L 以下，电阻率为 $10\times10^6\Omega\cdot\text{cm}$ 以上。电渗析处理一般作为制取除盐水或作为制备纯水及高纯水的前处理较为经济。电渗析无法直接制取纯水和高纯水，用填充床电渗析可直接制取高纯水。

④ 浓水循环的浓缩倍数。应用电渗析器作淡化水处理时要排放一部分浓水和极水，如果浓水和极水全部由原水供给，就会增加前处理负担，并且浪费原水。一般可采取减少浓水流量和浓水循环等方法来提高原水的利用率。但是随着浓缩程度的提高，结垢增加、电流效率降低等问题必须加以注意，对不同原水水质和不同的离子交换膜，应当通过试验确定最佳浓缩倍数，国内通常控制浓缩倍数为 $5\sim10$ 倍。

3. 电渗析技术的应用

① 苦咸水及海水淡化　电渗析法脱盐成本与原水含盐量有密切关系，原水浓度的增加使生产单位体积淡水的耗电量增加，单位膜面积上的产水量减少，生产成本因而提高。电渗析脱盐的最佳浓度范围是每升几百至几千毫克，一般苦咸水大多在此范围内，而海水含盐量是苦咸水的 $10\sim20$ 倍，因此电渗析脱盐主要用于苦咸水淡化，但电渗析法海水淡化的价格与其他方法相比仍具有一定的吸引力。

② 纯水的制备　制取纯水的传统方法是采用离子交换法，原水中盐含量越低越适于离子交换法，原水浓度高时可采用电渗析作离子交换的前处理，以大大减轻后面离子交换的负荷，延长使用周期。根据不同原水水质和对产水的水质要求，将几种方法结合起来使用，可以充分发挥二者的特长

③ 其他应用　利用电渗析技术从海水中制盐已经被工业化，此外，电渗析在有机酸脱盐、氨基酸纯化、乳清脱盐、果汁脱酸等方面也都有应用。

七、气体分离和渗透蒸发

1. 气体分离

气体分离是以特殊制造的膜，利用不同气体分子透过膜速度的不同，在压差推动下实现气体的分离和富集。分离气体的膜有微孔膜和致密膜，它们的分离机理也不同。气体通过微孔机膜分离的依赖于气体在膜中的传递特性，气体在膜中的扩散机理依次为 Knudsen 扩散、表面扩散、毛细管凝聚和分子筛分（见图 10.24），

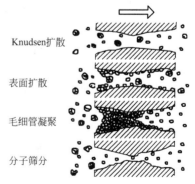

图 10.24　气体在多孔无机膜中的扩散机理

致密膜的分离则为溶解-扩散机理。

① Knudsen 扩散　当气体分子在孔径比平均自由程小的细孔（小于微米级）内扩散时，气体分子经多次与器壁碰撞后通过细孔，称为 Knudsen 扩散。气体分子的平均速率与相对分子质量的平方根成反比，因此较轻的气体分子容易通过微孔，在渗透侧浓集。分子量相差愈大的混合气体分离效能愈高。

单组分气体通过微孔的方式是层流或是 Knudsen 扩散，可以从 Knudsen 系数 Kn 来判断：

$$Kn = \lambda / r$$

$$\lambda = \frac{3\eta}{2p} \times \left[\frac{RT}{2M}\right]^{1/2}$$

式中　λ——气体分子平均自由程；

　　　　r——膜孔半径；

　　　　η——气体黏度；

　　　　p——气体压力；

　　　　R——气体常数；

　　　　T——温度；

　　　　M——气体分子量。

当 $Kn \gg 1$ 时主要是 Knudsen 扩散，$Kn \ll 1$ 时为层流。如果 Kn 小于 1/5，则层流是主要的（90%）。

② 表面扩散　气体分子能够在固体表面上吸附和移动，当多孔固体微孔的内壁上存在压力梯度时，表面吸附气体的浓度也会不同。在表面浓度梯度推动下的分子移动称为表面扩散。吸附相的浓度取决于温度、压力以及固体表面性质。表面对分子吸附力强则分子在表面上难以移动；温度不太高时表面扩散显著，温度升高则表面扩散减少。对于多组分气体混合物，如果其中某一组分为膜孔表面强烈吸附，则容易与其他组分分离。

③ 毛细管凝聚　随着气体相对压力的变化，气体分子在微孔内相继经历着单层吸附、多层吸附、毛细管凝聚三种状态，气体渗透通量由于多层扩散而增大，当开始毛细管凝聚、产生液层弯月面时达到极大（渗透率比单纯气相渗透时大 20～50 倍），当完全形成毛细管凝聚后回落，因为液体的渗透通量远小于气流的渗透通量。

④ 分子筛分　多孔硅铝酸盐（沸石）或非石墨类碳类含有分子大小的微孔，气体分子与分子筛微孔孔壁的作用非常强，分子大小稍有差异，或者分子与孔壁的亲和力略有不同，气体透过膜的速率就有很大的区别。分子筛膜根据气体分子的大小以及形状"筛分"分子，因而有很高的分离因子和渗透通量。

分子筛膜的孔大小与结构对气体的分离有很大的影响。碳分子筛膜经适当高温活化，除去表面上的含氧基团可使微孔扩大，若继续在更高的温度下煅烧将导致微孔收缩，因此，采用逐步活化的方式可以调节碳分子筛膜的孔径以达到最优分离效果。

⑤ 致密膜分离　使用致密膜分离气体主要是气体通过在固体内晶格离子或原子的扩散，一般认为分成三个步骤：a. 在膜上游侧表面吸附溶解；b. 在浓差推动下，上游侧气体分子扩散到下游侧；c. 气体分子在膜下游侧解吸。例如，氢透过 Pd 膜是通过解离-溶解-扩散机理进行的，氢在 Pd 膜表面解离吸附，产生的质子和电子在 Pd 体内晶格间扩散，在膜的另一侧（氢低压侧）质子从金属晶格接受电子，成为表面吸附的氢原子，再结合为氢分子而脱离 Pd 表面。根据溶解-扩散机理，氢透过 Pd 膜的速率取决于氢在 Pd 膜的扩散速率和氢在

Pd 膜两侧界面的浓度差，氢在 Pd 膜中的溶解度和氢在气相中的分压影响氢在 Pd 膜中的浓度。

2. 渗透蒸发

渗透蒸发是液体通过膜部分蒸发的作用，是利用不同挥发性组分对膜亲和性的差异，形成渗透性能的不同而达到分离的一种膜分离过程。分离机理为：被分离组分在膜孔表面吸附，逐渐在孔的收缩区段发生毛细管凝聚，并在蒸气分压差驱动下在微孔内扩散，在膜的另一侧脱附和挥发。膜原料侧的压力通常为常压，在膜渗透侧需要较低的蒸气分压，通常采用的是真空、惰性气体吹扫和冷凝器连续冷凝的方法。

渗透蒸发有以下特点：

① 渗透蒸发最显著的优点是有很高的单级分离度，一级分离系数可高达 1000，缺点是渗透通量小，一般不超过 $1000g/(m^2 \cdot h)$。

② 渗透蒸发操作过程中的蒸发耗能可忽略不计。由低温冷凝所消耗的能量也很小，与精馏法相比节能 $1/2 \sim 2/3$。

③ 渗透蒸发是发生相变的一种膜分离过程，具有污染少甚至无污染的优点。

渗透蒸发在食品工业可应用于果蔬汁浓缩等，果蔬汁通常需要高倍浓缩，为保持天然风味的芳香性组分不受损失，果蔬汁浓缩过程往往需要在低温（一般在室温）条件下进行。渗透蒸发过程能够在室温下使果蔬汁高倍浓缩，并保持天然风味。溶透蒸馏能完全用于葡萄汁、胡萝卜汁、苹果汁、梨汁、西瓜汁等的浓缩过程，浓缩过程不仅技术上合理，而且经济上可行。该流程首先通过微滤过程对果蔬汁进行预处理，以除去其中的固体颗粒，然后采用反渗透对其实现初步浓缩，最后采用渗透蒸发对其实现高倍浓缩。在高倍浓缩时，渗透蒸发的透水速率显著高于反渗透过程，而且对果蔬汁中的各种糖、有机酸和矿质元素的截留率几乎均在 100％。

渗透蒸发也被用于低度酒的制备，经过发酵直接产生的酒精饮料的酒精体积分数一般在 11％～15％，要制备低浓度酒（酒精体积分数为 6％左右），而又要保持原酒的口味及芳香，渗透蒸发被证明是一个比较合适的加工选择。采用渗透蒸发制备低浓度酒的过程中不仅能制备低浓度酒，而且还可以回收一部分食用酒精。

第二节　双水相萃取分离

双水相萃取（ATPE）是两种水溶性不同的聚合物或者一种聚合物和无机盐的混合溶液，在一定的浓度下，体系就会自然分成互不相容的两相。被分离物质进入双水相体系后由于表面性质、电荷间作用和各种作用力等因素的影响，在两相间的分配系数不同，导致其在上下相的浓度不同，达到分离目的。

一、双水相的形成及其特点

1. 双水相的形成

早在 1896 年，Beijerinck 观察到，明胶与琼脂或明胶与可溶性淀粉溶液混合时，得到一种不透明的混合溶液，静置后可分为两相，上相中含有大部分的明胶，下相中含有大部分琼脂（或淀粉），这种现象被称为聚合物的不相容性，从而产生了双水相。常见的双水相系统组成见表 10.3。

表 10.3　双水相系统

类型	上相组分	下相组分
非离子型聚合物/非离子型聚合物	聚丙二醇	甲基聚丙二醇、聚乙二醇、聚乙烯醇、聚乙烯吡咯烷酮、羟丙基葡聚糖
	聚乙二醇	聚乙烯醇、聚乙烯吡咯烷酮、葡聚糖、聚蔗糖
	乙基羟乙基纤维素	葡聚糖
	甲基纤维素	葡聚糖、羟丙基葡聚糖
非离子型聚合物/无机盐	聚丙二醇	硫酸钾
	聚乙二醇	硫酸钾、硫酸钠、硫酸镁、硫酸铵、甲酸钠、酒石酸钾钠
高分子电解质/高分子电解质	硫酸葡聚糖钠盐	羧甲基纤维素钠盐
	羧甲基葡聚糖钠盐	羧甲基纤维素钠盐
非离子型聚合物/低分子量组分	葡聚糖	丙醇
	聚丙烯乙二醇	磷酸钾、葡萄糖
	甲氧基聚乙二醇	磷酸钾

双水相萃取与水-有机相萃取的原理相似，都是依据物质在两相间的选择性分配，但萃取体系的性质不同。当物质进入双水相体系后，由于表面性质、电荷作用和各种力（如憎水键、氢键和离子键等）的存在和环境的影响，使其在上、下相中的浓度不同。分配系数 K 等于物质在两相的浓度比，各种物质的 K 值不同，例如各种类型的细胞粒子、噬菌体等分配系数都大于 100 或小于 0.01，酶、蛋白质等生物大分子的分配系数大致在 0.1～10 之间，而小分子盐的分配系数在 1.0 左右，因而双水相体系对生物物质的分配具有很大的选择性。

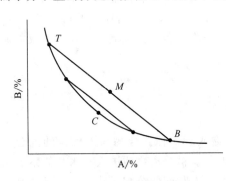

图 10.25　A-B-水双水相体系

水溶性两相的形成条件和定量关系常用相图来表示，以 PEG/Dextran 体系的相图为例（图 10.25），这两种聚合物都能与水无限混合，当它们的组成在图 10.25 曲线的上方时（用 M 点表示）体系就会分成两相，分别有不同的组成和密度，轻相（上相）组成用 T 点表示，重相（下相）组成用 B 点表示，C 点为临界点，曲线 TCB 称为结线，直线 TMB 称为系线。结线上方是两相区，下方为单相区。所有组成在系统上的点，分成两相后，其上下相组成分别为 T 和 B，T、B 量的多少服从相图的杠杆定律，即 T 和 B 相质量之比等于系线上 MB 与 MT 的线段长度之比。又由于两相密度相差很小，因此上下相体积之比也近似等于系线上 MB 与 MT 线段长度之比。

2. 双水相的特点

双水相萃取作为一种新型的分离技术，对生物物质、天然产物的提取、纯化有以下特点：①含水量高（70%～90%），在接近生理环境的体系中进行萃取，不会引起生物活性物质失活或变性；②可以直接从含有菌体的发酵液和培养液中提取所需的蛋白质，还能不经过破碎直接提取细胞内酶，省略了破碎或过滤等步骤；③系统之间的传质和平衡过程速度快，能耗较小，自然分相时间一般为 5～15min，如选择适当体系，回收率可达 80％以上，提纯倍数可达 2～20 倍；④界面张力小（$10^{-7}～10^{-4}$ mN/m），有助于两相之间的质量传递，界面与试管壁形成的接触角几乎是直角；⑤不存在有机溶剂残留问题，高聚物一般是不挥发物质，对人体无害；⑥大量杂质可与固体物质一同除去；⑦易于工艺放大和连续操作，与后续提纯工序可直接相连接，无需进行特殊处理；⑧操作条件温和，整个操作过程在常温常压下进行；⑨亲和双水相萃取技术可以提高分配系数和萃取的选择性。

亲和双水相萃取技术是在组成相系统的聚合物（如葡聚糖）上偶联特定的亲和配基。近年来双水相亲和分配技术发展极为迅速，很多类型的亲和配基得到应用，如金属螯合亲和配基、染料配基、免疫配基和功能团配基等。同固体载体的亲和色谱相比，亲和双水相萃取技术有以下几个方面的优势：对待处理系统的要求低；单位体积的亲和容量大；亲和色谱中经常出现的杂蛋白与载体之间的非特异性吸附可得到避免。Teotia 等将藻酸盐作为亲和配基加入 PEG/无机盐系统，从花生和胡萝卜粗提液中提纯磷脂酶 D，磷脂酶 D 的纯度分别提高了78 倍和 17 倍，收率为 78％和 87％，这样的效果是其他工艺难以达到的。

二、影响物质分配平衡的因素

物质在双水相体系中的分配系数不是一个确定的量，它要受许多因素的影响。对于某一物质，只要选择合适的双水相体系，控制一定的条件，就可以得到合适的（较大的）分配系数，达到分离纯化之目的。

1. 聚合物及其分子量的影响

不同聚合物的水相系统显示出不同的疏水性，水溶液中聚合物的疏水性按下列次序递增：葡聚糖硫酸盐＜甲基葡聚糖＜葡聚糖＜羟丙基葡聚糖＜甲基纤维素＜聚乙烯醇＜聚乙二醇＜聚丙三醇，这种疏水性的差异对目的产物与相的相互作用是重要的。同一聚合物的疏水性随分子量增加而增加，其大小的选择依赖于萃取过程的目的和方向，若想在上相获得较高的蛋白质收率，对于 PEG 聚合物，应降低它的平均分子量；相反，若想在下相获得较高的蛋白质收率，则平均分子量应增加。

2．pH 值的影响

体系的 pH 值对被萃取物的分配有很大影响，这是由于体系的 pH 值变化能明显地改变两相的电位差。如体系 pH 值与被分离物的等电点相差越大，则被分离物在两相中分配越不均匀。

3. 离子环境对蛋白质在两相体系分配的影响

在双水相聚合物系统中加入电解质时，其阴阳离子在两相间会有不同的分配。同时，由于电中性的约束，存在一穿过相界面的电势差（Donnan 电势），它是影响荷电大分子如蛋白质和核酸等分配的主要因素。同样，对于粒子迁移也有相似的影响，粒子因迁移而在界面上积累。因此只要设法改变界面电势，就能控制蛋白质等电荷大分子转入某一相。

4. 温度的影响

分配系数对温度的变化不敏感，所以室温操作收率依然很高，而且室温时黏度较冷却时低，有助于相的分离并节省了能源开支。

三、双水相萃取的工艺流程

双水相萃取技术的工艺流程主要由三部分构成：目的产物的萃取；PEG 的循环；无机

盐的循环（见图10.26）。

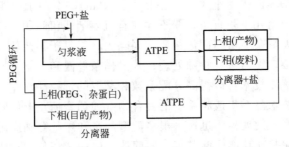

图 10.26　双水相萃取原则流程图

1. 目的产物的萃取

原料匀浆液与聚乙二醇（PEG）和无机盐在萃取器中混合，然后进入分离器分相。通过选择合适的双水相组成，一般使目标蛋白质分配到上相（PEG相），而细胞碎片、核酸、多糖和杂蛋白等分配到下相（富盐相）。第二步萃取是在上相中加入盐，形成新的双水相体系，从而将蛋白质与PEG分离，以利于使用超滤或透析将PEG回收利用和目的产物进一步加工处理。

2. PEG 的循环

在大规模双水相萃取过程中，成相材料的回收和循环使用不仅可以减少废水处理的费用，还可以节约化学试剂，降低成本。PEG的回收有两种方法：①加入盐使目标蛋白质转入富盐相来回收PEG；②将PEG相通过离子交换树脂，用洗脱剂先洗去PEG，再洗出蛋白质。

3. 无机盐的循环

将含无机盐相冷却、结晶，然后用离心机分离收集。除此之外还有电渗析法、膜分离法回收盐类或除去PEG相的盐。

四、双水相萃取的应用

双水相萃取技术已经成功应用于蛋白质、细胞、细胞器、亲水性生物大分子、氨基酸、抗生素以及生物小分子等的分离、纯化，近年来有关双水相提取天然药物中有效成分的报道也逐年增多，如采用乙醇/磷酸氢二钾双水相体系萃取甘草皂苷（又称甘草酸），分配系数达到12.8，回收率可达98.3％。选用PEG/磷酸盐体系在一定温度、pH条件下萃取银杏浸取液，黄酮类化合物进入上相，达到分离的目的，最佳萃取率可达98.2％。黄芩苷和谷胱甘肽也分别在双水相体系中得到较好的分离，萃取率分别是75.8％和80％以上。

第三节　超临界流体萃取技术

早在一百多年前人们就注意到，把气体压缩到临界点之上成为超临界状态后，对溶质的溶解能力会得到极大提高，但直到20世纪80年代，超临界流体萃取（supercritical fluid extraction，SCFE）才作为一种具有选择性溶解能力的分离技术得到开发，现在SCFE已经成为工业生产的一种方法。超临界流体萃取具有高度选择性，产品质量高，可同时完成蒸馏和萃取两个过程，可分离性质相近的物质，特别是对同系物和热敏性物质的分离有独到的优势，而且萃取工艺节能、无残留，因此超临界流体萃取工艺在食品工业等领域被广泛采用。

一、超临界流体（SCF)的定义和性质

从纯物质的相图（图10.27）可知，三相点为气-液-固共存体系，系统状态的自由度为零。当纯物质沿气-液饱和线升温时，气体在此过程中因压力增加而密度上升，液体则因温度上升而密度减小，当达到超临界点（CP）时，气-液相态的差别消失，形成一个新的均一物态，即超临界态，对应的温度称临界温度（T_c），对应的压力称临界压力（p_c）。在临界温度之上不会发生蒸发-冷凝现象，只有流体形态。之所以称该点为临界点，是因为在临界温度之下，无论压力如何增加都不能达到超临界状态，同样，在临界压力之下，无论温度如何上升也无法达到超临界态。

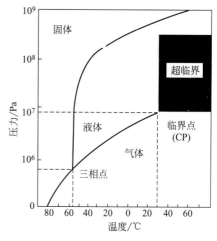

图 10.27 纯物质的压温图（CO_2）

超临界流体兼有气液两相的特点，其传递属性即流体分子传递的三个性质：黏度系数 μ、热导率 k 和扩散系数 D 与常态的气体、液体有很大差别（表10.4）。超临界流体的密度与液体的密度相近，因此具有较强的溶解能力，其黏度却与普通气体相近，比液体要小很多，流动性要比液体好得多。在相同的流速下，超临界流体的流动雷诺数比液体大得多，因此传质系数也比液体大得多，能在短时间内达到平衡。

表 10.4 气体、液体、超临界流体的典型物理性质比较

状态 \ 物理特性值	密度(ρ) /(kg/m³)	黏度(η) /mPa·s	扩散系数(D) /(m²/s)
气体(20℃,0.1MPa)	0.6~2.0	0.01~0.03	$(1\sim4)\times10^{-5}$
超临界流体			
接近临界温度和强度	200~500	0.01~0.03	7×10^{-7}
接近临界温度和4倍临界压强	400~900	0.03~0.09	2×10^{-7}
液体(20℃,0.1MPa)	600~1600	0.2~3.0	$(0.2\sim2)\times10^{-7}$

温度对流体黏度的影响各不相同，气体黏度随温度升高而增大，液体黏度随温度升高而减小，超临界流体在恒压下黏度先随温度升高而减小到一个最低值，然后又随温度增高而增大（图10.28）。压力越高，达到最低黏度所需温度也越高，而且该最低黏度值也变大。当温度在最低黏度温度点以下时，超临界流体的黏度变化与液体相似，随温度升高而减小；当温度高于最低黏度温度点时，黏度随温度升高而增加。

超临界流体的密度受温度和压力的影响很大，在临界点附近，温度或压力的微小变化都会引起密度的很大变化，如图10.29所示。与超临界流体萃取过程的温度变化直接相关的恒压比热容 c_p 在临界点趋于无穷大，在压力高于临界压力（$p_r>1$）时，c_p 有一最大值，该值随温度升高而减小，并在温度较高时随压力的变化趋缓。二元混合物的临界压力见图10.30。

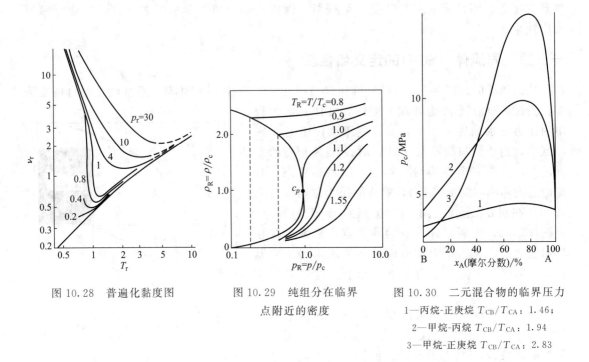

图 10.28　普遍化黏度图　　　　图 10.29　纯组分在临界　　　　图 10.30　二元混合物的临界压力
　　　　　　　　　　　　　　　　　　　点附近的密度　　　　　　　1—丙烷-正庚烷 T_{CB}/T_{CA}：1.46；
　　　　　　　　　　　　　　　　　　　　　　　　　　　　　　　2—甲烷-丙烷 T_{CB}/T_{CA}：1.94
　　　　　　　　　　　　　　　　　　　　　　　　　　　　　　　3—甲烷-正庚烷 T_{CB}/T_{CA}：2.83

　　对于混合物，只有混合体系的状态条件超过体系的临界点才能达到超临界态，因此，混合物的超临界与体系的温度、压力、组成有关。二元混合物的临界压力通常高于两种纯物质的临界压力，临界温度介于两种纯物质的临界温度之间，最大临界温度随两个组分的临界温度比值而增大。如果溶剂和溶质之间的临界温度相差较大，临界压力将随溶质含量的上升而迅速增大，这也是在超临界萃取过程中经常发生的情况。可作为超临界流体萃取的溶剂有二氧化碳、乙醇、乙烷、乙烯、水等，其中二氧化碳由于具有合适的临界条件、化学性质稳定、无臭无味无残留、安全无污染等优点而得到广泛应用，对食品原料的萃取尤为适合。表10.5 是一些纯物质的临界条件。

表 10.5　纯物质的临界条件

物质名称	临界温度 T_c /K	临界压力 p_c /MPa	物质名称	临界温度 T_c /K	临界压力 p_c /MPa
二氧化碳	304.15	7.38	氮	126.2	3.39
一氧化碳	132.9	3.50	氧	154.6	5.04
一氧化氮	180.15	6.48	氨	405.55	11.35
一氧化二氮	309.65	7.24	水	647.3	22.12
甲醇	512.6	8.09	苯	562.2	4.89
甲烷	190.4	4.60	甲苯	591.8	4.10
乙醇	513.9	6.14	四氟化硅	227.6	3.74
乙烷	305.4	4.88	四氟化碳	227.6	3.74
乙炔	308.3	6.14	1,1,1-三氟乙烷	346.25	3.76
乙腈	545.5	4.83	三氟甲烷	299.3	4.86

物质名称	临界温度 T_c /K	临界压力 p_c /MPa	物质名称	临界温度 T_c /K	临界压力 p_c /MPa
丙酮	508.1	4.70	三氟溴甲烷	340.2	.397
丙烷	369.8	4.25	六氟乙烷	293.0	3.06
丙烯	364.95	4.60	乙酸乙酯	523.25	3.83
异丙醇	508.3	4.76	正戊烷	469.7	3.37
环丙烷	397.85	5.47	环己烷	553.5	4.07
正丁烷	425.2	3.80	正庚烷	540.3	2.74
异丁烷	408.2	3.65	硅烷	269.69	4.84

超临界流体萃取体系包含有溶剂相和溶质，在一般情况下，溶质的黏度会因溶剂的溶入而降低，溶入量越多，黏度下降越大，因此黏度降低值是温度和压力的函数，温度越低，压力对黏度的影响越大。溶剂相的黏度取决于其自身的黏度和溶质的浓度，溶质浓度低时，溶剂相的黏度接近超临界溶剂的黏度，如果压力高，溶质在溶剂中的浓度较高，黏度就会偏离纯溶剂的黏度。

二、超临界流体的溶解能力

超临界流体的溶解能力与其密度成正比，而在临界点附近温度和压力的微小变化都会引起流体密度的大幅变化，超临界流体萃取正是利用这一特性来实现物质分离。图 10.31 是萘在 CO_2 中的溶解度变化显示，在二氧化碳临界点以下萘的溶解度非常小，当压力升至临界点附近时溶解度便迅速上升。溶质在超临界流体中的溶解度主要受两方面的影响，其一是超临界流体的密度，其二是溶质的蒸气压，这两个因素都与温度密切相关。在相对压力较大的区域，由于流体密度随温度的变化相对和缓，溶质蒸气压随温度的变化成为主要因素，因此，此时超临界流体的溶解度随温度上升而提高；在相对压力较低的区域，温度升高将引起流体密度的迅速下降，该因素成为影响溶解度的主要因素，因此，超临界流体的溶解度随温度上升而下降。图 10.32 萘在乙烯中的溶解度变化清晰地表明了这一状况。如果能保持超临界流体密度不变，溶质溶解度将始终随温度上升而提高。

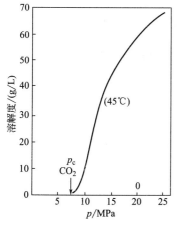

图 10.31　萘在 CO_2 中的溶解度
与压力的关系

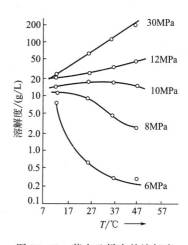

图 10.32　萘在乙烯中的溶解度
与温度的关系

综上所述，温度和压力对超临界流体萃取的影响极大，要达到预期分离效果，必须设定适当的操作条件。溶质在超临界流体中的溶解度 C 和流体密度 ρ 之间的关系可以表示为：$\ln C = m\ln\rho + K$，式中 m 为正值系数，K 为与流体、溶质化学性质有关的常数。

三、超临界流体的选择性

作为萃取剂的超临界流体应对溶质有良好的溶解选择性。按照相似相溶的原理，超临界流体与被萃取物的化学性质越相似，溶解能力就越大；在一定条件下，溶剂的温度越接近临界温度，溶质的溶解度越大。此外，由于大多数食品具有复杂的化学成分、热敏性及易氧化等特点，因此萃取剂还应具有惰性、对人体无害的特点，并具有适当的临界压力和较低的沸点，以利于减少压缩能耗，方便溶质的分离。溶质在非极性超临界流体中的溶解度随其分子量、极性基团的增加而降低。二氧化碳是食品工业中广泛使用的萃取剂，许多研究表明，超临界二氧化碳作为萃取剂具有以下特点：

① 对分子质量大于 500Da 的物质具有一定的溶解度；

② 中、低分子量的卤化碳、醛、酮、酯、醇、醚的溶解度很高；

③ 对低分子量（C_{20} 以下）、非极性的脂族烃和小分子的芳烃化合物是可溶的；

④ 对分子量很低的极性有机物是可溶的，极性基团（如羧基、羟基）的增加会降低有机物的溶解性，脂肪酸、甘油三酯、酰胺、脲、氨基甲酸乙酯、偶氮染料的溶解性很低，但是单酯化作用可增强脂肪酸的溶解性；

⑤ 同系物的溶解度随分子量的增加而降低；

⑥ 对生物碱、类胡萝卜素、氨基酸、果酸和大多数无机盐不溶。

超临界流体的组成可以是单一物质，也可以是复合物质。为了提高溶剂的溶解性能，调整溶剂的临界温度、增强溶剂的溶解选择性和对温度、压力的敏感性，提高分馏级数，有时在超临界流体中加入一些改性成分，或称夹带剂。常用的夹带剂有丙酮、甲醇等，但同时必须考虑可能在产品中的溶剂残留，以及安全无毒的问题。

四、超临界流体萃取的工艺过程

1. 固体溶质的超临界流体萃取

固体物料的超临界流体萃取由萃取和溶剂分离两个工艺步骤组成，如图 10.33 所示。超临界流体在固定床中溶解固体中的可溶性物质，然后进入分离器脱除溶质。影响固体超临界流体萃取的工艺参数主要包括温度、压力、溶剂比和固体的形态。温度和压力的影响如前所述，一旦确定之后，溶剂比就是超临界流体萃取最重要的参数。溶剂比高，单位时间的产量

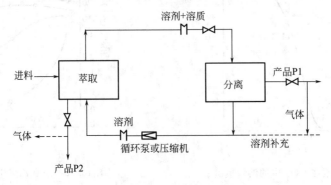

图 10.33　固体的超临界流体萃取流程图

大，但溶剂中溶质的含量低，溶剂的循环量以及相应的成本上升。固体颗粒减小，传质的速率提高，相应地提高了萃取速率，但过细的颗粒会阻碍流体在固定床上的流动。

2.液体溶质的超临界流体萃取

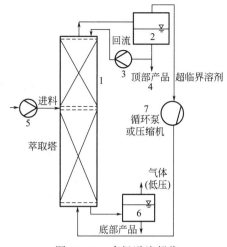

图 10.34　多级逆流超临界流体萃取流程

液体溶质一般采用多级逆流萃取工艺，如图 10.34 为二元混合物分离示意图，其中 1 是萃取塔，2 是塔顶分离器，3 是回流装置，4 是塔顶产品回收装置，5 是进料装置，6 是底部产品回收装置，7 是溶剂循环装置。液体混合物在萃取塔中与超临界流体逆流接触后由选择地溶于超临界流体中，有些系统还可能产生多相。萃取完成后分离成塔顶萃取相和塔底萃余相两部分，塔顶分离器将溶质、溶剂分离，部分萃取物回流进入塔顶，溶剂则重新加压、调温循环进入塔底。对于多元组分的分离需要多个塔，n 个组分就需要 $n-1$ 个分离塔。影响多级逆流超临界流体萃取的因素同样是温度、压力、溶剂比。

五、溶质和溶剂的分离

超临界流体萃取的分离有变压分离（等温法、绝热法）、变温分离（等压法）和吸附分离（等温、等压）三种方法。

1.变压萃取分离

图 10.35 表示了萘在超临界二氧化碳中的溶解度与温度、压力间的关系，从图中可以看出，在等温条件下，萘在高压下的溶解度高于低压状态，在做超临界流体萃取时，可将二氧化碳的压力升高，例如到达 30MPa、55℃ 条件，相应于图中的点 1，在达到平衡的二氧化碳中萘的浓度为 15%。将此超临界二氧化碳从萃取器中抽出，通过节流阀降压到 9MPa 进入分离器，由于这是一个绝热膨胀过程，通过二氧化碳的温-熵图可知节流后的温度为 36℃，相应于图中的点 2，此时二氧化碳中萘的饱和浓度降为 2.5%（质量分数），这一过程由图 10.35 中线 1→2 表示。因此，每千克二氧化碳通过节流，压力从 30MPa 降低到 9MPa，析出了约 0.151kg 的萘。离开分离器的二氧化碳被送入压缩机，从 35℃、9MPa 重新绝热压缩到 30MPa，对应于图 10.35 中的点 3，此过程将沿等熵线升温到约 72℃，再经换热器等压冷却到 55℃，送入萃取器做循环使用。萃取过程中的能耗主要在于压缩过程 2→3，如按等熵压缩估算，萃取 1kg 萘所需 6.62kg 二氧化碳的压缩功为 221.8kJ，取热机总效率 38%，共需耗能 583.6kJ，而用加热汽化提取萘则需 752kJ。

2.变温萃取分离

在压力很高时，流体的压缩度已经很高，此时因温度降低所导致的溶质蒸气压下降对溶解度的影响很大，降温会导致萘在超临界二氧化碳中的溶解度的降低。从图 10.35 中点 1 的 30MPa、55℃ 的状态通过换热器等压冷却至 20℃，即图 10.35 中的点 3，萘的溶解度将从 15%（质量分数）下降到 3.6%（质量分数），即每千克二氧化碳在一次操作循环中将析出 0.139kg 萘。

在临界点附近，溶质在超临界流体中的溶解度随温度的升高而降低，此特性也可作为超

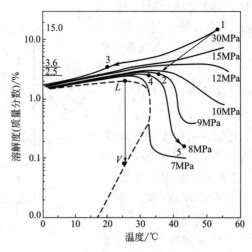

图 10.35　萘在 CO_2 中的溶解曲线

临界萃取的依据。在 8MPa、32℃（相应于图 10.35 中的点 4）条件下，萘在二氧化碳中的溶解度为 2.7%（质量分数），如将该流体等压升温至 40℃（相应于图 10.35 中的点 5），萘的溶解度降为约 0.2%（质量分数），每千克二氧化碳可析出萘 0.0257kg。这一分离方案因萘在二氧化碳中的溶解度小，萃取单位重量萘所需的二氧化碳循环量大大增加，导致了能耗的增大。

萃取过程还可使其在溶剂的近临界区进行，如图 10.35 中的点 L 表示在临界点以下的液态二氧化碳，因萘在液体二氧化碳的溶解度比在气体中高，如将二氧化碳汽化（对应图 10.35 中的点 V），则溶解萘的大部分将会从气体中析出。尽管在这一区域操作时的溶解度不大，二氧化碳的循环量较大，但在临界点附近使气体液化所需的能量较低。

3. 吸附萃取分离

该方法是使用只吸附溶质的吸附剂在不改变温度和压力的情况下将溶质分离的，萃取剂可重新泵入萃取槽循环使用。由上例可见，对于给定的系统有数种超临界流萃取方案，确定方案时主要应该考虑溶质的热敏性、溶剂的萃取容量、能耗的大小、其他杂质之间的选择性等因素。图 10.36 是用超临界流体萃取固体物料的一个流程的代表。流程中采用萃取器的串联操作，使物料所含溶质能被萃取得较为完全。为了增加生产能力，发挥共用设备的潜力，可采用多个萃取器串并联组合，进行交替切换，虽然单个萃取器是一种间歇式的操作，但对整个萃取装置而言则实现了连续生产。该流程采用等压下用升温析出溶质的方法，如用节流装置来代替流程中的加热器，并用二氧化碳循环压缩机和冷却系统来替代图中的冷凝和加热循环系统，便可实现调压分离溶质。

六、超临界流体在食品工业中的应用

多数食品的组成复杂和热敏性要求合适的超临界条件。在临界点附近的超临界区称为脱臭区，操作温度和压力维持在溶剂临界点附近不变，虽然不是在最大溶解度下进行，但是挥发性高的组分可以从混合物中顺利地分离，因此，不理想的芳香化合物可以从产品中去除，需要的芳香化合物可以得到提取。超临界的中压区为分馏区，多组分物系在此区域内进行超临界萃取时，可以利用溶剂对各组分选择性程度的差异而产生分馏，因此对挥发性有明显差异的组分的分离最为合适。压力较高的超临界区域为全萃取区，可全部萃取可溶性溶质，适

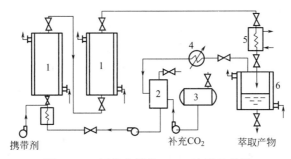

图 10.36 固体物料的 SCFE 流程示意图

1—萃取器；2—贮罐；3—CO₂贮槽；4—冷凝器；5—加热器；6—分离器

合溶质的全提取。

1.咖啡中咖啡因的超临界流体脱除

咖啡因富含于咖啡豆和茶叶中，是一种兴奋剂，过多摄入咖啡因容易使人产生依赖。茶碱和可可碱结构与咖啡因相似，但需要脱除的是咖啡因，因此，用超临界流体从咖啡豆中萃取咖啡因是较合理的方法，不仅工艺简单，而且选择性好。萃取咖啡豆用水作夹带剂，只萃取咖啡因，不会带走芳香化合物，可以除去 98% 的咖啡因，使咖啡中含量仅为百分之几左右，符合食品法要求，生产出无兴奋剂咖啡。已实现了大规模工业化生产。

2.啤酒花的超临界流体萃取

啤酒花也称葎草花或蛇麻，其有效成分是葎草酮和蛇麻酮。采用啤酒花直接酿酒只能利用啤酒花中 25% 的有效成分。采用超临界流体萃取制造啤酒浸膏时，首先把啤酒花磨成粉状，使之更容易与溶剂接触，然后装入萃取罐，密封后通入超临界 CO_2，操作温度 $35 \sim 38℃$，压力 $8 \sim 30MPa$。达到萃取要求后，浸出物随 CO_2 一起被送至分离罐，经过降压分离得到的含浸膏 99% 的黄绿色产物，萃取率可达 95% 以上。

3.植物种子油类的超临界流体萃取

植物种子油脂用压榨方法提取都有 5% 以上的残留，用有机溶剂作萃取时，油类的回收率大有提高，但溶剂的回收和残留问题依然存在。用超临界流体萃取安全卫生，残油量为 1% 左右，种子中的蛋白质、糖类、纤维素等不溶于超临界二氧化碳。超临界流体浸出制取的油脂及粕安全无毒，工艺过程中避免了易燃、易爆溶剂的使用，操作安全，食用油产品质量好，色泽浅、杂质含量少不需精制，产品收率高，用超临界流体萃取种子中残油率可达到 1% 以下，且粕的蛋白质变性低，风味好。超临界流体萃取植物油在美国、德国、日本等发达国家已实现了工业化生产，适合于大豆、玉米胚芽、花生、棉花、油菜等油籽，以及向日葵、椰子壳、橄榄等。

4.鱼油的超临界流体萃取

鱼油主要含三酰甘油，分子量大致为 $500 \sim 1200$，此外还含有游离脂肪酸、胆固醇、胆固醇酯、维生素 A、维生素 D、维生素 E、角沙烯、卵磷脂等，并富含不饱和的多烯酸如 DHA、EPA 等。用超临界二氧化碳提取鱼油可获得 90% 以上纯度的 EPA 并获得 90% 的回收率。

5.调味品工业中的应用

调味品种类繁多，成分多是不稳定物质，易因热变质或挥发，因此操作温度较低的超临

界 CO_2 萃取就成了替代传统提取方法的优先选择。超临界 CO_2 萃取技术生产天然香料的主要原料有鲜花、水果皮、食用香料等，主要产品为精油。如用超临界 CO_2 萃取小茴香精油，操作工艺条件是 20MPa，35℃，萃取时间为 3h，SFE 得到的精油与其他方法所得提取物的成分对比，超临界 CO_2 萃取小茴香所得产物得率明显高于索氏提取法和水蒸气蒸馏法，且分离得到的精油作为一种香料，其气味、色泽均优于后两种方法得到的产物。

6. 大蒜脱臭

大蒜脱臭主要是使蒜酶失活，采用超临界 CO_2 处理使蒜酶失活，同时保留大蒜的主要营养成分和主要生物活性物质——超氧化物歧化酶（SOD），从蒜酶催化的最佳 pH6.5、蒜SOD 的 pH2～9 较稳定可以得知，适量加酸可以抑制蒜酶活力，而适当条件的超临界 CO_2 处理可以使蒜酶失活，同时保留大蒜的主要营养成分和主要活性物质（SOD）。基于这样的机理，高压 CO_2 溶于大蒜组织中的水产生碳酸，因而暂时降低 pH，使蒜酶失活，但蒜SOD 仍然稳定，当超临界 CO_2 处理完成之后，CO_2 经节流膨胀自然挥发，pH 也回到初值。

7. 蛋黄粉中脱除甘油三酯和胆固醇

蛋黄粉中含有丰富的天然卵磷脂，具有重要功能特性，但是蛋黄粉中含有大量的甘油三酯和胆固醇，使其应用范围受到限制。采用超临界 CO_2 萃取技术，可以把甘油三酯和胆固醇从蛋黄粉中萃取出来，而卵磷脂和蛋白质因不溶于超临界 CO_2 而留在萃取物中。

8. 提取姜油

姜油含有多种协同作用的抗氧化成分，是一种安全无毒的良好天然抗氧化剂。尤其超临界 CO_2 提取的姜油，有更良好的抗氧化性，其中 6-姜油酮酚与 6-姜酚烯、姜酮及其他姜辣素是抗氧化的主要成分。将姜油放到鱼油中，呈现出比生育酚更佳的抗氧化性，而且可以改善鱼油的腥味与口感。已有的姜油提取法为水蒸气法，而超临界 CO_2 提取姜油，收率是水蒸气法的 1.4 倍，组成与水蒸气法的差不多，生产周期只有原来工艺的 1/3。

9. 提取天然维生素 E

天然维生素 E 是植物油脂中普遍存在的一类抗氧化剂，广泛存在于植物的杆、茎、叶、种子胚、植物油脂、奶和蛋黄中，尤其以小麦胚芽中含量最高。用超临界从麦胚芽中提取维生素 E 的最佳工艺参数是 316K、29.1MPa，流量 2mL/min。萃取物中维生素 E 的浓度可达 2179mg/100g。

参 考 文 献

［1］ 潘永康等. 现代干燥技术. 第二版. 北京：化学工业出版社，2006.

［2］ 尤玉如等. 乳品与饮料工艺学. 北京：中国轻工业出版社，2014.

［3］ 贺月恩，邹郁宁，郭慧媛. 不同季节、地域及养殖方式对原料乳成分的影响研究［J］. 中国奶牛，2014，2：6-9.

［4］ 厉曙光等. 莫斯利安发酵乳对人体肠道健康的功效研究［J］. 中华疾病控制杂志，2014，18（1）：74-77.

［5］ Emmanuel Ohene Afoakwa. Chocolate Science and Technology. Wiley-Blackwell Press，2010.

［6］ Fukasawa T，Ando M. Fabrication of porous ceramics with complex pore structure by freeze drying process Ceram ［C］. Trans. 112，Innovative Processing/Synthesis：Ceramics，Glasses and Composites IV，2001：217-226.

［7］ Sigfusson H. Ultrasonic monitoring of food freezing. Journal of Food Engineering，2004，62：263-269.

［8］ Francisco J T，Pham Q T. A computational fluid dynamic model of the heat and moisture transfer during beef chilling ［J］. International Journal of Refrigeration，2006，29：998-1009.

［9］ 刘建学. 食品保藏学. 第二版. 北京：中国轻工业出版社，2006.

［10］ 黎先发. 食品真空冷冻干燥节能措施探讨. 西南科技大学学报，2003，18（1）：61-64.

［11］ 周水琴，应义斌. 食品干燥新技术及其应用. 农机化研究，2003，4：150-152.

［12］ 谢晶等. 超声波技术在食品冻结过程中的应用. 渔业现代化，2006，5：41-44.

［13］ 张和平，张佳程. 乳品工艺学. 北京：中国轻工业出版社，2007.

［14］ 崔玉川，李福勤. 纯净水和矿泉水处理工艺及设施设计计算. 北京：化学工业出版社，2003.

［15］ 杨学举，杜朝，刘广田. 小麦淀粉特性与面包烘烤品质的相关性. 中国粮油学报，2005，20（2）：12-15

［16］ 岑涛. 溴酸钾的替代物. 粮油食品科技，2006，14（1）：29-31.

［17］ 杨其林，陈海峰，李鑫，刘梅森. 面粉改良剂在国产面包专用粉中应用. 粮食与油脂，2007，9：14-17.

［18］ Chenming Zhang，Fabficio Medina Bolivar，Scott Buswell，et al. Purification and stabilization of ficin B from tobacco hairy rootculture medium by aqueous two-phase extraction ［J］. Journal of Biotechnology，2005，117：39-48.

［19］ Ganapathi Patil，Chethana S，Sridevi A S，et a1. Method toobtain C-phycocyanin of high purity ［J］. Journal of Chromatography A，2006，1127：76-81.

［20］ Paula A J Rosa，Ana M Azevedo，M Raquel Aires Barros. Application of central composite design to the optimization of aqueous two-phase extraction of human antibodies ［J］. Journal of Chromatography A，2007，1141：50-60.